普通高等学校“十三五”数字化建设规划教材

大学物理学

（第一册）

主　编　　刘新海　鲁耿彪

主　审　　唐立军

内容简介

本书是为适应当前教学改革的需要，根据教育部高等学校物理学与天文学教学指导委员会非物理类专业物理基础课程教学指导分委员会制定的《理工科类大学物理课程教学基本要求》(2010 年版)，结合编者多年的教学实践和教学改革经验编写而成的.

全书分三册，共 19 章. 教材编写力求简明凝练，内容的深度、难度适中，结构由经典物理过渡到近代物理，重在基本训练、实用. 同时，本教材针对各类学校及不同专业对物理知识要求的差异做了适当的安排，以适应他们不同的要求.

本书可作为高等学校理工科类大学物理课程的教材.

本书配套云资源使用说明

本书配有网络云资源，资源类型包括：阅读材料、名家简介、动画视频和应用拓展.

一、资源说明

1. 阅读材料：介绍一些高新技术所蕴含的基础物理原理，对一些相关知识进一步阐述，有利于学生开阔视野、了解物理学与科学技术的紧密联系，激发学生的求知欲.

2. 名家简介：提供相关科学家的简介，加强学生对科学发展史的了解，从而提高学生对物理的认识，以及学习物理的兴趣.

3. 动画视频：针对重要知识点、抽象内容，提供相关演示动画，便于学生理解和掌握.

4. 应用拓展：结合具体应用场景，针对应用物理知识进行拓展.

二、使用方法

1. 打开微信的“扫一扫”功能，扫描关注公众号（公众号二维码见封底）.

2. 点击公众号页面内的“激活课程”.

3. 刮开激活码涂层，扫描激活云资源（激活码见封底）.

4. 激活成功后，扫描书中的二维码，即可直接访问对应的云资源.

注：1. 每本书的激活码都是唯一的，不能重复激活使用.

2. 非正版图书无法使用本书配套云资源.

前　言

本教材是为适应当前教学改革的需要,根据教育部高等学校物理学与天文学教学指导委员会非物理类专业物理基础课程教学指导分委员会制定的《理工科类大学物理课程教学基本要求》(2010 年版),汲取优秀大学物理课程教材的长处,结合编者多年的教学实践和教学改革经验编写而成的.本教材具有如下四个特点.

1. 核心凝练、文字简明

本教材力求核心凝练、文字简明、内容精细紧凑.一方面在保证理工科类大学物理课程教学基本要求的同时,对某些专业需要的内容以阅读材料的形式讲述,可自行增补,如时空对称性和守恒定律、超声、次声、压电效应、铁电体等.另一方面为高新科技知识打基础,精心选择有代表性的前沿内容作为阅读材料.

2. 立足方法、难易适中

本教材在现象的分析、概念的引入、规律的形成和理论的构建过程中,强调物理学分析、研究和处理问题的方法,内容的深度、难度适中.例如,在力学中,引入"相对运动"以描述运动的相对性,但并不在动力学中的相关部分深化该问题的讨论.对于数学工具的运用,在保证基本要求的前提下,尽量避免繁杂的数学推演,如在量子物理部分,重在讨论方程求解的思路和理解计算结果的物理意义.在学习物理知识的过程中,注意对知识的消化、归纳、总结,帮助学生掌握科学的学习方法.例如,每章均有"本章提要",并在第 19 章阐述每章的学习要求、要点、重点、难点分析及典型问题.为了更好地帮助学生建立矢量概念,对矢量采用带箭头的矢量符号,而不采用黑体.

3. 加强训练、重在实用

本教材的编写原则是精讲经典,加强近代,选讲现代.经典物理是理工科各专业后续课程的必备基础知识,必须讲透、讲够.就篇幅而言,本教材编有 19 章,其中经典内容有 14 章;就结构而言,由经典物理过渡到近代物理;就训练而言,例题和习题集中在经典部分.对于近代物理内容,主要是突出相对论的时空观和量子思想.除了注重讲清楚这些物理理论知识、启迪思维外,还引导学生学习前辈科学家勇于创新的进取精神.总之,加强基本训练,其目的是为后续课程打基础,每章均有"内容提要",相应重点、难点分析及典型例题汇编在第三册.

4. 围绕基础、优化结构

本教材既考虑到物理体系的完整性和系统性,又尽量考虑到各类学校及不同专业对物理知识要求的差异,因此在某些章节的内容前面加了"*"号.教师可以根据学校课程设置、教学专业特点和教学课时数来取舍,也可以跳过这些带"*"号的内容,而不会影响整个体系的完整性和系统性.教材围绕基础,加强主干,几何光学、激光和固体电子学、原子核物理和粒子物理采取单独成篇、专题选讲的形式.

本教材第一册由刘新海和鲁耿彪主编,第二册由鲁耿彪和黄祖洪主编,第三册由黄祖洪和刘新海主编.参加编写工作的人员有唐立军(第 1 章、第 2 章)、丁开和(第 3 章、第 4 章)、史向华(第 5 章、第 6 章、第 7 章、第 16 章)、刘新海(第 8 章、第 9 章)、方家元(第 10 章、第 11 章)、鲁耿彪(第 12 章、第 13 章)、黄祖洪(第 14 章、第 19 章)、郭裕(第 15 章、第 18 章)、王成志(第 17 章). 全书(共三册)由刘新海统稿第一册,鲁耿彪统稿第二册,黄祖洪统稿第三册,唐立军主审并定稿. 张华制作了电子教案. 在全书编写过程中,赵近芳、罗益民、杨友田、龚志强、施毅敏等提出了许多宝贵的意见和建议. 苏文华、沈辉构思并设计了全书在线课程教学资源的结构与配置;余燕、付小军、邹杰编辑了教学资源内容,并编写了相关动画文字材料;马双武、邓之豪、熊太知组织并参与了动画制作及教学资源的信息化实现. 苏文章、魏楠提供了版式和装帧设计方案. 在此一并感谢.

编　者

2018 年 8 月

目　　录

第1篇　力学基础

第2篇　振动与波动基础

第 3 篇 波动光学基础

第 4 篇　热 学 基 础

第1篇　力学基础

力学所研究的对象是物体的机械运动.早在公元前4世纪，古希腊学者亚里士多德有了关于力产生运动的说法，我国《墨经》中也有关于杠杆原理的论述等.牛顿在许多科学家特别是伽利略、笛卡儿、开普勒、惠更斯等工作的基础上，于1687年发表了《自然哲学之数学原理》，提出了著名的牛顿运动三定律，从而奠定了经典力学(牛顿力学)的基础.

经典力学有严谨的理论体系和完备的研究方法，如观察现象、分析和综合实验结果、建立物理模型、应用数学表述、做出推论和预言，以及用实验检验和校正结果等，曾被誉为完美普遍的理论.直至20世纪初人们才发现经典力学在高速和微观领域的局限性，在这两个领域需要相对论和量子力学才能正确描述.但在一般的技术领域，如机械制造、土木建筑、水利设施、航空航天等工程技术中，经典力学仍然是必不可少的重要基础理论.

本篇主要讲述质点运动学、质点动力学、刚体的定轴转动，着重阐明动量、角动量和能量等概念及相应的守恒定律.长期以来，经典力学被认为是决定论的.随着现代科学技术的发展，人们发现经典力学问题实际上大部分具有不可预测性，是非决定论的，例如混沌现象.

第1章 质点运动学

物体之间(或物体各部分之间)相对位置的变化称为**机械运动**.力学研究的是物体机械运动的规律.在经典力学中,通常分为运动学、动力学和静力学.运动学研究物体的空间位置随时间的变化关系,不涉及引发物体运动和改变运动状态的原因.由于实际物体运动的复杂性,本章只研究质点运动学规律.

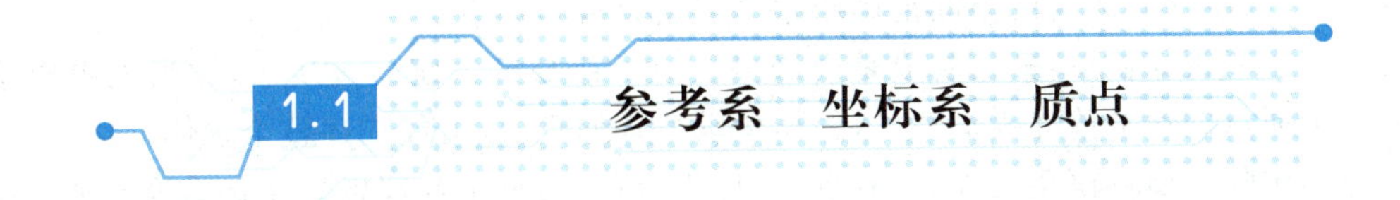

1.1 参考系 坐标系 质点

1.1.1 运动描述的相对性

自然界中一切物质都在永恒不息地运动着,运动是物质的存在形式,运动是物质的固有属性,运动是绝对的.例如,地球在自转的同时绕太阳公转,太阳又相对于银河系中心以大约250 km/s的速率运动,而银河系又相对于宇宙中心以大约600 km/s的速率运动着.总之,绝对不运动的物体是不存在的.

描述一个物体的运动情况与观察者有关,从这个意义上讲,运动又是相对的.例如,火车是否已经开动,车上的观察者和站台上的观察者得出的结论不相同.又例如,在匀速直线运动的车厢中,物体的自由下落相对于车厢是做直线运动;相对于地面是做抛物线运动;相对于太阳或其他天体,运动的描述则更为复杂.这些事实充分说明了运动的描述是相对的,即**运动的描述具有相对性**.离开特定的环境、条件谈论运动没有任何意义.正如恩格斯所说:"单个物体的运动是不存在的——只有在相对的意义下才可以谈运动."

1.1.2 参考系 坐标系

运动的描述是相对的,在确定研究对象的位置时,必须先选定一个标准物体(或相对静止的几个物体)作为基准.这个被选作标准的物体或物体群,称为**参考系**.

原则上参考系的选择是任意的.同一物体的运动,由于所选参考系不同,对其运动的描述就会不同,故通常选择对问题的研究最方便、最简单的参考系.例如,研究地球上物体的运动,在大多数情况下以地球为参考系最为方便(以后如不做特别说明,研究地面上物体的运动都是以地球为参考系).

要定量描述物体的运动,必须在参考系上建立适当的**坐标系**.在力学中常用直角坐标系.根据需要,也可选用极坐标系、自然坐标系、球面坐标系或柱面坐标系等.

总的说来,参考系选定后,无论选择何种坐标系,物体的运动性质都不会改变,但坐标系选择适当,可使问题的求解简化.

1.1.3 质点模型

任何一个真实的物理过程都是十分复杂的. 为了寻找某过程中最本质、最基本的规律,总是根据所提出的问题(或所要解决的问题),对真实过程进行简化,抽象成理想化的物理模型.

如果在运动过程中,物体上的各部分具有相同的运动规律,或物体的大小、形状对所研究的问题影响不大而可以忽略,这时可将物体抽象成一个具有质量的几何点,称为**质点**. 例如,当物体做平动时,物体上各部分的运动情况(轨迹、速度、加速度)完全相同,可将平动物体看作质点.

一个物体能否抽象成质点视具体问题而定. 例如地球绕太阳公转时,地球上各点相对于太阳的运动可认为近似相同,地球可以看作质点;而讨论地球自转时就不能将其看作质点. 通常,当物体的线度比它运动的空间范围小很多时就可视作质点.

若物体不能视作质点,就可看成是由许多质点所组成的系统——**质点系**. 当把组成这个物体的各个质点的运动情况弄清楚了,根据运动叠加原理,也就能描述整个物体的运动.

在力学中除了质点模型之外,还有刚体、理想流体、谐振子及理想弹性介质等物理模型.

综上所述:**选择合适的参考系,以方便确定物体的运动性质;建立恰当的坐标系,以定量描述物体的运动;提出较准确的物理模型,以确定物体最基本的运动规律**.

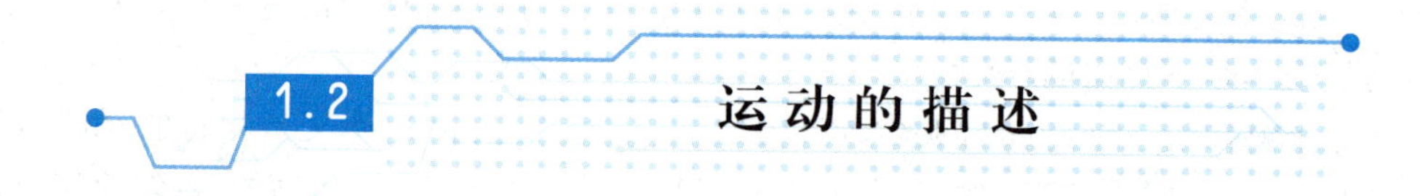

1.2 运动的描述

1.2.1 位置矢量

为了描述质点的空间位置,首先应选取参考系,然后在参考系上建立坐标系,选定坐标系的原点和坐标轴. 如图 1.1 所示,质点 P 的空间位置由原点 O 到 P 点的有向线段$\overrightarrow{OP}=\vec{r}$表示,矢量 $\vec{r}$ 叫作**位置矢量**(简称**位矢**或**矢径**).

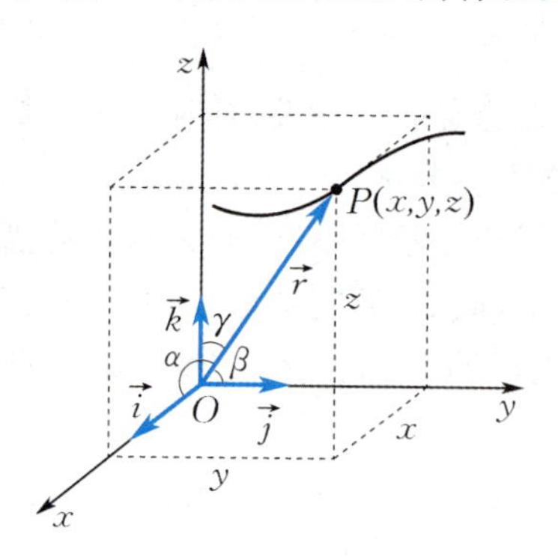

图 1.1 直角坐标系下的位矢

在直角坐标系中,位矢 $\vec{r}$ 表示为

$$\vec{r}=x\vec{i}+y\vec{j}+z\vec{k}, \tag{1.1}$$

式中 $\vec{i},\vec{j},\vec{k}$ 分别表示沿 x,y,z 轴正向的单位矢量,x,y,z 是位矢 $\vec{r}$ 在坐标轴上的三个分量. 位矢 $\vec{r}$ 的大小为

$$|\vec{r}|=r=\sqrt{x^2+y^2+z^2}. \tag{1.2}$$

位矢的方向余弦为

$$\cos\alpha=\frac{x}{r},\quad \cos\beta=\frac{y}{r},\quad \cos\gamma=\frac{z}{r},$$

式中 α,β,γ 是位矢 $\vec{r}$ 分别与 x,y,z 轴正向的夹角.

质点做机械运动时，其空间位置随时间变化，质点的坐标 x,y,z 和位矢 $\vec{r}$ 都是时间 t 的函数. 表示运动过程的时间函数表达式称为**运动方程**，可以写为

$$x = x(t), \quad y = y(t), \quad z = z(t) \tag{1.3a}$$

或

$$\vec{r} = \vec{r}(t). \tag{1.3b}$$

如果已知运动方程，就能确定任一时刻质点的位置，从而确定质点的运动. 运动学的主要任务之一，就是根据各种问题的具体条件求解质点的运动方程.

质点在空间的运动路径称为**轨迹**. 从式(1.3a)中消去时间参数 t 可得到**轨迹方程**. 质点的运动轨迹为直线时，称为直线运动. 质点的运动轨迹为曲线时，称为曲线运动. 式(1.3a)也称为轨迹的参数方程.

运动方程是时间的函数，而轨迹方程不是时间 t 的显函数. 例如，已知某质点的运动方程为

$$x = 2\sin\frac{\pi}{6}t, \quad y = 2\cos\frac{\pi}{6}t, \quad z = 0,$$

式中 t 以 s 计，x,y,z 以 m 计. 从 x,y 两式中消去 t 后，得轨迹方程

$$x^2 + y^2 = 4, \quad z = 0.$$

上式表明质点在 $z = 0$ 的平面内，做以原点为圆心、半径为 2 m 的圆周运动.

1.2.2　位移

如图 1.2 所示，设质点沿曲线运动，在 t 时刻，质点在 A 处，在 $t + \Delta t$ 时刻，质点运动到 B 处，质点在 A,B 两处的位矢分别由 $\vec{r}_1$ 和 $\vec{r}_2$ 表示，质点在 Δt 时间间隔内位矢的增量

$$\Delta\vec{r} = \vec{r}_2 - \vec{r}_1 \tag{1.4}$$

称为**位移**. 它是描述物体位置变动大小和方向的物理量，图 1.2 中就是由起始位置 A 指向终止位置 B 的一个矢量. 位移是矢量，它的运算遵守矢量运算定则.

如图 1.3 所示，位矢增量的模(即位移的大小)记作 $|\Delta\vec{r}|$，而 Δr 表示位矢大小的增量，即 $\Delta r = |\vec{r}_2| - |\vec{r}_1| = r_2 - r_1$. 通常情况下，$|\Delta\vec{r}| \neq \Delta r$.

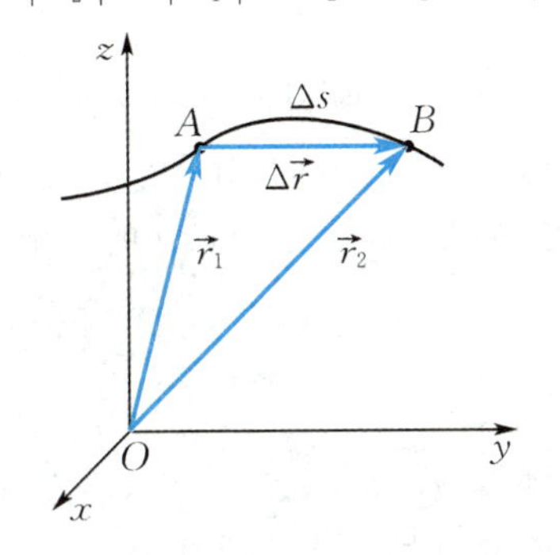

图 1.2　位移

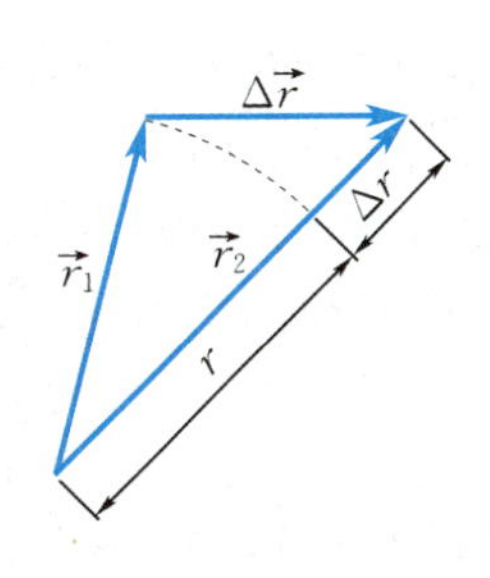

图 1.3　位移的大小

必须注意，位移表示物体位置的改变，并非质点所经历的路程. 例如在图1.2中，位移是有向线段 $\overrightarrow{AB}$，它的量值 $|\Delta\vec{r}|$ 为割线 AB 的长度. 路程是标量，即曲线 $\overset{\frown}{AB}$ 的长度，通常记作 Δs. 一般说来，$|\Delta\vec{r}| \neq \Delta s$. 显然，只有在 Δt 趋近于零时，才有 $|\mathrm{d}\vec{r}| = \mathrm{d}s$. 应当指出，即使在 $\Delta t \to 0$ 时，一般情况下，$|\mathrm{d}\vec{r}|$ 也不等于 $\mathrm{d}r$.

在直角坐标系中,位移的表达式为

$$\Delta\vec{r}=(x_2-x_1)\vec{i}+(y_2-y_1)\vec{j}+(z_2-z_1)\vec{k}=\Delta x\vec{i}+\Delta y\vec{j}+\Delta z\vec{k},\tag{1.5}$$

位移的模为

$$|\Delta\vec{r}|=\sqrt{(x_2-x_1)^2+(y_2-y_1)^2+(z_2-z_1)^2}.\tag{1.6}$$

位移和路程的单位均是长度的单位,在国际单位制(SI)中,长度的单位是米(m).

1.2.3　速度

位移表示一段时间内质点的位置变化,为了反映质点运动的快慢程度,引入速度的概念.

如图 1.2 所示,在 t 到 $t+\Delta t$ 这段时间内,质点的位移为 $\Delta\vec{r}$,那么 $\Delta\vec{r}$ 与 Δt 的比值,称为质点在 t 时刻附近 Δt 时间内的**平均速度**,即

$$\overline{\vec{v}}=\frac{\Delta\vec{r}}{\Delta t}.\tag{1.7}$$

式(1.7)表明,平均速度的方向与位移 $\Delta\vec{r}$ 的方向相同,平均速度的大小为

$$|\overline{\vec{v}}|=\frac{|\Delta\vec{r}|}{\Delta t}.$$

显然,用平均速度描述物体的运动是比较粗糙的.因为在 Δt 时间内,质点各个时刻的运动情况不一定相同,质点的运动可以时快时慢,方向也可以不断地改变,平均速度不能反映质点运动的真实细节.如果要精确掌握质点在某一时刻或某一位置的实际运动情况,应使 Δt 尽量减小,即 $\Delta t\to 0$,用平均速度的极限值——**瞬时速度**(简称**速度**)来描述.

质点在某时刻或某位置的瞬时速度,等于该时刻附近 $\Delta t\to 0$ 时平均速度的极限值,数学表达式为

$$\vec{v}=\lim_{\Delta t\to 0}\frac{\Delta\vec{r}}{\Delta t}=\frac{\mathrm{d}\vec{r}}{\mathrm{d}t}.\tag{1.8}$$

可见,**速度等于位矢对时间的一阶导数,或速度是位矢对时间的变化率.**

速度的方向就是 $\Delta t\to 0$ 时,位移 $\Delta\vec{r}$ 的极限方向($\mathrm{d}\vec{r}$ 的方向),即沿质点所在处轨迹的切线方向,并指向质点前进的一方.

速度是矢量,具有大小和方向.描述质点运动时,常采用一个称为**速率**的物理量.速率是标量,等于质点在单位时间内所行经的路程,而不考虑质点运动的方向.如图 1.2 所示,在 Δt 时间内质点所行经的路程为曲线 $\overset{\frown}{AB}$.设曲线 $\overset{\frown}{AB}$ 的长度为 Δs,那么 Δs 与 Δt 的比值就称为 t 时刻附近 Δt 时间内的**平均速率**,即

$$\bar{v}=\frac{\Delta s}{\Delta t}.\tag{1.9}$$

平均速率是标量,平均速度是矢量,不能混为一谈.例如,在某一段时间内,质点环行了一个闭合路径,质点的位移等于零,平均速度也为零,而质点的平均速率不等于零.

而在 $\Delta t\to 0$ 的极限条件下,曲线 $\overset{\frown}{AB}$ 的长度 Δs 与直线 AB 的长度 $|\Delta\vec{r}|$ 相等,即在 $\Delta t\to 0$ 时,$\mathrm{d}s=|\mathrm{d}\vec{r}|$,元路程等于元位移的大小,所以瞬时速率(或速率)

$$v=\lim_{\Delta t\to 0}\frac{\Delta s}{\Delta t}=\frac{\mathrm{d}s}{\mathrm{d}t}=\left|\frac{\mathrm{d}\vec{r}}{\mathrm{d}t}\right|=|\vec{v}|,\tag{1.10}$$

即**瞬时速度的大小就是瞬时速率**.

在直角坐标系中,由式(1.1),速度可表示成

$$\vec{v}=\frac{\mathrm{d}\vec{r}}{\mathrm{d}t}=\frac{\mathrm{d}x}{\mathrm{d}t}\vec{i}+\frac{\mathrm{d}y}{\mathrm{d}t}\vec{j}+\frac{\mathrm{d}z}{\mathrm{d}t}\vec{k}=v_x\vec{i}+v_y\vec{j}+v_z\vec{k},\tag{1.11}$$

式中 $v_x=\frac{\mathrm{d}x}{\mathrm{d}t}, v_y=\frac{\mathrm{d}y}{\mathrm{d}t}, v_z=\frac{\mathrm{d}z}{\mathrm{d}t}$ 叫作速度在 x, y, z 轴的分量.这时速度的大小可表示成

$$v=|\vec{v}|=\sqrt{v_x^2+v_y^2+v_z^2}.\tag{1.12}$$

速度和速率在量值上都是长度与时间之比,在国际单位制中,速度的单位是米每秒(m/s).

通常用位矢 $\vec{r}$ 和速度 $\vec{v}$ 描述物体机械运动的状态,如果 $\vec{r}$ 和 $\vec{v}$ 已知,就确定了质点的运动状态.

1.2.4 加速度

在变速运动中,物体的速度是随时间变化的.这个变化可以是运动速率的变化,也可以是运动方向的变化,一般情况下速度的方向和大小都在变化.加速度就是描述质点的速度(大小和方向)随时间变化快慢的物理量.如图 1.4 所示,$\vec{v}_A$ 表示质点在时刻 t、位置 A 处的速度,$\vec{v}_B$ 表示质点在时刻 $t+\Delta t$、位置 B 处的速度.从速度矢量图可以看出,在时间 Δt 内质点速度的增量为

$$\Delta\vec{v}=\vec{v}_B-\vec{v}_A.$$

与平均速度的定义类似,比值 $\frac{\Delta\vec{v}}{\Delta t}$ 称为 t 时刻附近 Δt 时间内的**平均加速度**,即

$$\overline{\vec{a}}=\frac{\Delta\vec{v}}{\Delta t}.\tag{1.13}$$

平均加速度反映在时间 Δt 内速度的平均变化率.为了精确描述质点在某一时刻 t(或某一位置处)的速度变化率,引入瞬时加速度.质点在某时刻或某位置处的**瞬时加速度**(简称**加速度**)等于该时刻附近、$\Delta t\to 0$ 时平均加速度的极限值,其数学表达式为

$$\vec{a}=\lim_{\Delta t\to 0}\frac{\Delta\vec{v}}{\Delta t}=\frac{\mathrm{d}\vec{v}}{\mathrm{d}t}=\frac{\mathrm{d}^2\vec{r}}{\mathrm{d}t^2}.\tag{1.14}$$

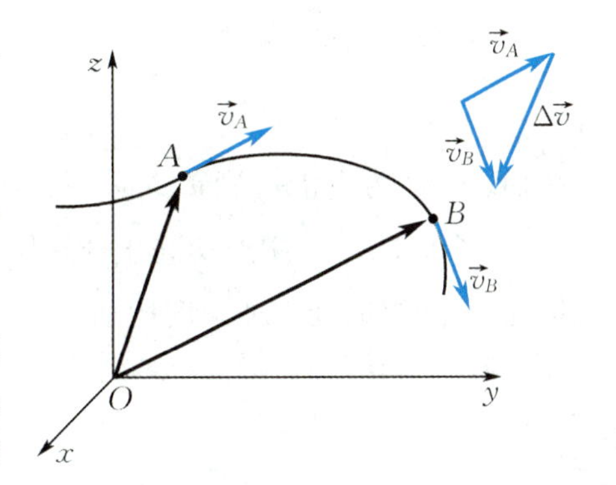

图 1.4 速度的增量

可见,**加速度是速度对时间的一阶导数(或速度对时间的变化率),或位矢对时间的二阶导数**.

在直角坐标系中,加速度的表达式为

$$\vec{a}=\frac{\mathrm{d}v_x}{\mathrm{d}t}\vec{i}+\frac{\mathrm{d}v_y}{\mathrm{d}t}\vec{j}+\frac{\mathrm{d}v_z}{\mathrm{d}t}\vec{k}=\frac{\mathrm{d}^2x}{\mathrm{d}t^2}\vec{i}+\frac{\mathrm{d}^2y}{\mathrm{d}t^2}\vec{j}+\frac{\mathrm{d}^2z}{\mathrm{d}t^2}\vec{k}=a_x\vec{i}+a_y\vec{j}+a_z\vec{k},\tag{1.15}$$

式中 $a_x=\frac{\mathrm{d}v_x}{\mathrm{d}t}=\frac{\mathrm{d}^2x}{\mathrm{d}t^2}, a_y=\frac{\mathrm{d}v_y}{\mathrm{d}t}=\frac{\mathrm{d}^2y}{\mathrm{d}t^2}, a_z=\frac{\mathrm{d}v_z}{\mathrm{d}t}=\frac{\mathrm{d}^2z}{\mathrm{d}t^2}$,称为加速度在 x, y, z 轴的分量.加速度的大小为

$$a=|\vec{a}|=\sqrt{a_x^2+a_y^2+a_z^2},\tag{1.16}$$

加速度的方向是 $\Delta t\to 0$ 时速度增量的极限方向.

在质点运动学中,主要有以下两种类型的运动学问题.

(1) 已知运动方程,求质点的速度和加速度.这类问题只需将已知的运动方程 $\vec{r}(t)$ 对时间 t 求导即可求解,这就是微分法.如下面的例 1.1.

(2) 已知速度函数(或加速度函数)及初始条件(即 $t=0$ 时的初位置、初速度),求质点的运动方程.这类问题需用积分法来解决,如例 1.2 和例 1.3.

例 1.1 已知一质点的运动方程为 $\vec{r}=3t\vec{i}-4t^2\vec{j}$,式中 $\vec{r}$ 以 m 计,t 以 s 计,求质点运动的轨迹方程、速度、加速度.

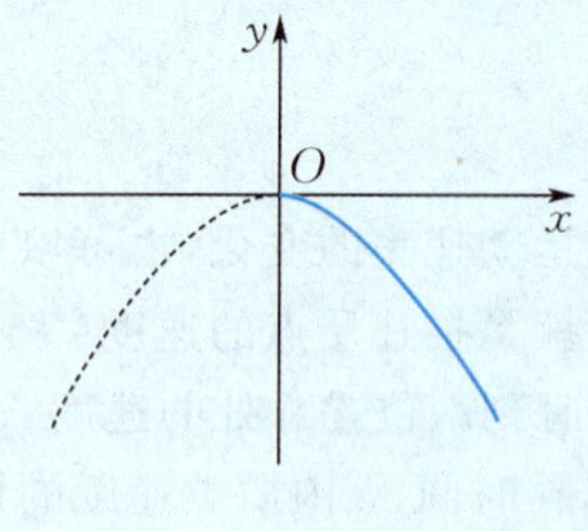

图 1.5 例 1.1 图

解 将运动方程写成分量式

$$x=3t,\quad y=-4t^2.$$

消去参变量 t,得轨迹方程:$4x^2+9y=0$,这是顶点在原点的抛物线(见图 1.5).

由速度定义得

$$\vec{v}=\frac{\mathrm{d}\vec{r}}{\mathrm{d}t}=3\vec{i}-8t\vec{j},$$

其大小为 $v=\sqrt{3^2+(8t)^2}$,与 x 轴的夹角为 $\theta=\arctan\frac{-8t}{3}$.

由加速度的定义得

$$\vec{a}=\frac{\mathrm{d}\vec{v}}{\mathrm{d}t}=-8\vec{j},$$

即加速度的方向沿 y 轴负方向,大小为 8 m/s^2.

例 1.2 一质点从静止开始做直线运动,开始时加速度为 a_0,此后加速度随时间均匀增加,每经过时间 τ 加速度增加 a_0,求经过时间 $n\tau$ 后,该质点的速度和走过的距离.

解 根据题意,质点的加速度 a 与时间 t 的关系为

$$a=a_0+\frac{a_0}{\tau}t.$$

由 $\mathrm{d}v=a\mathrm{d}t$,将 a 的表达式代入上式,两边积分,得

$$\int_0^v \mathrm{d}v=\int_0^t\left(a_0+\frac{a_0}{\tau}t\right)\mathrm{d}t,\quad v=a_0t+\frac{a_0}{2\tau}t^2.$$

由 $\mathrm{d}s=v\mathrm{d}t$,将 v 的表达式代入上式,两边积分,得

$$\int_0^s \mathrm{d}s=\int_0^t v\mathrm{d}t=\int_0^t\left(a_0t+\frac{a_0}{2\tau}t^2\right)\mathrm{d}t,\quad s=\frac{a_0}{2}t^2+\frac{a_0}{6\tau}t^3.$$

当 $t=n\tau$ 时,质点的速度为

$$v_{n\tau}=\frac{1}{2}n(n+2)a_0\tau,$$

质点走过的距离为

$$s_{n\tau}=\frac{1}{6}n^2(n+3)a_0\tau^2.$$

例 1.3　一个质点沿着 x 轴运动，其加速度 $a=-kv^2$，式中 k 为正常数. 当 $t=0$ 时，$x=0$，$v=v_0$. 求：(1) v 和 x 作为 t 的函数的表达式；(2) v 作为 x 的函数的表达式.

解　(1) 因为质点做一维运动，有

$$\mathrm{d}v=a\mathrm{d}t=-kv^2\mathrm{d}t.$$

分离变量得

$$\frac{\mathrm{d}v}{v^2}=-k\mathrm{d}t,$$

两边积分，得

$$\int\frac{\mathrm{d}v}{v^2}=\int-k\mathrm{d}t+c_1,\qquad kt=\frac{1}{v}+c_1.$$

由 $t=0$ 时，$v=v_0$，可得 $c_1=-\frac{1}{v_0}$. 将其代入上式，并整理得

$$v=\frac{v_0}{1+v_0kt}.$$

再由 $\mathrm{d}x=v\mathrm{d}t$，将 v 的表达式代入，并取积分

$$x=\int\frac{v_0\mathrm{d}t}{1+v_0kt}+c_2=\frac{1}{k}\ln(1+v_0kt)+c_2.$$

因为 $t=0$ 时，$x=0$，所以 $c_2=0$，于是

$$x=\frac{1}{k}\ln(1+kv_0t).$$

(2) 因为 $a=\frac{\mathrm{d}v}{\mathrm{d}t}=\frac{\mathrm{d}v}{\mathrm{d}x}\frac{\mathrm{d}x}{\mathrm{d}t}=v\frac{\mathrm{d}v}{\mathrm{d}x}$，所以有

$$v\frac{\mathrm{d}v}{\mathrm{d}x}=-kv^2.$$

分离变量，并取积分

$$-\int k\mathrm{d}x=\int\frac{\mathrm{d}v}{v}+c_3,\qquad -kx=\ln v+c_3.$$

由 $x=0$ 时，$v=v_0$，得 $c_3=-\ln v_0$. 将其代入，并整理得

$$v=v_0\mathrm{e}^{-kx}.$$

1.3　典型的质点运动

1.3.1　匀加速运动

质点的加速度大小和方向都不随时间改变的运动称为**匀加速运动**，即 $\vec{a}=$恒矢量. 由加速度的定义，有

$$d\vec{v} = \vec{a}dt.$$

设 $t = 0$ 时初速度为 $\vec{v}_0$，上式两边积分,则

$$\int_{\vec{v}_0}^{\vec{v}} d\vec{v} = \int_0^t \vec{a}dt,$$

可得

$$\vec{v} = \vec{v}_0 + \vec{a}t. \tag{1.17a}$$

在直角坐标系中,速度的分量形式为

$$\begin{cases} v_x = v_{0x} + a_x t, \\ v_y = v_{0y} + a_y t, \\ v_z = v_{0z} + a_z t. \end{cases} \tag{1.17b}$$

由速度的定义,有

$$d\vec{r} = \vec{v}dt.$$

设 $t = 0$ 时初位矢为 $\vec{r}_0$，上式两边积分,则

$$\int_{\vec{r}_0}^{\vec{r}} d\vec{r} = \int_0^t \vec{v}dt,$$

将式(1.17a)代入,可得

$$\vec{r} = \vec{r}_0 + \vec{v}_0 t + \frac{1}{2}\vec{a}t^2. \tag{1.18a}$$

在直角坐标系中,位置矢量的分量形式为

$$\begin{cases} x = x_0 + v_{0x}t + \frac{1}{2}a_x t^2, \\ y = y_0 + v_{0y}t + \frac{1}{2}a_y t^2, \\ z = z_0 + v_{0z}t + \frac{1}{2}a_z t^2. \end{cases} \tag{1.18b}$$

在加速度函数已知且初始条件给定的情况下,类似的方法可求解质点运动在任意时刻的位置和速度.

1. 匀加速直线运动

质点沿一条直线的匀加速运动,即一维匀加速运动称为**匀加速直线运动**. 设质点沿 x 轴运动,由匀加速运动的速度公式(1.17b)和位矢公式(1.18b),去掉下标 x，可得匀加速直线运动公式为

$$v = v_0 + at, \tag{1.19a}$$

$$x = x_0 + v_0 t + \frac{1}{2}at^2. \tag{1.19b}$$

以上两式消去 t，则有

$$v^2 - v_0^2 = 2a(x - x_0). \tag{1.19c}$$

自由落体是常见的匀加速直线运动,地面附近的重力加速度值约为

$$g = 9.81\ \text{m/s}^2.$$

2. 抛体运动

忽略空气阻力等因素,在某处向空中抛出一物体,它在空气中的运动称为**抛体运动**. 抛体

运动一般是二维运动. 在地面附近时,加速度为重力加速度 $\vec{g}$. 如图 1.6 所示,一物体自原点 O 以初速度 $\vec{v}_0$ 与 x 轴成 θ_0 角抛出.

从抛出时刻计时, $t=0$ 时, $x_0=0, y_0=0, v_{0x}=v_0\cos\theta_0$, $v_{0y}=v_0\sin\theta_0$,并且 $a_x=0, a_{0y}=-g$. 由匀加速运动速度公式(1.17b)和位矢公式(1.18b),可得抛体运动公式为

$$v_x=v_0\cos\theta_0,\quad v_y=v_0\sin\theta_0-gt;\tag{1.20a}$$

$$x=v_0t\cos\theta_0,\quad y=v_0t\sin\theta_0-\frac{1}{2}gt^2.\tag{1.20b}$$

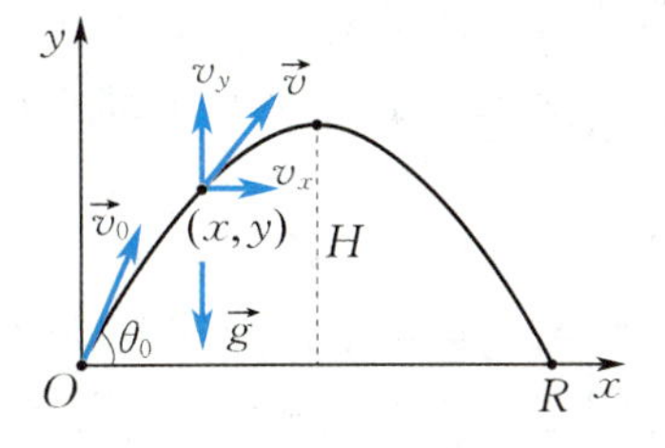

图 1.6　抛体运动

物体在任意时刻的速度大小为

$$v=\sqrt{v_0^2\cos^2\theta_0+(v_0\sin\theta_0-gt)^2},\tag{1.21a}$$

任意时刻的速度方向为

$$\theta=\arctan\frac{v_0\sin\theta_0-gt}{v_0\cos\theta_0}.\tag{1.21b}$$

由式(1.20b)消去时间 t,可得轨迹方程为

$$y=x\tan\theta_0-\frac{gx^2}{2v_0^2\cos^2\theta_0}.\tag{1.22}$$

从抛出至回落到与抛出点相同高度所用的时间称为飞行时间,用 T 表示. 由式(1.20b)可得

$$T=\frac{2v_0\sin\theta_0}{g}.$$

从抛出至回落到与抛出点相同高度时所经过的水平距离,称为飞行射程,用 R 表示. 由上式和式(1.20b)可得

$$R=\frac{v_0^2\sin 2\theta_0}{g}.$$

在初速度大小相同的情况下, $\theta_0=45°$ 时,射程最大 $R_{\max}=\frac{v_0^2}{g}$. 飞行中高出抛出点的最大距离称为飞行最大高度,用 H 表示. 由式(1.20b)可得

$$H=\frac{v_0^2\sin^2\theta_0}{2g}.$$

1.3.2　圆周运动

1. 切向加速度和法向加速度

若质点的运动轨迹为曲线,则称为曲线运动. 为了描述曲线的弯曲程度,通常引入曲率和曲率半径. 这里仅讨论平面上的二维曲线运动.

从曲线上邻近的两点 P_1, P_2 各引一条切线,这两条切线间的夹角为 $\Delta\theta$, P_1, P_2 两点间的弧长为 Δs,则 P_1 点的曲率定义为

$$k=\lim_{\Delta s\to 0}\frac{\Delta\theta}{\Delta s}=\frac{\mathrm{d}\theta}{\mathrm{d}s}.\tag{1.23}$$

若曲线上无限邻近的两点的两条切线的夹角 $\mathrm{d}\theta$ 称为邻切角,则式(1.23)表明,曲线上某点的曲率等于邻切角 $\mathrm{d}\theta$ 与所对应的元弧长 $\mathrm{d}s$ 之比.

一般情况下,曲线在不同点处有不同的曲率. 曲率越大,则曲线弯曲得越厉害. 显然,同一圆周上各点的曲率都相同.

过曲线上某点作一圆,若该圆的曲率与曲线在该点的曲率相等,则称它为该点的曲率圆,而其圆心 O 和半径 ρ 分别称为曲线上该点的曲率中心和曲率半径(见图 1.7),且有

$$\rho = \frac{1}{k} = \frac{\mathrm{d}s}{\mathrm{d}\theta}. \tag{1.24}$$

当质点做平面曲线运动时,在运动轨迹上取一点为坐标原点,以运动轨迹曲线为坐标轴,这样建立的坐标系称为**自然坐标系**. t 时刻质点所处位置 P 相对原点的弧长 s 称为弧坐标,可正可负,取曲线切向并指向坐标轴正向的单位矢量为切向单位矢量,记作 $\vec{\tau}$;取曲线法向并指向曲线内侧的单位矢量为法向单位矢量,记作 $\vec{n}$,如图 1.8 所示.

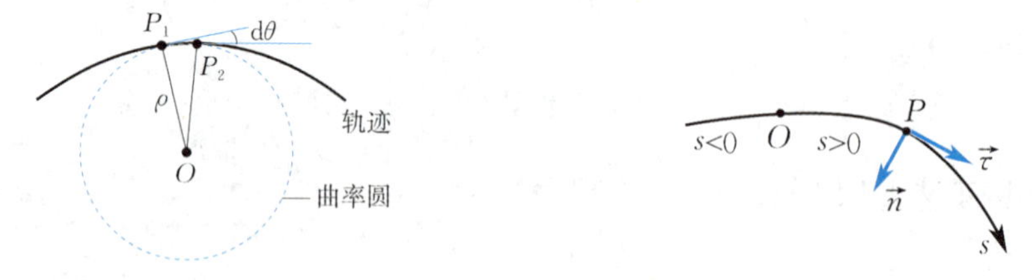

图 1.7 曲率、曲率圆、曲率半径 图 1.8 自然坐标系

质点沿轨迹运动时,s 是 t 的函数,即 $s = s(t)$. 由速度的定义,有

$$\vec{v} = v\vec{\tau} = \frac{\mathrm{d}s}{\mathrm{d}t}\vec{\tau}. \tag{1.25}$$

将加速度沿着质点所在处轨迹的切线方向和法线方向进行分解,这样得到的加速度分量分别称为**切向加速度**和**法向加速度**.

质点的运动轨迹如图 1.9(a)所示,t 时刻质点在 P_1 点,速度为 $\vec{v}_1$;$t+\Delta t$ 时刻,质点运动到 P_2 点,速度为 $\vec{v}_2$. P_1,P_2 两点的邻切角为 $\Delta\theta$,在 Δt 时间内,速度增量为 $\Delta\vec{v}$. 图 1.9(b)给出了 $\vec{v}_1$,$\vec{v}_2$,$\Delta\vec{v}$ 三者之间的关系,图中 $\Delta\vec{v}$ 就是 $\overrightarrow{BC}$ 矢量. 如果在 $\overrightarrow{AC}$ 上截取 $|\overrightarrow{AD}| = |\overrightarrow{AB}| = |\vec{v}_1|$,则剩下的部分

$$|\overrightarrow{DC}| = |\overrightarrow{AC}| - |\overrightarrow{AB}| = |\vec{v}_2| - |\vec{v}_1| = |\Delta\vec{v}_\tau| = \Delta v,$$

即 $|\Delta\vec{v}_\tau| = \Delta v$ 反映了速度大小的增量. 连接 $\overrightarrow{BD}$,并记作 $\Delta\vec{v}_n$,它反映了速度方向的增量. 于是速度增量 $\Delta\vec{v}$ 所包含的速度大小的增量和速度方向的增量这两个方面的含义,通过 $\Delta\vec{v}_\tau$ 和 $\Delta\vec{v}_n$ 得到了定量的描述,即 $\Delta\vec{v} = \Delta\vec{v}_\tau + \Delta\vec{v}_n$.

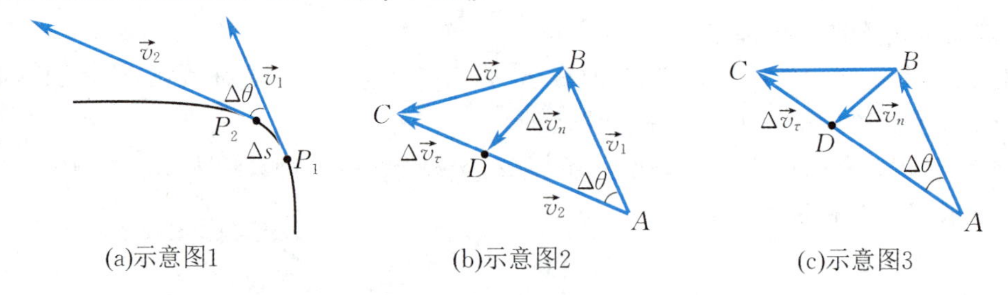

图 1.9 切向加速度与法向加速度

由图1.9(c)可看出，当$\Delta t \to 0$时，$\Delta\theta \to 0$，则$\angle ABD \to \frac{\pi}{2}$，即在极限条件下，$\Delta\vec{v}_n$的方向垂直于过$P_1$点的切线，即沿曲线在$P_1$点的法线方向；同时，在$\Delta\theta \to 0$的极限条件下，$\Delta\vec{v}_\tau$的方向就是$\vec{v}_1$的方向，即沿$P_1$点的切线方向.

由图1.9(c)还可看出，$\Delta\theta \to 0$时，$|\Delta\vec{v}_n| \to |\mathrm{d}\vec{v}_n| = v_1\mathrm{d}\theta = v\mathrm{d}\theta$，则有

$$\vec{a} = \lim_{\Delta t\to 0}\frac{\Delta\vec{v}}{\Delta t} = \lim_{\Delta t\to 0}\frac{\Delta\vec{v}_\tau}{\Delta t} + \lim_{\Delta t\to 0}\frac{\Delta\vec{v}_n}{\Delta t} = \frac{\mathrm{d}v}{\mathrm{d}t}\vec{\tau} + v\frac{\mathrm{d}\theta}{\mathrm{d}t}\vec{n}. \tag{1.26}$$

由于$\frac{\mathrm{d}\theta}{\mathrm{d}t} = \frac{\mathrm{d}\theta}{\mathrm{d}s}\frac{\mathrm{d}s}{\mathrm{d}t} = v\frac{1}{\rho}$，式中$\rho$为过$P_1$点的曲率圆的曲率半径，则式(1.26)可写为

$$\vec{a} = \frac{\mathrm{d}v}{\mathrm{d}t}\vec{\tau} + \frac{v^2}{\rho}\vec{n} = \vec{a}_\tau + \vec{a}_n, \tag{1.27}$$

式中$\vec{a}_\tau = \frac{\mathrm{d}v}{\mathrm{d}t}\vec{\tau}$和$\vec{a}_n = \frac{v^2}{\rho}\vec{n}$分别为加速度的切向分量和法向分量. $a_\tau = \frac{\mathrm{d}v}{\mathrm{d}t}$，反映速度大小的变化；$a_n = \frac{v^2}{\rho}$，反映速度方向的变化. 加速度的大小为

$$|\vec{a}| = a = \sqrt{a_\tau^2 + a_n^2}. \tag{1.28}$$

在国际单位制中，加速度的单位是米每二次方秒(m/s^2).

质点做曲线运动时，$\Delta\vec{v}$的方向和$\frac{\Delta\vec{v}}{\Delta t}$的极限方向一般不同于速度$\vec{v}$的方向，某处加速度的方向指向曲线凹进的一边. 如果速率随时间减小，那么该时刻$\vec{a}$与$\vec{v}$成钝角；如果速率随时间增加，那么该时刻$\vec{a}$与$\vec{v}$成锐角；如果速率不变，那么$\vec{a}$与$\vec{v}$成直角，如图1.10所示.

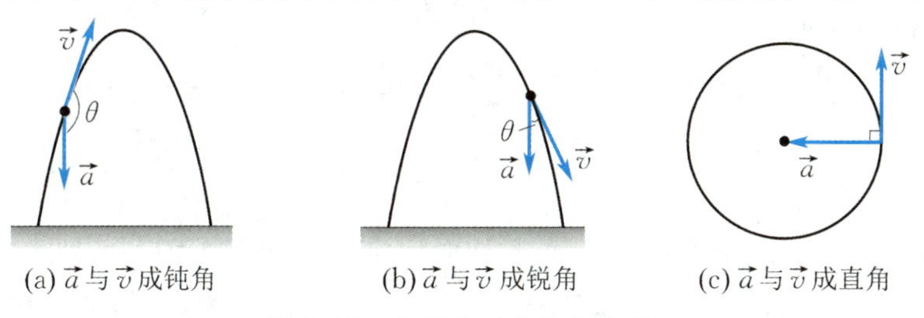

(a) $\vec{a}$与$\vec{v}$成钝角　(b) $\vec{a}$与$\vec{v}$成锐角　(c) $\vec{a}$与$\vec{v}$成直角

图1.10 曲线运动中的加速度

例1.4 以速度v_0平抛一个小球，不计空气阻力，求t时刻小球的切向加速度量值a_τ、法向加速度量值a_n和轨道的曲率半径ρ.

解 设t时刻速度v与其x轴分量v_x间夹角为θ，则由图1.11(a)可知

$$v_x = v_0,\quad v_y = gt,\quad v = \sqrt{v_x^2 + v_y^2} = \sqrt{v_0^2 + g^2t^2},$$

$$\sin\theta = \frac{v_y}{v} = \frac{gt}{\sqrt{v_0^2 + g^2t^2}},\quad \cos\theta = \frac{v_x}{v} = \frac{v_0}{\sqrt{v_0^2 + g^2t^2}}.$$

又由图1.11(b)可知

$$a_\tau = g\sin\theta = g\frac{v_y}{v} = g\frac{gt}{\sqrt{v_0^2 + g^2t^2}} = \frac{g^2t}{\sqrt{v_0^2 + g^2t^2}},$$

$$a_n = g\cos\theta = g\frac{v_x}{v} = \frac{gv_0}{\sqrt{v_0^2 + g^2t^2}}.$$

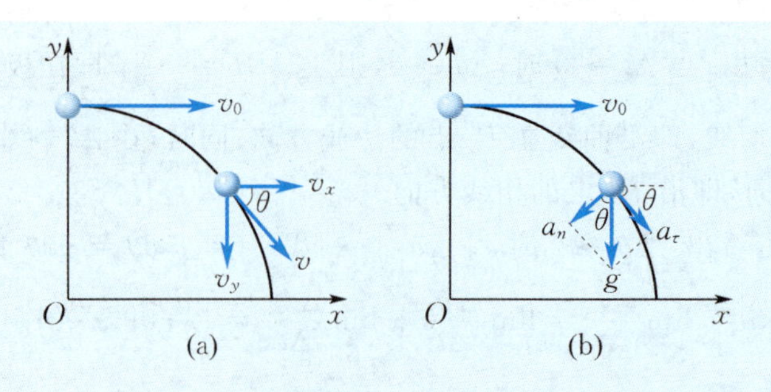

图 1.11 例 1.4 图

由式(1.27)可得

$$\rho = \frac{v^2}{a_n} = \frac{v_x^2 + v_y^2}{a_n} = \frac{(v_0^2 + g^2 t^2)^{\frac{3}{2}}}{g v_0}.$$

本例中也可由式(1.27)中 $a_\tau = \frac{dv}{dt}$ 和 $a_n = \sqrt{g^2 - a_\tau^2}$ 计算切向加速度和法向加速度.

2. 圆周运动

质点做圆周运动时,由于其轨迹的曲率半径处处相等,而速度方向始终在圆周的切线上,因此对圆周运动的描述,常常采用以平面自然坐标系为基础的线量描述和以平面极坐标系为基础的角量描述.

在自然坐标系中,圆周运动的路程(弧长) $s = s(t)$,速度 $\vec{v} = v\vec{\tau} = \frac{ds}{dt}\vec{\tau}$,根据式(1.27),切向加速度和法向加速度为

$$\begin{cases} \vec{a}_\tau = \frac{dv}{dt}\vec{\tau} = \frac{d^2 s}{dt^2}\vec{\tau}, \\ \vec{a}_n = \frac{v^2}{R}\vec{n}, \end{cases} \tag{1.29}$$

式中 R 是圆的半径.所谓匀速圆周运动,就是切向加速度为零的圆周运动,即匀速率圆周运动.

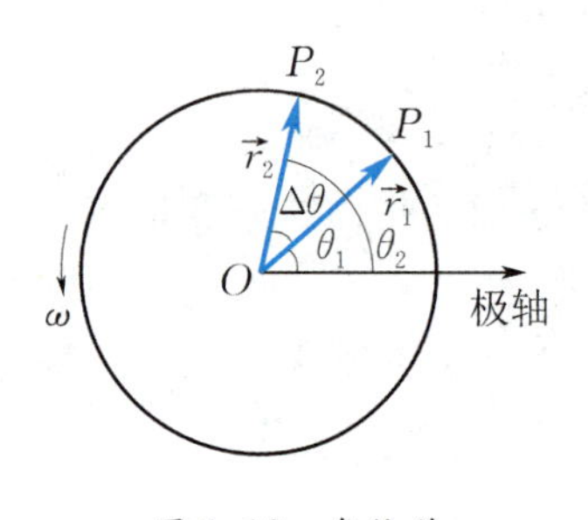

图 1.12 角位移

如果采用极坐标系,以圆心为**极点**,并任引一条射线为**极轴**,质点位置对极点的矢径 $\vec{r}$ 与极轴的夹角为 θ.由于位矢的大小 $r \equiv R$,因此 θ 可以描述质点的位置,称为质点的**角位置**. Δt 时间内质点转过的角度 $\Delta\theta$ 称为**角位移**. dt 时间内质点转过的角度 $d\vec{\theta}$ 称为**元角位移**.有限大小的角位移 $\Delta\theta$ 不是矢量(因为其合成不服从交换律).可以证明,在 $\Delta t \to 0$ 时的元角位移是矢量,即有大小和方向,其方向满足右手螺旋定则,即用右手四指表示质点的旋转方向,与四指垂直的大拇指则指向元角位移的方向.例如图 1.12 中,质点逆时针转动,这时元角位移的方向垂直于纸面向外.质点做圆周运动时,其元角位移只有两种可能的方向,因此也可以在标量前冠以正、负号来表示元角位移的方向.过圆心作一垂直于圆面的直线,规定其一个方向为正方向,则元角位移与正方向同向时为正,反之为负.

如前述引进速度、加速度的方法一样,也可以引进**角速度**和**角加速度**,即

$$\omega=\lim_{\Delta t\to 0}\frac{\Delta\theta}{\Delta t}=\frac{\mathrm{d}\theta}{\mathrm{d}t}, \tag{1.30}$$

$$\beta=\lim_{\Delta t\to 0}\frac{\Delta\omega}{\Delta t}=\frac{\mathrm{d}\omega}{\mathrm{d}t}=\frac{\mathrm{d}^2\theta}{\mathrm{d}t^2}. \tag{1.31}$$

当质点做圆周运动时，$R=$ 常数，只有角位置是 t 的函数，这样只需一个坐标(即角位置 θ)就可描述质点的位置.这与质点的直线运动颇有些类似.因此，也可比照匀变速直线运动的方法建立描述匀角加速圆周运动的公式，即在匀角加速圆周运动中有

$$\begin{cases}\omega=\omega_0+\beta t,\\ \theta=\theta_0+\omega_0 t+\dfrac{1}{2}\beta t^2,\\ \omega^2-\omega_0^2=2\beta(\theta-\theta_0).\end{cases} \tag{1.32}$$

不难证明，在圆周运动中，线量和角量之间存在如下关系：

$$\begin{cases}\mathrm{d}s=R\mathrm{d}\theta,\\ v=\dfrac{\mathrm{d}s}{\mathrm{d}t}=R\dfrac{\mathrm{d}\theta}{\mathrm{d}t}=R\omega,\\ a_\tau=\dfrac{\mathrm{d}v}{\mathrm{d}t}=R\dfrac{\mathrm{d}\omega}{\mathrm{d}t}=R\beta,\\ a_n=\dfrac{v^2}{R}=R\omega^2.\end{cases} \tag{1.33}$$

角速度的方向就是角位移矢量的方向，如图1.13所示.按照矢量的矢积定则，角速度矢量与线速度矢量之间的关系为

$$\vec{v}=\vec{\omega}\times\vec{r},$$

如图1.14所示.

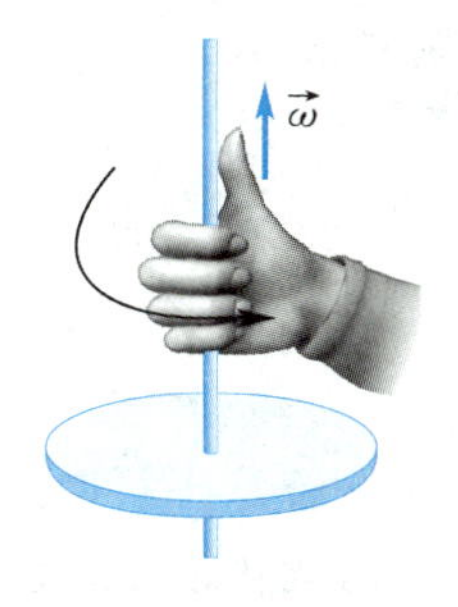

图1.13 角速度方向

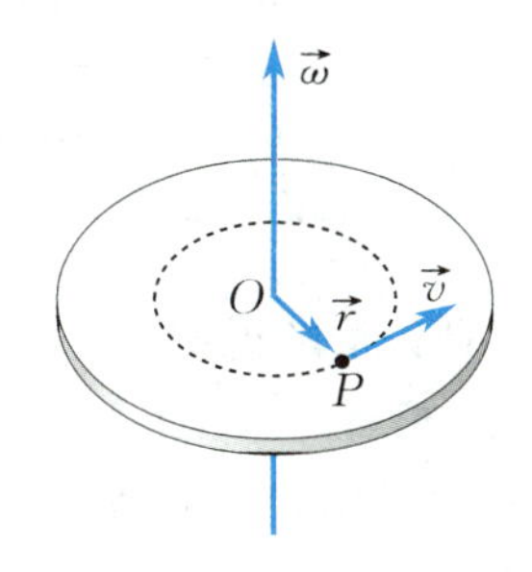

图1.14 角速度矢量与线速度矢量的关系

例1.5 一个质点做半径为2 m的圆周运动，它通过的弧长 $s=t+2t^2$ (SI).求质点在3 s末的速率、切向加速度大小和法向加速度大小.

解 由速率定义，可得

$$v=\frac{\mathrm{d}s}{\mathrm{d}t}=1+6t,$$

将 $t=3$ s代入，得3 s末的速率为

$$v=(1+6\times 3)\ \mathrm{m/s}=19\ \mathrm{m/s}.$$

切向加速度的大小为

$$a_\tau=\frac{\mathrm{d}^2 s}{\mathrm{d}t^2}=6\ \mathrm{m/s^2},$$

法向加速度的大小为

$$a_n=\frac{v^2}{R}=120.3\ \mathrm{m/s^2}.$$

例 1.6 一电唱机的转盘以 $n=78\ \mathrm{r/min}$ 的转速匀速转动.(1) 求转盘上与转轴相距 $r=15\ \mathrm{cm}$ 的 P 点的速度 v 和法向加速度大小;(2) 在电唱机断电后,转盘在恒定的阻力矩作用下减速,并在 $t=15\ \mathrm{s}$ 内停止转动,求转盘在停止转动前的角加速度 β 及转过的圈数 N.

解 (1) 转盘角速度为

$$\omega_0=2\pi n=\frac{78\times 2\pi}{60}\mathrm{rad/s}=8.17\ \mathrm{rad/s}.$$

P 点的线速度为

$$v=\omega_0 r=8.17\times 0.15\ \mathrm{m/s}=1.23\ \mathrm{m/s},$$

法向加速度大小为

$$a_n=\omega_0^2 r=8.17^2\times 0.15\ \mathrm{m/s^2}=10\ \mathrm{m/s^2}.$$

(2) 由式(1.32),角加速度为

$$\beta=\frac{0-\omega_0}{t}=\frac{0-8.17}{15}\mathrm{rad/s^2}=-0.545\ \mathrm{rad/s^2}.$$

转盘在停止转动前转过的角度为

$$\Delta\theta=\theta-\theta_0=\omega_0 t+\frac{1}{2}\beta t^2=\frac{\omega_0 t}{2},$$

转过的圈数为

$$N=\frac{\Delta\theta}{2\pi}=\frac{1}{2\pi}\frac{\omega_0 t}{2}=\frac{1}{2\pi}\times\frac{8.17\times 15}{2}\mathrm{r}=9.75\ \mathrm{r}.$$

* 有限角位移不是矢量的说明

矢量的严格定义:**矢量是在空间中有一定方向和数值,并遵从平行四边形加法定则的量**.

刚体绕某一固定轴的有限转动可以用具有大小和方向的线段表示,线段长度表示刚体所转过的角度,其方向沿着转动轴的方向(右手螺旋定则).但两个相继的有限转动不能应用平行四边形定则相加,因为它不符合对易律.例如,一个刚体(例如一本书)先绕轴 1 转一个有限角度 θ_1(如 90°),再绕轴 2 转一个有限角度 θ_2(如 90°),合成后的结果不同于使刚体先绕轴 2 转一个有限角度 θ_2,再绕轴 1 转一个有限角度 θ_1 的合成结果,如图 1.15 所示.就是说,这种合成结果与相加的次序有关,不符合矢量加法的平行四边形定则,所以有限的角位移不是矢量.

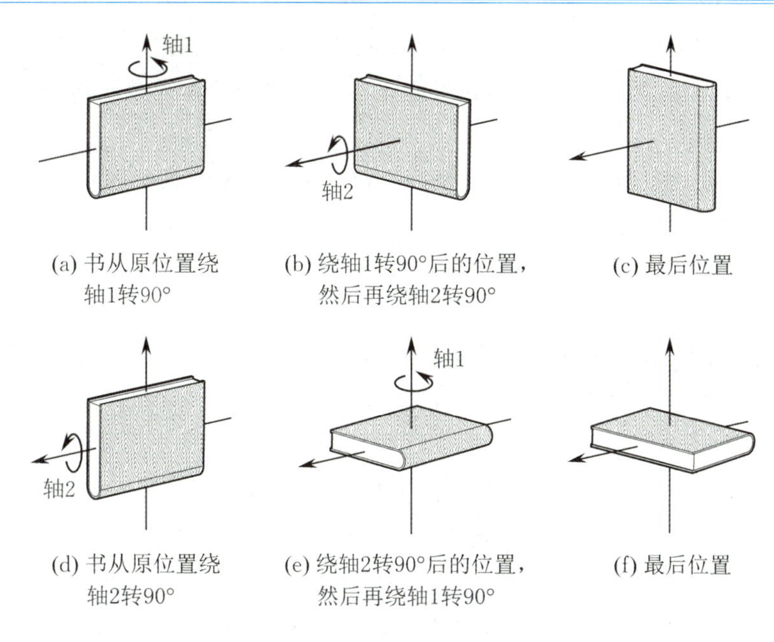

图 1.15　有限角位移不是矢量的示意图

1.4 相对运动

1.1 节曾指出，选取不同的参考系，对同一物体运动的描述不同，反映了运动描述的相对性. 下面研究同一质点在有相对运动的两个参考系中的位移、速度和加速度之间的关系.

参考系 S 和参考系 S' 有相对运动，为简单计，假设相应坐标轴保持相互平行（即无相对转动），S' 相对 S 沿 x 轴做直线运动，如图 1.16 所示. 两参考系间的相对运动情况可用 S' 系的坐标原点 O' 相对 S 系的坐标原点 O 的运动来代表. 设空间一质点位于 P 点，相对 S 系的位矢为 $\vec{r}$，相对 S' 系的位矢为 $\vec{r}'$，而 O' 点相对 O 点的位矢为 $\vec{r}_0$. 由矢量加法的三角形定则，$\vec{r}$，$\vec{r}'$，$\vec{r}_0$ 之间有如下关系：

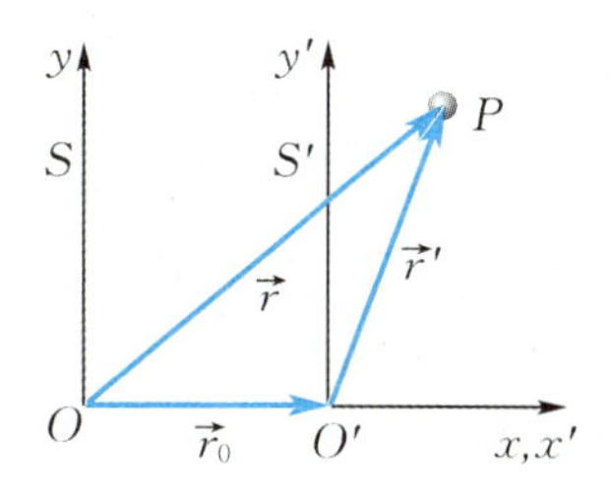

图 1.16　运动描述的相对性

$$\vec{r} = \vec{r}_0 + \vec{r}', \tag{1.34}$$

即质点相对 S 系的位矢等于 O' 点相对 O 点的位矢 $\vec{r}_0$ 与质点相对 S' 系的位矢 $\vec{r}'$ 的矢量和.

例如，研究轮船上物体的运动时，一方面要研究该物体相对河岸的运动，另一方面要研究该物体相对轮船的运动. 如果观察者在河岸，相对河岸（即地球）静止，把河岸称为静止参考系,质点相对静止参考系的运动称为**绝对运动**;而把轮船称为运动参考系,质点相对运动参考系的运动称为**相对运动**;把运动参考系相对静止参考系的运动称为**牵连运动**.需要指出的是,这些称谓都是相对的.

定义了绝对运动、相对运动和牵连运动后,式(1.34)可理解为绝对位矢等于牵连位矢与相对位矢的矢量和.

将式(1.34)两边对时间求导,即可得

$$\vec{v} = \vec{v}_0 + \vec{v}', \tag{1.35}$$

式中 $\vec{v}$ 为绝对速度,$\vec{v}_0$ 为牵连速度,$\vec{v}'$ 为相对速度.

将式(1.35)两边对时间再次求导,可得

$$\vec{a} = \vec{a}_0 + \vec{a}', \tag{1.36}$$

式中 $\vec{a}$ 为绝对加速度,$\vec{a}_0$ 为牵连加速度,$\vec{a}'$ 为相对加速度.

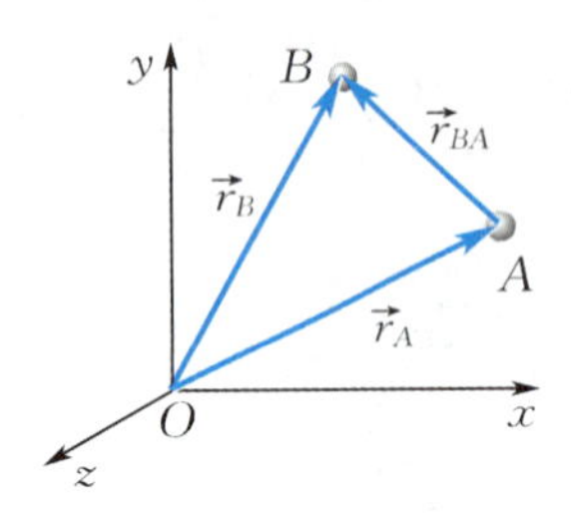

图 1.17　相对位矢

需要说明的是,式(1.34)、式(1.35)、式(1.36)所表示的位矢、速度、加速度的合成法则,只有在物体的运动速度远小于光速时才成立.当物体的运动速度可与光速相比时,应遵循相对论时空坐标、速度、加速度的变换法则,上述三式不再成立.

当讨论处于同一参考系内质点系内各质点间的相对运动时,可以利用以上结论表示质点间的相对位矢和相对速度.

设某质点系由 A,B 两质点组成.它们对某一参考系的位矢分别为 $\vec{r}_A$ 和 $\vec{r}_B$,如图 1.17 所示.质点系内质点 B 对质点 A 的位矢显然是由 A 引向 B 的矢量 $\vec{r}_{BA}$.由图可知,用矢量减法的三角形定则,有

$$\vec{r}_{BA} = \vec{r}_B - \vec{r}_A, \tag{1.37}$$

$\vec{r}_{BA}$ 称为 B 对 A 的相对位矢.

将式(1.37)对时间求一阶导数,可得 B 对 A 的相对速度

$$\vec{v}_{BA} = \vec{v}_B - \vec{v}_A. \tag{1.38}$$

例 1.7　一列火车以 36 km/h 的速率水平向东行驶时,相对于地面匀速竖直下落的雨滴在列车的窗子上形成的雨迹与竖直方向成 30° 角.(1) 雨滴相对于地面的水平分速度有多大?相对于列车的水平分速度有多大?(2) 雨滴相对于地面的速率如何?相对于列车的速率如何?

解　(1) 雨滴相对于地面竖直下落,故相对于地面的水平分速度为零.雨滴相对于列车的水平分速与列车速度等值反向,即为 10 m/s,正西方向.

(2) 由式(1.35),有

$$\vec{v}_{雨地} = \vec{v}_{雨车} + \vec{v}_{车地},$$

其中 $v_{车地} = 10\ \text{m/s}$,$\vec{v}_{雨地}$ 竖直向下,$\vec{v}_{雨车}$ 偏离竖直方向 30°.由图 1.18 可得

$$v_{雨地} = v_{车地}\cot 30^\circ = 17.3\ \text{m/s},$$

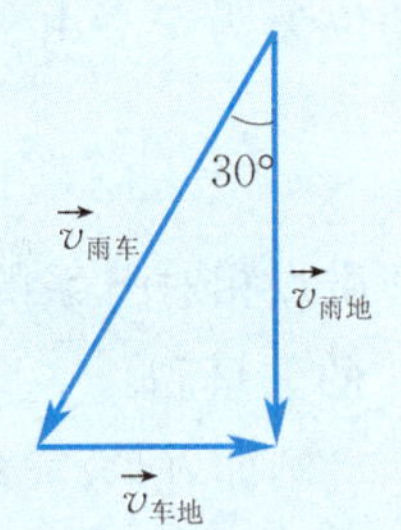

图 1.18　例 1.7 图

$$v_{雨车} = \frac{v_{车地}}{\sin 30°} = 20 \text{ m/s}.$$

例 1.8　一铁路平板车在平直铁轨上匀加速行驶，其加速度为 a，车上一男孩向车前进的斜上方抛出一球. 设抛球过程对车的加速度的影响可忽略. 如果他不必移动在车中的位置就能接住球，则抛出的方向与竖直方向的夹角 θ 应为多大？

解　设抛出时刻车的速度为 $\vec{v}_0$，球相对于车的速度为 $\vec{v}'_0$，与竖直方向成 θ 角，如图 1.19 所示. 抛球到接球过程中，在地面参考系中，车的位移为

$$\Delta x_1 = v_0 t + \frac{1}{2}at^2,$$

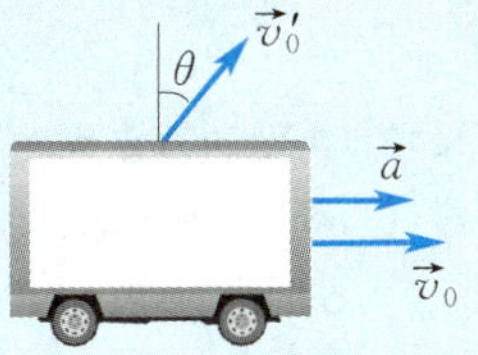

球的位移为

$$\Delta x_2 = (v_0 + v'_0 \sin\theta)t, \quad \Delta y_2 = (v'_0 \cos\theta)t - \frac{1}{2}gt^2.$$

图 1.19　例 1.8 图

男孩不移动车中位置接住球的条件为 $\Delta x_1 = \Delta x_2$，$\Delta y_2 = 0$，则有

$$\frac{1}{2}at^2 = (v'_0 \sin\theta)t, \quad \frac{1}{2}gt^2 = (v'_0 \cos\theta)t.$$

两式相比得 $a/g = \tan\theta$，即

$$\theta = \arctan(a/g).$$

本 章 提 要

1. 描述运动的三个必要条件

(1) 参考系(坐标系)：物体的运动是相对的，只能在相对的意义上描述物体的运动，因此需要选定标准的物体或物体组作为参考系. 为定量描述物体的运动必须在参考系上建立适当的坐标系. 常用的有直角坐标系、极坐标系、自然坐标系.

(2) 物理模型：真实的物理过程非常复杂，具体处理时必须分析各种因素对所涉及问题的影响，忽略次要因素，突出主要因素，提出理想化模型. 当物体自身的线度远远小于物体运动的空间范围时，或者物体做平动时，物体可抽象为质点模型. 如果一个物体运动时，上述两个条件一个也不满足，可以把这个物体看成是由许多个都能满足第一个条件的质点所组成的，这就是质点系的模型.

(3) 初始条件：开始计时时刻物体的位置、速度(或角位置、角速度)，即运动物体的初始状态.

2. 描述质点运动的四个物理量

(1) 位置矢量(简称位矢)：由坐标原点引向质点所在处的有向线段，通常用 $\vec{r}$ 表示.

(2) 位移：由起始位置指向终止位置的有向线段，是位矢的增量，即 $\Delta\vec{r} = \vec{r}_2 - \vec{r}_1$.

(3) 速度：描述位矢随时间的变化率，或者称为位矢对时间的一阶导数，即 $\vec{v} = \frac{d\vec{r}}{dt}$.

(4) 加速度：描述速度随时间的变化率，或者称为速度对时间的一阶导数，或者称为位矢对时间的二阶导数，即 $\vec{a} = \frac{d\vec{v}}{dt} = \frac{d^2\vec{r}}{dt^2}$.

在直角坐标系中，

$$\vec{r} = x\vec{i} + y\vec{j} + z\vec{k},$$

$$\Delta r = \Delta x\vec{i} + \Delta y\vec{j} + \Delta z\vec{k},$$

$$\vec{v} = \frac{dx}{dt}\vec{i} + \frac{dy}{dt}\vec{j} + \frac{dz}{dt}\vec{k} = v_x\vec{i} + v_y\vec{j} + v_z\vec{k},$$

$$\vec{a} = \frac{dv_x}{dt}\vec{i} + \frac{dv_y}{dt}\vec{j} + \frac{dv_z}{dt}\vec{k} = \frac{d^2x}{dt^2}\vec{i} + \frac{d^2y}{dt^2}\vec{j} + \frac{d^2z}{dt^2}\vec{k}$$
$$= a_x\vec{i} + a_y\vec{j} + a_z\vec{k}.$$

在自然坐标系中，

$$\vec{r} = \vec{r}(s),\ s = s(t),$$

$$d\vec{r} = ds\vec{\tau},$$

$$\vec{v} = v\vec{\tau} = \frac{ds}{dt}\vec{\tau},$$

$$\vec{a} = \frac{dv}{dt}\vec{\tau} + \frac{v^2}{\rho}\vec{n} = \vec{a}_\tau + \vec{a}_n,$$

式中 $\vec{a}_\tau = \frac{dv}{dt}\vec{\tau}$，称为切向加速度；$\vec{a}_n = \frac{v^2}{\rho}\vec{n}$，称为法向加速度.

3. 典型的质点运动

(1) 匀加速运动

质点的加速度大小和方向都不随时间改变的运动称为匀加速运动，即 $\vec{a}$ = 恒矢量.

$$\vec{v} = \vec{v}_0 + \vec{a}t,$$

$$\vec{r} = \vec{r}_0 + \vec{v}_0 t + \frac{1}{2}\vec{a}t^2.$$

在直角坐标系中，速度的分量形式为

$$v_x = v_{0x} + a_x t,$$

$$v_y = v_{0y} + a_y t,$$

$$v_z = v_{0z} + a_z t.$$

位置矢量的分量形式为

$$x = x_0 + v_{0x}t + \frac{1}{2}a_x t^2,$$

$$y = y_0 + v_{0y}t + \frac{1}{2}a_y t^2,$$

$$z = z_0 + v_{0z}t + \frac{1}{2}a_z t^2.$$

(2) 圆周运动及角量描述

① 描述圆周运动的角量：

角坐标 θ，

角位移 $d\theta$，

角速度 $\omega = \frac{d\theta}{dt}$，

角加速度 $\beta = \frac{d\omega}{dt} = \frac{d^2\theta}{dt^2}$.

② 线量与角量的关系

$$ds = Rd\theta,$$

$$v = \frac{ds}{dt} = R\omega,$$

$$a_\tau = R\beta,\ a_n = R\omega^2.$$

③ 匀变速圆周运动（β = 常数）

$$\omega = \omega_0 + \beta t,$$

$$\theta = \theta_0 + \omega_0 t + \frac{1}{2}\beta t^2,$$

$$\omega^2 - \omega_0^2 = 2\beta(\theta - \theta_0).$$

4. 相对运动

设相对于观察者静止的参考系为 S，相对于 S 系做平动的参考系为 S'，则运动物体相对 S 系和 S' 系的位矢、速度、加速度变换关系分别为

$$\vec{r} = \vec{r}_0 + \vec{r}',$$

$$\vec{v} = \vec{v}_0 + \vec{v}',$$

$$\vec{a} = \vec{a}_0 + \vec{a}',$$

式中 $\vec{r}$ 为绝对位矢，$\vec{r}_0$ 为牵连位矢，$\vec{r}'$ 为相对位矢；$\vec{v}$ 为绝对速度，$\vec{v}_0$ 为牵连速度，$\vec{v}'$ 为相对速度；$\vec{a}$ 为绝对加速度，$\vec{a}_0$ 为牵连加速度，$\vec{a}'$ 为相对加速度.

习　题　1

1.1　$|\Delta\vec{r}|$ 与 Δr 各表示什么？$\frac{|d\vec{r}|}{dt}$ 和 $\frac{dr}{dt}$ 各表示什么？$\frac{|d\vec{v}|}{dt}$ 和 $\frac{dv}{dt}$ 各表示什么？试举例说明其不同之处.

1.2　质点的运动方程为 $x = x(t)$，$y = y(t)$，在计算质点的速度和加速度时，有人先求出 $r = \sqrt{x^2 + y^2}$，然后根据 $v = \frac{dr}{dt}$ 及 $a = \frac{d^2 r}{dt^2}$ 而求得结果；也有人先计算速度和加速度的分量，再合成求得结果，即

$$v = \sqrt{\left(\frac{dx}{dt}\right)^2 + \left(\frac{dy}{dt}\right)^2},$$

$$a = \sqrt{\left(\frac{d^2x}{dt^2}\right)^2 + \left(\frac{d^2y}{dt^2}\right)^2}.$$

两种方法哪一种正确？为什么？

1.3　一质点在 Oxy 平面上运动，运动方程为

$$x = 3t + 5\,(\mathrm{SI}),\ y = \frac{1}{2}t^2 + 3t - 4\,(\mathrm{SI}).$$

(1) 写出 t 时刻质点位置矢量的表达式；

(2) 求 $t = 1$ s 时刻到 $t = 2$ s 时刻内质点的位移；

(3) 计算 $t = 0$ 时刻到 $t = 4$ s 时刻内的平均速度；

(4) 求质点速度矢量表达式；

(5) 计算 $t = 0$ 到 $t = 4$ s 内质点的平均加速度；

(6) 求 t 时刻质点加速度矢量的表达式.

1.4　在离水面高 h 的岸上，有人用绳子拉船靠岸，船在离岸 s 处，如习题 1.4 图所示. 当人以 v_0 的速率收绳时，试求船运动的速度和加速度的大小.

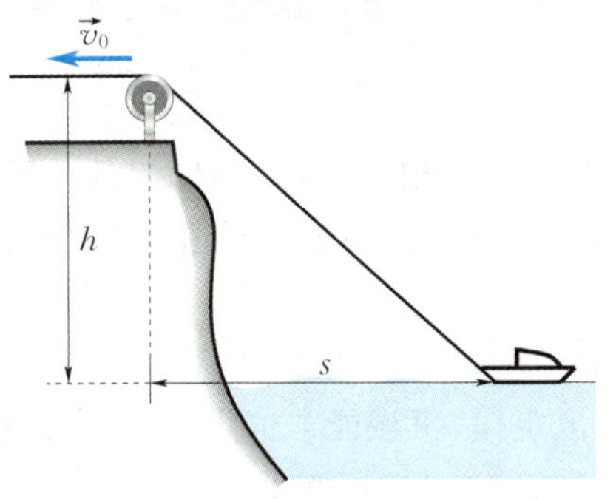

习题 1.4 图

1.5　质点沿 x 轴运动，其加速度和位置的关系为 $a=2+6x^2$，a 的单位为 $\mathrm{m/s^2}$，x 的单位为 m. 质点在 $x=0$ 处，速度为 10 m/s，试求质点在任何坐标处的速度值.

1.6　已知一个质点做直线运动，其加速度为 $a=(4+3t)\ \mathrm{m/s^2}$，开始运动时，$x=5$ m，$v=0$，求该质点在 $t=10$ s 时的速度和位置.

1.7　一个质点沿半径为 1 m 的圆周运动，运动方程为 $\theta=2+3t^3$(SI).

(1) 求 $t=2$ s 时，质点的切向和法向加速度；

(2) 当切向加速度与法向加速度大小相等时，其角位移是多少？

1.8　质点按弧长 $s=v_0t-\dfrac{1}{2}bt^2$ 的规律做半径为 R 的圆周运动，式中 v_0，b 都是常量.

(1) 求 t 时刻质点的加速度；

(2) t 为何值时，加速度的大小等于 b？

1.9　半径为 R 的轮子以匀速 v_0 沿水平线向前滚动.

(1) 证明轮缘上任意点 B 的运动方程为 $x=R(\omega t-\sin\omega t)$，$y=R(1-\cos\omega t)$，式中 $\omega=v_0/R$ 是轮子滚动的角速度. 在 B 与水平线接触的瞬间开始计时，此时 B 所在的位置为原点，轮子前进方向为 x 轴正方向；

(2) 求 B 点速度和加速度的分量表达式.

1.10　以初速度 $v_0=20$ m/s 抛出一个小球，抛出方向与水平面成 $\alpha=60°$ 的夹角，求：

(1) 球轨道最高点的曲率半径 R_1；

(2) 落地处的曲率半径 R_2.

1.11　飞轮半径为 0.4 m，自静止启动，其角加速度 $\beta=0.2\ \mathrm{rad/s^2}$，求 $t=2$ s 时边缘上各点的速度、法向加速度、切向加速度和总加速度.

1.12　如习题 1.12 图所示，质点 A 以相对物体 B 的速度 $v=\sqrt{2gy}$ 从顶端沿斜面下滑，y 为下滑的高度，物体 B 在地面上以 u 匀速向右运动，斜面倾角为 α. 求质点 A 滑下高度 h 时对地面的速度.

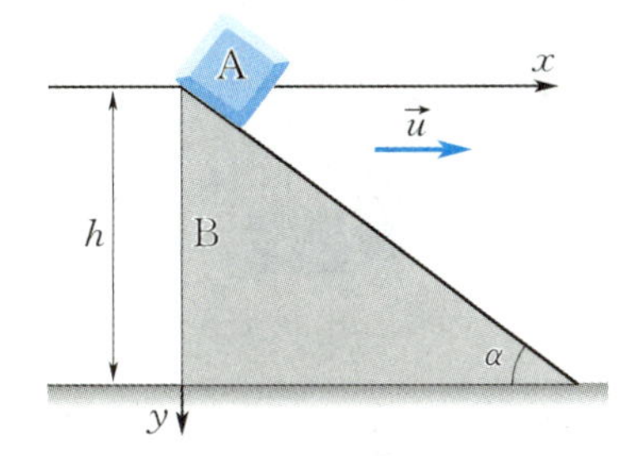

习题 1.12 图

1.13　一小船相对于河水以速率 v 行驶. 当它在流速为 u 的河水中逆流而上时，有一木桨落入水中顺流而下，船上的人 2 s后发觉，即返回追赶，问多长时间可追上此桨？

1.14　当火车静止时，乘客发现雨滴下落方向偏向车头，偏角为 30°. 当火车以 35 m/s 的速率沿水平直路行驶时，乘客发现雨滴下落方向偏向车尾，偏角为 45°. 假设雨滴相对于地的速度保持不变，试计算雨滴相对地的速度大小.

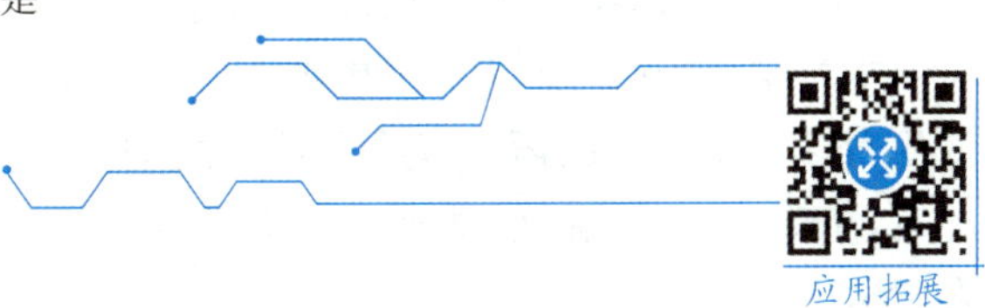

第2章　运动定律与力学中的守恒定律

运动是物体的固有属性，而物体如何运动取决于物体间的相互作用．物体间的相互作用称为力，它是改变物体运动状态的原因．研究物体之间的相互作用以及物体在力的作用下运动状态变化的规律称为**动力学**．

质点动力学问题中，牛顿运动定律描述了力的瞬时效应．以牛顿运动定律为基础研究力对时间的累积效应、力对空间的累积效应，得出动量守恒定律、机械能守恒定律和角动量守恒定律．而反映力在时、空过程中累积效应的这些守恒定律，又是与时、空的某种对称性紧密相连．以牛顿运动定律为基础的经典力学历经了三个多世纪的检验，至今仍是机械制造、土木建筑、交通运输乃至航天技术等领域中不可或缺的理论基础．

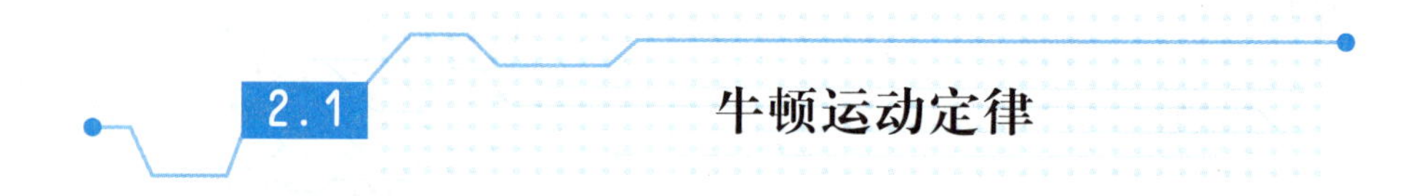

2.1　牛顿运动定律

2.1.1　牛顿运动定律

从大量实验中，牛顿归纳总结出三条运动定律．

1．牛顿第一定律

任何物体都保持静止或匀速直线运动的状态，直到其他物体所作用的力迫使它改变这种状态为止．

物体保持其原有运动状态的特性称为**惯性**．任何物体在任何状态下都具有惯性，**惯性是物体的固有属性**，牛顿第一定律通常又称为**惯性定律**．同时，牛顿第一定律又指出力是物体间的相互作用，是改变物体运动状态的原因．

另外，不受力作用的孤立物体或处于受力平衡状态下的物体并不是在任何参考系中都能保持静止或匀速直线运动状态．例如，在一个做加速运动的车厢内去观察处于受力平衡状态下小球的运动，小球相对车厢参考系运动状态发生变化，即有加速度，惯性定律不成立，而相对地面参考系，其加速度为零，惯性定律成立，如图2.1所示．

实验表明，惯性定律只能在某些特殊参考系中成立．在某个参考系中观察，不受力作用或处于受力平衡状态下的质点保持其静止或匀速直线运动的状态不变，这样的参考系称为**惯性参考系**，简称**惯性系**．那么，哪些参考系是惯性系呢？严格地讲，要根据大量的观察和实验结果来判定．

研究天体的运动时，通常把某些不受其他星体微弱作用的星体（或星体群）当成孤立星体，作为惯性系．例如，太阳绕银河系中心转动，加速度为 $10^{-10}\ m/s^2$，是个精确度很高的惯性

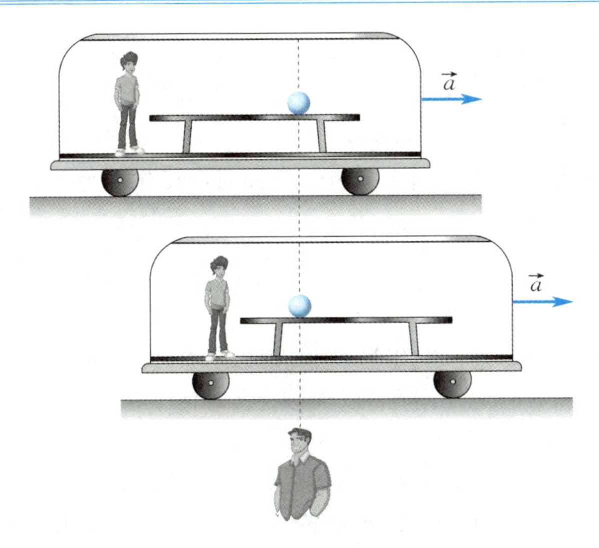

图 2.1　在加速运动的车厢内

系.地球绕太阳运动并且自转,公转加速度为 $5.9\times10^{-3}\ \mathrm{m/s^2}$,自转加速度为 $3.4\times10^{-2}\ \mathrm{m/s^2}$,不是严格的惯性系.如果精度要求不很高,地球可以作为近似的惯性系,是最常用的惯性系.

可以证明,相对某惯性系静止或做匀速直线运动的其他参考系都是惯性系.

2. 牛顿第二定律

物体受到外力作用时,它所获得的加速度的大小与合外力的大小成正比,与物体的质量成反比;加速度的方向与合外力的方向相同.

牛顿第二定律的数学形式为

$$\vec{F}=km\vec{a},$$

比例系数 k 与单位制有关.在国际单位制中,$k=1$,则

$$\vec{F}=m\vec{a}. \tag{2.1}$$

牛顿第一定律说明任何物体都具有惯性,但没有量度惯性.由牛顿第二定律,同一个外力作用在不同的物体上,质量大的物体相应获得的加速度小,质量小的物体相应获得的加速度大,说明质量大的物体较难改变其运动状态,质量小的物体较易改变其运动状态比较容易.因此,**质量是物体惯性大小的量度**,称为**惯性质量**.

任何两个物体之间都存在着引力作用,万有引力定律的数学形式为

$$\vec{F}=-G\frac{m_1m_2}{r^2}\vec{r}_0, \tag{2.2}$$

式中 $G=6.67\times10^{-11}\ \mathrm{N\cdot m^2/kg^2}$,称为万有引力常数;$r$ 为两质点间的距离;负号表示 m_1 对 m_2 的引力方向总是与 m_2 对 m_1 的位置矢径方向相反,如图 2.2 所示,反之亦然;$\vec{r}_0$ 是矢径方向单位矢量;m_1,m_2 称为**引力质量**.

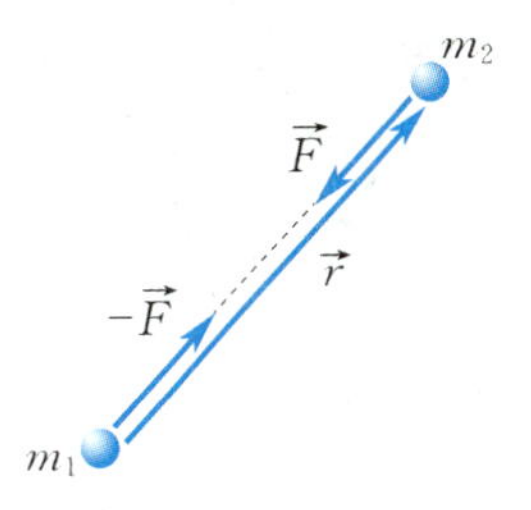

图 2.2　两个质点间的引力作用

大量实验表明引力质量等于惯性质量,以后在讨论中不再区分引力质量和惯性质量,统称为质量.

3. 牛顿第三定律

两个物体间的相互作用力大小相等、方向相反,沿着同一直线,并分别作用在相互作用的两个物体上.

物体A以力$\vec{F}_{12}$作用在物体B上时,物体B同时以反作用力$\vec{F}_{21}$作用在物体A上,牛顿第三定律的数学形式为

$$\vec{F}_{12}=-\vec{F}_{21}. \tag{2.3}$$

理解牛顿第三定律时应注意如下几点.

(1) 作用力与反作用力总是同时出现、同时消失,物体运动状态的变化总是相互联系的.

(2) 作用力与反作用力分别作用在两个物体上,对任一物体,它们不是一对平衡力,不能抵消.

(3) 作用力与反作用力属于同种性质的力.如果作用力是万有引力,那么反作用力也是万有引力;作用力是摩擦力,反作用力也是摩擦力;作用力是弹力,反作用力也是弹力.

2.1.2 常见力与基本力

力是物体与物体间的相互作用,这种作用使物体的运动状态发生改变或使物体产生形变,可分为非接触力和接触力.常见的非接触力有引力(重力)、电磁力,接触力有弹性力、摩擦力.微观世界中物质间也有相互作用,如分子间、原子间、核子间的斥力和引力等.宏观或微观世界存在的形形色色的各类力,究其本质只有四种基本相互作用.下面介绍力学中的几种常见力和自然界中的基本力.

1. 重力

物体由于地球的吸引而受到的力称为**重力**,其大小称为物体的重量.地球表面附近的物体无论处于静止或运动的状态都会受到重力,方向竖直向下垂直地面.地球表面附近的物体在重力作用下产生竖直向下的重力加速度$\vec{g}$,其数值$g=9.81\ \mathrm{m/s^2}$.用$\vec{W}$表示重力,则

$$\vec{W}=m\vec{g}. \tag{2.4}$$

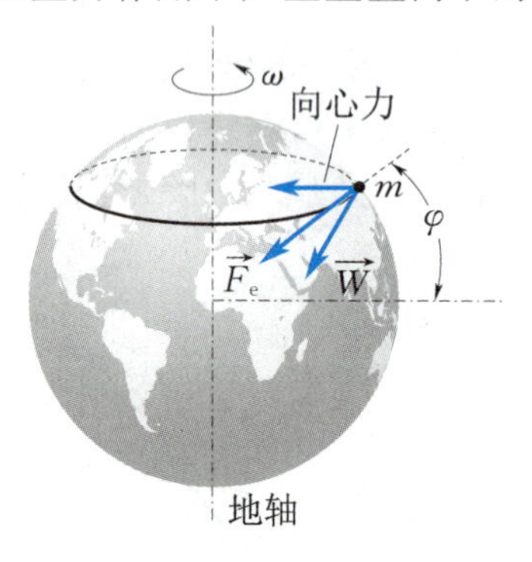

图 2.3 重力与引力的关系

由于地球的自转,地面附近的物体绕地轴做圆周运动,物体除了受到地球的万有引力$\vec{F}_e$(指向地心)之外,还受到惯性离心力,其与绕地轴做圆周运动的向心力等值反向,如图2.3所示.重力是万有引力与惯性离心力的矢量叠加.计算表明重力与引力有下列数值关系:

$$W=F_e(1-0.003\,5\cos^2\varphi),$$

式中φ为物体所处的地理纬度角.将重力的数值表达式$W=mg$代入上式,则有

$$g=g_0(1-0.003\,5\cos^2\varphi), \tag{2.5}$$

式中的g_0为地球两极$\left(\varphi=\frac{\pi}{2}\right)$处的重力加速度大小.

2. 弹性力

物体因形变而产生的恢复力称为**弹性力**.弹簧作为弹性体的代表,其形变时产生的弹性

力在线性弹性限度内遵从胡克定律，可表示为

$$\vec{f}=-k\vec{x}, \tag{2.6}$$

式中 k 称为弹簧的劲度系数；$\vec{x}$ 是相对弹簧原长时端点位置的位移，表示弹簧拉伸或压缩的形变；负号表示弹性力的方向总是与形变的方向相反.

物体内部分子间存在一个平衡距离.当分子间距增大时，分子间就出现电磁引力；分子间距减小时，分子间就出现电磁斥力.两物体在接触时的微小形变使分子间距发生了变化，从而产生宏观的弹性力.拉力、张力、压力和支持力都是弹性力，它们是分子间电磁力的宏观表现.

3. 摩擦力

两个相互接触的物体沿接触面有相对滑动趋势而保持相对静止时，在接触面之间会产生一对阻止相对滑动趋势的力，这一对作用力和反作用力称为**静摩擦力**.测量表明，静摩擦力的大小随引起相对运动趋势的外力而变化，其最大值

$$f_{\mathrm{smax}}=\mu_{\mathrm{s}}N, \tag{2.7}$$

式中 N 为两物体接触面间的正压力；μ_{s} 称为**静摩擦系数**，它与两物体的材质、接触面的粗糙程度及干湿程度等因素有关.

当外力超过最大静摩擦力时，两物体间发生相对滑动，这时存在的一对阻止相对滑动的摩擦力称为**滑动摩擦力**.测量表明，滑动摩擦力

$$f_{\mathrm{k}}=\mu N, \tag{2.8}$$

式中 μ 称为**滑动摩擦系数**，它与物体的材质、表面粗糙程度及干湿程度等因素有关，并且会随相对滑动速度的大小而变化.

μ_{s} 和 μ 为小于 1 的纯数，而且 μ 稍小于 μ_{s}.为减小摩擦，常在接触面间添加润滑剂.在另一些情况下可能要设法增大摩擦，例如在传动中应用的摩擦离合器和车辆的轮胎等.表 2.1 列出几种常见材料之间的滑动摩擦系数测量值.

表 2.1　几种常见材料之间的滑动摩擦系数

材料	μ	材料	μ
橡胶对木材	0.25	钢对钢	0.18
橡胶对混凝土	0.70	铁对混凝土	0.30
金属对木材	0.40	皮革对金属	0.56

4. 流体阻力

当物体在流体（液体或气体）中相对流体运动时，会受到流体的阻力.该阻力与运动物体的速度方向相反，大小随速度变化.实验表明，当物体速率不太大时，物体所受的流体阻力大小与它的速率成正比，即

$$f=kv, \tag{2.9}$$

式中 k 为比例常数，它取决于流体性质和物体的几何形状.

当物体运动的速率较大（超过某限度）时，物体所受的流体阻力大小与它的速率平方成正比，即

$$f\propto v^{2}.$$

5. 基本力

现代物理已证明，自然界中只有四种基本力，它们是万有引力、电磁力、强力和弱力.这四

种基本相互作用均是通过各自的场物质来进行传递的. 电磁作用是以光子作为传递媒介,强作用由胶子作为传递媒介,弱作用由中间玻色子作为传递媒介,而引力作用的传递媒介"引力子"尚待证实. 就作用范围而言,万有引力和电磁力是远程力,强力和弱力是短程力.

表 2.2 列出了四种基本力的特征,其中力的强度是指两个质子中心的距离等于它们直径时的相互作用力.

表 2.2 四种基本力的特征

力的种类	相互作用的物体	力的强度	力程
万有引力	一切物体	10^{-34} N	无限远
弱力	大多数基本粒子	10^{-2} N	小于 10^{-17} m
电磁力	带电物体	10^{2} N	无限远
强力	核子、介子等	10^{4} N	小于 10^{-15} m

2.1.3 牛顿运动定律的应用

如果有几个力同时作用在一个物体上,这些力的合力所产生的加速度等于这些力单独作用在该物体上所产生的加速度的矢量和,称为**力的叠加原理**. 牛顿第二定律概括了力的叠加原理,描述了力和加速度的瞬时关系. 它指出只要物体所受合外力不为零,物体就有相应的加速度,力改变时相应的加速度也随之改变,当物体所受合外力为恒量时,物体的加速度是常量.

牛顿第二定律 $\vec{F}=m\vec{a}$ 是矢量式,运算时一般采用牛顿第二定律在某坐标系中的分量式. 在直角坐标系中,有

$$\begin{cases} F_x = ma_x = m\dfrac{dv_x}{dt} = m\dfrac{d^2x}{dt}, \\ F_y = ma_y = m\dfrac{dv_y}{dt} = m\dfrac{d^2y}{dt^2}, \\ F_z = ma_z = m\dfrac{dv_z}{dt} = m\dfrac{d^2z}{dt^2}. \end{cases} \tag{2.10}$$

研究平面曲线运动时,也可采用自然坐标系中的法向分量和切向分量式,则有

$$\begin{cases} F_\tau = ma_\tau = m\dfrac{dv}{dt}, \\ F_n = ma_n = m\dfrac{v^2}{\rho}, \end{cases} \tag{2.11}$$

式中 F_τ,F_n 分别为切向分力和法向分力大小.

需要说明的是,牛顿运动定律适用于质点模型,只适用于宏观(不必考虑量子效应)、低速(运动速度远小于光速,不考虑相对论效应)的情况.

应用牛顿运动定律解题的步骤如下.

(1) 确定研究对象. 在有关的问题中选定一个物体(当成质点)作为研究对象. 如果问题涉及几个物体,那就把各个物体分别分离出来加以分析,这种分析方法称为"隔离体法".

(2) 分析力,画示意图. 从力学中常见的力(如重力、弹性力、摩擦力等)着手,对各隔离体进行受力分析,并画简单的示意图表示各隔离体的受力情况.

(3) 看运动. 分析物体的运动情况，包括它的轨迹、速度和加速度. 问题涉及几个物体时，还要找出它们运动学的联系，即它们的速度或加速度之间的关系.

(4) 列方程. 根据题意选择参考系，建立合适的坐标系，分别列出各隔离体的牛顿第二定律的分量式.

例 2.1 升降机内有一个固定的光滑斜面，斜面倾角为 θ，如图 2.4(a) 所示. 当升降机以匀加速度 $\vec{a}_1$ 竖直上升时，质量为 m 的物体从斜面顶端沿斜面开始下滑，斜面长为 l，求：(1) 物体对斜面的压力；(2) 物体从斜面顶点滑到底部所需的时间.

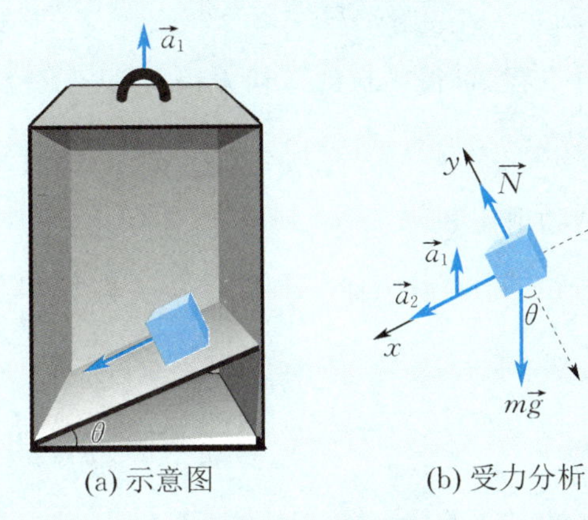

图 2.4　例 2.1 图

解　(1) 以地面为参考系，质量为 m 的物体受到斜面的支持力 $\vec{N}$ 和重力 $m\vec{g}$（见图 2.4(b)）. 设物体相对于地面的加速度为 $\vec{a}$，应用牛顿第二定律，有

$$\vec{N} + m\vec{g} = m\vec{a}.$$

设物体相对于斜面的加速度为 $\vec{a}_2$，方向沿斜面向下，升降机加速度 $\vec{a}_1$ 是牵连加速度，由相对运动表达式，有

$$\vec{a} = \vec{a}_1 + \vec{a}_2.$$

设 x 轴正向沿斜面向下，y 轴正向垂直斜面向上，可得分量式为

$$\begin{cases} x\text{ 方向：} & mg\sin\theta = m(a_2 - a_1\sin\theta), \\ y\text{ 方向：} & N - mg\cos\theta = ma_1\cos\theta. \end{cases}$$

解方程，得

$$a_2 = (g + a_1)\sin\theta, \quad N = m(g + a_1)\cos\theta.$$

由牛顿第三定律可知，物体对斜面的压力 $\vec{N}'$ 与斜面对物体的压力 $\vec{N}$ 大小相等、方向相反，即物体对斜面的压力为 $m(g + a_1)\cos\theta$，垂直指向斜面.

(2) 物体相对于斜面以加速度 $a_2 = (g + a_1)\sin\theta$ 沿斜面由静止向下做匀变速直线运动，则有

$$l = \frac{1}{2}a_2t^2 = \frac{1}{2}t^2(g + a_1)\sin\theta,$$

解得

$$t = \sqrt{\frac{2l}{(g + a_1)\sin\theta}}.$$

例 2.2 在工业上,常利用物体的浮沉条件使不同的物体相互分离开来. 煤的密度远小于矿石的密度,人们往往把开采上来的煤倒在密度稍大于煤的溶液中,使煤和矿石相互分离,这就是浮力选矿的原理. 图 2.5 为浮力选矿示意图. 盛有矿浆液的槽中,质量为 m 的球形细矿粒在槽中由静止开始下沉,矿液对矿粒的黏滞阻力与其运动速率成正比,即 $f_r = kv$, k 为比例常数,设矿液对矿粒的浮力为 B. 求矿粒在矿液中任意时刻的沉降速率.

解 矿粒的受力情况如图 2.5 所示,取 y 轴正向垂直向下,液体表面为坐标原点. 设 $t=0$ 时矿粒位于坐标原点,且速率 $v_0 = 0$. 运用牛顿第二定律可得矿粒的运动微分方程为

$$m\frac{\mathrm{d}v}{\mathrm{d}t} = mg - B - kv. \qquad ①$$

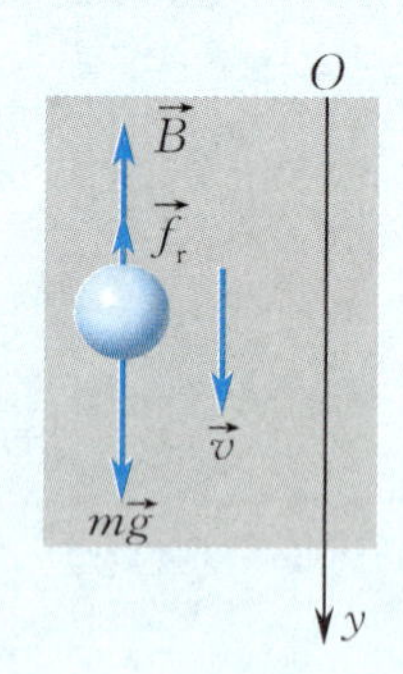

图 2.5 浮力选矿

解此微分方程,可得矿粒的运动方程. 将式①分离变量得

$$\frac{\mathrm{d}v}{mg - B - kv} = \frac{\mathrm{d}t}{m}. \qquad ②$$

将式②两边取定积分

$$\int_0^v \frac{\mathrm{d}v}{mg - B - kv} = \int_0^t \frac{\mathrm{d}t}{m},$$

即

$$-\frac{1}{k}\ln\frac{mg - B - kv}{mg - B} = \frac{t}{m}.$$

最后求得

$$v = \frac{mg - B}{k}\left(1 - \mathrm{e}^{-\frac{k}{m}t}\right).$$

讨论:(1) 当 $t \to \infty$ 时, $v \to \frac{mg - B}{k}$,矿粒沉降速率趋近一个极限值,称为终极速率,用 v_∞ 表示. 显然,矿粒沉降的终极速率也是它沉降的最大速率.

(2) 当 $t = \frac{m}{k}$ 时, $v = v_\infty\left(1 - \frac{1}{\mathrm{e}}\right) = 0.63v_\infty$. 因此,只要 $t \gg \frac{m}{k}$,便可以认为 $v \approx v_\infty$,矿粒将以终极速率 v_∞ 匀速下降.

例 2.3 一个质量为 m 的小球系在细线的一端,细线的另一端固定在墙上的钉子上,细线长为 l. 先拉动小球使线保持水平静止,然后松手使小球下落. 求线摆下 θ 角时这个小球的速率和线的张力.

解 如图 2.6 所示,小球在线的拉力 $\vec{T}$ 和重力 $m\vec{g}$ 作用下做变速圆周运动. 在任意时刻,牛顿第二定律的切向分量式为

$$mg\cos\theta = ma_\tau = m\frac{\mathrm{d}v}{\mathrm{d}t}.$$

以 $\mathrm{d}s$ 乘上式两侧,可得

$$mg\cos\theta\mathrm{d}s = m\frac{\mathrm{d}v}{\mathrm{d}t}\mathrm{d}s.$$

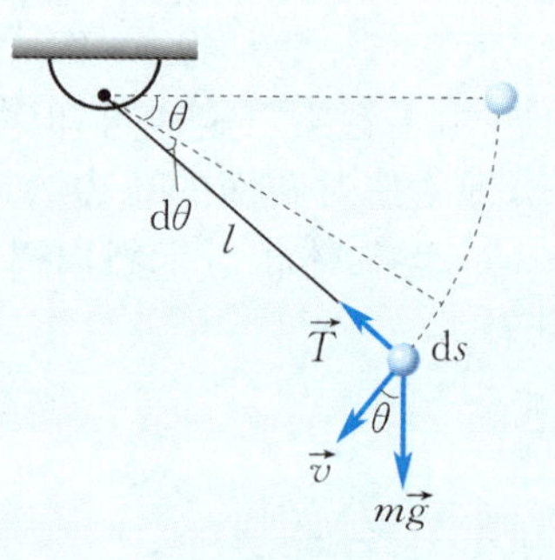

图 2.6 例 2.3 图

由于 $\mathrm{d}s = l\mathrm{d}\theta$, $\frac{\mathrm{d}s}{\mathrm{d}t} = v$,上式可写成

$$gl\cos\theta\mathrm{d}\theta = v\mathrm{d}v.$$

两边同时积分，由于摆角从 0 增大到 θ 时，速率从 0 增大到 v，有

$$\int_0^\theta gl\cos\theta\mathrm{d}\theta = \int_0^v v\mathrm{d}v.$$

由此得 $gl\sin\theta = \frac{1}{2}v^2$，所以

$$v = \sqrt{2gl\sin\theta}.$$

在任意时刻，由牛顿第二定律可得小球所受力的法向分量式为

$$T - mg\sin\theta = ma_n = m\frac{v^2}{l}.$$

将上面的 v 值代入，可得线对小球的拉力

$$T = 3mg\sin\theta,$$

这在数值上也等于线中的张力.

*2.1.4　力学单位制和量纲

选定几个物理量为基本量，规定它们的单位，这样的单位叫作基本单位. 其他物理量根据它们之间的相互联系从基本量导出，这样的物理量叫作导出量，相应的单位叫作导出单位. 基本量的选择不同，基本单位的规定不同，则组成的单位制不同. 力学中，长度、质量、时间作为基本量，常用的有米、千克、秒(MKS)制和厘米、克、秒(CGS)制. 工程上将力作为基本量，先规定它的单位，故又有工程单位制.

第十四届国际计量会议上选择七个物理量为基本量，它们是长度、质量、时间、电流、热力学温度、物质的量和发光强度，并规定相应的**基本单位**，以此为基础建立了国际单位制(SI). 我国在 1984 年把国际单位制的单位定为法定计量单位. 力学中，长度、质量、时间是国际单位制的三个基本量，对应的单位是米、千克、秒.

规定了基本量及其单位，通过物理量的定义或物理定律就可导出其他物理量的单位. 例如速度的 SI 单位是 m/s，力的 SI 单位是 $\mathrm{kg\cdot m/s^2}$(简称牛，符号为 N). 导出量是基本量导出的，可用基本量的某种组合(乘、除、幂等)表示，由基本量的组合来表示物理量的式子称为该物理量的**量纲**. 以 L，M 和 T 分别表示长度、质量和时间这三个基本量，力学中其他物理量的量纲可表示为

$$[Q] = \mathrm{L}^p\mathrm{M}^q\mathrm{T}^r.$$

例如，在 SI 中力的量纲为

$$[F] = [m][a] = \mathrm{LMT}^{-2}.$$

只有量纲相同的物理量才能相加、相减或相等，这一法则称为量纲法则. 可用量纲法则进行单位换算，初步检验方程或公式的正确性，还可为探索复杂的物理规律提供线索. 量纲分析法在科学研究中具有重要作用.

在物理学中，除采用国际单位制之外，基于不同需要，还常用其他一些单位. 例如长度在原子线度和光波中用"埃"(Å)作单位，

$$1\ \text{Å} = 10^{-10}\ \mathrm{m}.$$

或用"纳米"(nm)作单位，

$$1\ \mathrm{nm} = 10^{-9}\ \mathrm{m}.$$

对于原子核线度，常用"飞米"(fm)作单位，

$$1\ \mathrm{fm} = 10^{-15}\ \mathrm{m}.$$

在天体物理中,常用"天文单位"(AU)和"光年"(l. y.)作长度单位.一天文单位是地球和太阳的平均距离,即

$$1\ \mathrm{AU} = 1.496\times 10^{11}\ \mathrm{m},$$

光年是光在一年时间内走过的距离

$$1\ \mathrm{l.\,y.} = 9.46\times 10^{15}\ \mathrm{m}.$$

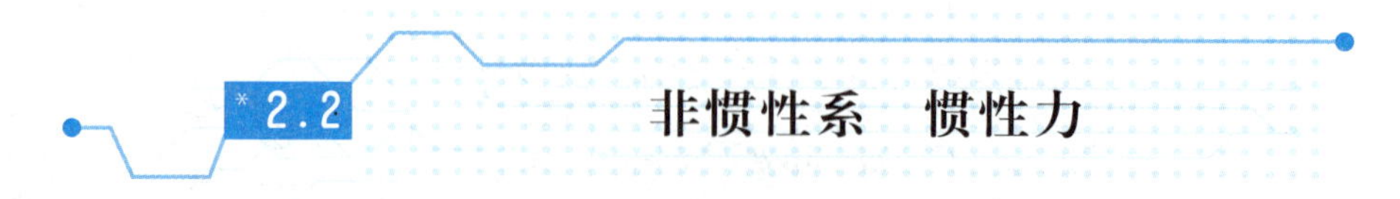

*2.2　非惯性系　惯性力

相对惯性系有加速度的参考系中,牛顿定律不成立,这样的参考系称为非惯性系.在实际问题中,人们常常需要在非惯性系中处理力学问题.下面的讨论将表明,若要在非惯性系中能沿用牛顿第二定律的形式,需要引入惯性力的概念.

2.2.1　加速平动参考系中的惯性力

例如,车厢光滑地板上有一个质量为 m 的物体,如图 2.7 所示,当车厢相对地面以加速度 $\vec{a}_s$ 向右做直线运动时,物体将相对车厢向左做加速运动,而受到的合外力为零,牛顿运动定律对做加速运动的车厢参考系(非惯性系)不成立.设物体 m 所受合外力为 $\vec{F}$,相对于车厢以加速度 $\vec{a}'$ 运动,则有

$$\vec{F} \neq m\vec{a}'.$$

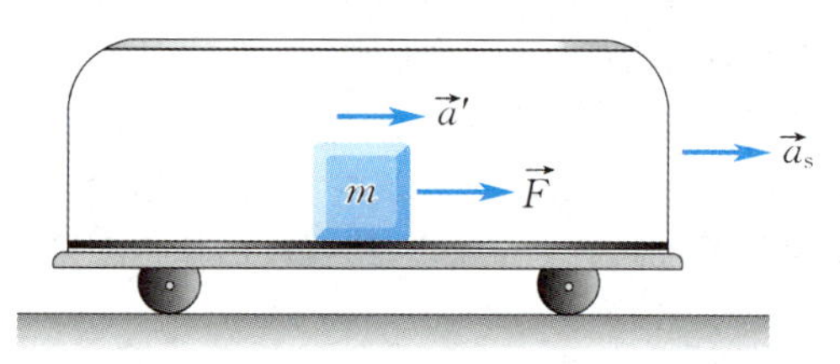

图 2.7　惯性力的引入

以地面为参考系,则牛顿运动定律成立,设物体相对于地面的加速度为 $\vec{a}$,则有

$$\vec{F} = m\vec{a} = m(\vec{a}_s + \vec{a}') = m\vec{a}_s + m\vec{a}'.$$

将 $m\vec{a}_s$ 移至等式左边,令

$$\vec{F}_s = -m\vec{a}_s, \tag{2.12}$$

称 $\vec{F}_s$ 为惯性力,则有

$$\vec{F} + \vec{F}_s = m\vec{a}'. \tag{2.13}$$

式(2.13)表明,如果在非惯性系中仍然沿用牛顿第二定律的形式,那么在受力分析时,除了考虑物体间的相互作用力外,还必须加上惯性力的作用.

而式(2.12)说明,惯性力的方向与牵连运动参考系(比如车厢)相对于惯性系(比如地面)的加速度 $\vec{a}_s$ 方向相反,其大小等于研究对象的质量 m 与 $|\vec{a}_s|$ 的乘积.

惯性力是参考系非惯性运动的表现,不是物体间的相互作用,故惯性力无施力物体,无反作用力.

例 2.4　如图 2.8(a)所示,一个电梯向下以 $g/3$ 的加速度做匀变速运动,电梯内装有一个滑轮,其质量和摩擦均不计,一个不可伸长的轻绳跨过滑轮两边,分别与质量为 $3m$ 和 m 的两物体相连.求:(1) 质量为 $3m$ 的物体相对于电梯的加速度;(2) 完全隔离在电梯中的观察者如何借助于弹簧秤量出的力来测量电梯对地的加速度.

解　分别以质量为 m,$3m$ 的物体为研究对象,由于绳子不可伸长,两物体相对于电梯(定滑轮)的加速度大小相等,用 $\vec{a}'$ 表示,由于忽略滑轮质量和摩擦及绳子的质量,滑轮两边绳子的张力大小相等,用 T 表示,受力分析如图 2.8(b)所示.

(1) 设质量为 m 的物体运动的正方向向上,质量为 $3m$ 的物体运动的正方向向下,分别对质量为 m,$3m$ 的物体运用非惯性系中牛顿定律形式(即式(2.13)):

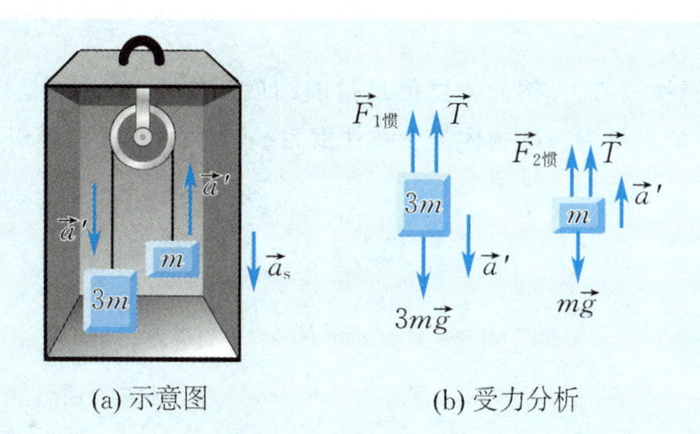

(a) 示意图　(b) 受力分析

图 2.8　例 2.4 图

$$\begin{cases} F_{2惯} + T - mg = ma', \\ 3mg - T - F_{1惯} = 3ma', \end{cases}$$

式中 $F_{2惯} = m\dfrac{g}{3} = \dfrac{1}{3}mg$，$F_{1惯} = 3m\dfrac{g}{3} = mg$.

联立上述方程解得

$$a' = g/3, \quad T = mg,$$

即质量为 $3m$ 的物体相对于电梯以 $g/3$ 的加速度向下运动.

(2) 完全被隔离于电梯里的观察者观察到两个物体的加速度只能是相对电梯的，弹簧秤测出的力并没有包括惯性力的效果，若其测出的力为 T，则尚须考虑惯性力. 设质量为 m，$3m$ 的物体对电梯的加速度为 a'，电梯对地的加速度为 a_s，则有

$$T + F_{2惯} - mg = ma'.$$
$$3mg - T - F_{1惯} = 3ma',$$
$$F_{1惯} = 3ma_s, F_{2惯} = ma_s.$$

联立上述方程可得电梯对地面的加速度

$$a_s = \frac{F_{1惯}}{3m} = \frac{F_{2惯}}{m} = g - \frac{2T}{3m}.$$

2.2.2　匀角速转动参考系中的惯性力

光滑水平圆盘上，轻弹簧一端固定于圆盘中心，一端拴一个小球，圆盘以角速度 ω 匀速转动，弹簧被拉伸后相对圆盘静止如图 2.9所示.

地面上的观察者认为，小球受到指向轴心的弹簧拉力，所以随盘一起做圆周运动，符合牛顿定律.

圆盘上的观察者认为，小球仅受到一个指向轴心的弹簧力而处于静止状态，不符合牛顿运动定律. 圆盘上的观察者若仍要用牛顿运动定律解释这一现象，就必须引入一个惯性力——**惯性离心力** $\vec{f}_c^*$，即

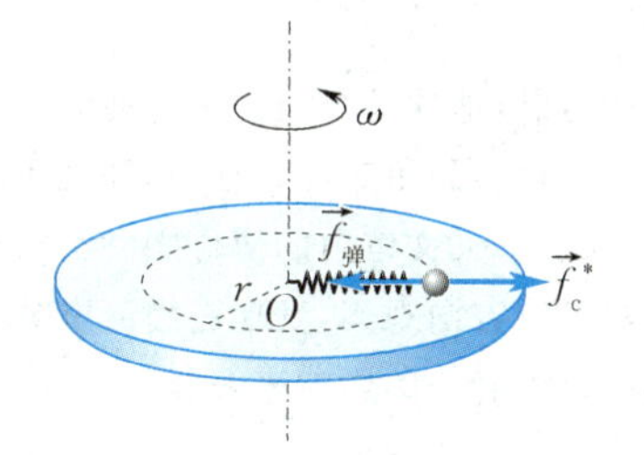

图 2.9　转动参考系中的惯性离心力

$$\vec{f}_c^* = -m\vec{a}_s = -m\omega^2 r\vec{n}. \tag{2.14}$$

值得注意的是，惯性离心力不是向心力的反作用力. 其一，惯性离心力不是物体间的相互作用，故谈不上有反作用力；其二，惯性离心力作用在小球上，作为向心力的弹簧力也是作用在小球上的，从圆盘观察者来看，

这是一对“平衡”力.

日常生活中经常遇到惯性离心力. 例如物体的重量随纬度而变化，就是由地球自转相关的惯性离心力所引起. 如图 2.10 所示，一个质量为 m 的物体静止在纬度为 φ 处，其重力是地球引力与自转效应的惯性离心力之和，即

$$\vec{W}=\vec{F}+\vec{f}_c^*.$$

可以证明

$$W\approx F-m\omega^2R\cos^2\varphi.$$

地球自转角速度很小 $\left(\omega=\dfrac{2\pi}{24\times 3\,600}\ \text{rad/s}\approx 7.3\times 10^{-5}\ \text{rad/s}\right)$，相应的惯性离心力很小，因此除精密计算外，通常把地球引力 $\vec{F}$ 视为物体的重力，地球可视为惯性系.

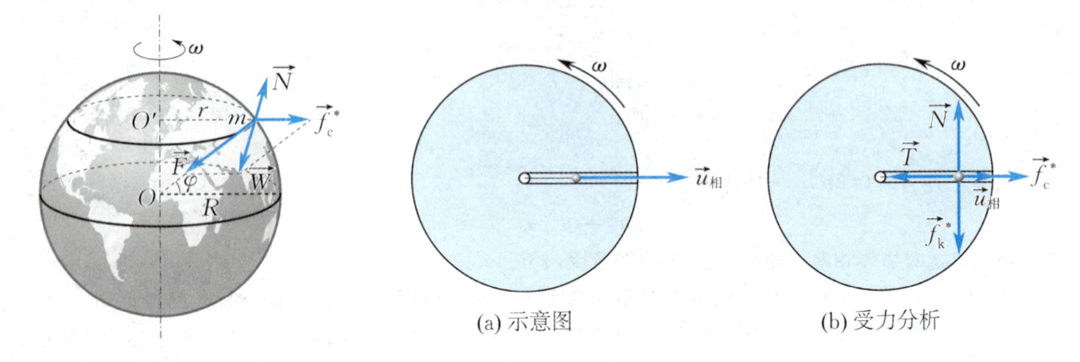

图 2.10 重力与纬度的关系

图 2.11 科里奥利力的引入

设想有一个圆盘绕铅直轴以角速度 ω 转动，盘心处有一个光滑小孔，沿半径方向有一个光滑小槽. 槽中有一个小球被穿过小孔的细线所控制，使其只能沿槽相对圆盘做匀速运动，假定小球沿槽以速度 $\vec{u}_{相}$ 向外运动，如图 2.11(a)所示.

现以圆盘为参考系，圆盘上的观察者认为小球仅有径向匀速运动，即小球处于平衡态. 因此，由图 2.11(b)可以看出，小球在径向有细绳的张力 $\vec{T}$ 与惯性离心力 $\vec{f}_c^*$ 平衡，而在横向上必须有与槽的侧向推力 $\vec{N}$ 相平衡的力 $\vec{f}_k^*$ 存在，才能实现小球在圆盘参考系中的平衡状态.

显然，与 $\vec{N}$ 相平衡的 $\vec{f}_k^*$ 不属于相互作用的范畴(无施力者)，而应属于惯性力的范畴. 通常将这种既与牵连运动(ω) 有关，又与物体对牵连参考系(圆盘) 的相对运动($\vec{u}_{相}$) 有关的惯性力称为**科里奥利力**.

可以证明，若质量为 m 的物体相对于转动角速度为 ω 的参考系具有运动速度 $\vec{u}$，则科里奥利力

$$\vec{f}_k^*=2m\vec{u}_{相}\times\vec{\omega}. \tag{2.15}$$

严格讲，地球是个匀角速转动的参考系，因此凡在地球上运动的物体都会受到科里奥利力的影响，只是由于地球自转的角速度 ω 很小，往往不易被人们觉察，但在许多自然现象中仍留下了科里奥利力存在的痕迹. 例如北京天文馆内的傅科摆(摆长为 10 m)的摆平面每隔 37 小时 15 分转动一周；北半球南北向的河流，人面对下游方向观察，发现右侧河岸被冲刷得厉害些；还有南、北半球各自有着自己的“信风”……这些都可以用科里奥利力的影响来解释.

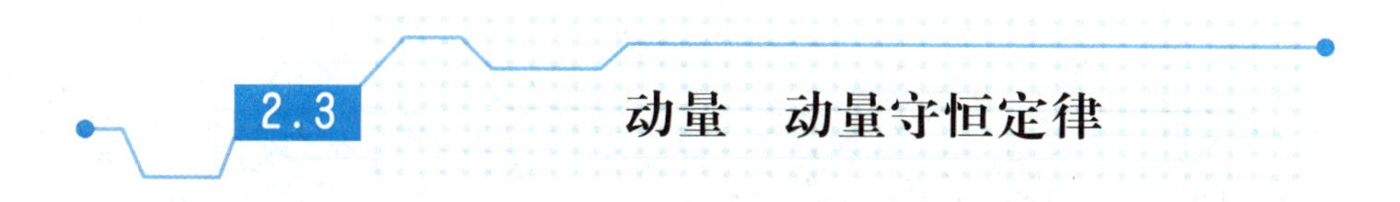

2.3 动量　动量守恒定律

牛顿第二定律描述了力与加速度的瞬时关系，下面几节将从力的时间和空间累积效应出发，根据牛顿运动定律，导出动量定理、动能定理、角动量定理，并且进一步讨论动量守恒、机械能守恒和角动量守恒. 对于求解力学问题，在一定条件下运用这三条运动定理和守恒定律，比直接运用牛顿运动定律往往更为方便.

2.3.1 质点动量定理

牛顿认为描述物体的运动不应该把物体的质量和速度分开，定义物体的质量 m 和速度的乘积 $\vec{v}$ 为物体的运动之量，简称**动量**，用 $\vec{p}$ 表示，即

$$\vec{p} = m\vec{v}.$$

动量是一个矢量，它的方向与物体的运动方向一致；动量也是个相对量，与参考系的选择有关. 在国际单位制中，动量的单位为千克米每秒(kg・m/s).

牛顿第二定律的原文意思为运动的变化与所加的动力成正比，并且发生在该力所沿直线的方向上，其数学形式为

$$\vec{F} = \frac{\mathrm{d}\vec{p}}{\mathrm{d}t}. \tag{2.16}$$

由动量 $\vec{p} = m\vec{v}$，有

$$\vec{F} = \frac{\mathrm{d}(m\vec{v})}{\mathrm{d}t}. \tag{2.17}$$

牛顿力学中，物体的质量 m 是个恒量，不随运动变化，则由式(2.17)可得到大家熟知的牛顿第二定律的形式 $\vec{F} = m\vec{a}$. 按相对论观点，质量与物体的运动状态有关，不能看成恒量. 这就是说，从近代物理观点来看，式(2.17)具有更广泛的适应性.

作用在物体上的力对时间的累积量称为力的冲量，用 $\vec{I}$ 表示. $\mathrm{d}t$ 时间内力的元冲量表示为

$$\mathrm{d}\vec{I} = \vec{F}\mathrm{d}t.$$

持续时间 $\Delta t = t_2 - t_1$ 内的力的冲量表示为

$$\vec{I} = \int_{t_1}^{t_2} \vec{F}\mathrm{d}t.$$

将式(2.16)分离变量得

$$\vec{F}\mathrm{d}t = \mathrm{d}\vec{p},$$

两边积分得

$$\int_{t_1}^{t_2} \vec{F} \mathrm{d}t = \int_{\vec{p}_1}^{\vec{p}_2} \mathrm{d}\vec{p} = \vec{p}_2 - \vec{p}_1 = m\vec{v}_2 - m\vec{v}_1. \tag{2.18}$$

因此,式(2.18)又可写成

$$\vec{I} = \vec{p}_2 - \vec{p}_1. \tag{2.19}$$

上式表明,**作用于物体上的合外力的冲量等于物体动量的增量**,这就是**质点动量定理**.式(2.16)就是动量定理的微分形式.

要使物体动量发生变化,作用于物体的力和作用持续的时间是两个同样重要的因素.人们在实践中,在物体动量的变化给定时,常常用增加作用时间(或减少作用时间)来减缓(或增大)冲力.

冲量是矢量,在恒力作用的情况下,冲量的方向与恒力方向相同.在变力情况下,Δt 时间内的冲量是各个瞬时冲量 $\mathrm{d}\vec{I}$(元冲量)的矢量和,即这时的冲量由 $\int_{t_1}^{t_2} \vec{F} \mathrm{d}t$ 所决定,但无论过程多么复杂,Δt 时间内的冲量总是等于这段时间内质点动量的增量.

在诸如冲击、碰撞等过程中,物体间作用时间很短,但相互作用力的值往往很大且变化迅速,称为**冲力**,如图 2.12 所示.虽然较难准确测量冲力的瞬时值,但是物体在碰撞前后的动量和作用持续的时间都较容易测定,这样就可根据动量定理求出冲力的平均值,再根据实际需要乘上一个保险系数就可以估算冲力.在实际问题中,如果作用时间极短,冲力往往远大于其他的作用力(如重力),则其他的作用力可以忽略而使问题得到简化.

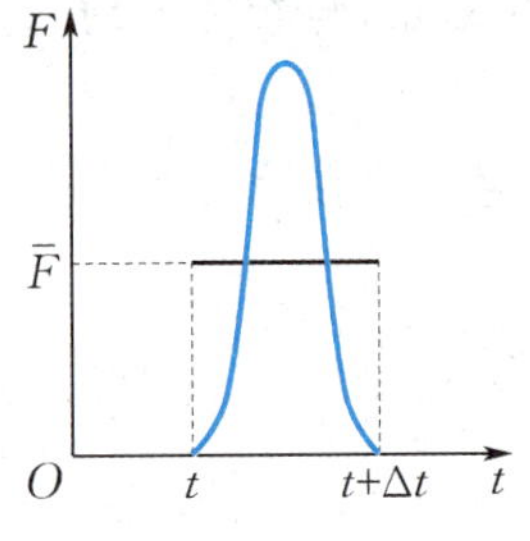

图 2.12 冲力示意图

动量定理在直角坐标系中的坐标分量式为

$$\begin{cases} \int_{t_1}^{t_2} F_x \mathrm{d}t = mv_{2x} - mv_{1x}, \\ \int_{t_1}^{t_2} F_y \mathrm{d}t = mv_{2y} - mv_{1y}, \\ \int_{t_1}^{t_2} F_z \mathrm{d}t = mv_{2z} - mv_{1z}. \end{cases} \tag{2.20}$$

2.3.2 质点系动量定理

多个质点组成的系统,称为**质点系**.所研究的问题对于一个不能抽象为质点的物体可认为是由多个(直至无限个)质点所组成.从这种意义上讲,力学又可分为质点力学和质点系力学.从现在开始将多次涉及质点系力学的某些内容.

当研究对象是质点系时,其受力可分为“内力”和“外力”.凡质点系内各质点之间的作用力称为**内力**,质点系以外物体对质点系内质点的作用力称为**外力**(见图 2.13).由牛顿第三定律可知,质点系内质点间相互作用的内力必定是成对出现的,且每对作用内力都必沿两质点连线的方向.这些就是研究质点系力学的基本观点.

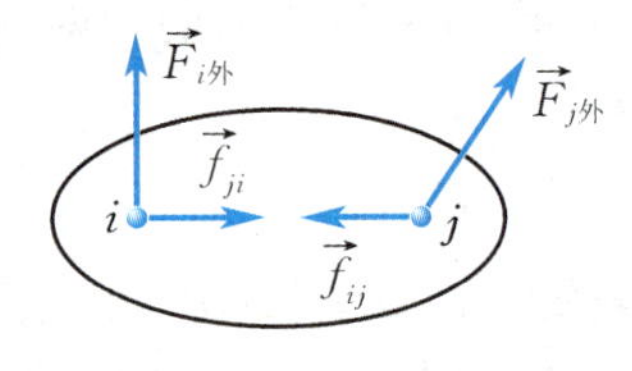

图 2.13 内力和外力示意图

设质点系是由有相互作用力的 n 个质点所组成,现考察第 i 个质点的受力情况.首先考察第 i 个质点所受内力之矢量和.设质点系内第 j 个质点对第 i 个质点的作用力为 $\vec{f}_{ji}$,则第 i 个 质点

所受内力为 $\sum_{\substack{j=1\\j\neq i}}^{n}\vec{f}_{ji}$. 若设第 i 个质点受到的外力为 $\vec{F}_{i外}$,则其受到的合力为 $\vec{F}_{i外}+\sum_{\substack{j=1\\j\neq i}}^{n}\vec{f}_{ji}$,对第 i 个质点运用动量定理有

$$\int_{t_1}^{t_2}\left(\vec{F}_{i外}+\sum_{\substack{j=1\\j\neq i}}^{n}\vec{f}_{ji}\right)\mathrm{d}t=m_i\vec{v}_{i2}-m_i\vec{v}_{i1}. \tag{2.21}$$

对 i 求和,并考虑到所有质点相互作用的时间 $\mathrm{d}t$ 都相同,此外,求和与积分顺序可互换,于是得

$$\int_{t_1}^{t_2}\left(\sum_{i=1}^{n}\vec{F}_{i外}\right)\mathrm{d}t+\int_{t_1}^{t_2}\left(\sum_{i=1}^{n}\sum_{\substack{j=1\\j\neq i}}^{n}\vec{f}_{ji}\right)\mathrm{d}t=\sum_{i=1}^{n}m_i\vec{v}_{i2}-\sum_{i=1}^{n}m_i\vec{v}_{i1}.$$

由于内力总是成对出现,且每对内力都等值反向,因此所有内力的矢量和

$$\sum_{i=1}^{n}\sum_{\substack{j=1\\j\neq i}}^{n}\vec{f}_{ji}=\vec{0},$$

于是有

$$\int_{t_1}^{t_2}\left(\sum_{i=1}^{n}\vec{F}_{i外}\right)\mathrm{d}t=\sum_{i=1}^{n}m_i\vec{v}_{i2}-\sum_{i=1}^{n}m_i\vec{v}_{i1}. \tag{2.22}$$

上式表明,**质点系总动量的增量等于作用于该系统上合外力的冲量**,这就是**质点系动量定理**.这个结论说明内力对质点系的总动量无贡献,但由式(2.21)知,在质点系内部动量的转移和交换中,则是内力起作用.

2.3.3 动量守恒定律

由式(2.22)知,若 $\sum_{i=1}^{n}\vec{F}_{i外}=\vec{0}$,则

$$\sum_{i=1}^{n}m_i\vec{v}_{i2}-\sum_{i=1}^{n}m_i\vec{v}_{i1}=\vec{0}$$

或

$$\sum_{i=1}^{n}m_i\vec{v}_{i2}=\sum_{i=1}^{n}m_i\vec{v}_{i1}. \tag{2.23}$$

这就是说,**一个孤立的力学系统(系统不受外力作用)或合外力为零的系统,系统内各质点间动量可以交换,但系统的总动量保持不变**,这就是**动量守恒定律**.

动量守恒式(2.23)是矢量式,因此,当 $\sum_{i=1}^{n}\vec{F}_{i外}=\vec{0}$ 时,质点系在任何一个方向上(即沿任何一个坐标方向)都满足动量守恒的条件.在直角坐标系中,分量形式为

$$\begin{cases}当\sum_i F_{ix}=0\text{ 时},\sum_i p_{ix2}=\sum_i p_{ix1}=常量,\\ 当\sum_i F_{iy}=0\text{ 时},\sum_i p_{iy2}=\sum_i p_{iy1}=常量,\\ 当\sum_i F_{iz}=0\text{ 时},\sum_i p_{iz2}=\sum_i p_{iz1}=常量.\end{cases} \tag{2.24}$$

如果质点系所受合外力的矢量和不为零,但合外力在某一方向上的分量为零,则质点系

在该方向上的动量也满足守恒定律.在实际问题中,若能判断出内力远大于外力,也可忽略外力而应用动量守恒定律.由于动量是相对量,应用动量守恒定律时,各质点的动量必须是对同一惯性系而言.

需要说明的是,虽然在讨论动量守恒定律的过程中,从牛顿第二定律出发并运用了牛顿第三定律,但不能认为动量守恒定律只是牛顿运动定律的推论.相反,动量守恒定律是比牛顿运动定律更为普遍的规律.在某些过程中,特别是在微观领域中,牛顿运动定律不成立,但动量守恒定律依然成立.

例 2.5　如图 2.14(a)所示,一个弹性球,质量 $m=0.2\ \mathrm{kg}$,速度 $v=10\ \mathrm{m/s}$,与墙碰撞后弹回.设弹回时速度大小不变,碰撞前后的运动方向和墙的法线所夹的角都是 α,设球和墙碰撞的时间 $\Delta t=0.025\ \mathrm{s}$,$\alpha=60°$,求在碰撞时间内,球对墙的平均作用力.

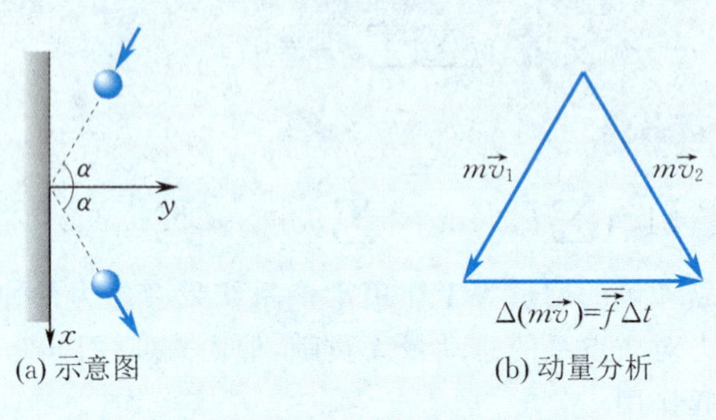

图 2.14　例 2.5 图

解　以球为研究对象.设墙对球的平均作用力为 $\vec{\bar{f}}$,球在碰撞前后的速度为 $\vec{v}_1$ 和 $\vec{v}_2$,由动量定理可得(见图 2.14(b))

$$\vec{\bar{f}}\Delta t=m\vec{v}_2-m\vec{v}_1=m\Delta\vec{v}.$$

将冲量和动量分别沿图中 x 和 y 轴两个方向分解得

$$\bar{f}_x\Delta t=mv\sin\alpha-mv\sin\alpha=0,$$

$$\bar{f}_y\Delta t=mv\cos\alpha-(-mv\cos\alpha)=2mv\cos\alpha.$$

解方程得

$$\bar{f}_x=0,$$

$$\bar{f}_y=\frac{2mv\cos\alpha}{\Delta t}=\frac{2\times0.2\times10\times0.5}{0.025}\ \mathrm{N}=80\ \mathrm{N}.$$

按牛顿第三定律,球对墙的平均作用力 $\vec{\bar{f}}$ 和 $\vec{\bar{f}}_y$ 的方向相反而大小相等,即垂直墙面向里.

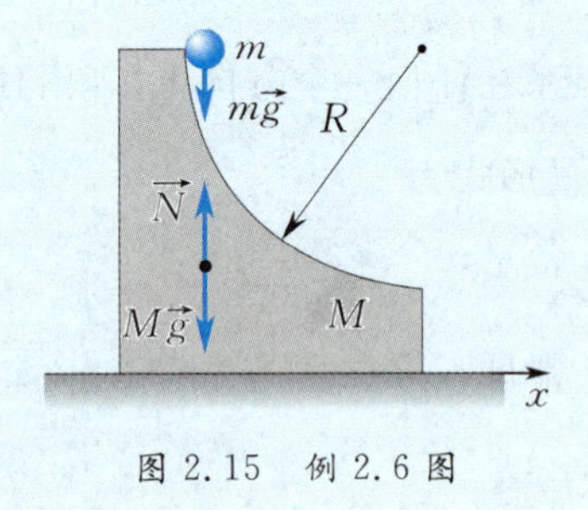

图 2.15　例 2.6 图

例 2.6　如图 2.15 所示,一质量为 m 的球在质量为 M 的 1/4 圆弧形滑槽中从静止滑下.设圆弧形槽的半径为 R,如所有摩擦都可忽略,求当球滑到槽底时,滑槽在水平方向上移动的距离.

解　以m和M为研究系统，其在水平方向不受外力(图中所画是m和M所受的竖直方向的外力)，故水平方向动量守恒. 设在下滑过程中，m相对于M的滑动速度为$\vec{v}$，M对地的速度为$\vec{V}$，并以水平向右为x轴正向，则在水平方向上有

$$m(v_x - V) - MV = 0,$$

解得

$$v_x = \frac{m+M}{m}V.$$

设m在弧形槽上运动的时间为t，而m相对于M在水平方向移动的距离为R，故有

$$R = \int_0^t v_x \mathrm{d}t = \frac{M+m}{m}\int_0^t V\mathrm{d}t.$$

于是滑槽在水平面上移动的距离

$$s = \int_0^t V\mathrm{d}t = \frac{m}{M+m}R.$$

值得注意的是，此题的条件还可弱化一些，即只要M与水平支撑面的摩擦可以忽略不计就可以了.

例 2.7　一根长为l、质量均匀分布的链条平直放在光滑桌面上，开始时链条静止地搭在桌边，其中一端下垂，下垂部分长度为a，释放后链条开始下落，求链条下落到任意位置处的速度.

解　设链条线密度为λ，质量为M，有$\lambda = \frac{M}{l}$. 若t时刻下落长度为x，则下落部分质量为$m = \lambda x$，其所受重力为

$$F = mg = \lambda g x.$$

桌上部分为$l-x$，这部分受的重力和支持力相互抵消，因此，整个链条在下落部分所受重力的作用下运动，按动量定理

$$F\mathrm{d}t = \mathrm{d}p = \mathrm{d}(Mv), \quad \lambda g x\,\mathrm{d}t = M\mathrm{d}v.$$

两边同乘以$\mathrm{d}x$，有

$$\lambda g x\,\mathrm{d}x = M\mathrm{d}v\,\frac{\mathrm{d}x}{\mathrm{d}t} = Mv\,\mathrm{d}v.$$

$t=0$时，$x_0 = a$，$v_0 = 0$，落下x长度时速度为v，所以有

$$\int_a^x \lambda g x\,\mathrm{d}x = \int_0^v Mv\,\mathrm{d}v, \quad Mv^2 = \lambda g(x^2 - a^2) = \frac{M}{l}g(x^2 - a^2),$$

解得

$$v = \left[\frac{g}{l}(x^2 - a^2)\right]^{\frac{1}{2}}.$$

*2.3.4　质心　质心运动定理

质点系内各个质点受到内力和外力的作用，它们的运动情况可能很复杂，但有一个特殊的位置，即质心，它的运动有简单的规律.

质点系动量定理的微分式为

$$\left(\sum_{i=1}^{n}\vec{F}_{i外}\right)\mathrm{d}t=\mathrm{d}\left(\sum_{i=1}^{n}m_i\vec{v}_i\right).$$

用 m 表示质点系的总质量,即 $m=\sum_{i=1}^{n}m_i$,并且有 $\vec{v}_i=\frac{\mathrm{d}\vec{r}_i}{\mathrm{d}t}$,则

$$\sum_{i=1}^{n}\vec{F}_{i外}=\frac{\mathrm{d}}{\mathrm{d}t}\left(\sum_{i=1}^{n}m_i\frac{\mathrm{d}\vec{r}_i}{\mathrm{d}t}\right)=\frac{\mathrm{d}^2}{\mathrm{d}t^2}\left(\sum_{i=1}^{n}m_i\vec{r}_i\right)=m\frac{\mathrm{d}^2}{\mathrm{d}t^2}\left(\frac{\sum_{i=1}^{n}m_i\vec{r}_i}{m}\right),\tag{2.25}$$

式中 $\frac{\sum_{i=1}^{n}m_i\vec{r}_i}{m}$ 是由质点系的质量分布和各质点位置所决定的某个空间位置,在平均意义上代表质量分布的中心,称为质心,用 $\vec{r}_C$ 表示,则

$$\vec{r}_C=\frac{\sum_{i=1}^{n}m_i\vec{r}_i}{m}.\tag{2.26}$$

在直角坐标系中,当质量分布不连续时,有

$$x_C=\frac{1}{m}\sum_{i=1}^{n}m_ix_i,\quad y_C=\frac{1}{m}\sum_{i=1}^{n}m_iy_i,\quad z_C=\frac{1}{m}\sum_{i=1}^{n}m_iz_i,\tag{2.27a}$$

当质量分布连续时,

$$x_C=\int\frac{x\mathrm{d}m}{m},\quad y_C=\int\frac{y\mathrm{d}m}{m},\quad z_C=\int\frac{z\mathrm{d}m}{m}.\tag{2.27b}$$

质心的位置可以在物体内,也可以在物体外.计算表明,一个质量分布均匀且有规则几何形状的物体,其质心就在其几何中心.

重心与质心是两个不同的概念.例如脱离地球引力范围的飞船已不受重力作用,就没有重心可言,而其质心依然存在.地球表面附近的物体线度与它到地心的距离相比很小时,可近似认为物体内各质点所受重力作用线相互平行,物体的重心和质心才重合为同一点.

定义了质心的位置 $\vec{r}_C$,式(2.25)可写成

$$\sum_{i=1}^{n}\vec{F}_{i外}=m\frac{\mathrm{d}^2\vec{r}_C}{\mathrm{d}t^2}=m\vec{a}_C.\tag{2.28}$$

式(2.28)即为质心运动定理的数学表达式.该式表明,不管质点系所受外力如何分布,质心的运动就像把质点系的全部质量集中于质心且所有外力的矢量和也作用于质心时的一个质点的运动.

质心的加速度由质点系所受的合外力决定,内力对质心的运动没有影响.例如,一颗手榴弹可以看作一个质点系.投掷手榴弹时,将看到它一面翻转,一面前进,其中各点的运动情况相当复杂.但由于它受的外力只有重力(忽略空气阻力的作用),它的质心在空中的运动和一个质点被抛出后的运动一样,其轨迹是一个抛物线,如图 2.16 所示.又如高台跳水运动员离开跳台后,他的身体可以做各种优美的翻滚伸缩动作,但他的质心都是沿着一条抛物线运动.

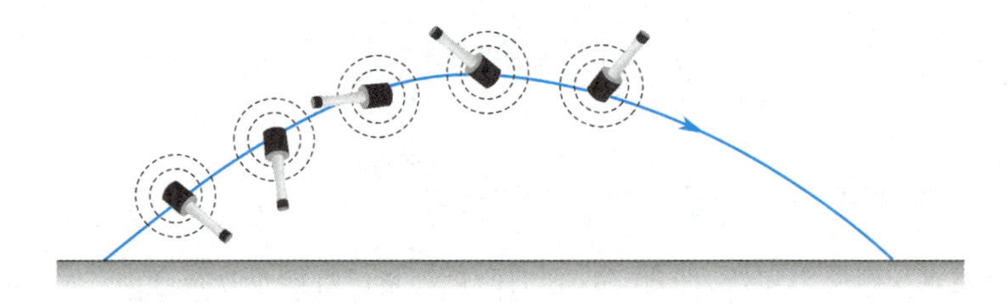

图 2.16 手榴弹质心的运动轨迹

式(2.26)对时间求导,得到质心的速度为

$$\vec{v}_C=\frac{\mathrm{d}\vec{r}_C}{\mathrm{d}t}=\frac{\sum\limits_{i=1}^{n}m_i\frac{\mathrm{d}\vec{r}_i}{\mathrm{d}t}}{m}=\frac{\sum\limits_{i=1}^{n}m_i\vec{v}_i}{m},$$

式中 $\sum\limits_{i=1}^{n}m_i\vec{v}_i$ 是质点系的总动量,记为 $\vec{p}$,则

$$\vec{p}=m\vec{v}_C. \tag{2.29}$$

上式表明,**质点系的总动量等于质点系总质量与质心速度的乘积**. 也就是说,不管质点系内部运动如何复杂,只需要测量质点系的总质量和质心速度,就可知它的总动量.

当 $\sum\limits_{i=1}^{n}\vec{F}_{i外}=\vec{0}$ 时,$\vec{p}=$常矢量,也即 $\vec{v}_C=$常矢量,则表明当质点系所受的合外力等于零时,其质心速度保持不变,可称为动量守恒定律的另一种表述.

2.4 功和能 机械能守恒定律

上节讨论了力的时间累积效应,得出了动量定理和动量守恒定律,为解决冲击、碰撞等问题提供了简捷方法. 这节将讨论力的空间累积效应,进而讨论功和能的关系.

2.4.1 功与功率

一个物体做直线运动,在恒力 $\vec{F}$ 作用下物体发生位移 $\Delta\vec{r}$,$\vec{F}$ 与 $\Delta\vec{r}$ 的夹角为 α,如图 2.17所示,则恒力 $\vec{F}$ 所做的功定义为**力在位移方向上的投影与该物体位移大小的乘积**. 若用 A 表示功,则有

$$A=F\,|\Delta\vec{r}|\cos\alpha.$$

按矢量标积的定义,上式可写为

$$A=\vec{F}\cdot\Delta\vec{r}, \tag{2.30}$$

图 2.17 恒力的功

即**恒力的功等于力与质点位移的标积**.

功是标量,它只有大小,没有方向. 功的正负由 α 角决定. 当 $\alpha>\frac{\pi}{2}$,功为负值,说某力做负功,或说克服某力做功;当 $\alpha<\frac{\pi}{2}$,功为正值,则说某力做正功;当 $\alpha=\frac{\pi}{2}$,功值为零,则说某力不做功. 例如物体做曲线运动时法向力就不做功. 另外,因为位移的值与参考系有关,所以功值是个相对量.

如果物体受到变力作用或做曲线运动,那么上面所讨论的功的计算公式就不能直接套用. 但如果将运动的轨迹曲线分割成许许多多足够小的元位移 $\mathrm{d}\vec{r}$,使得每段元位移 $\mathrm{d}\vec{r}$ 中,作用在质点上的力 $\vec{F}$ 都能看成恒力,如图 2.18 所示,则力 $\vec{F}$ 在这段元位移上所做的元功为

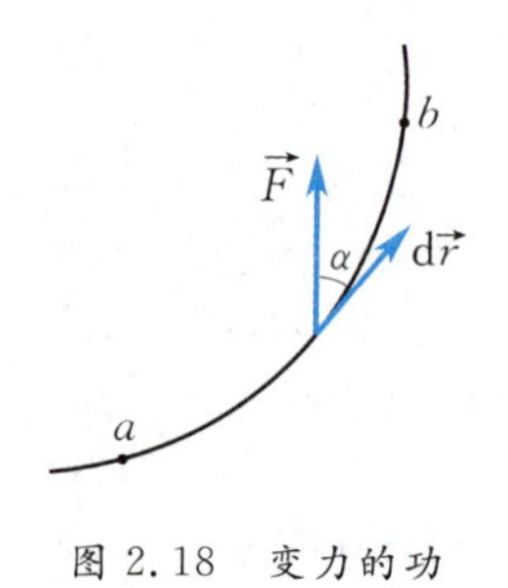

图 2.18 变力的功

$$dA = \vec{F} \cdot d\vec{r}.$$

力 $\vec{F}$ 在轨迹 ab 上所做的总功就等于所有各小段上元功的代数和，即

$$A = \int_a^b \vec{F} \cdot d\vec{r} = \int_a^b F\cos\alpha \, |d\vec{r}| = \int_a^b F_\tau ds, \tag{2.31}$$

式中 $ds = |d\vec{r}|$，F_τ 是力 $\vec{F}$ 在元位移 $d\vec{r}$ 方向上的投影. 式(2.31)就是计算变力做功的一般方法. 在直角坐标系中，因

$$\vec{F} = F_x\vec{i} + F_y\vec{j} + F_z\vec{k}, \quad d\vec{r} = dx\vec{i} + dy\vec{j} + dz\vec{k},$$

那么式(2.31)可表示为

$$A = \int_a^b (F_x dx + F_y dy + F_z dz). \tag{2.32}$$

当质点同时受到 N 个力，合力的功等于各个力沿同一路径所做功的代数和，即

$$A = A_1 + A_2 + \cdots + A_N = \sum_{i=1}^N A_i.$$

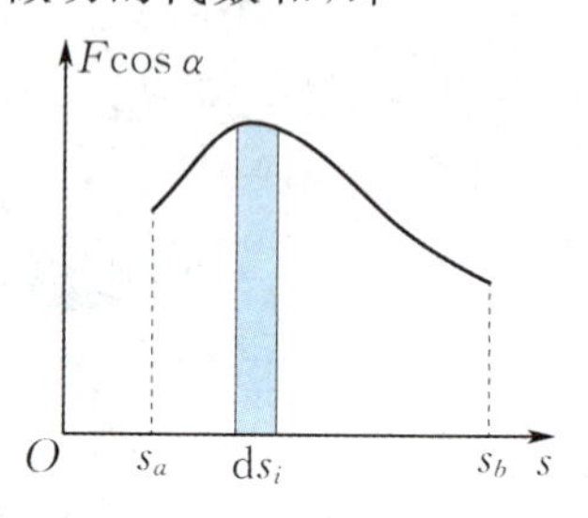

图 2.19 变力做功的示功图

功也可以用图解法计算. 以路程 s 为横坐标，$F\cos\alpha$ 为纵坐标，根据 $\vec{F}$ 随路程的变化关系所描绘的曲线称为**示功图**. 在图 2.19中带有阴影的狭长矩形面积等于力 $F_{\tau i}$ 在 ds_i 上做的元功. 曲线与边界线所围的面积就是变力 $\vec{F}$ 在整个路程上所做的总功. 用示功图求功较为直接方便，所以工程上常采用此方法.

下面通过分析重力、万有引力、弹簧弹性力做功的特点，引入保守力的概念.

1. 重力的功

地面附近不太大的范围内，重力可视为恒力，即重力大小等于 mg，方向垂直指向地面.

设质量为 m 的质点由 a 点沿任意路径移到 b 点，如图 2.20 所示，选取地面为坐标原点，y 轴垂直于地面，向上为正. 重力只有 y 方向的分量，即 $F_y = -mg$，应用式(2.32)，有

$$A = \int_{y_a}^{y_b} F_y dy = \int_{y_a}^{y_b} -mg\,dy = -(mgy_b - mgy_a). \tag{2.33}$$

式(2.33)表明，重力的功只与质点的始、末位置有关，与所通过的路径无关.

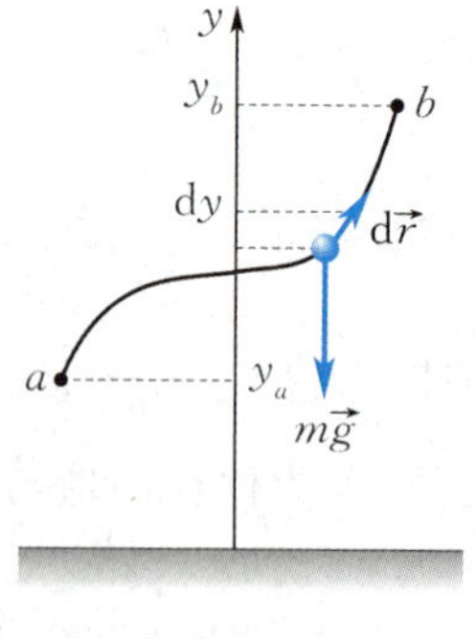

图 2.20 重力的功

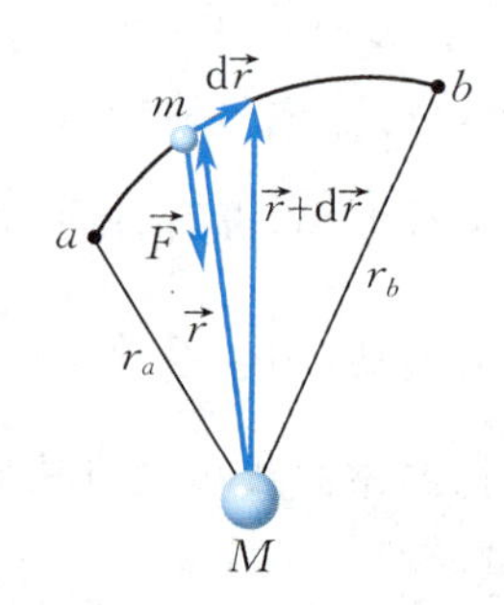

图 2.21 引力的功

2. 万有引力的功

设质量分别为 m 和 M 的两质点，质点 m 由 a 点沿任意路径移到 b 点，如图 2.21 所示. 质

点 m 受到 M 的引力的矢量式为

$$\vec{F}=-G\frac{mM}{r^2}\vec{r}_0,$$

式中 $\vec{r}_0=\frac{\vec{r}}{r}$，表示 m 相对 M 位矢的单位矢量，则引力的元功为

$$\mathrm{d}A=\vec{F}\cdot\mathrm{d}\vec{r}=-G\frac{mM}{r^2}\vec{r}_0\cdot\mathrm{d}\vec{r}.$$

因为 $\vec{r}_0\cdot\mathrm{d}\vec{r}=|\mathrm{d}\vec{r}|\cos\alpha=\mathrm{d}r$（注意：$|\mathrm{d}\vec{r}|\neq\mathrm{d}r$），所以 m 从 a 运动到 b，万有引力对 m 做功为

$$A=\int_{r_a}^{r_b}-G\frac{mM}{r^2}\mathrm{d}r=G\frac{mM}{r_b}-G\frac{mM}{r_a}. \tag{2.34}$$

上式表明引力的功也只与始、末位置有关，而与具体的路径无关.

3. 弹簧弹性力的功

如图 2.22 所示，选取弹簧自然伸长处为 x 坐标的原点，则当弹簧形变量为 x 时，弹簧对质点的弹性力为

$$\vec{f}=-k\vec{x},$$

式中负号表示弹性力的方向总是指向弹簧的平衡位置，即坐标原点. 小球由 a 点沿任意路径移到 b 点时，弹性力所做的功为

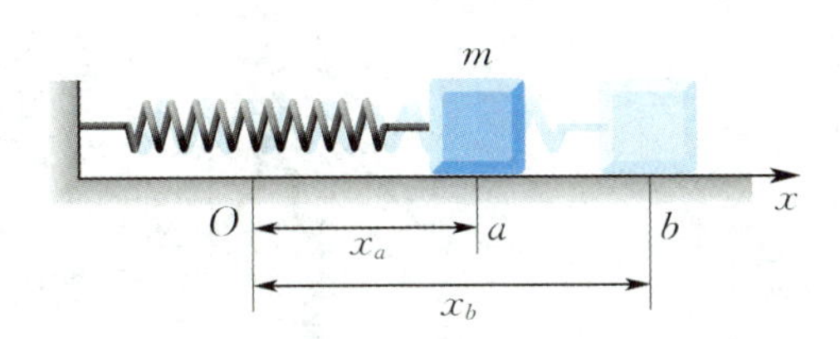

图 2.22　弹性力的功

$$A=\int_{x_a}^{x_b}\vec{f}\cdot\mathrm{d}\vec{x}=\int_{x_a}^{x_b}-k\vec{x}\cdot\mathrm{d}\vec{x}=\int_{x_a}^{x_b}-kx\,\mathrm{d}x=-\left(\frac{1}{2}kx_b^2-\frac{1}{2}kx_a^2\right). \tag{2.35}$$

这表明弹簧弹性力的功只与始、末位置有关，与弹簧的中间形变过程无关.

综上所述，重力、万有引力、弹簧弹性力的功只与物体的始、末位置有关而与具体路径无关. 除了这些力之外，静电力、分子力等也具有这种特性.

4. 一对相互作用力的功

设有两物体 m_1，m_2 相互作用，m_1 受 m_2 的作用力 $\vec{F}_1$，位移 $\mathrm{d}\vec{r}_1$，m_2 受 m_1 的作用力 $\vec{F}_2$，位移 $\mathrm{d}\vec{r}_2$，这一对相互作用力所做的功为

$$\mathrm{d}A=\mathrm{d}A_1+\mathrm{d}A_2=\vec{F}_1\cdot\mathrm{d}\vec{r}_1+\vec{F}_2\cdot\mathrm{d}\vec{r}_2.$$

而 $\vec{F}_1=-\vec{F}_2$，所以

$$\mathrm{d}A=\vec{F}_1\cdot\mathrm{d}\vec{r}_1-\vec{F}_1\cdot\mathrm{d}\vec{r}_2=\vec{F}_1\cdot(\mathrm{d}\vec{r}_1-\mathrm{d}\vec{r}_2)=\vec{F}_1\cdot\mathrm{d}\vec{r}_{12}, \tag{2.36}$$

式中 $\mathrm{d}\vec{r}_{12}$ 是物体 m_1 相对于物体 m_2 的元位移. 当 $\vec{F}_1$ 与 $\mathrm{d}\vec{r}_{12}$ 垂直，或 $|\mathrm{d}\vec{r}_{12}|=0$（$m_1$ 与 m_2 相对位移为零）时，这一对相互作用力所做的功为零；否则，一对相互作用力的功不为零. 式(2.36)表明一对力所做的功只决定于两物体的相对路径，而与参照系的选择无关.

在任意参考系中，如果一对力所做的功只取决于相互作用的质点的始、末相对位置，与经历的路径无关，把具有这种特性的一对力称为**保守力**. 或者说，当物体沿任意闭合路径 L 绕行一周时，保守力的功为零，可用下面的数学式来定义，即

$$\oint_L\vec{F}_{\text{保}}\cdot\mathrm{d}\vec{r}=0. \tag{2.37}$$

如果某力的功与路径有关,或该力沿任意闭合路径的功值不等于零,称这种力为**非保守力**,例如摩擦力.

单位时间内的功称为功率. 设 Δt 时间内完成功 A,则这段时间的平均功率为

$$\bar{P}=\frac{A}{\Delta t}.$$

当 $\Delta t\to 0$ 时,瞬时功率为

$$P=\frac{\mathrm{d}A}{\mathrm{d}t}=\vec{F}\cdot\vec{v},\tag{2.38}$$

即**瞬时功率等于力和速度的标积**(或称作点积).

在国际单位制中,功的单位是焦[耳](J),功率的单位是焦[耳]每秒(J/s),称为瓦[特](W).

例 2.8 在离水面高为 H 的岸上,有人用大小不变的力 $\vec{F}$ 拉绳使船靠岸,如图 2.23 所示,求船从离岸 x_1 处移到 x_2 处的过程中,力 $\vec{F}$ 对船所做的功.

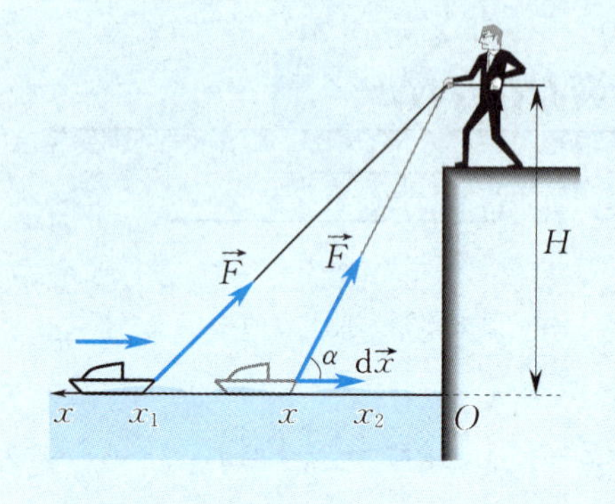

图 2.23 例 2.8 图

解 由题知,虽然力的大小不变,但其方向在不断变化,故仍然是变力做功.

如图 2.23 所示,以岸边为坐标原点,向左为 x 轴正向,则力 $\vec{F}$ 在坐标为 x 处的任一小段元位移 $\mathrm{d}\vec{x}$ 上所做元功为

$$\mathrm{d}A=\vec{F}\cdot\mathrm{d}\vec{x}=F\cos\alpha(-\mathrm{d}x)=-F\frac{x}{\sqrt{x^2+H^2}}\mathrm{d}x,$$

即

$$A=\int_{x_1}^{x_2}-F\frac{x}{\sqrt{x^2+H^2}}\mathrm{d}x=F(\sqrt{H^2+x_1^2}-\sqrt{H^2+x_2^2}).$$

由于 $x_1>x_2$,所以 $\vec{F}$ 做正功.

例 2.9 一个质点的运动轨迹为抛物线 $x^2=4y$,作用在该质点上的力 $\vec{F}=(2y\vec{i}+4\vec{j})$ N,试求质点从 $x_1=-2$ m 处运动到 $x_2=3$ m 处力 $\vec{F}$ 所做的功.

解 由质点轨迹方程知,对应于 x_1 和 x_2 的 y 坐标为 $y_1=1$ m 和 $y_2=\frac{9}{4}$ m. 由式(2.32)可得力 $\vec{F}$ 所做的功为

$$A=\int_a^b(F_x\mathrm{d}x+F_y\mathrm{d}y)=\int_{x_1}^{x_2}2y\mathrm{d}x+\int_{y_1}^{y_2}4\mathrm{d}y=\int_{-2}^{3}\frac{x^2}{2}\mathrm{d}x+\int_1^{9/4}4\mathrm{d}y=10.8\ \mathrm{J}.$$

例 2.10 在光滑的水平台面上放有质量为 M 的沙箱,一颗从左方飞来的质量为 m 的子弹从箱左侧击入,在沙箱中前进一段距离 l 后停止. 在这段时间内沙箱向右运动的距离为 s,此后沙箱带着子弹做匀速运动. 求此过程中的一对相互作用力所做的功(假定子弹所受阻力为一恒力).

解　如图 2.24 所示，设子弹对沙箱作用力为 f'，沙箱位移为 s；沙箱对子弹作用力为 f，子弹的位移为 $s+l$，力的大小 $f=f'$，则这一对相互作用力的功

$$A=-f(s+l)+f's=-fl\neq 0.$$

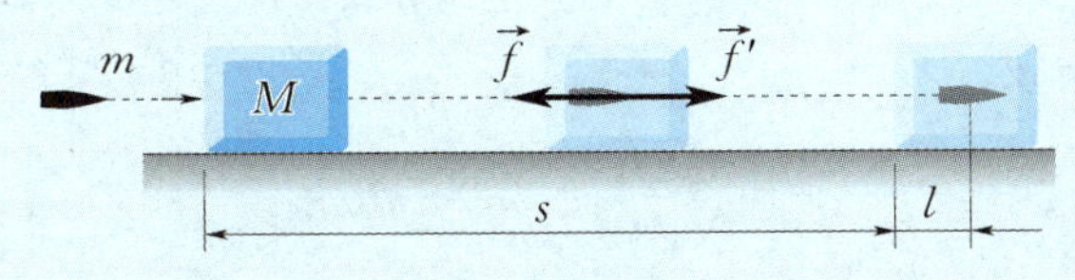

图 2.24　例 2.10 图

说明　沙箱对子弹做功 $-f(s+l)$ 与子弹对沙箱做的功 $f's=fs$ 两者数值不等；这一对相互作用力做功之和不为零，它等于子弹与沙箱组成的系统的机械能的损失，损失的机械能转化为热能.

2.4.2　质点动能定理

如果力随时间的变化复杂，或物体的运动轨迹复杂，力对物体所做的功难于计算. 下面讨论力对物体做功后，物体的运动状态发生的变化.

设一个质量为 m 的质点沿任一条曲线从 a 点运动到 b 点，其速率从 v_1 变化到 v_2. 在曲线上取任一元位移 $\mathrm{d}\vec{r}$，根据牛顿第二定律，合力 $\vec{F}$ 在这段元位移上的功为

$$\mathrm{d}A=\vec{F}\cdot\mathrm{d}\vec{r}=m\frac{\mathrm{d}\vec{v}}{\mathrm{d}t}\cdot\mathrm{d}\vec{r}=m\mathrm{d}\vec{v}\cdot\vec{v}.$$

由于 $\mathrm{d}(\vec{v}\cdot\vec{v})=\vec{v}\cdot\mathrm{d}\vec{v}+\mathrm{d}\vec{v}\cdot\vec{v}=2\mathrm{d}\vec{v}\cdot\vec{v}$，又 $\mathrm{d}(\vec{v}\cdot\vec{v})=\mathrm{d}(v^2)=2v\mathrm{d}v$，因此 $\mathrm{d}\vec{v}\cdot\vec{v}=v\mathrm{d}v$，则

$$\mathrm{d}A=\vec{F}\cdot\mathrm{d}\vec{r}=mv\mathrm{d}v.$$

质点从 a 点运动到 b 点，合力 $\vec{F}$ 的功为

$$A=\int_a^b\vec{F}\cdot\mathrm{d}\vec{r}=\int_{v_1}^{v_2}mv\mathrm{d}v=\frac{1}{2}mv_2^2-\frac{1}{2}mv_1^2. \tag{2.39}$$

定义 $E_\mathrm{k}=\frac{1}{2}mv^2$ 为质点的动能. 式(2.39) 可写成

$$A=E_{\mathrm{k}2}-E_{\mathrm{k}1}. \tag{2.40}$$

式(2.40)表明**合外力对质点所做的功等于质点动能的增量**，称为**质点动能定理**.

例 2.11　一个质量为 10 kg 的物体沿 x 轴无摩擦地滑动，$t=0$ 时物体静止于原点，(1) 若物体在力 $F=(3+4t)$ N 的作用下运动了 3 s，它的速度增为多大？力做功多少？(2) 物体在力 $F=(3+4x)$ N 的作用下移动了 3 m，它的速度增为多大？力做功多少？

解　(1) 由动量定理 $\int_0^t F\mathrm{d}t=mv$，得

$$v=\int_0^t\frac{F}{m}\mathrm{d}t=\int_0^3\frac{3+4t}{10}\mathrm{d}t=\left(\frac{3}{10}\times 3+\frac{1}{5}\times 3^2\right)\mathrm{m/s}=2.7\ \mathrm{m/s}.$$

由动能定理，力做功为

$$A=\frac{1}{2}mv^2=36.45\ \mathrm{J}.$$

(2) 由动能定理 $A=\int_0^x F\mathrm{d}x=\frac{1}{2}mv^2$,得

$$A=\int_0^3 (3+4x)\mathrm{d}x=(3\times 3+2\times 3^2)\mathrm{J}=27\ \mathrm{J}.$$

故

$$v=\sqrt{\frac{2A}{m}}=2.32\ \mathrm{m/s}.$$

2.4.3 质点系动能定理

设一个质点系有 n 个质点,现考察第 i 个质点. 由 2.3 节可知,该质点所受合力为 $\vec{F}_{i外}+\sum_{\substack{j=1\\j\neq i}}^{n}\vec{f}_{ji}$,则对该质点运用动能定理有

$$\int_1^2 \vec{F}_{i外}\cdot \mathrm{d}\vec{r}_i+\int_1^2\sum_{\substack{j=1\\j\neq i}}^{n}\vec{f}_{ji}\cdot \mathrm{d}\vec{r}_i=\frac{1}{2}m_iv_{i2}^2-\frac{1}{2}m_iv_{i1}^2.$$

对所有质点求和可得

$$\sum_{i=1}^{n}\int_1^2 \vec{F}_{i外}\cdot \mathrm{d}\vec{r}_i+\sum_{i=1}^{n}\int_1^2\sum_{\substack{j=1\\j\neq i}}^{n}\vec{f}_{ji}\cdot \mathrm{d}\vec{r}_i=\sum_{i=1}^{n}\frac{1}{2}m_iv_{i2}^2-\sum_{i=1}^{n}\frac{1}{2}m_iv_{i1}^2. \quad (2.41)$$

式(2.41)即是质点系的动能定理的数学表达式.

因为质点系内各质点的位移 $\mathrm{d}\vec{r}_i$ 是不同的,不能作为公因子提到求和符号之外,即不能先求合力,再求合力的功,只能先求每个力的功,再对这些功求和. 在质点系内部,内力总是成对出现的,由前面讨论可知一对相互作用力的功一般不为零,也就是说内力做功会改变质点系的总动能.

把内力分为保守内力和非保守内力,于是内力的功可分为两部分,即内部保守力做功的代数和与内部非保守力做功的代数和,分别用 $A_{内保}$ 和 $A_{内非}$ 表示. 用 $A_{外}$ 表示质点系外力做功的代数和,用 E_k 表示质点系的总动能,则式(2.41)可表示为

$$A_{外}+A_{内非}+A_{内保}=E_{k2}-E_{k1}. \quad (2.42)$$

即**质点系总动能的增量等于外力的功与质点系内保守力的功和质点系内非保守力的功三者之和**,称为**质点系的动能定理**.

例 2.12 如图 2.25 所示,一个质量为 M 的平顶小车,在光滑的水平轨道上以速度 v 做直线运动. 今在车顶前缘放上一个质量为 m 的物体,物体相对于地面的初速度为零. 设物体与车顶之间的摩擦系数为 μ,为使物体不致从车顶上跌下去,问车顶的长度 l 最短应为多少?

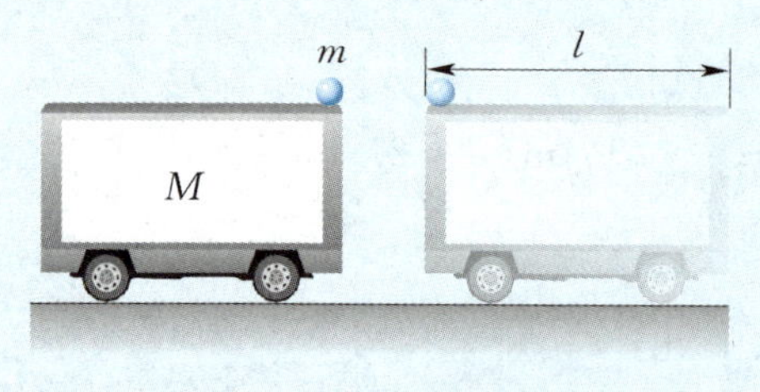

图 2.25 例 2.12 图

解 由于摩擦力做功的结果,最后使得物体与小车具有相同的速度 V,这时物体相对于小车为静止而不会跌下. 在这一过程中,以物体和小球为一个系统,水平方向动量守恒,有

$$Mv=(m+M)V.$$

而 m 相对于 M 的位移为 l,如图 2.25 所示,

则一对摩擦力的功为

$$-\mu mgl=\frac{1}{2}(m+M)V^2-\frac{1}{2}Mv^2.$$

联立以上两式即可解得车顶的最小长度为

$$l=\frac{Mv^2}{2\mu g(M+m)}.$$

2.4.4 势能

在前面的讨论中已指出,保守力的功与质点运动的路径无关,仅取决于相互作用的两物体初态和终态的相对位置.如重力、万有引力、弹簧力的功,其值分别为

$$A_{重}=-(mgy_b-mgy_a),$$

$$A_{引}=-\left[-G\frac{mM}{r_b}-\left(-G\frac{mM}{r_a}\right)\right],$$

$$A_{弹}=-\left(\frac{1}{2}kx_b^2-\frac{1}{2}kx_a^2\right).$$

可以看出,存在一个由相对位置决定的函数,称为相互作用系统的**势能函数**,简称**势能**,用 E_p 表示.保守力做的功表示为

$$\int_a^b \vec{F}_{保}\cdot d\vec{r}=-(E_{pb}-E_{pa})=-\Delta E_p.$$

上式表明系统从 a 位置改变到 b 位置的过程中,保守力的功等于系统势能增量的负值.

若 $E_{pa}=0$,则有

$$E_{pb}=-A_{保}=-\int_{E_p=0处}^{b}\vec{F}\cdot d\vec{r}=\int_b^{E_p=0处}\vec{F}\cdot d\vec{r}, \tag{2.43}$$

表明某处的势能等于质点由该处移动到势能零点时保守力所做的功.

选取无穷远处为引力势能零点,则引力势能函数形式表示为

$$E_{p引}=-\int_r^{\infty}-G\frac{mM}{r^2}\vec{r}_0\cdot d\vec{r}=-G\frac{mM}{r}. \tag{2.44}$$

同理,若取离地面附近某处为重力势能零点,则重力势能函数表示为

$$E_{p重}=mgh, \tag{2.45}$$

式中 h 是相对重力势能零点的高度.

对于弹簧弹性力,若取弹簧自然伸长处为弹性势能零点,则弹性势能函数为

$$E_{p弹}=\frac{1}{2}kx^2. \tag{2.46}$$

有关势能的几点讨论如下.

(1) 势能函数的形式与保守力的性质密切相关,对应一种保守力可引进一种相关的势能.非保守力不能引进势能的概念.

(2) 势能的数值与势能零点选择有关.势能零点选的不同,势能的数值不同,因此势能的数值是相对的.原则上势能零点可任意选择,但选取适当的势能零点,可使势能函数形式较为简洁.

若采用不定积分,某处的势能可表示为

$$E_p = -\int \vec{F}_{保} \cdot d\vec{r} = E(r) + C,$$

式中C是待定积分常数.如果选取系统势能零点的位置使$C=0$,那么已知一种保守力的函数形式,可得到与之相应的势能函数.

(3) 势能属于以保守力相互作用的系统所共有,不能认为势能是某一物体所有.例如,重力势能是某物体与地球相互以重力作用的结果;引力势能是两质点相互以万有引力作用的结果,弹簧弹性势能是物体与弹簧相互作用的结果.一对保守力做正功时,系统势能减少;做负功时,系统势能增加.

将势能随相对位置变化的函数关系在坐标图上描绘出来就是势能曲线.图2.26中(a),(b),(c)分别给出了重力势能、弹性势能及引力势能的势能曲线.

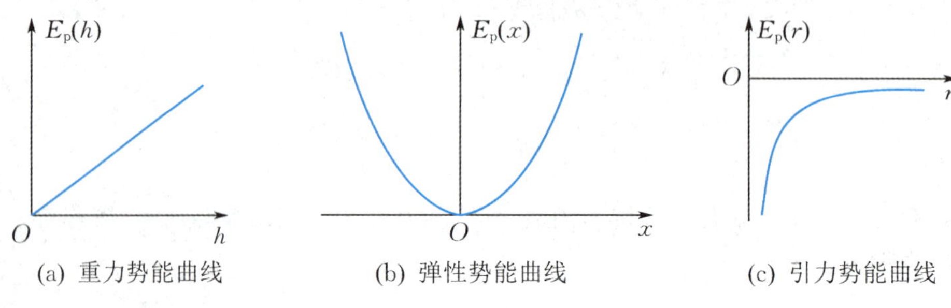

图 2.26 势能曲线

势能曲线上任一点的斜率的负值表示质点在该处所受的保守力.势能曲线有极值时,即曲线斜率为零处,其受力为零,存在平衡位置.势能曲线有极大值的位置点是不稳定平衡位置,势能曲线有极小值的位置点是稳定平衡位置,如图 2.27 所示.

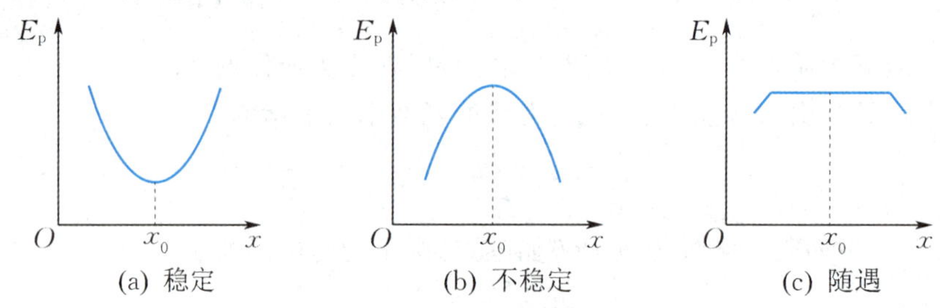

图 2.27 势能曲线的三种平衡位置

例 2.13 一根劲度系数为k的轻质弹簧,下悬一个质量为m的物体而处于静止状态.该平衡位置作为坐标原点,同时作为系统的重力势能和弹簧弹性势能零点,那么当m偏离平衡位置的位移为x时,整个系统的总势能为多少?

解 题中所指系统是地球、弹簧、重物m所组成的系统.为便于叙述,开始时仍以弹簧原长处(即自然伸长处)为坐标原点O',并以向下为x'轴(x轴)正向,如图 2.28 所示,则m位于平衡位置O点处的坐标值为

$$x_1' = \frac{mg}{k}.$$

由势能函数的定义，弹性势能为

$$E_{p弹} = \frac{1}{2}kx'^2 + C.$$

根据题意，选系统在 O 点时 $E_{p弹} = 0$，所以 $C = -\frac{1}{2}kx_1'^2$.

以 O 点为弹性势能零点时，系统弹性势能表达式为

$$E_{p弹} = \frac{1}{2}kx'^2 - \frac{1}{2}x_1'^2.$$

当 m 离 O 点的坐标为 x 时，它相对于 O' 点的坐标 $x' = x + x_1'$，此时系统的弹性势能为

$$E_{p弹} = \frac{1}{2}k(x + x_1')^2 - \frac{1}{2}kx_1'^2 = \frac{1}{2}kx^2 + kx_1'x$$

$$= \frac{1}{2}kx^2 + mgx.$$

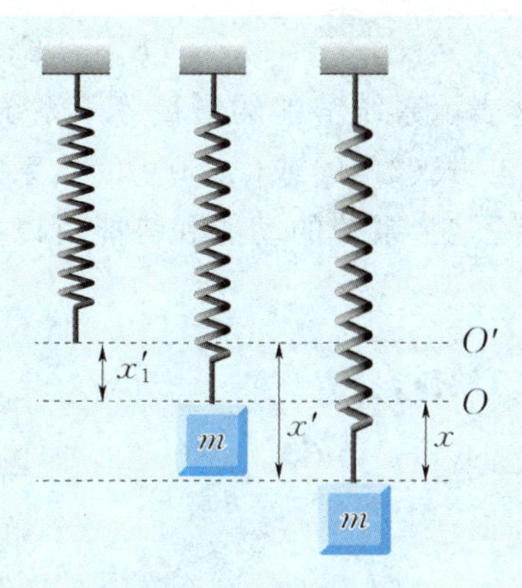

图 2.28 例 2.13 图

同时，题中又设 O 点处重力势能为零，故 x 处的重力势能为

$$E_{p重} = -mgx,$$

则总势能

$$E_p = E_{p弹} + E_{p重} = \frac{1}{2}kx^2 + mgx - mgx = \frac{1}{2}kx^2.$$

这说明，对于竖直悬挂的弹簧，若以平衡位置为坐标原点及重力势能、弹性势能零点，则此系统的总势能（或称系统的振动势能）为 $\frac{1}{2}kx^2$. 这种处理方法在讨论弹簧振子的简谐振动能量时极为方便.

2.4.5 功能原理 机械能守恒定律

考虑到一对保守力的功等于相应势能增量的负值，有

$$A_{内保} = -\Delta E_p = -(E_{p2} - E_{p1})（式中 E_p 表示系统内各种势能之总和），$$

则式(2.42)可进一步表示为

$$A_{外} + A_{内非} = (E_{k2} - E_{k1}) + (E_{p2} - E_{p1}). \tag{2.47}$$

如果令

$$E = E_k + E_p$$

表示系统的机械能，则有

$$A_{外} + A_{内非} = E_2 - E_1. \tag{2.48}$$

这就是质点系的功能原理的数学表达式，即**系统机械能的增量等于外力的功与内部非保守力功之和**.

顺便指出，由于势能的大小与势能零点的选择有关，因此在运用功能原理解题时，应先指明系统的范围，并选定势能零点.

由式(2.48)，当 $A_{外} + A_{内非} = 0$ 时，有

$$E_{k1} + E_{p1} = E_{k2} + E_{p2} = 常量 \tag{2.49}$$

或

$$E_{p2}-E_{p1}=-(E_{k2}-E_{k1}),\text{ 即 }\Delta E_p=-\Delta E_k. \tag{2.50}$$

这表示系统势能的增量等于系统动能减少的量.

式(2.49)或(2.50)表明,系统在运动过程中,如果只有保守内力做功时,系统的机械能保持不变,系统的动能和势能可以相互转换,称为**机械能守恒定律**.

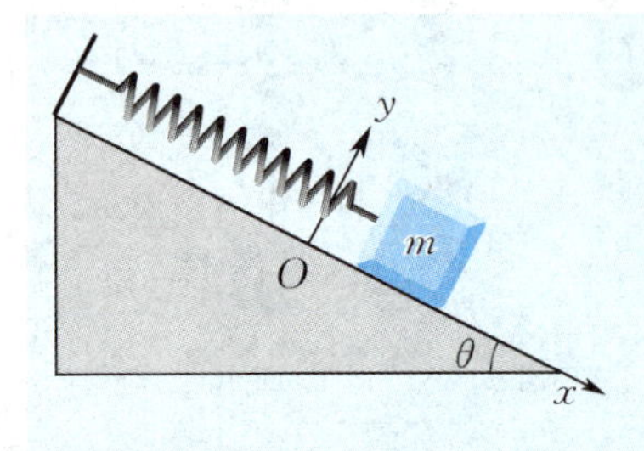

图 2.29 例 2.14 图

例 2.14 一个轻弹簧一端系于固定斜面的上端,如图 2.29所示,另一端连着质量为 m 的物块,物块与斜面的摩擦系数为 μ,弹簧的劲度系数为 k,斜面倾角为 θ,今将物块由弹簧的自然长度拉伸 l 后由静止释放,物块第一次静止在什么位置上?

解 以弹簧、物体、地球为系统,取弹簧自然伸长处为原点,沿斜面向下为 x 轴正向,且以原点为弹性势能和重力势能零点,则由功能原理式(2.48),在物块向上滑至 x 处时,有

$$\left(\frac{1}{2}mv^2+\frac{1}{2}kx^2-mgx\sin\theta\right)-\left(\frac{1}{2}kl^2-mgl\sin\theta\right)=-\mu mg\cos\theta(l-x).$$

物块静止位置与 $v=0$ 对应,故有

$$\frac{1}{2}kx^2-mgx(\sin\theta+\mu\cos\theta)+mgl(\sin\theta+\mu\cos\theta)-\frac{1}{2}kl^2=0.$$

解此二次方程,得

$$x=\frac{2mg(\sin\theta+\mu\cos\theta)}{k}-l.$$

方程的另一根 $x=l$,即初始位置,舍去.

例 2.15 试分析航天器的三种宇宙速度.

解 (1) 第一宇宙速度.航天器绕地球运动所需的最小速度称为第一宇宙速度.以地心为原点,航天器在距地心为 r 处绕地球做圆周运动的速度为 v_1,则有

$$G\frac{mM_{地}}{r^2}=m\frac{v_1^2}{r},\quad v_1=\sqrt{G\frac{M_{地}}{r}}=\sqrt{\frac{R^2}{r}g_0},$$

式中 $g_0=G\dfrac{M_{地}}{R^2}$ 为地球表面处的重力加速度,R 为地球半径.若 $r=R$ 时,则

$$v_1=\sqrt{Rg_0}\approx 7.9\ \text{km/s}.$$

这就是第一宇宙速度.

(2) 第二宇宙速度.在地球表面处的航天器要脱离地球引力范围而必须具有的最小速度,称为第二宇宙速度.以地球和航天器为一个系统,航天器在地球表面处的引力势能为 $-G\dfrac{mM_{地}}{R}$,动能为 $\dfrac{1}{2}mv_2^2$.航天器能脱离地球时,地球的引力可忽略不计,系统势能为零,动能的最小量为零.由机械能守恒定律,有

$$\frac{1}{2}mv_2^2-G\frac{mM_{地}}{R}=0,$$

$$v_2=\sqrt{2Rg_0}=\sqrt{2}\,v_1\approx 11.2\ \text{km/s}.$$

这就是第二宇宙速度.

(3) 第三宇宙速度. 在地球表面发射的航天器,能逃逸出太阳系所需要的最小速度,称为第三宇宙速度. 作为近似处理可分两步进行.

第一步,从地球表面把航天器送出地球引力圈,在此过程中略去太阳引力,这一步的计算方法与分析第二宇宙速度类似,所不同的是航天器还必须有剩余动能 $\frac{1}{2}mv^2$,因此有

$$\frac{1}{2}mv_3^2 - G\frac{mM_{地}}{R} = \frac{1}{2}mv^2,$$

由前讨论知 $G\frac{mM_{地}}{R} = \frac{1}{2}mv_2^2$,代入上式有 $v_3^2 = v_2^2 + v^2$.

第二步,航天器由脱离地球引力圈的地点(近似为地球相对于太阳的轨道上)出发,继续运动,逃离太阳系,在此过程中,忽略地球的引力. 以太阳为参考系,地球绕太阳的公转速度(相当于计算地球相对于太阳的第一宇宙速度)为

$$v_1' = \sqrt{G\frac{M_{太}}{r_0}} \approx 30\ \text{km/s},$$

式中 $M_{太}$ 为太阳的质量,r_0 为太阳中心到地球中心的距离. 以太阳为参考系计算,逃离太阳引力范围所需的速度(相当于计算地球相对于太阳的第二宇宙速度),即

$$\frac{1}{2}mv_2'^2 - G\frac{mM_{太}}{r_0} = 0,$$

$$v_2' = \sqrt{\frac{2GM_{太}}{r_0}} = \sqrt{2}v_1' = 42\ \text{km/s}.$$

为了充分利用地球的公转速度,使航天器在第二步开始时的速度沿公转方向,这样在第二步开始时,航天器所需的相对地球速度为

$$v = v_2' - v_1' = 12\ \text{km/s}.$$

这就是第一步航天器所需的剩余动能所对应的速度. 因此

$$v_3^2 = v_2^2 + v^2 = 11.2^2 + 12^2 = 16.4^2,$$

即

$$v_3 = 16.4\ \text{km/s}.$$

这就是第三宇宙速度.

以上三种宇宙速度仅为理论上的最小速度,没有考虑空气阻力的影响.

2.4.6　能量转换与守恒定律

现考虑一种情况,即当 $A_{外} = 0$ 时,若 $A_{内非} > 0$,系统的机械能增大,如炸弹爆炸、人从静止开始走动,就属于这种情形;若 $A_{内非} < 0$,系统的机械能减小,如克服摩擦力做功,这样的非保守力常称为耗散力.

$A_{外} = 0$,即系统与外界无机械能的净交换,但 $A_{内非} \neq 0$ 时,系统的机械能不守恒. 那么系统增加的(或减少)机械能是从何处来(或向何处去)呢?

大量事实证明,在孤立系统内,若系统的机械能发生了变化,必然伴随着等值的其他形式能量(如内能、电磁能、化学能、生物能及核能等)的增加或减少. 这说明能量既不能消失也不

会创生,只能从一种形式的能量转换成另一种形式的能量.也就是说,**在一个孤立系统内,不论发生何种变化过程,各种形式的能量之间无论怎样转换,但系统的总能量将保持不变**,这就是**能量转换与守恒定律**.

能量守恒定律是自然界中的普遍规律.它不仅适用于物质的机械运动、热运动、电磁运动、核子运动等物理运动形式,而且也适用于化学运动、生物运动等运动形式.

*2.4.7 碰撞

两个或两个以上的物体靠近时,相互作用时间很短,相互作用力很大,它们中至少一个物体的运动状态发生了明显变化,这类相互作用称为**碰撞**.

为简单起见,下面讨论质量为 m_1 和 m_2 的两个质点构成的系统.碰撞时系统的内力往往远大于外力,可认为满足动量守恒定律.设两质点碰撞前的速度分别为 $\vec{v}_{10}$ 和 $\vec{v}_{20}$,碰撞后的速度分别为 $\vec{v}_1$ 和 $\vec{v}_2$.由动量守恒定律,则

$$m_1\vec{v}_1+m_2\vec{v}_2=m_1\vec{v}_{10}+m_2\vec{v}_{20}. \tag{2.51}$$

1. 完全非弹性碰撞

物体碰撞后不分开,称为完全非弹性碰撞.对两个物体构成的系统,$\vec{v}_1=\vec{v}_2$,即碰撞后具有相同的速度 $\vec{v}$,则

$$\vec{v}=\frac{m_1\vec{v}_{10}+m_2\vec{v}_{20}}{m_1+m_2}.$$

碰撞前后系统总动能的损失为

$$-\Delta E_k=\frac{1}{2}m_1v_{10}^2+\frac{1}{2}m_2v_{20}^2-\frac{1}{2}(m_1+m_2)v^2.$$

若设 $v_{20}=0$,则

$$-\Delta E_k=\frac{m_2E_{k0}}{m_1+m_2}, \tag{2.52}$$

式中 $E_{k0}=\frac{1}{2}m_1v_{10}^2$,即碰撞前系统的总动能.由式(2.52)可知,当 m_2 远小于 m_1 时,$-\Delta E_k\approx0$,机械能损失最小;当 m_2 远大于 m_1 时,$-\Delta E_k\approx E_{k0}$,机械能损失最大.

2. 完全弹性碰撞

碰撞前后系统的机械能保持不变,称为完全弹性碰撞.也就是指在碰撞过程中,物体发生的形变在碰撞结束时完全恢复了,即碰撞前、后系统的势能变化为零,因此完全弹性碰撞也指碰撞前后系统的总动能守恒.

碰撞前后物体的速度(动量)均在同一直线上称为正碰.两个物体发生弹性正碰时,则

$$m_1v_1+m_2v_2=m_1v_{10}+m_2v_{20}, \tag{2.53}$$

$$\frac{1}{2}m_1v_1^2+\frac{1}{2}m_2v_2^2=\frac{1}{2}m_1v_{10}^2+\frac{1}{2}m_2v_{20}^2. \tag{2.54}$$

联立式(2.53)和式(2.54),解得

$$v_1=\frac{m_1v_{10}-m_2v_{10}+2m_2v_{20}}{m_1+m_2},$$

$$v_2=\frac{m_2v_{20}-m_1v_{20}+2m_1v_{10}}{m_1+m_2}.$$

若设 $v_{20}=0$(参考系可设在 m_2 上观测,不失一般性),可做下面几点讨论.

(1) 当 $m_2=m_1$ 时,则 $v_1=0$,$v_2=v_{10}$,这表明两物体碰撞后交换了速度,机械运动发生了转移.

(2) 当 $m_2\ll m_1$ 时,即指大物体碰撞静止的小物体,则 $v_1\approx v_{10}$,$v_2\approx 2v_{10}$,这表明大物体基本保持碰撞

前的运动状态，而小物体约以两倍的速度弹开.

(3) 当 $m_2 \gg m_1$ 时，即指小物体碰撞静止的大物体，则 $v_1 \approx -v_{10}$，$v_2 \approx 0$，这表明小物体约以原来的速度大小弹回，而大物体基本保持静止.

实际上，物体由于碰撞产生的形变不可能完全恢复，完全弹性碰撞是理想碰撞情况. 碰撞产生的形变不能完全恢复时，这类碰撞称为非完全弹性碰撞，研究它的问题通常引入恢复系数(由实验测定). 由于问题比较复杂，这里不做进一步介绍.

2.5　角动量　角动量守恒定律

自然界中质点绕某中心转动的情形很多，如行星绕太阳公转、月亮和人造卫星绕地球转动等. 在这些问题中动量和能量的概念不能反映质点运动的全部. 例如，天文观察表明，地球围绕太阳转动的过程中，在近日点附近运动速度较快，而在远日点附近运动速度较慢. 对于这一点，建立角动量的概念并运用其守恒定律就容易说明. 在微观领域中，角动量的概念也非常重要. 例如，电子在原子核周围的运动状态可用它的轨道角动量和自旋角动量来描述.

2.5.1　角动量　力矩

为了描述物体对某一参考点的转动状态，需引入运动质点对某一参考点的角动量.

如图 2.30 所示，一个质量为 m 的质点，以速度 $\vec{v}$ 运动，相对于参考点 O 的矢径为 $\vec{r}$，则把质点相对于 O 点的矢径 $\vec{r}$ 与质点的动量 $m\vec{v}$ 的矢积定义为该时刻**质点相对 O 点的角动量**，用 $\vec{L}$ 表示，即

$$\vec{L} = \vec{r} \times m\vec{v}. \tag{2.55a}$$

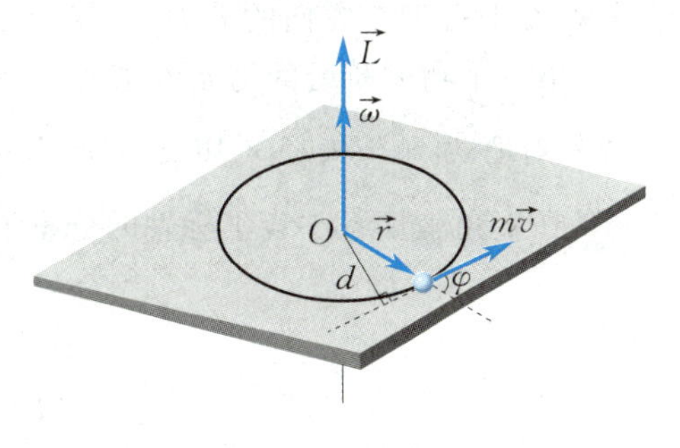

图 2.30　质点的角动量

由矢积的定义可知，角动量 $\vec{L}$ 的方向垂直于 $\vec{r}$ 和 $m\vec{v}$ 所组成的平面，其方向满足右手螺旋定则. $\vec{L}$ 的大小为

$$L = rmv\sin\varphi, \tag{2.55b}$$

式中 φ 为 $\vec{r}$ 和 $m\vec{v}$ 间的夹角. 当质点做圆周运动时，$\varphi = \dfrac{\pi}{2}$，这时质点对圆心 O 点的角动量大小为

$$L = rmv = mr^2\omega. \tag{2.56}$$

由角动量定义式(2.55a)可知，同一质点对不同的参考点的位矢不同，因而角动量也不同. 因此，论述质点的角动量时，必须指明是对哪一参考点而言的.

在直角坐标系中，角动量 $\vec{L}$ 的各坐标轴的分量为

$$\begin{cases} L_x = yp_z - zp_y, \\ L_y = zp_x - xp_z, \\ L_z = xp_y - yp_x. \end{cases} \tag{2.57}$$

在国际单位制中,角动量的单位是千克二次方米每秒($\mathrm{kg \cdot m^2/s}$).

为了定量描述引起质点角动量变化的原因,必须引入力矩的概念.下面先引入力对某参考点的力矩.

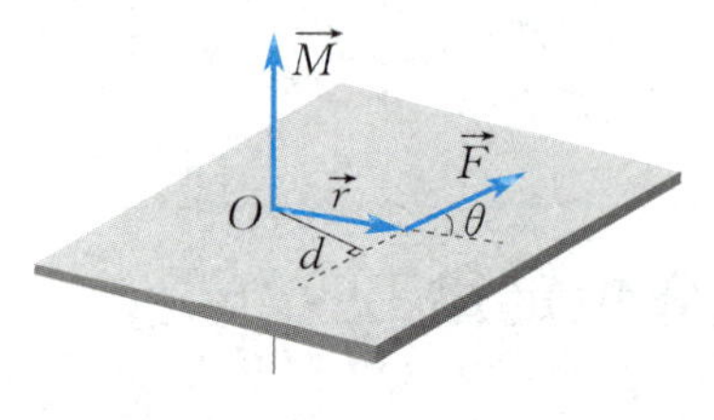

图 2.31 对点的力矩

如图 2.31 所示,力 $\vec{F}$ 对参考点 O 的力矩定义为力 $\vec{F}$ 的作用点对 O 点的矢径 $\vec{r}$ 与力 $\vec{F}$ 的矢积,用 $\vec{M}$ 表示,即

$$\vec{M} = \vec{r} \times \vec{F}. \tag{2.58a}$$

力矩的方向垂直于 $\vec{r}$ 与 $\vec{F}$ 所决定的平面,满足右手螺旋定则. $\vec{M}$ 的大小为

$$M = Fr\sin\theta, \tag{2.58b}$$

式中 θ 为 $\vec{r}$ 与 $\vec{F}$ 的夹角.由图 2.31 可知, $r\sin\theta$ 是力的作用线到给定点 O 的垂直距离,称为**力臂**. $\vec{M}$ 的大小等于此力的大小与力臂的乘积,即 $M = Fd$.

某个力作用时,若 $\sin\theta = 0$(力臂等于零),即力 $\vec{F}$ 的作用线通过 O 点,那么该力对参考点 O 的力矩等于零.这就是说力矩与力的作用方向有关,只有垂直于 $\vec{r}$ 方向的分力 $F\sin\theta$ 对力矩有贡献,而平行于 $\vec{r}$ 方向的分力作用线通过 O 点,对力矩无贡献.

如果一个物体所受的力始终指向(或背离)某一定点,这种力称为**有心力**,此定点叫作**力心**.显然有心力 $\vec{F}$ 与矢径 $\vec{r}$ 共线,有心力对力心的力矩恒为零.

$\vec{M}$ 在直角坐标系中各坐标轴的分量为

$$\begin{cases} M_x = yF_z - zF_y, \\ M_y = zF_x - xF_z, \\ M_z = xF_y - yF_x. \end{cases} \tag{2.59}$$

它们分别称为对 x 轴、y 轴、z 轴的力矩.

在国际单位制中,力矩的单位是牛[顿]米($\mathrm{N \cdot m}$).

2.5.2 质点角动量定理及其守恒定律

将质点对 O 点的角动量 $\vec{L} = \vec{r} \times m\vec{v}$ 对时间 t 求导,可得

$$\frac{\mathrm{d}\vec{L}}{\mathrm{d}t} = \frac{\mathrm{d}}{\mathrm{d}t}(\vec{r} \times m\vec{v}) = \vec{r} \times \frac{\mathrm{d}(m\vec{v})}{\mathrm{d}t} + \frac{\mathrm{d}\vec{r}}{\mathrm{d}t} \times m\vec{v}.$$

由于 $\vec{F} = \frac{\mathrm{d}(m\vec{v})}{\mathrm{d}t}$($\vec{F}$ 是合力), $\vec{v} = \frac{\mathrm{d}\vec{r}}{\mathrm{d}t}$, 则有

$$\frac{\mathrm{d}\vec{L}}{\mathrm{d}t} = \vec{r} \times \vec{F} + \vec{v} \times m\vec{v},$$

根据矢积性质, $\vec{v} \times m\vec{v} = \vec{0}$, $\vec{r} \times \vec{F} = \vec{M}$, 则有

$$\vec{M} = \frac{d\vec{L}}{dt}. \tag{2.60}$$

式(2.60)表明,作用在质点上的合力对 O 点的力矩等于质点对 O 点的角动量对时间的变化率,称为质点角动量定理的微分形式.其积分形式为

$$\int_{t_0}^{t} \vec{M}dt = \vec{L} - \vec{L}_0 = \Delta\vec{L}. \tag{2.61}$$

在应用角动量定理时,要注意等式两边的力矩和角动量是对同一参考点的.

由式(2.60),当 $\vec{M}=\vec{0}$ 时,则

$$\vec{L} = \vec{r} \times m\vec{v} = \text{常矢量},$$

即**质点所受外力对某参考点的力矩为零时,质点对该参考点的角动量守恒**,称为**质点的角动量守恒定律**.

在研究天体运动和微观粒子运动时,常遇到角动量守恒的问题.例如,地球和其他行星绕太阳的转动,太阳可看作不动,而地球和行星所受太阳的引力是有心力(力心在太阳),因此地球、行星对太阳的角动量守恒.又如带电微观粒子射到质量较大的原子核附近时,粒子所受到的原子核的电场力就是有心力(力心在原子核心),所以微观粒子在与原子核的碰撞过程中对力心的角动量守恒.

例 2.16　在光滑的水平桌面上,放有质量为 M 的木块,木块与一弹簧相连,弹簧的另一端固定在 O 点,弹簧的劲度系数为 k,设有一质量为 m 的子弹以初速 $\vec{v}_0$ 垂直于 OA 射向木块并嵌在木块内,如图 2.32 所示.弹簧原长 l_0,子弹击中木块后,木块运动到 B 点时刻,弹簧长度变为 l,此时 OB 垂直于 OA,求木块在 B 点时的运动速度 $\vec{v}_2$.

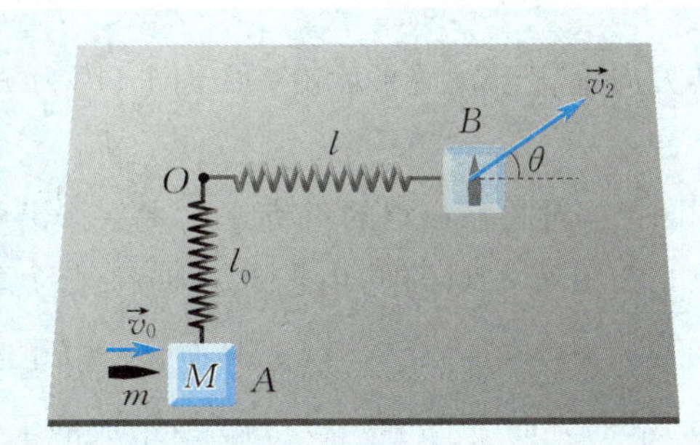

图 2.32　例 2.16 图

解　击中瞬间,在水平面内,子弹与木块组成的系统沿 $\vec{v}_0$ 方向动量守恒,即有

$$mv_0 = (m+M)v_1. \tag{①}$$

在由 $A \to B$ 的过程中,子弹、木块系统机械能守恒,

$$\frac{1}{2}(m+M)v_1^2 = \frac{1}{2}(m+M)v_2^2 + \frac{1}{2}k(l-l_0)^2. \tag{②}$$

在由 $A \to B$ 的过程中,木块在水平面内只受指向 O 点的弹性有心力,故木块对 O 点的角动量守恒.设 $\vec{v}_2$ 与 OB 方向成 θ 角,则有

$$l_0(m+M)v_1 = l(m+M)v_2\sin\theta. \tag{③}$$

由式①,②联立求得 $\vec{v}_2$ 的大小为

$$v_2 = \sqrt{\frac{m^2}{(m+M)^2}v_0^2 - \frac{k(l-l_0)^2}{m+M}}.$$

由式③求得 $\vec{v}_2$ 与 OB 的夹角为

$$\theta = \arcsin\frac{l_0 m v_0}{l\sqrt{m^2v_0^2 - k(l-l_0)^2(m+M)}}.$$

例 2.17 如图 2.33 所示，质量为 m 的质点被一个长为 l 的轻线悬于天花板上的 B 点，质点在水平面内做匀角速 ω 的圆周运动，设圆轨道半径为 r_0. 试计算：(1) 质点对圆心 O 和悬点 B 的角动量 $\vec{L}_0$ 和 $\vec{L}_B$；(2) 作用在质点上的重力 $m\vec{g}$ 和张力 $\vec{T}$ 对圆心 O 和悬点 B 的力矩 $\vec{M}_0$ 和 $\vec{M}_B$；(3) 试讨论质点对 O 点或 B 点的角动量是否守恒.

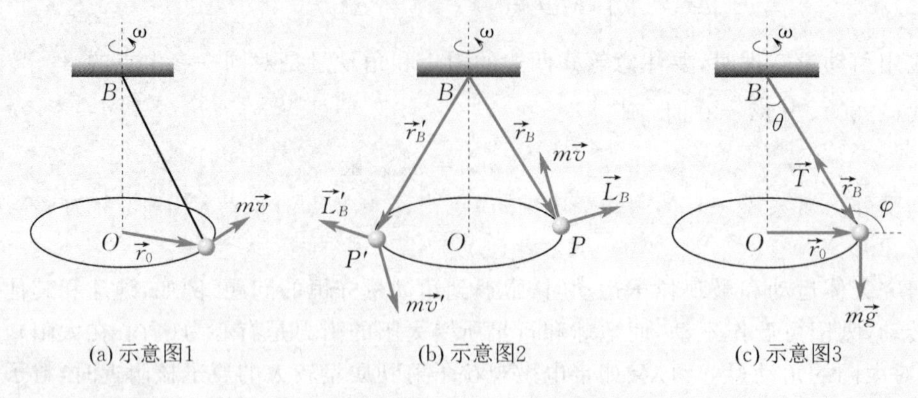

图 2.33 例 2.17 图

解 (1) 在图 2.33(a)中，由圆心 O 点向质点引矢径 $\vec{r}_0$，则

$$\vec{L}_0 = \vec{r}_0 \times m\vec{v}.$$

其方向垂直于轨道平面沿 OB 向上，因为 $\vec{r}_0 \perp m\vec{v}$，故大小为

$$L_0 = r_0 mv = mr_0^2\omega,$$

即圆锥摆对圆心 O 点的角动量 $\vec{L}_0$ 是一个沿 OB 向上的大小和方向都不变的恒矢量.

在图 2.33(b)中，由悬点 B 向在某位置 P 处的质点引矢径 $\vec{r}_B$，则

$$\vec{L}_B = \vec{r}_B \times m\vec{v},$$

即 $\vec{L}_B$ 的方向垂直于 $\vec{r}_B$ 与 $m\vec{v}$ 所组成的平面. 显然，质点在不同的位置处，例如在 P' 点处，其矢径 $\vec{r}_B'$ 和动量 $m\vec{v}'$ 各不相同，因此其矢积 $\vec{L}_B'$ 也不相同，即 $\vec{L}_B$ 的方向是不断地变化着的. 这时 $\vec{L}_B$ 的大小为

$$|\vec{L}_B| = |\vec{r}_B| \cdot |m\vec{v}| \sin\frac{\pi}{2} = lmv = mlr_0\omega.$$

(2) 如图 2.33(c)所示，质点所在位置对于圆心 O，张力 $\vec{T}$ 的力矩为

$$\vec{M}_{T0} = \vec{r}_0 \times \vec{T},$$

其方向垂直于纸面向外，大小为

$$M_{T0} = r_0 T\sin\varphi = r_0 T\cos\theta,$$

因在竖直方向有 $T\cos\theta = mg$，所以

$$M_{T0} = r_0 mg.$$

此时重力对圆心 O 的力矩为

$$\vec{M}_{mg0} = \vec{r}_0 \times m\vec{g},$$

其方向垂直于纸面向里. 因 $m\vec{g}$ 始终垂直于轨道平面，所以 $\vec{r}_0 \perp m\vec{g}$，故 $\vec{M}_{mg0}$ 的大小为

$$M_{mg0} = r_0 mg.$$

由上面的计算可以得出，作用在质点上的张力 $\vec{T}$、重力 $m\vec{g}$ 对圆心 O 的合力矩为

$$\vec{M}_0 = \vec{M}_{T0} + \vec{M}_{mg0} = \vec{0}.$$

同样，如图 2.33(c)所示质点所在位置，对于悬点 B，张力 $\vec{T}$ 因与 $\vec{r}_B$ 始终共线，故 $\vec{T}$ 对 B 点的力矩为零，而重力 $m\vec{g}$ 对 B 点的力矩为

$$\vec{M}_{mgB} = \vec{r}_B \times m\vec{g}.$$

$\vec{M}_{mgB}$ 的大小等于 $M_{mg0} = r_0 mg$，其方向始终垂直于 $\vec{r}_B$ 与重力作用线 $m\vec{g}$ 所组成的平面. 由于 $\vec{r}_B$ 的方向在不断地变化，$\vec{M}_{mgB}$ 的方向也在不断地变化，如图 2.33(c)所在位置，$\vec{M}_{mgB}$ 的方向垂直于纸面向里.

(3) 由(2)中的讨论可知，重力 $m\vec{g}$ 和张力 $\vec{T}$ 对 O 点的合力矩为零(实际上 $m\vec{g}$ 与 $\vec{T}$ 的合力构成了质点做圆周运动的向心力，为有心力，其对 O 点合力矩必定为零)，所以质点对 O 点的角动量守恒，这与(1)中讨论一致.

同样，由(2)中讨论知，因 $m\vec{g}$ 对 B 点的力矩方向始终变化，对 B 点的力矩不为零，故质点对 B 点的角动量不守恒，这与前面的结果也是一致的.

2.5.3　质点系角动量定理及其守恒定律

设一个质点系由 n 个质点组成，其中第 i 个质点受力为 $\vec{F}_{i外} + \sum\limits_{\substack{j=1 \\ j\neq i}}^{n} \vec{f}_{ji}$，现对第 i 个质点运用角动量定理，有

$$\vec{r}_i \times \left(\vec{F}_{i外} + \sum_{\substack{j=1 \\ j\neq i}}^{n} \vec{f}_{ji}\right) = \frac{\mathrm{d}}{\mathrm{d}t}(\vec{r}_i \times m_i \vec{v}_i),$$

对 i 求和，

$$\sum_{i=1}^{n} \vec{r}_i \times \vec{F}_{i外} + \sum_{i=1}^{n} \sum_{\substack{j=1 \\ j\neq i}}^{n} \vec{r}_i \times \vec{f}_{ji} = \frac{\mathrm{d}}{\mathrm{d}t} \sum_{i=1}^{n} (\vec{r}_i \times m_i \vec{v}_i).$$

可以证明，一对内力对任一点的力矩之矢量和为零，而内力是成对出现的，因此内力矩总和必定为零，于是有

$$\sum_{i=1}^{n} \vec{r}_i \times \vec{F}_{i外} = \frac{\mathrm{d}}{\mathrm{d}t} \sum_{i=1}^{n} (\vec{r}_i \times m_i \vec{v}_i), \tag{2.62}$$

即**作用于质点系的外力矩的矢量和等于质点系角动量对时间的变化率**，这就是**质点系对给定点的角动量定理**. 由式(2.62)也可看出，内力矩对系统的总角动量无贡献.

由式(2.62)，当 $\sum\limits_{i=1}^{n} \vec{r}_i \times \vec{F}_{i外} = \vec{0}$ 时，则

$$\sum_{i=1}^{n} (\vec{r}_i \times m_i \vec{v}_i) = 常矢量, \tag{2.63}$$

即**若质点系所受外力对某给定点的外力矩的矢量和为零,则质点系对该给定点的角动量守恒**,这就是**质点系的角动量守恒定律**.

动量守恒定律、能量转换与守恒定律和角动量守恒定律是整个物理学大厦的基石,它们不仅在低速、宏观领域中成立,而且在高速、微观领域中依然成立(虽然存在差异).这些守恒定律是比牛顿运动定律更基本的规律.

2.5.4 质点系对轴的角动量定理及其守恒定律

前面讨论了质点系对某给定点 O 的角动量定理,现在讨论对通过 O 点轴线的角动量分量与力矩分量的关系.

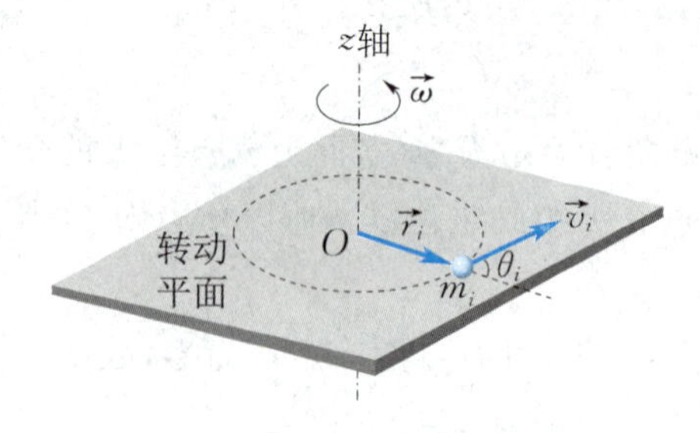

图 2.34 转动平面上的第 i 个质点

设给定轴为 z 轴,一种最简单的情形就是质点系所有质点都在与 z 轴垂直的各个平面内绕 z 轴转动.如图 2.34 所示,第 i 个质点对垂直于 z 轴的平面(转动平面)与轴交点 O 的角动量沿 z 轴方向,大小为

$$L_{iz} = r_i m_i v_i \sin\theta_i.$$

容易证明,第 i 个质点对轴线上不同点的角动量沿 z 轴的分量都是 $r_i m_i v_i \sin\theta_i$,则质点系对 z 轴的角动量 L_z 为

$$L_z = \sum L_{iz} = \sum (r_i m_i v_i \sin\theta_i), \tag{2.64}$$

式中 r_i 应理解成第 i 个质点到转轴的距离,θ_i 是该质点的速度 $\vec{v}_i$ 与 $\vec{r}_i$ 的夹角.

用类似的讨论方法,可得对 z 轴的力矩 M_z 为

$$M_z = \sum M_{iz} = \sum r_i F_i \sin\varphi_i,$$

式中 F_i 应理解成在垂直于 z 轴的平面内对第 i 个质点的外力,φ_i 是该质点上的外力 $\vec{F}_i$ 与 $\vec{r}_i$ 的夹角,则质点系对 z 轴的角动量定理为

$$\sum M_{iz} = \frac{\mathrm{d}}{\mathrm{d}t}\sum (r_i m_i v_i \sin\theta_i), \tag{2.65a}$$

或写成

$$M_z = \sum M_{iz} = \frac{\mathrm{d}L_z}{\mathrm{d}t}. \tag{2.65b}$$

由式(2.65),当 $M_z = 0$ 时,

$$L_z = \sum (r_i m_i v_i \sin\theta_i) = 常量. \tag{2.66}$$

式(2.66)表明,**如果质点系对轴的总外力矩为零,则质点系对该轴的角动量保持不变**,称为**质点系对轴的角动量守恒定律**.

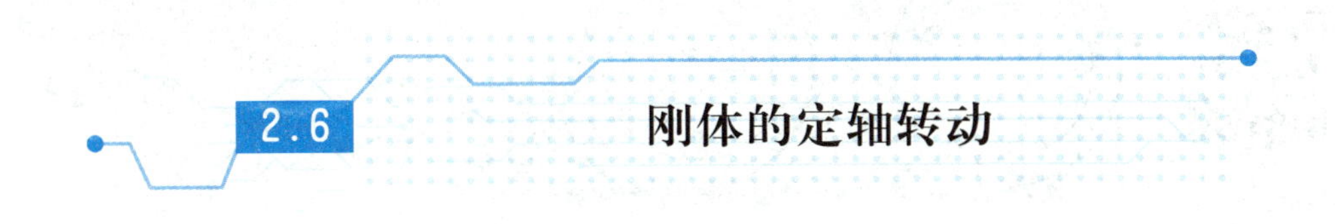

2.6 刚体的定轴转动

很多实际问题中,不能忽略物体形状、大小对运动的影响.例如物体的转动,由于其上各点的运动情况并不相同,不能将它抽象为一个质点模型.这时把物体分割成许多微小部分(称为质元)以适用于质点模型,物体可看成由无数个连续分布的质元所组成的质点系.如果在研究的问题中,物体的形变可以忽略不计,则可引入一个新的物理模型——刚体.

在任何情况下都没有形变的物体,或者在运动过程中内部任意两点的距离保持不变的物体称为刚体.

刚体力学的研究方法是将刚体视为各质元间无相对位移的特殊质点系来处理,应用前面几节讨论的质点系力学规律,即可归纳出刚体所服从的力学规律.作为基础,这里只讨论刚体运动中最简单的运动形式之一——刚体的定轴转动.

2.6.1 刚体运动学

平动和转动是刚体运动的两种基本形式.

如果刚体在运动中,其上任意两点的连线始终保持平行,这种运动就称为**平动**.平动时刚体内各质元有相同的轨迹和速度,如图 2.35 所示,因此刚体上任何一点的运动情况均反映整个刚体的平动,通常用刚体质心的运动来代表整个刚体的平动.

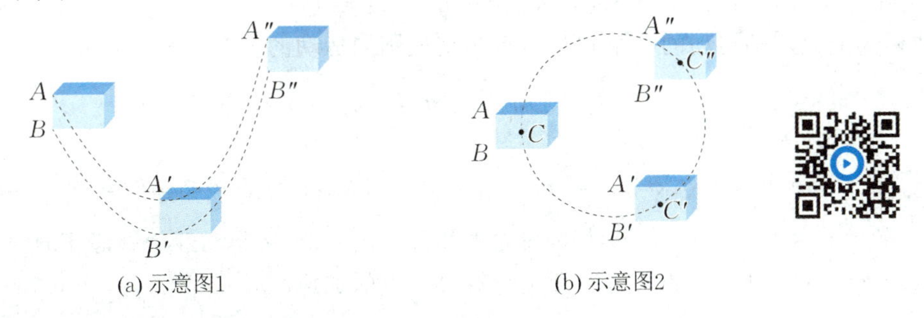

图 2.35　刚体的平动

在物体运动过程中,如果物体上的所有质元都绕某同一直线做圆周运动,这种运动称为**转动**,这条直线称为**转轴**.若转轴的方向或位置在物体运动过程中变化,这个轴称为该时刻的**转动瞬轴**.若转动轴固定不动,即方位不变,则这个转轴称为**固定轴**,这种转动称为**定轴转动**.

可以证明,无论刚体做多么复杂的运动,总可以把它看成是平动和转动的合成运动.例如一个车轮的滚动可以分解为车轮随着车轴的平动和整个车轮绕着车轴的转动,如图 2.36 所示.平动问题归结为质点力学问题,在前面已进行了讨论,这里着重讨论定轴转动.

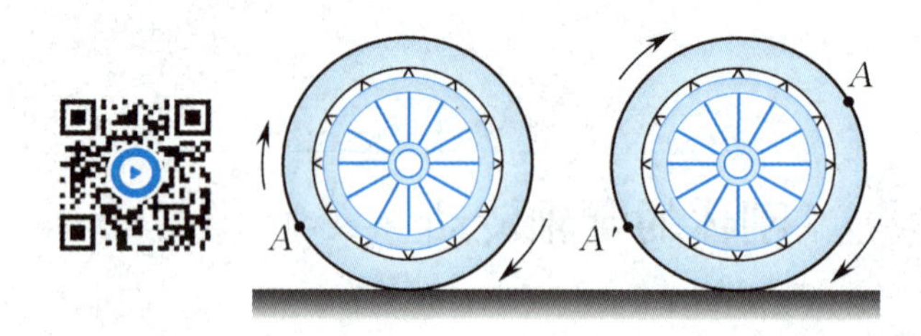

图 2.36 刚体的平面运动

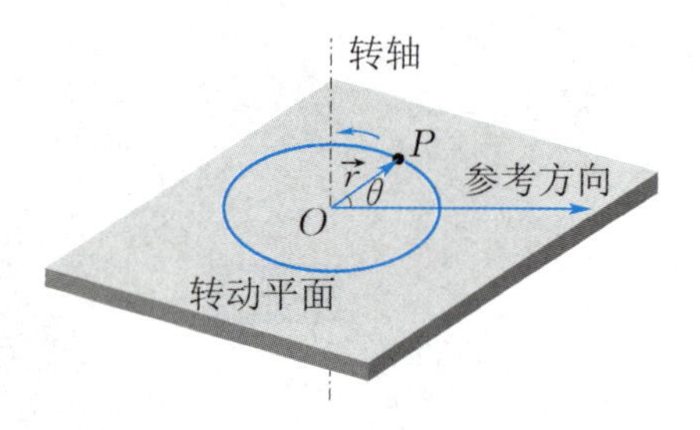

图 2.37 转动平面

刚体绕某一定轴转动时,各质元的线位移、线速度、线加速度一般是不同的,但由于各质元之间的相对位置保持不变,刚体中所有质元运动的角量(如角位移、角速度和角加速度)都相同,因此用角量描述刚体的转动最方便. 引入垂直于固定轴的平面作为**转动平面**,如图 2.37所示. 如果以转轴与转动平面的交点为原点,则该转动平面上的所有质元都绕着这个原点做圆周运动. 这时在转动平面内过原点作一条射线作为参考方向(或称极轴),转动平面上任一质元 P 对 O 点的位矢 $\vec{r}$ 与极轴的夹角 θ 称为**角位置**,于是可以比照质点圆周运动的角量描述那样引入角速度、角加速度. 该质元的角量描述也就是刚体的角量描述,因此可以任取一个转动平面研究刚体的定轴转动.

刚体做定轴转动时,每个质元的转动方向只有两种可能,如果以转轴为 z 轴,则质元的角速度方向、角加速度方向或者与所选 z 轴正向相同,或者与所选 z 轴正向相反,因此刚体定轴转动时所有角量可用有正负的代数值表示.

如第 1 章圆周运动所述,以 $\mathrm{d}\theta$ 表示 $\mathrm{d}t$ 时间内的元角位移,则刚体定轴转动的角速度 $\omega=\frac{\mathrm{d}\theta}{\mathrm{d}t}$,角加速度 $\beta=\frac{\mathrm{d}\omega}{\mathrm{d}t}=\frac{\mathrm{d}^2\theta}{\mathrm{d}t^2}$. 对于某个质元,线量与角量的关系为

$$v_i=r_i\omega,\quad a_{\tau i}=r_i\beta,\quad a_{ni}=r_i\omega^2.$$

刚体做匀变速定轴转动的关系式与质点匀变速圆周运动的关系式相似,即

$$\omega=\omega_0+\beta t,\quad \theta=\theta_0+\omega_0 t+\frac{1}{2}\beta t^2,\quad \omega^2=\omega_0^2+2\beta(\theta-\theta_0).$$

例 2.18 一个飞轮以转速 $n=1\,800\ \mathrm{r/min}$ 转动,受到制动后均匀地减速,经 $t=20\ \mathrm{s}$ 后静止,设飞轮的半径 $r=0.1\ \mathrm{m}$,求:(1) 飞轮的角加速度;(2) 从制动开始到静止时飞轮转过的转数;(3) $t=10\ \mathrm{s}$ 时飞轮的角速度及飞轮边缘一点的加速度.

解 (1) 初角速度 $\omega_0=2\pi n=2\pi\times\frac{1\,800}{60}\ \mathrm{rad/s}=188.4\ \mathrm{rad/s}$.

对于匀变速转动

$$\beta=\frac{\omega-\omega_0}{t}=-\frac{\omega_0}{t}=\frac{-188.4}{20}\ \mathrm{rad/s^2}=-9.42\ \mathrm{rad/s^2}.$$

(2) 飞轮的角位移 $\Delta\theta$ 和转过的转数 N 分别为

$$\Delta\theta=\omega_0 t+\frac{1}{2}\beta t^2=\left(188.4\times20-\frac{1}{2}\times9.42\times20^2\right)\ \mathrm{rad}=1.88\times10^3\ \mathrm{rad},$$

$$N=\frac{\Delta\theta}{2\pi}=\frac{1.88\times10^3}{2\times3.14}\ \mathrm{r}=300\ \mathrm{r}.$$

(3) $t = 10$ s 时的角速度和线速度分别为

$$\omega = \omega_0 + \beta t = (188.4 - 9.42 \times 10)\ \text{rad/s} = 94.2\ \text{rad/s},$$

$$v = r\omega = (94.2 \times 0.1)\ \text{m/s} = 9.42\ \text{m/s}.$$

相应的切向加速度和法向加速度分别为

$$a_\tau = r\beta = 0.1 \times (-9.42)\ \text{m/s}^2 = -0.94\ \text{m/s}^2,$$

$$a_n = r\omega^2 = 0.1 \times 94.2^2\ \text{m/s}^2 = 8.87 \times 10^2\ \text{m/s}^2.$$

飞轮边缘一点的加速度为

$$a = \sqrt{a_n^2 + a_\tau^2} \approx 8.87 \times 10^2\ \text{m/s}^2.$$

$\vec{a}$ 的方向几乎与 $\vec{a}_n$ 方向相同，指向轮心.

2.6.2 定轴转动定律

刚体做定轴转动时，每个质元绕 z 轴做圆周运动，转动的角速度都相同，则第 i 个质点的线速度 $v_i = r_i\omega_i$，$\theta_i = \frac{\pi}{2}$，式(2.64)可写成

$$L_z = \sum L_{iz} = \sum m_i r_i^2 \omega_i = \left(\sum m_i r_i^2\right)\omega.$$

如果令

$$J = \sum m_i r_i^2, \tag{2.67}$$

称 J 为刚体绕该定轴的转动惯量，则

$$L_z = J\omega. \tag{2.68}$$

上式就是刚体对 z 轴的角动量表达式. 对于给定的轴，转动惯量是一常数，由式(2.65b)，则

$$M_z = J\frac{\mathrm{d}\omega}{\mathrm{d}t} = J\beta. \tag{2.69}$$

式(2.69)表明，**绕定轴转动的刚体的角加速度与作用于刚体上的合外力矩成正比，与刚体的转动惯量成反比**，这称为**刚体定轴转动的转动定律**. 它在定轴转动中的地位相当于牛顿第二定律在质点力学中的地位.

下面来讨论转动惯量. 与牛顿第二定律 $\vec{F} = m\vec{a}$ 相比较，可知转动惯量 J 是转动系统转动惯性大小的量度. 单个质点对某定轴的转动惯量为质点的质量与到该轴的垂直距离平方的乘积，即

$$J = mr^2.$$

刚体对某定轴的转动惯量为刚体内各质元的质量与各自到该轴的垂直距离平方的乘积之和，

$$J = \sum m_i r_i^2.$$

若质量连续分布，则刚体的转动惯量为

$$J = \int_m r^2\,\mathrm{d}m. \tag{2.70}$$

在国际单位制中，转动惯量的单位是千克二次方米($\text{kg}\cdot\text{m}^2$).

转动惯量的大小与三个因素有关：

(1) 刚体的总质量；

(2) 刚体质量对轴的分布；

(3) 轴的位置.

通常用实验方法测定转动惯量. 表 2.3 列出了几种质量分布均匀、具有简单几何形状的刚体对于不同轴的转动惯量.

表 2.3 刚体的转动惯量

圆环 转轴通过中心与环面垂直 $J = mr^2$	圆环 转轴沿直径 $J = \frac{mr^2}{2}$
薄圆盘 转轴通过中心与盘面垂直 $J = \frac{mr^2}{2}$	圆筒 转轴沿几何轴 $J = \frac{m}{2}(r_1^2 + r_2^2)$
圆柱体 转轴沿几何轴 $J = \frac{mr^2}{2}$	圆柱体 转轴通过中心与几何轴 垂直 $J = \frac{mr^2}{4} + \frac{ml^2}{12}$
细棒 转轴通过中心与棒垂直 $J = \frac{ml^2}{12}$	细棒 转轴通过端点与棒垂直 $J = \frac{ml^2}{3}$
球体 转轴沿直径 $J = \frac{2mr^2}{5}$	球壳 转轴沿直径 $J = \frac{2mr^2}{3}$

* 平行轴定理

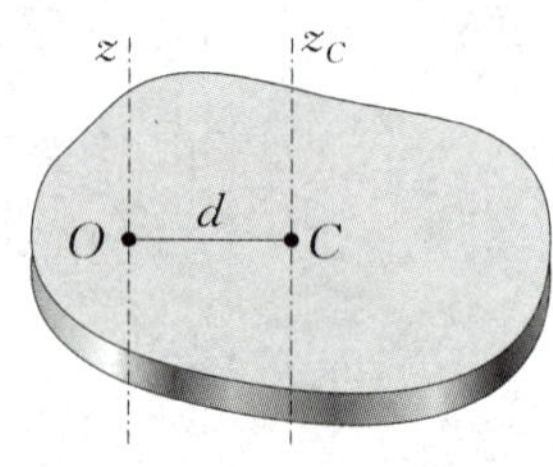

图 2.38 平行轴定理

如图 2.38 所示，设刚体的总质量为 m，对通过质心 C 的 z_C 轴的转动惯量为 J_C，另一 z 轴与 z_C 轴平行且它们之间相距为 d，则刚体对 z 轴的转动惯量 J 为

$$J = J_C + md^2. \tag{2.71}$$

这一关系称为平行轴定理.

例 2.19　如图 2.39 所示，求质量为 m、长为 l 的均匀细棒的转动惯量：(1) 转轴通过棒的中心并与棒垂直；(2) 转轴通过棒的一端并与棒垂直.

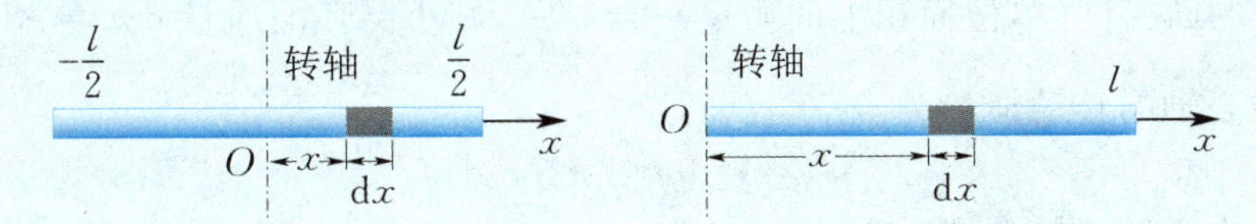

图 2.39　例 2.19 图

解　(1) 转轴通过棒的中心并与棒垂直，在棒上任取一质元，其长度为 $\mathrm{d}x$，距轴 O 的距离为 x，设棒的线密度(即单位长度上的质量)为 $\lambda=\frac{m}{l}$，则该质元的质量 $\mathrm{d}m=\lambda\mathrm{d}x$，该质元对中心轴的转动惯量为

$$\mathrm{d}J=x^2\mathrm{d}m=\lambda x^2\mathrm{d}x,$$

整个棒对中心轴的转动惯量为

$$J_C=\int_{-\frac{l}{2}}^{\frac{l}{2}}\lambda x^2\mathrm{d}x=\frac{1}{12}ml^2.$$

(2) 转轴通过棒一端并与棒垂直时，整个棒对该轴的转动惯量为

$$J_{端}=\int_0^l\lambda x^2\mathrm{d}x=\frac{1}{3}ml^2.$$

或由平行轴定理，细棒对端轴的转动惯量为

$$J_{端}=J_C+m\left(\frac{l}{2}\right)^2=\frac{1}{3}ml^2.$$

由此看出，同一均匀细棒，转轴位置不同，转动惯量不同.

例 2.20　设质量为 m、半径为 R 的细圆环和均匀圆盘分别绕通过各自中心并与圆面垂直的轴转动，求圆环和圆盘的转动惯量.

解　(1) 求质量为 m、半径为 R 的圆环对中心轴的转动惯量. 如图 2.40(a)所示，在环上任取一质元，其质量为 $\mathrm{d}m$，该质元到转轴的距离为 R，则该质元对转轴的转动惯量为

$$\mathrm{d}J=R^2\mathrm{d}m,$$

因所有质元到转轴的距离均为 R，所以细圆环对中心轴的转动惯量为

$$J=\int_m R^2\mathrm{d}m=R^2\int_m\mathrm{d}m=mR^2.$$

(a) 圆环　　(b) 圆盘

图 2.40　例 2.20 图

(2) 求质量为 m、半径为 R 的圆盘对中心轴的转动惯量. 整个圆盘可以看成许多半径不同的同心圆环构成. 在离转轴的距离为 r 处取一小圆环，如图 2.40(b)所示，其面积为 $\mathrm{d}S = 2\pi r\mathrm{d}r$，设圆盘的面密度(单位面积上的质量)$\sigma = \dfrac{m}{\pi R^2}$，则小圆环的质量 $\mathrm{d}m = \sigma\mathrm{d}S = \sigma 2\pi r\mathrm{d}r$，该小圆环对中心轴的转动惯量为

$$\mathrm{d}J = r^2\mathrm{d}m = \sigma 2\pi r^3\mathrm{d}r,$$

则整个圆盘对中心轴的转动惯量为

$$J = \int_0^R \sigma 2\pi r^3\mathrm{d}r = \frac{1}{2}mR^2.$$

以上计算表明，质量相同、转轴位置相同的刚体，由于质量分布不同，转动惯量不同.

例 2.21　如图 2.41(a)所示，一条轻绳跨过一个质量为 m、半径为 r 的定滑轮(视为均匀圆盘，其转动惯量 $J = \dfrac{1}{2}mr^2$)，绳两端挂质量分别为 m_1 和 m_2 的两物体，且 $m_2 > m_1$，滑轮轴间摩擦阻力矩为 M_f，绳与滑轮无相对滑动，求物体的加速度和绳中的张力.

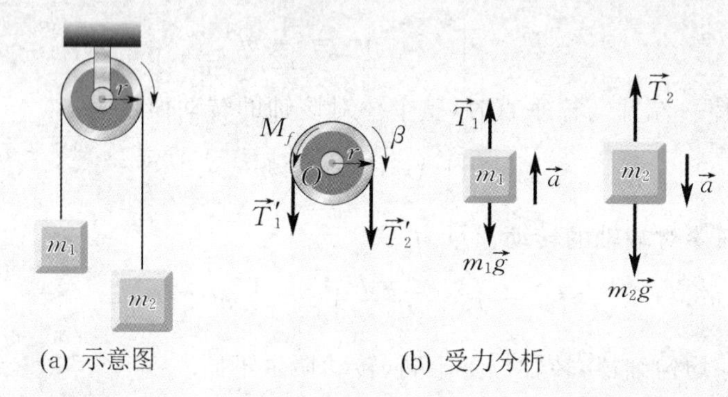

图 2.41　例 2.21 图

解　由于滑轮的质量和形状、大小均不能忽略，轴间摩擦阻力矩也不能忽略，故运动中滑轮作为一个物体绕定轴转动.

如图 2.41(b)所示，对每一物体进行受力分析. 设 m_1 向上、m_2 向下均以加速度 a 运动，连接 m_1 的绳中张力为 T_1 和 $T'_1(T_1 = T'_1)$，与 m_2 相连的绳中张力为 T_2 和 $T'_2(T_2 = T'_2)$. m_1，m_2 做平动，按牛顿第二定律列方程，对 m_1，m_2 分别有

$$T_1 - m_1 g = m_1 a, \quad ①$$

$$m_2 g - T_2 = m_2 a. \quad ②$$

滑轮以顺时针方向转动，力矩方向以垂直纸面向里为正，按转动定律列方程，则

$$T'_2 r - T'_1 r - M_f = \frac{1}{2}mr^2\beta, \quad ③$$

式中 β 为滑轮的角加速度，由于绳与滑轮无相对滑动，则滑轮边缘上一点的切向加速度 a 与物体加速度相等，则

$$a = r\beta. \quad ④$$

联立式①～④可解得

$$a = \frac{(m_2 - m_1)g - \dfrac{M_f}{r}}{m_1 + m_2 + \dfrac{m}{2}},$$

$$T_1 = m_1(g+a) = \frac{m_1\left[\left(2m_2 + \frac{1}{2}m\right)g - \frac{M_f}{r}\right]}{m_1 + m_2 + \frac{m}{2}},$$

$$T_2 = m_2(g-a) = \frac{m_2\left[\left(2m_1 + \frac{1}{2}m\right)g + \frac{M_f}{r}\right]}{m_1 + m_2 + \frac{m}{2}}.$$

当不计滑轮质量 m 和摩擦阻力矩 M_f 时，有

$$T_1 = T_2 = \frac{2m_1m_2}{m_1+m_2}g, \quad a = \frac{m_2 - m_1}{m_1 + m_2}g.$$

例 2.22 转动惯量为 J 的飞轮，在 $t=0$ 时角速度为 ω_0. 此后飞轮经历制动过程，阻力矩 M 的大小与角速度 ω 的平方成正比，比例系数为 k(k 为大于零的常数).（1）当 $\omega = \frac{1}{3}\omega_0$ 时，飞轮的角加速度是多少？（2）从开始制动到 $\omega = \frac{1}{3}\omega_0$ 经历了多长时间？

解 （1）由题知 $M = -k\omega^2$，由转动定理，有

$$-k\omega^2 = J\beta, \quad \beta = -\frac{k\omega^2}{J}.$$

将 $\omega = \frac{1}{3}\omega_0$ 代入，求得这时飞轮的角加速度为

$$\beta = -\frac{k\omega_0^2}{9J}.$$

（2）为求经历的时间 t，将转动定律写成微分方程的形式，即

$$M = J\beta = J\frac{\mathrm{d}\omega}{\mathrm{d}t}, \quad -k\omega^2 = J\frac{\mathrm{d}\omega}{\mathrm{d}t}.$$

分离变量，并考虑到 $t=0$ 时，$\omega = \omega_0$，两边积分，

$$\int_{\omega_0}^{\frac{1}{3}\omega_0}\frac{\mathrm{d}\omega}{\omega^2} = -\int_0^t \frac{k}{J}\mathrm{d}t,$$

故当 $\omega = \frac{1}{3}\omega_0$ 时，制动经历的时间为 $t = \frac{2J}{k\omega_0}$.

2.6.3 定轴转动的动能定理

1. 力矩的功

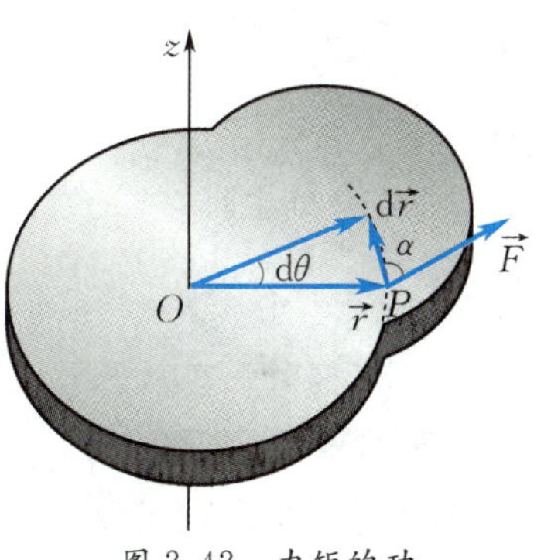

图 2.42 力矩的功

如图 2.42 所示，一外力 $\vec{F}$ 作用于转动平面内的 P 点，经 $\mathrm{d}t$ 时间后 P 点沿一圆周轨道移动 $\mathrm{d}s$ 弧长，半径 r 扫过 $\mathrm{d}\theta$ 角，则 $\mathrm{d}s = r\mathrm{d}\theta$，由功的定义，有

$$\mathrm{d}A = F_\tau \mathrm{d}s = F_\tau r\mathrm{d}\theta = M\mathrm{d}\theta,$$

式中 $F_\tau = F\cos\alpha$，$M = F_\tau r$. 当刚体由 θ_1 转到 θ_2 时，力矩 M 的功为

$$A = \int_{\theta_1}^{\theta_2} M\mathrm{d}\theta. \tag{2.72}$$

力矩的功率是

$$P = \frac{\mathrm{d}A}{\mathrm{d}t} = M\frac{\mathrm{d}\theta}{\mathrm{d}t} = M\omega. \tag{2.73}$$

当输出功率一定时,力矩与角速度成反比.

2. 转动动能

刚体绕定轴转动时的动能,称为**转动动能**.设刚体以角速度 ω 绕定轴转动,其中每一质元都在各自转动平面内以角速度 ω 做圆周运动.设第 i 个质元质量为 Δm_i,离轴的距离为 r_i,它的线速度为 $v_i = r_i\omega$,则刚体的转动动能为

$$E_\mathrm{k} = \sum_{i=1}^{n} \frac{1}{2}\Delta m_i v_i^2 = \frac{1}{2}\left(\sum_{i=1}^{n}\Delta m_i r_i^2\right)\omega^2 = \frac{1}{2}J\omega^2. \tag{2.74}$$

上式表明:**刚体绕定轴转动时的转动动能等于刚体的转动惯量与角速度平方乘积的一半**.与物体的平动动能(即质点的动能)$\frac{1}{2}mv^2$ 相比较,两者形式上十分相似,其中转动惯量与质量相对应,角速度与线速度相对应.由于转动惯量与轴的位置有关,因此转动动能也与轴的位置有关.

3. 刚体定轴转动的动能定理

由定轴转动定律,合外力矩 M 的功为

$$M = J\beta = J\frac{\mathrm{d}\omega}{\mathrm{d}t} = J\frac{\mathrm{d}\omega}{\mathrm{d}\theta}\frac{\mathrm{d}\theta}{\mathrm{d}t} = J\omega\frac{\mathrm{d}\omega}{\mathrm{d}\theta}.$$

分离变量并积分,又考虑到刚体由 θ_1 转到 θ_2 时,角速度由 ω_1 变到 ω_2,所以

$$\int_{\theta_1}^{\theta_2} M\mathrm{d}\theta = \int_{\omega_1}^{\omega_2} J\omega\,\mathrm{d}\omega,$$

可得

$$\int_{\theta_1}^{\theta_2} M\mathrm{d}\theta = \frac{1}{2}J\omega_2^2 - \frac{1}{2}J\omega_1^2. \tag{2.75}$$

式(2.75)表明,**合外力矩对定轴转动刚体所做的功等于刚体转动动能的增量**.这就是**刚体定轴转动时的动能定理**.

4. 刚体的重力势能

刚体的重力势能是组成它的各个质元的重力势能之和.如图 2.43 所示,选取一水平面为重力势能零值面,并以其上一点 O 为坐标原点,竖直向上为 y 轴的正方向.设刚体内任一质元 P 的质量为 Δm_i,它对于势能零值面的高度为 y_i,则此质元的重力势能为 $\Delta m_i g y_i$,因此整个刚体的重力势能为

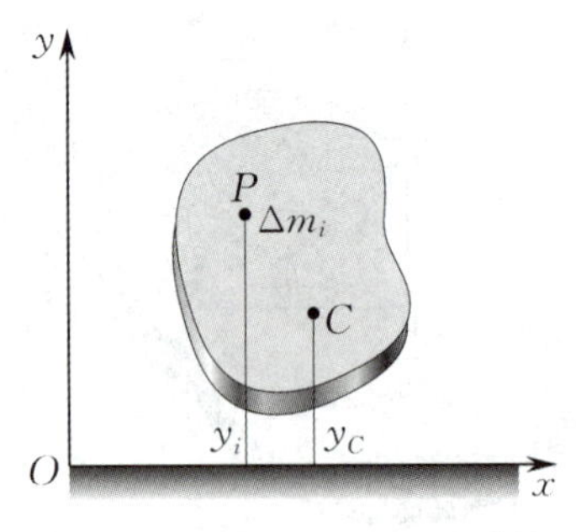

图 2.43 刚体的重力势能

$$E_\mathrm{p} = \sum \Delta m_i g y_i = g\sum \Delta m_i y_i.$$

再用刚体总质量 m 同时乘除等式右侧,得

$$E_\mathrm{p} = mg\frac{\sum \Delta m_i y_i}{m}.$$

令

$$y_C = \frac{\sum \Delta m_i y_i}{m},$$

y_C 为刚体质心 C 的坐标，也即质心 C 距势能零值面的高度，故刚体的重力势能为

$$E_p = mgy_C \quad 或 \quad E_p = mgh_C. \tag{2.76}$$

计算刚体的重力势能时，只要把刚体的全部质量看成集中在质心，按式(2.76)计算即可.

若刚体转动过程中只有重力做功，则刚体在重力场中机械能守恒，即有

$$E = \frac{1}{2}J\omega^2 + mgh_C = 常量.$$

例 2.23　如图 2.44 所示，一根质量为 m、长为 l 的均匀细棒 OA，可绕固定点 O 在竖直平面内转动. 今使棒从水平位置开始自由下摆，求棒摆到与水平位置成 θ 角时的角加速度及中心点 C 和端点 A 的速度大小.

解　棒受力如图 2.44 所示，重力 G 对 O 轴的力矩大小等于 $mg\,\frac{l}{2}\cos\theta$，轴的支持力对 O 轴的力矩为零，棒绕 O 轴的转动惯量 $J = \frac{1}{3}ml^2$，由定轴转动定理 $M = J\beta$，可得

$$mg\,\frac{l}{2}\cos\theta = \frac{1}{3}ml^2\beta,$$

则

$$\beta = \frac{3g}{2l}\cos\theta.$$

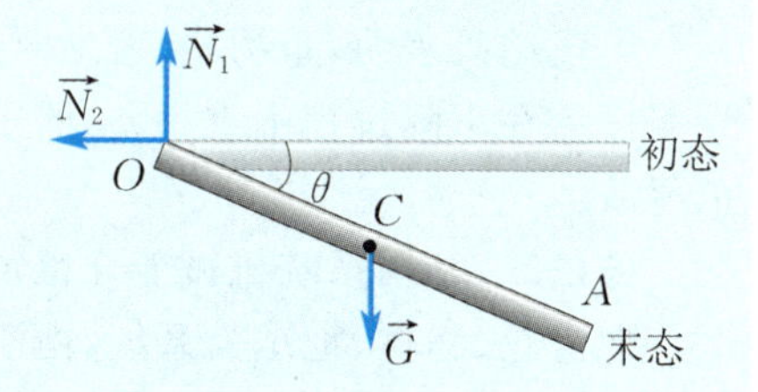

图 2.44　例 2.23 图

由转动动能定理，有

$$\int_0^\theta mg\,\frac{l}{2}\cos\theta\,d\theta = \frac{1}{2}J\omega^2 - 0,$$

即

$$mg\,\frac{l}{2}\sin\theta = \frac{1}{2}\times\frac{1}{3}ml^2\omega^2,$$

则

$$\omega = \sqrt{\frac{3g}{l}\sin\theta}.$$

也可由机械能守恒定律求 ω.

中心点 C 和端点 A 的速度大小分别为

$$v_C = \omega\,\frac{l}{2} = \frac{1}{2}\sqrt{3gl\sin\theta},\quad v_A = \omega l = \sqrt{3gl\sin\theta}.$$

特别地，当棒在竖直方向时，即 $\theta = \frac{\pi}{2}$ 时，$\beta = 0$，$\omega = \sqrt{\frac{3g}{l}}$.

例 2.24 一条轻绳缠绕在定滑轮上,绳的一端系有质量为 m_1 的重物,滑轮是一个质量为 m_2、半径为 R 的均匀圆盘. 如图 2.45 所示,重物离地面高度为 h,由静止开始下落. 设绳与滑轮间无相对滑动,不计轴承摩擦,求重物刚到达地面时的速率.

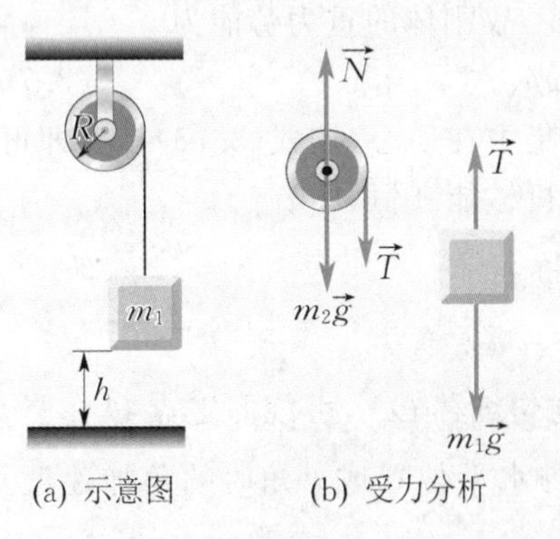

(a) 示意图 (b) 受力分析

图 2.45 例 2.24 图

解 **方法一**:利用质点和刚体的动能定理求解.

物体 m_1 做平动,可视为质点,由质点动能定理,有

$$m_1gh - Th = \frac{1}{2}m_1v^2 - 0. \quad ①$$

滑轮做定轴转动,由刚体转动的动能定理可得

$$TR\theta = \frac{1}{2}J\omega^2 - 0. \quad ②$$

θ 为 m_1 下落 h 高度时滑轮转过的角位移. 由于绳与滑轮无相对滑动,因而有 $h = R\theta, v = R\omega$,将 $J = \frac{1}{2}m_2R^2$ 代入,联立①,②式并化简后可得

$$v = \sqrt{\frac{m_1}{m_1 + \frac{m_2}{2}}2gh} < \sqrt{2gh}.$$

上述结果表明,重物 m_1 着地时的速率小于它在同一高度由静止下落的速率 $v' = \sqrt{2gh}$,这是因为在下降过程中重物 m_1 的重力势能中的一部分通过绳的拉力转化为滑轮的转动动能的缘故.

方法二:利用系统机械能守恒定律求解.

取滑轮、物体、地球为系统,由于 $A_{外} = 0, A_{非保内} = 0$,因此系统的机械能守恒,故得

$$m_1gh = \frac{1}{2}J\omega^2 + \frac{1}{2}m_1v^2,$$

利用 $J = \frac{1}{2}m_2R^2$ 和 $v = R\omega$,可得

$$v = \sqrt{\frac{2m_1gh}{m_1 + \frac{m_2}{2}}}.$$

2.6.4 刚体对定轴的角动量定理及其守恒定律

式(2.65)对刚体这个特殊质点系也成立,而刚体做定轴转动时,所有质元绕同一轴以相同角速度 ω 转动,由式(2.68)知刚体对轴的角动量 $L_z = J\omega$. 对式(2.65)分离变量并积分,有

$$\int_{t_0}^{t}\left(\sum M_{iz}\right)\mathrm{d}t = \int_{L_0}^{L}\mathrm{d}L_z = J\omega - J\omega_0, \quad (2.77)$$

式中 $\int_{t_0}^{t}\left(\sum M_{iz}\right)\mathrm{d}t$ 称为**冲量矩**,它表示合外力矩在 $t_0 \to t$ 时间内的积累效应. 上式表明:**定轴转动刚体的角动量增量等于合外力矩的冲量矩**. 这就是**刚体定轴转动角动量定理的积分形式**.

显然,若 $\sum M_{iz} = 0$,则

$$J\omega = J\omega_0, \tag{2.78}$$

上式表明**外力对某轴的力矩之和为零,则该物体对该轴的角动量守恒**. 这就是**对轴的角动量守恒定律**.

对轴的角动量守恒定律在生产及生活中应用极广,现仅从两个方面做一些原理上的说明.

(1) 对于定轴转动的刚体,若在转动过程中转动惯量 J 始终保持不变,只要满足合外力矩等于零,则刚体转动的角速度就不变. 例如,在飞机、火箭、轮船上用作定向装置的回转仪就是利用这一原理制成的.

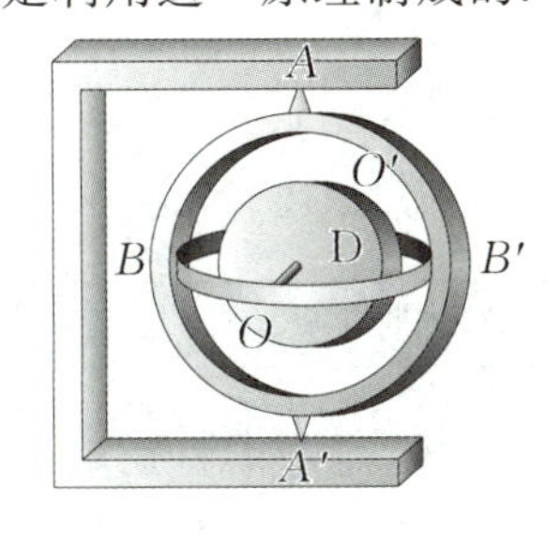

图 2.46　回转仪

如图 2.46 所示,回转仪 D 是绕几何对称轴高速旋转的边缘厚重的转子. 为了使回转仪的转轴可取空间任何方位,设有对应三维空间坐标的三个支架 AA',BB',OO'. 三个支架的轴承处的摩擦极小. 当转子高速旋转时,在较长的时间内都可认为转子的角动量守恒. 由于转动惯量不变,因而角速度的大小、方向均不变,即 OO' 轴的方向保持不变. 无论怎样移动底座,也不会改变回转仪的自转方向,从而起到定向作用. 在航行时,只要将飞行方向与回转仪的自转轴方向核定,自动驾驶仪就会立即确定现在航行方向与预定方向间的偏离,从而及时纠正航行.

(2) 对于定轴转动的刚体组,若各刚体对转轴的距离可以改变,则刚体组的转动惯量 J 是可变的. 当合外力矩等于零时,刚体组对轴的角动量守恒,即 $J\omega=$ 常量. 这时 ω 与 J 成反比,即 J 增加时,ω 变小;J 减少时,ω 增大. 例如一人站在可绕竖直光滑轴转动的台子上,两手各握一个哑铃,两臂伸开时让他转动起来,然后收拢双臂. 在此过程中,转台和人这一系统对竖直轴的角动量守恒. 当双臂收拢后,J 变小了,旋转角速度就增加了. 如果将两臂伸开,J 增大了,旋转角速度又会减少. 同样,花样滑冰运动员、芭蕾舞演员在表演时,也是运用角动量守恒定律来增大或减小身体绕对称竖直轴转动的角速度,从而做出许多优美而漂亮的舞姿(见图 2.47).

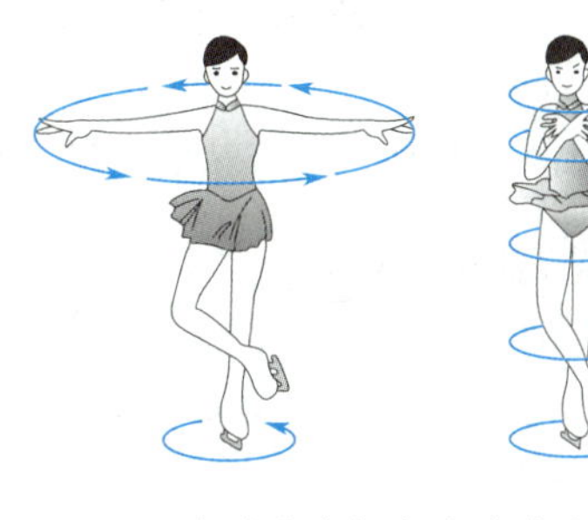
图 2.47　角动量守恒定律的演示实验

如果研究对象是相互关联的质点、刚体所组成的物体组,也可推得,当物体组对某一定轴的合外力矩等于零时,整个物体组对该轴的角动量守恒,这时有

$$\sum J\omega + \sum rmv\sin\varphi = \text{常量}. \tag{2.79}$$

式(2.79)在解有关力学题目时常常用到.

例如由两个物体组成的系统,原来静止,总角动量为零. 当通过内力使一个物体转动时,另一物体必沿反方向转动,而物体系总角动量仍保持为零. 这一结论可用下述转台实验来验证:人站在可自由转动的转台上,手举一个车轮,使轮轴与转台转轴重合,当用手推车轮转动时,人和转台就会反向转动,如图 2.48 所示. 在实际生活中也存在一些这样的例子,例如直升机在螺旋桨叶片旋转时,为防止机身的反向转动,必须在机尾附加一侧向旋叶(见图 2.49). 鱼雷尾部左右两螺旋桨是沿相反方向旋转的,以防机身发生不稳定转动.

为便于读者对刚体的定轴转动有一个较系统的理解,表 2.4 列出了平动和刚体定轴转动

图 2.48 转台实验

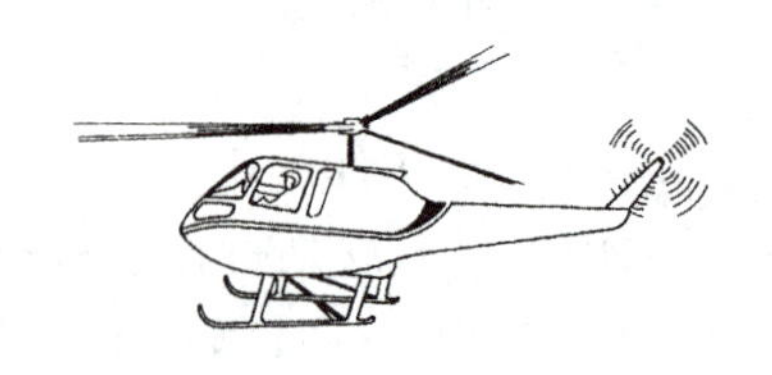

图 2.49 直升机

的一些重要公式.

表 2.4 质点与刚体力学规律对照表

质点	刚体(定轴转动)
力 $\vec{F}$,质量 m	力矩 $\vec{M}=\vec{r}\times\vec{F}$,转动惯量 $J=\int r^2\mathrm{d}m$
牛顿第二定律 $\vec{F}=m\vec{a}$	定轴转动定律 $\vec{M}=J\vec{\beta}$
动量 $m\vec{v}$,冲量 $\int\vec{F}\mathrm{d}t$	定轴的角动量 $\vec{L}=J\vec{\omega}$,冲量矩 $\int\vec{M}\mathrm{d}t$
动量定理 $\int\vec{F}\mathrm{d}t=m\vec{v}-m\vec{v}_0$	定轴角动量定理 $\int\vec{M}\mathrm{d}t=J\vec{\omega}-J_0\vec{\omega}_0$
动量守恒定律 $\sum\vec{F}_i=\vec{0}$, $\sum m_i\vec{v}_i=$ 常矢量	定轴角动量守恒定律 $\vec{M}=\vec{0}$, $\sum J_i\vec{\omega}_i=$ 常量
平动动能 $\frac{1}{2}mv^2$	转动动能 $\frac{1}{2}J\omega^2$
力的功 $A=\int_a^b\vec{F}\cdot\mathrm{d}\vec{r}$	力矩的功 $A=\int_{\theta_0}^{\theta}M\mathrm{d}\theta$
动能定理 $A=\frac{1}{2}mv^2-\frac{1}{2}mv_0^2$	转动动能定理 $A=\frac{1}{2}J\omega^2-\frac{1}{2}J\omega_0^2$
功能原理 $A_{外力}+A_{非保守内力}=E_{末}-E_{初}$	功能原理 $A_{外力矩}+A_{非保守内力矩}=E_{末}-E_{初}$

例 2.25 在工程上,两飞轮常用摩擦啮合器使它们以相同的转速一起转动.如图 2.50 所示,A 和 B 两飞轮的轴杆在同一中心线上.A 轮的转动惯量为 $J_A=10\ \mathrm{kg\cdot m^2}$,B 轮的转动惯量为 $J_B=20\ \mathrm{kg\cdot m^2}$,开始时 A 轮每分钟的转速为 600 r,B 轮静止,C 为摩擦啮合器.求两轮啮合后的转速,在啮合过程中,两轮的机械能有何变化?

解 以 A,B 两飞轮和啮合器 C 为系统.在啮合过程中,系统受到轴向的正压力和啮合器之间的切向摩擦力,前者对轴的力矩为零,后者对转轴有力矩,但为系统的内力矩.系统所受合外力矩为零,所以系统的角动量守恒,即

$$J_A\omega_A=(J_A+J_B)\omega,$$

ω 为两轮啮合后的共同角速度，于是

$$\omega = \frac{J_A \omega_A}{J_A + J_B}.$$

把各量代入上式，得 $\omega = 20.9$ rad/s.

在啮合过程中，摩擦力矩做功，机械能不守恒，损失的机械能转化为内能. 损失的机械能为

$$\Delta E = \frac{1}{2} J_A \omega_A^2 - \frac{1}{2}(J_A + J_B)\omega^2 = 1.31 \times 10^4 \text{ J}.$$

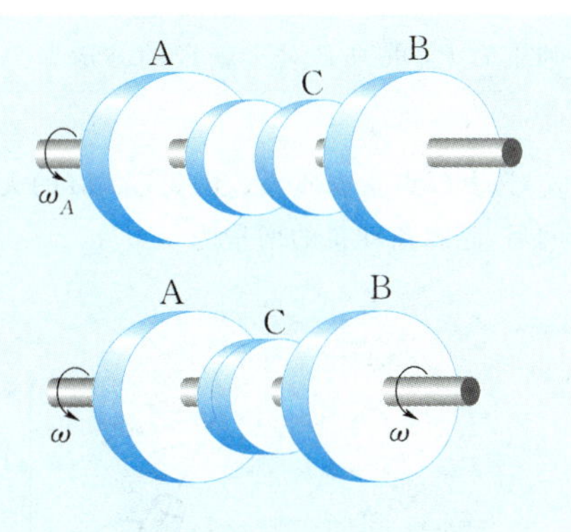

图 2.50　例 2.25 图

例 2.26　如图 2.51 所示，一个长为 l、质量为 M 的均匀细杆可绕支点 O 自由转动. 当它自由下垂时，质量为 m、速度为 $\vec{v}$ 的子弹沿水平方向射入并嵌在距支点为 a 处的棒内，若杆的偏转角为 30°，子弹的初速率为多少？

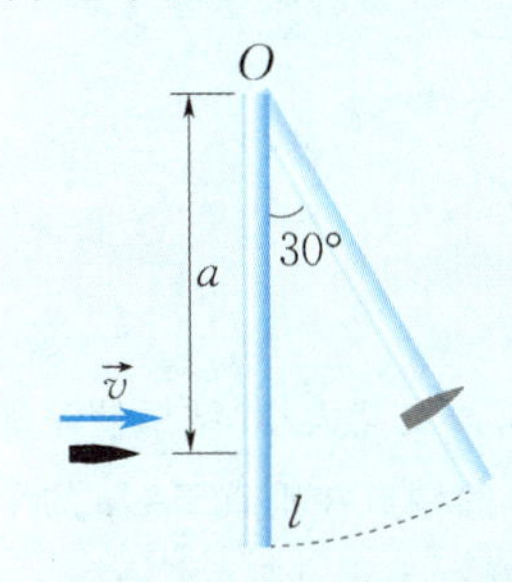

图 2.51　例 2.26 图

解　依题意，可分为两个运动过程来分析.

(1) 冲击过程：子弹与棒发生完全非弹性碰撞. 由于碰撞时间极短，可以认为在碰撞过程中杆的位置仍维持竖直. 取子弹和杆为系统，由于重力和轴承对棒的作用力均通过转轴，故系统所受的对转轴的合外力矩等于零，系统的角动量守恒，于是有

$$mva = \left(\frac{1}{3}Ml^2 + ma^2\right)\omega. \quad ①$$

注意：杆支点 O 所受作用力很大，不能忽略，子弹和杆为系统的动量并不守恒.

(2) 摆动过程：摆动过程中力矩不为零，故子弹和杆组成的系统的角动量不守恒，但系统只受到重力的作用，故取子弹、杆和地球为系统，其机械能守恒，由此可得

$$\frac{1}{2}\left(\frac{1}{3}Ml^2 + ma^2\right)\omega^2 = mga(1 - \cos 30°) + Mg\,\frac{l}{2}(1 - \cos 30°). \quad ②$$

联立①，②两式，解得

$$v = \frac{1}{ma}\sqrt{\frac{g}{6}(2 - \sqrt{3})(Ml + 2ma)(Ml^2 + 3ma^2)}.$$

*2.6.5　进动

大家知道，玩具陀螺不旋转时，由于受到重力矩作用，便倾倒在地. 但当陀螺绕自身对称轴高速旋转时，尽管同样也受到重力矩的作用，却不会倒下来. 这时陀螺高速自转的同时，对称轴还将绕竖直轴回转. 这种回转现象称为**进动**，也称**旋进**.

进动现象可用角动量来解释. 如图 2.52(a)所示，设 t 时刻陀螺绕自身对称轴 Oz' 以角速度 ω 旋转，Oz' 还绕竖直轴 Oz 以角速度 Ω 回转，Oz' 与竖直轴 Oz 的夹角为 θ，这时陀螺的角动量 $\vec{L}$ 沿 Oz' 方向[①]. 陀螺受

---

① 以上分析是近似的，因为陀螺旋进时，总角速度应为 $\vec{\omega} + \vec{\Omega}$，只有满足 $\omega \gg \Omega$ 时，陀螺的角动量才可近似认为是 $J\omega$.

到重力 $\vec{P}$，重力 $\vec{P}$ 对交点 O 的力矩为

$$\vec{M} = \vec{r}_C \times \vec{P},$$

$\vec{r}_C$ 为由 O 点指向质心 C 的矢径. $\vec{M}$ 的大小为 $mgr_C\sin\theta$，$\vec{M}$ 的方向垂直 $\vec{L}$. 在重力矩 $\vec{M}$ 的作用下，经过 $\mathrm{d}t$ 时间后，陀螺角动量的增量为

$$\mathrm{d}\vec{L} = \vec{M}\mathrm{d}t.$$

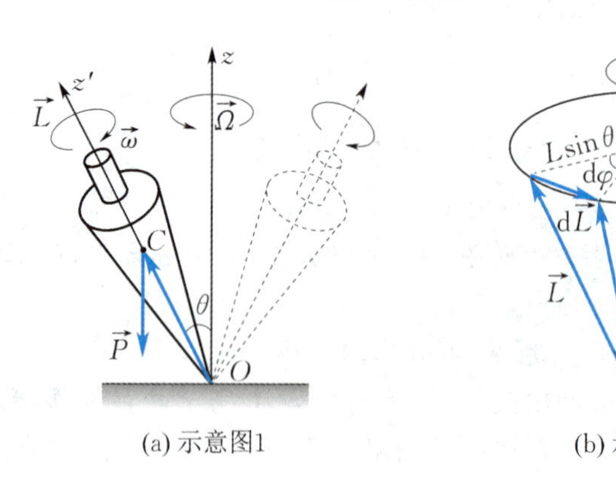

图 2.52 陀螺的进动

$\mathrm{d}\vec{L}$ 的方向与 $\vec{M}$ 方向一致，因 $\vec{M}$ 方向与 $\vec{L}$ 垂直，所以 $\vec{M}$ 只改变角动量 $\vec{L}$ 的方向而不改变其大小. 结果使陀螺自转轴 Oz' 绕 Oz 轴转动，扫出以支点 O 为顶的圆锥面，如图 2.52(b)所示. 矢量 $\vec{L}$ 的端点在垂直于 Oz 的平面内做圆周运动，圆周半径为 $L\sin\theta$，圆周运动的角速度就是陀螺旋进的角速度，用 Ω 表示，即

$$\Omega = \frac{\mathrm{d}\varphi}{\mathrm{d}t}.$$

由于 $|\mathrm{d}\vec{L}| = L\sin\theta\mathrm{d}\varphi$，又 $|\mathrm{d}\vec{L}| = |\vec{M}|\mathrm{d}t = mgr_C\sin\theta\mathrm{d}t$，比较两式，可得

$$\Omega = \frac{\mathrm{d}\varphi}{\mathrm{d}t} = \frac{mgr_C}{L} = \frac{M}{J\omega\sin\theta}.$$

上式说明，旋进角速度与外力矩成正比，与自转角速度 ω 成反比.

以上讨论说明：一个绕自身对称轴高速旋转的物体，当自转轴受到与其垂直的外力矩作用时，自转轴就在外力矩的作用下产生进动，进动的方向在任一时刻均与外力矩的方向一致.

进动效应在实践中有着广泛的应用. 例如，炮弹在飞行时，要受到空气阻力，阻力方向总是与炮弹质心的速度方向相反. 但其力线不一定通过质心，阻力对质心的力矩就会使炮弹在空中翻转，这样当炮弹射中目标时，就有可能是弹尾先触目标，而不引爆. 为了避免这种事故，就在炮筒内壁刻出螺旋线(又称来复线)，使炮弹射出炮筒后能绕自己的对称轴高速旋转，这样，它在飞行中受到空气阻力的力矩并不能使它翻转，而只能使它绕着质心前进的方向进动. 它的轴线始终只与前进方向有不大的偏离，而弹头总是大致指向前方(见图 2.53).

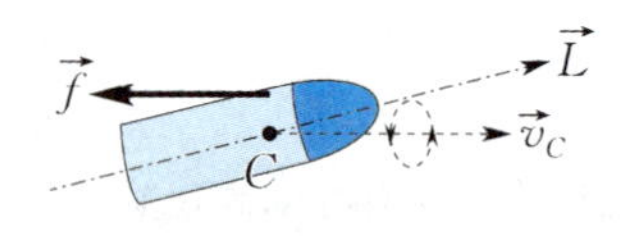

图 2.53 炮弹飞行中的旋进

地球本身就是一个很大的回转仪. 因为地球有自转，又受到太阳及其他星体的引力，因而地球在运动中要做进动. 同样，在微观世界中，进动现象也是十分普遍的. 例如，物质中绕核运动的电子在外磁场中，会产生以外磁场方向为轴线的进动.

本章提要

一、质点的运动学规律

1. 力的瞬时效应——牛顿运动定律

(1) 牛顿第一定律

惯性和力的概念，惯性系定义.

(2) 牛顿第二定律

$$\vec{F} = m\vec{a}.$$

(3) 牛顿第三定律

$$\vec{F}_{12} = -\vec{F}_{21}.$$

牛顿运动定律只适用于低速、宏观的情况，以及惯性系和质点模型. 在具体运用时，要根据所选坐标系选用坐标分量式. 要根据力函数的形式选用不同的方程形式. 若 $\vec{F}$ = 常量，则取 $\vec{F} = m\vec{a}$；若 $\vec{F} = \vec{F}(\vec{v})$，则取 $\vec{F}(\vec{v}) = m\dfrac{d\vec{v}}{dt}$；若 $\vec{F} = \vec{F}(\vec{r})$，则取 $\vec{F}(\vec{r}) = m\dfrac{d^2\vec{r}}{dt^2}$.

掌握运用微积分处理变力作用下的直线运动.

* 在非惯性系中引入惯性力. 在平动加速参考系中，

$$\vec{f}^* = -m\vec{a}_s;$$

在转动参考系中，

① 惯性离心力：$\vec{f}_c^* = m\omega^2\vec{r}$.

② 科里奥利力：$\vec{f}_k^* = 2m\vec{u}_{相} \times \vec{\omega}$.

2. 力的时间累积效应——动量定理

(1) 微分形式：$\vec{F} = \dfrac{d\vec{p}}{dt}$；

(2) 积分形式：$\int_{t_1}^{t_2} \vec{F} dt = \Delta(m\vec{v})$.

对质点系，动量定理形式类似. 内力不改变质点系的总动量.

当系统所受合外力为零时，$\sum_i m_i\vec{v}_i$ = 常矢量，质点系的动量守恒.

* 质心的概念：

① 质心的位矢：$\vec{r}_C = \dfrac{1}{m}\sum_i m_i\vec{r}_i$；

② 质心的速度：$m\vec{v}_C = \sum_i m_i\vec{v}_i = \vec{p}$；

③ 质心运动定律：$m\vec{a}_C = \dfrac{d\vec{p}}{dt} = \vec{F}_{外}$.

3. 力的空间累积效应——动能定理

(1) 功

$$A = \int_1^2 \vec{F} \cdot d\vec{r},$$

$$A = \int_{x_1}^{x_2} F_x dx + \int_{y_1}^{y_2} F_y dy + \int_{z_1}^{z_2} F_z dz.$$

(2) 动能定理

$$\int_1^2 \vec{F} \cdot d\vec{r} = \Delta\left(\frac{1}{2}mv^2\right) = \Delta E_k.$$

(3) 势能

① 保守力：$\oint_c \vec{F}_{保} \cdot d\vec{r} \equiv 0$.

② 势能函数

重力势能 $E_p = mgh$；弹性势能 $E_p = \dfrac{1}{2}kx^2$，弹性势能零点在弹簧自然伸长处；引力势能 $E_p = -G\dfrac{m_1 m_2}{r}$，无穷远处为引力势能的零点.

(4) 机械能守恒定律

① 质点系的功能原理

$$A_{外} + A_{内非} = E_2 - E_1.$$

② 机械能守恒定律

当 $A_{外} + A_{内非} = 0$ 时，$\sum_i (E_{ki} + E_{pi})$ = 常量.

4. 力矩的时间累积效应——角动量定理

(1) 力矩：$\vec{M} = \vec{r} \times \vec{F}$.

① 有心力对力心的力矩一定为零；

② 若力的作用线与某轴平行或与轴相交，则对该轴的力矩一定为零.

(2) 角动量：$\vec{L} = \vec{r} \times m\vec{v}$.

(3) 角动量定理：$\vec{M} = \dfrac{d\vec{L}}{dt}$.

(4) 角动量守恒定律：$\vec{L}$ = 恒矢量.

① 对点：质点(或质点系)所受合外力对某点的力矩之和为零，则对该点的角动量守恒.

② 对轴：$\sum\vec{M}_i$ 在某一轴的分量为零，则系统对该轴的角动量守恒.

二、刚体的定轴转动

1. 转动惯量

(1) 单个质点：$J=mr^2$；

(2) 质点系：$J=\sum_{i=1}^{n}m_ir_i^2$；

(3) 质量连续分布的刚体：$J=\int_m r^2\mathrm{d}m$.

转动惯量的大小与质点系的总质量有关，与质量的分布有关，与转动轴的位置有关. 对于给定的转轴，刚体的转动惯量为常数.

(4) 平行轴定理：$J=J_C+md^2$.

2. 对轴的力矩

$$\vec{M}=\vec{r}\times\vec{F}.$$

3. 刚体定轴转动定律

$$M=J\beta=J\frac{\mathrm{d}\omega}{\mathrm{d}t}.$$

4. 刚体定轴转动的动能定理

(1) 转动动能

$$E_\mathrm{k}=\sum_{i=1}^{n}\frac{1}{2}m_iv_i^2=\frac{1}{2}\left(\sum m_ir_i^2\right)\omega^2=\frac{1}{2}J\omega^2.$$

(2) 力矩对定轴转动的刚体所做的功

$$A=\int_{\theta_1}^{\theta_2}M\mathrm{d}\theta.$$

(3) 定轴转动的动能定理

$$\int_{\theta_1}^{\theta_2}M\mathrm{d}\theta=\frac{1}{2}J\omega_2^2-\frac{1}{2}J\omega_1^2.$$

(4) 刚体的势能：由刚体质心的高度来决定，即 $E_\mathrm{p}=mgh_C$.

(5) 机械能守恒定律.

5. 定轴转动的角动量定理

(1) 对轴的角动量

$$L=\sum_{i=1}^{n}r_im_iv_i\sin\frac{\pi}{2}=\left(\sum_{i=1}^{n}m_ir_i^2\right)\omega=J\omega.$$

角动量的大小与轴的位置有关.

(2) 对轴的角动量定理

$$\int_{t_1}^{t_2}M\mathrm{d}t=J\omega_2-J\omega_1.$$

(3) 对轴的角动量守恒定律

$$J_1\omega_1=J_2\omega_2.$$

注意：① 若系统为一定轴转动的刚体，由于 J 对于给定轴为常数，故 $M=0$ 时，$\omega=$ 常数.

② 若刚体组绕同一轴转动而角动量守恒，此时总角动量为

$$L=J_1\omega_1+J_2\omega_2+\cdots,$$

故守恒时总角动量守恒，各个刚体的角动量在内力矩的作用下进行再分配.

③ 若是以相同角速度绕同一轴转动的质点系角动量守恒，则由于转动惯量是变量，故有

$$\omega\propto\frac{1}{J},$$

即质点系转动角速度与转动惯量成反比. 由此可解释许多体育运动.

*6. 进动

绕自身对称轴旋转的物体其自转轴受到外力矩作用时，自转轴所产生的转动现象.

习　题　2

2.1　如习题 2.1 图所示，一个细绳跨过一定滑轮，绳的一边悬有一个质量为 m_1 的物体，另一边穿在质量为 m_2 的圆柱体的竖直细孔中，圆柱可沿绳子滑动. 今看到绳子从圆柱细孔中加速上升，柱体相对于绳子以匀加速度 a' 下滑，求 m_1，m_2 相对于地面的加速度、绳的张力，以及柱体与绳子间的摩擦力(绳轻且不可伸长，滑轮的质量及轮与轴间的摩擦不计).

2.2　一个质量为 m 的质点，在光滑的固定斜面(倾角为 α)上以初速度 $\vec{v}_0$ 运动，$\vec{v}_0$ 的方向与斜面底边的水平线 AB 平行，如习题 2.2 图所示，求质点的运动轨道.

2.3　质量为 16 kg 的质点在 Oxy 平面内运动，受一个恒力作用，力的分量为 $f_x=6\ \mathrm{N}$，$f_y=-7\ \mathrm{N}$，当 $t=0$ 时，$x=y=0$，$v_x=-2\ \mathrm{m/s}$，$v_y=0$. 求当 $t=2\ \mathrm{s}$ 时质点的位矢和速度.

2.4　质量为 m 的质点在流体中做直线运动，受与速度成正比的阻力 kv(k 为常数)作用，$t=0$ 时

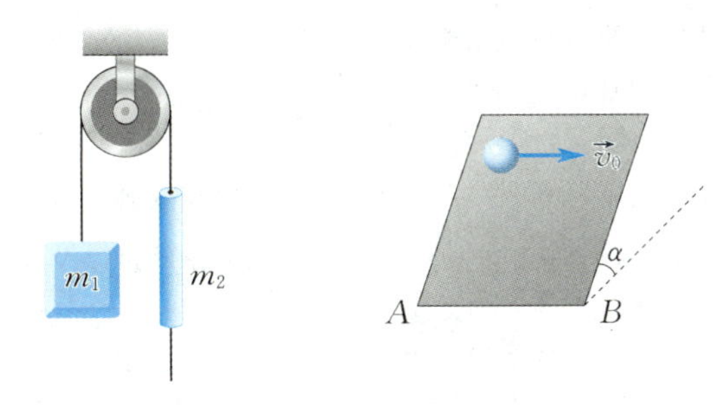

习题 2.1 图　　　　习题 2.2 图

质点的速度为 v_0，证明：

(1) t 时刻的速度为 $v = v_0 \mathrm{e}^{-\frac{k}{m}t}$；

(2) 由 0 到 t 的时间内经过的距离为

$$x = \left(\frac{mv_0}{k}\right)\left[1 - \mathrm{e}^{-\left(\frac{k}{m}\right)t}\right];$$

(3) 停止运动前经过的距离为 $v_0\left(\frac{m}{k}\right)$；

(4) 当 $t = m/k$ 时速度减至 v_0 的 $\frac{1}{\mathrm{e}}$.

***2.5**　如习题 2.5 图所示，升降机内有两物体，质量分别为 m_1, m_2，且 $m_2 = 2m_1$. 用细绳连接，跨过滑轮，绳子不可伸长，滑轮质量及一切摩擦都忽略不计，当升降机以匀加速 $a = \frac{1}{2}g$ 上升时，求：

(1) m_1 和 m_2 相对升降机的加速度；

(2) 在地面上观察到的 m_1, m_2 的加速度.

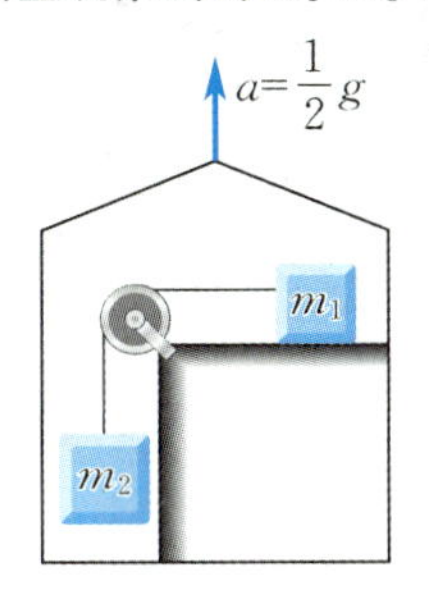

习题 2.5 图

2.6　一个质量为 m 的质点以与地仰角 $\theta = 30°$ 的初速度 $\vec{v}_0$ 从地面抛出，若忽略空气阻力，求质点落地时相对抛射时的动量的增量.

2.7　一个质量为 m 的小球从某一高度处水平抛出，落在水平桌面上发生弹性碰撞. 并在抛出 1 s 后，跳回到原高度，速度仍是水平方向，速度大小也与抛出时相等. 求小球与桌面碰撞过程中，桌面给予小球的冲量的大小和方向. 在碰撞过程中，小球的动量是否守恒？

2.8　作用在质量为 10 kg 的物体上的力为 $\vec{F} = (10 + 2t)\vec{i}$ N，式中 t 的单位是 s.

(1) 求 4 s 后，物体动量和速度的变化，以及力给予物体的冲量；

(2) 为了使力的冲量为 200 N · s，该力应在物体上作用多久？试分别就一原来静止的物体和一个具有初速度 $-6\vec{j}$ m/s 的物体，回答这个问题.

2.9　一个质量为 m 的质点在 Oxy 平面上运动，其位置矢量为

$$\vec{r} = a\cos\omega t\,\vec{i} + b\sin\omega t\,\vec{j},$$

求质点的动量及 $t = 0$ 到 $t = \frac{\pi}{2\omega}$ 时间内质点所受的合力的冲量和质点动量的改变量.

2.10　一颗子弹由枪口射出时速率为 v_0 m/s，当子弹在枪筒内被加速时，它所受的合力为 $F = (a - bt)$N(a, b 为常数)，其中 t 以 s 为单位.

(1) 假设子弹运行到枪口处合力刚好为零，试计算子弹走完枪筒全长所需时间；

(2) 求子弹所受的冲量；

(3) 求子弹的质量.

2.11　一个炮弹质量为 m，以速率 v 飞行，其内部炸药使此炮弹分裂为两块，爆炸后由于炸药使弹片增加的动能为 T，且一块的质量为另一块质量的 k 倍，如两者仍沿原方向飞行，试证其速率分别为

$$v + \sqrt{\frac{2kT}{m}},\quad v - \sqrt{\frac{2T}{km}}.$$

2.12　设质点所受合外力 $\vec{F}_{合} = (7\vec{i} - 6\vec{j})$ N.

(1) 当质点从原点运动到 $\vec{r} = (-3\vec{i} + 4\vec{j} + 16\vec{k})$ m 时，求 $\vec{F}$ 所做的功；

(2) 如果质点到 $\vec{r}$ 处时需 0.6 s，求平均功率；

(3) 如果质点的质量为 1 kg，求动能的变化.

2.13　以铁锤将一根铁钉击入木板，设木板对铁钉的阻力与铁钉进入木板内的深度成正比，在铁锤击第一次时，能将小钉击入木板内 1 cm，问击打第二次时能击入多深？假定铁锤两次打击铁钉时的速度相同.

***2.14**　设已知一个质点（质量为 m）在其保守力场中位矢为 $\vec{r}$ 点的势能为 $E_p(r) = k/r^n$，试求质点所受保守力的大小.

2.15　(1) 试计算月球和地球对物体 m 的引力相抵消的一点 P 距月球表面的距离. 已知：地球质量为 5.98×10^{24} kg，地球中心到月球中心的距离为

3.84×10^{8} m,月球质量 7.35×10^{22} kg,月球半径为 1.74×10^{6} m.(2) 如果一个 1 kg 的物体在距月球和地球均为无限远处的势能为零,那么它在 P 点的势能为多少?

2.16 一根劲度系数为 k_1 的轻弹簧 A 的下端,挂一根劲度系数为 k_2 的轻弹簧 B,B 的下端又挂一重物 C,C 的质量为 M,如习题 2.16 图所示.求该系统静止时两弹簧的伸长量之比和弹性势能之比.

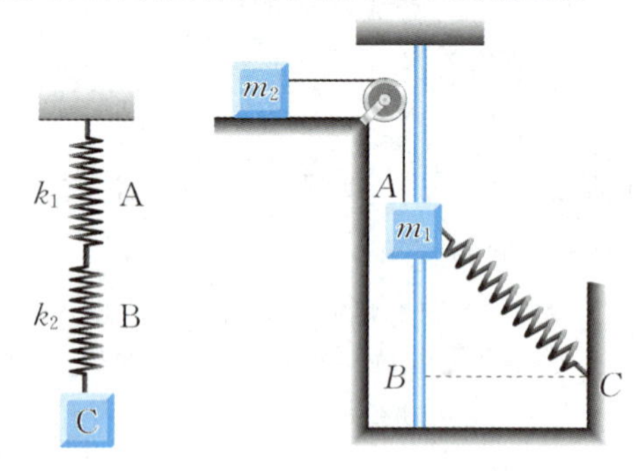

习题 2.16 图　　习题 2.17 图

2.17 由水平桌面、光滑铅直杆、不可伸长的轻绳、轻弹簧、理想滑轮以及质量为 m_1 和 m_2 的滑块组成如习题 2.17 图所示装置,弹簧的劲度系数为 k,自然长度等于水平距离 BC,m_2 与桌面间的摩擦系数为 μ,最初 m_1 静止于 A 点,$AB=BC=h$,绳已拉直,现让滑块 m_1 落下,求它下落到 B 处时的速率.

2.18 如习题 2.18 图所示,一个物体质量为 2 kg,以初速度 $v_0=3$ m/s 从斜面 A 点处下滑,它与斜面的摩擦力为 8 N,到达 B 点压缩弹簧 20 cm 后停止,然后又被弹回,求弹簧的劲度系数和物体最后能回到的高度.

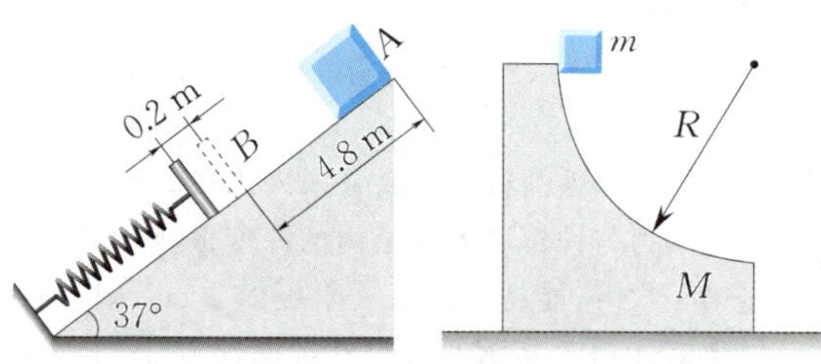

习题 2.18 图　　习题 2.19 图

2.19 质量为 M 的大木块具有半径为 R 的四分之一弧形槽,如习题 2.19 图所示.质量为 m 的小立方木块从曲面的顶端滑下,大木块放在光滑水平面上,两者都做无摩擦的运动,而且都从静止开始,求小木块脱离大木块时的速度.

2.20 一个小球与另一个质量相等的静止小球发生非对心弹性碰撞,试证碰后两小球的运动方向互相垂直.

2.21 一个质量为 m 的质点位于(x_1,y_1)处,速度为 $\vec{v}=v_x\vec{i}+v_y\vec{j}$,质点受到一个沿 x 轴负方向的力 $\vec{f}$ 的作用,求相对于坐标原点的角动量以及作用于质点上的力的力矩.

2.22 哈雷彗星绕太阳运动的轨道是一个椭圆.它离太阳最近距离为 $r_1=8.75\times10^{10}$ m 时的速率是 $v_1=5.46\times10^{4}$ m/s,离太阳最远时的速率是 $v_2=9.08\times10^{2}$ m/s,这时它离太阳的距离 r_2 是多少?(太阳位于椭圆的一个焦点)

2.23 物体质量为 3 kg,$t=0$ 时,$\vec{r}=4\vec{i}$ m,$\vec{v}=(\vec{i}+6\vec{j})$ m/s,如一个恒力 $\vec{F}=5\vec{j}$ N 作用在物体上,求 3 s 后,

(1) 物体动量的变化;

(2) 相对 z 轴角动量的变化.

2.24 平板中央开一小孔,质量为 m 的小球用细线系住,细线穿过小孔后挂一个质量为 M_1 的重物.小球做匀速圆周运动,当半径为 r_0 时重物达到平衡.今在 M_1 的下方再挂一个质量为 M_2 的物体,如习题 2.24 图所示,试问这时小球做匀速圆周运动的角速度 ω' 和半径 r' 为多少?

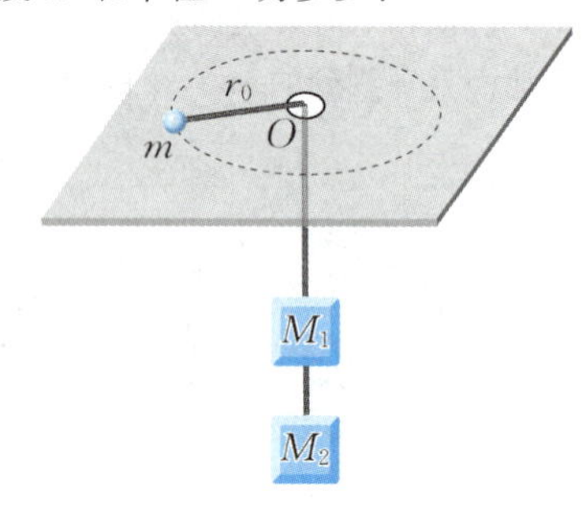

习题 2.24 图

2.25 飞轮的质量 $m=60$ kg,半径 $R=0.25$ m,绕其水平中心轴 O 转动,转速为900 r/min.现利用一个制动的闸杆,在闸杆的一端加一个竖直方向的制动力 $\vec{F}$,可使飞轮减速.已知闸杆的尺寸如习题 2.25 图所示,闸瓦与飞轮之间的摩擦系数 $\mu=0.4$,飞轮的转动惯量可按匀质圆盘计算.

(1) 设 $F=100$ N,问可使飞轮在多长时间内停止转动?在这段时间里飞轮转了几转?

(2) 如果在 2 s 内飞轮转速减少一半,需加多大的力?

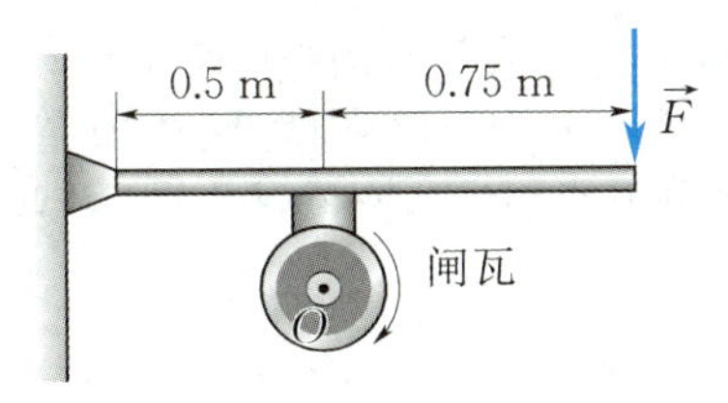

习题 2.25 图

2.26　固定在一起的两个同轴均匀圆柱体可绕其光滑的水平对称轴 OO' 转动. 设大小圆柱体的半径分别为 R 和 r，质量分别为 M 和 m. 绕在两柱体上的细绳分别与物体 m_1 和 m_2 相连，m_1 和 m_2 则挂在圆柱体的两侧，如习题 2.26 图所示. 设 $R = 0.20$ m，$r = 0.10$ m，$m = 4$ kg，$M = 10$ kg，$m_1 = m_2 = 2$ kg，且开始时 m_1，m_2 离地均为 $h = 2$ m，求：

(1) 柱体转动时的角加速度；

(2) 两侧细绳的张力.

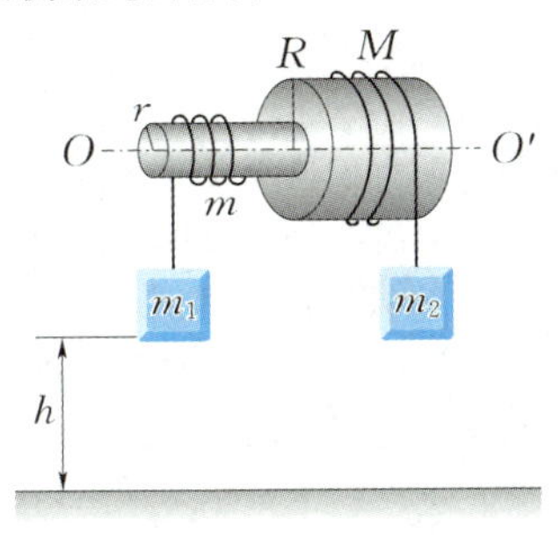

习题 2.26 图

2.27　计算习题 2.27 图所示系统中物体的加速度. 设滑轮为质量均匀分布的圆柱体，其质量为 M，半径为 r，在绳与轮缘的摩擦力作用下旋转，忽略桌面与物体间的摩擦，设 $m_1 = 50$ kg，$m_2 = 200$ kg，$M = 15$ kg，$r = 0.1$ m.

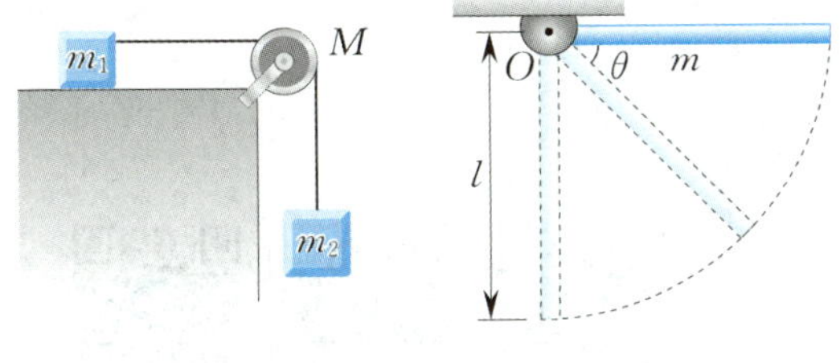

习题 2.27 图　　习题 2.28 图

2.28　如习题 2.28 图所示，一个匀质细杆质量为 m，长为 l，可绕过一端 O 的水平轴自由转动，杆于水平位置由静止开始摆下. 求：

(1) 初始时刻的角加速度；

(2) 杆转过 θ 角时的角速度.

2.29　如习题 2.29 图所示，质量为 M、长为 l 的均匀直棒，可绕垂直于棒一端的水平轴 O 无摩擦地转动. 当直棒静止在平衡位置时，有一个质量为 m 的弹性小球飞来，正好在棒的下端与棒垂直相撞. 相撞后，使棒从平衡位置处摆动到最大角度 $\theta = 30°$ 处.

(1) 设小球和直棒的碰撞为弹性碰撞，试计算小球初速 v_0 的值；

(2) 相撞时小球受到多大的冲量？

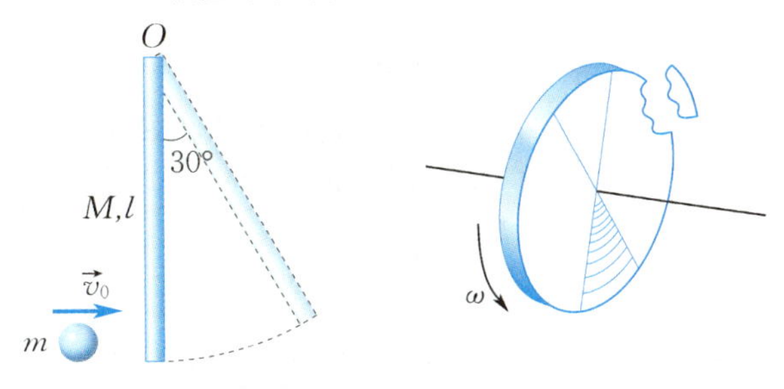

习题 2.29 图　　习题 2.30 图

2.30　一个质量为 M、半径为 R 并以角速度 ω 旋转着的飞轮（可看作匀质圆盘），在某一瞬时突然有一片质量为 m 的碎片从轮的边缘上飞出，如习题 2.30 图所示. 假定碎片脱离飞轮时的瞬时速度方向正好竖直向上.

(1) 求碎片飞升的高度；

(2) 求余下部分的角速度、角动量和转动动能.

2.31　一质量为 m、半径为 R 的自行车轮，假定质量均匀分布在轮缘上，可绕轴自由转动. 另一质量为 m_0 的子弹以速度 v_0 射入轮缘（如习题 2.31 图所示方向）.

(1) 开始时车轮是静止的，问在子弹打入车轮后的角速度为何值？

(2) 用 m，m_0 和 θ 表示系统（包括轮和质点）的最后动能 E_k 和初始动能 E_{k0} 之比.

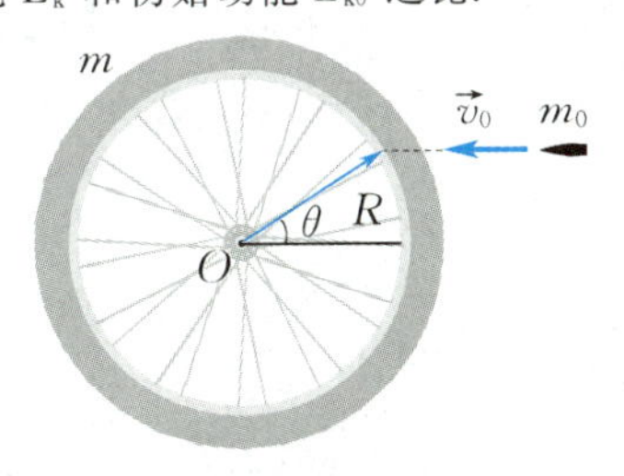

习题 2.31 图

2.32　弹簧、定滑轮和物体的连接如习题 2.32 图所示，弹簧的劲度系数为 2.0 N/m；定滑轮的转动惯量是 0.5 kg·m²，半径为 0.30 m，问当 6.0 kg

质量的物体落下 0.40 m 时,它的速率为多大?假设开始时物体静止而弹簧无伸长.

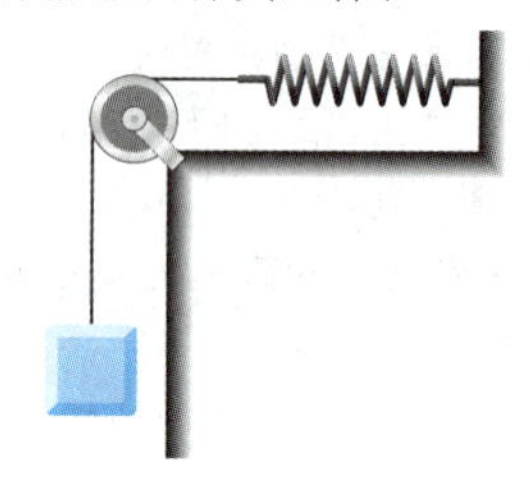

习题 2.32 图

* **2.33** 空心圆环可绕竖直轴 AC 自由转动,如习题 2.33 图所示,其转动惯量为 J_0,环半径为 R,初始角速度为 ω_0.质量为 m 的小球静置于 A 点,因受微小的干扰,小球向下滑动.设圆环内壁是光滑的,问小球滑到 B 点与 C 点时,小球相对于环的速率各为多少?

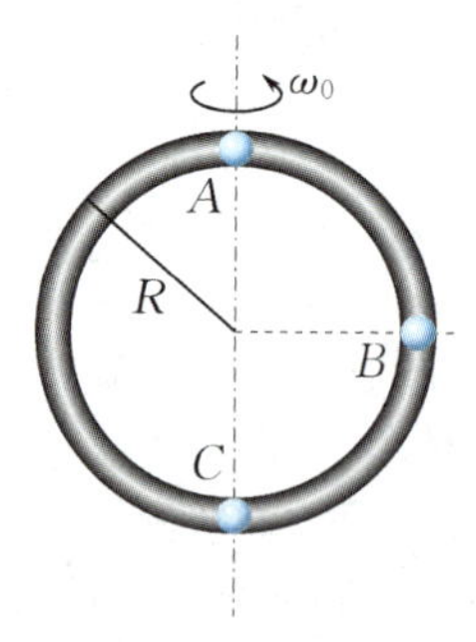

习题 2.33 图

阅读材料一 时空对称性和守恒定律简介

审视物理学的各个领域中许多的定理、定律、守恒律和法则,人们发现它们遵循的框架是:对称性—守恒律—各个领域中的基本定律—定理—定义.对称性的定义最初源于数学:若图形通过某种操作后又回到它自身(即图形保持不变),则这个图形对该操作具有对称性.在物理学中的对称性应理解为:若某个物理规律(或物理量)在某种操作下能保持不变,则这个物理规律(或物理量)对该操作对称.空间平移对称性与动量守恒之间、时间平移对称性与机械能守恒律之间、空间转动对称性与角动量守恒之间具有深刻联系.

(扫二维码阅读详细内容)

阅读材料二 混沌——确定论系统中的"随机行为"简介

在牛顿力学中,在只要知道了物体的受力情况及它的初始条件,那么这个物体的"过去、现在、未来"等一切都在掌握之中.因此,牛顿力学(经典力学)被誉为"确定性理论".玻尔兹曼、麦克斯韦等将"概率"的语言引入被"确定性理论"统治的物理学,逐步建立"随机性理论"(即"统计理论").长期以来,人们以为"确定论"和"随机论"之间有不可逾越的鸿沟.20 世纪 60 年代以来,越来越多的研究结果表明:在一个没有外来随机干扰的"确定论系统"中,同样存在着"随机行为"——混沌现象.非线性问题有四大典型分支:混沌、分形、孤立波、斑图,本文介绍"混沌".

(扫二维码阅读详细内容)

第2篇　振动与波动基础

人们习惯于按照物质的运动形态，把经典物理划分为力、热、电、光等学科. 然而某些形式的运动是横跨所有学科的，其中最典型的当属振动和波动了. 在力学中有机械振动和机械波，在电学中有电磁振荡和电磁波，声是一种机械波，光是一种电磁波. 在近代物理中更是处处离不开振动和波，我们可以从量子力学最开始被称为波动力学这一点看出振动和波的概念在近代物理中的重要性. 尽管在物理学的各分支学科里振动和波的具体内容不同，但对它们的主要特征的研究以及描述它们的基本方法是相通的. 本篇的意义绝不局限于力学，它将是学习整个物理学(尤其是光学)的基础.

本篇以机械振动和机械波为主要内容. 机械振动着重讨论简谐振动的运动规律和简谐振动的合成问题，并介绍阻尼振动、受迫振动和共振现象等. 机械波着重讨论简谐波的传播、特征、描述、能量、干涉与衍射等.

第3章 机械振动

物体在某固定位置附近的往复运动叫作**机械振动**，它是物体一种普遍的运动形式，广泛存在于自然界和人类的生产活动中. 一切发声体都在振动，机器的运转总伴随着振动，海浪的起伏就是水面的振动，地震时大地做着令人恐怖的振动，就连晶体中的原子也都在不停地振动着.

广义地说，任何一个物理量在某一量值附近随时间做交替变化都可以叫作**振动**. 例如，交流电路中的电流、电压，振荡电路中的电场强度和磁场强度等均随时间做周期性的变化，因此都可以称为振动. 这些振动虽然和机械振动内容不同，但它们都具有相同的数学特征和运动规律.

本章以机械振动为例，主要讨论简谐振动的运动规律以及振动的合成，并简要介绍阻尼振动、受迫振动、共振现象以及非线性振动.

3.1 简谐振动的运动描述

简谐振动是振动中最简单最基本的振动形式，任何一个复杂的振动都可以看成是若干个简谐振动的叠加.

3.1.1 简谐振动的运动学方程

简谐振动的典型例子是弹簧振子的运动. 劲度系数为 k 的轻质弹簧，一端固定，另一端连接一个质量为 m 的物体(视为质点)，置于光滑的水平面上，便构成一个弹簧振子系统. 给系统加一个水平方向的初始扰动，系统便沿水平方向振动起来.

取弹簧处于自然长度时物体的位置(此处又称为平衡位置)为坐标原点，水平向右为 x 轴正方向，如图 3.1 所示. 分析可得，物体离开平衡位置的位移 x 随时间 t 的变化规律为

$$x = A\cos(\omega t + \varphi), \tag{3.1}$$

式中 A,ω,φ 为常数，弹簧振子的这种运动称为**简谐振动**.

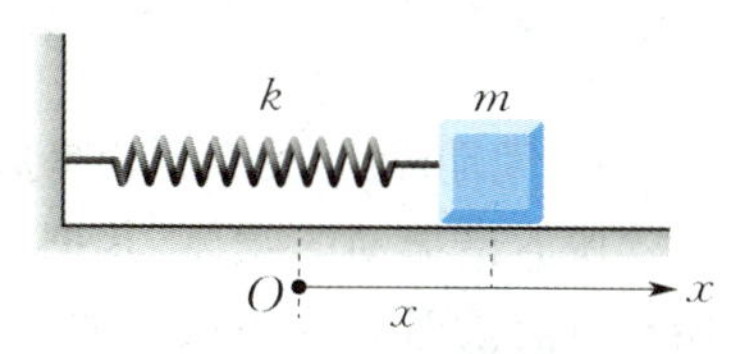

图 3.1 弹簧振子

一般地，若某物理量的取值按式(3.1)的规律随时间变化，则称该物理量做简谐振动. 式(3.1)称为简谐振动的运动方程.

通过对式(3.1)求导可得振动物体在任一时刻的速度和加速度：

$$v = \frac{dx}{dt} = -\omega A\sin(\omega t + \varphi), \tag{3.2}$$

$$a = \frac{d^2 x}{dt^2} = -\omega^2 A\cos(\omega t + \varphi). \tag{3.3}$$

简谐振动的 x-t 图线称为振动曲线,它是数学中的余弦曲线,如图 3.2 中的实线所表示,图中虚线和点画线则分别为 v-t,a-t 曲线.

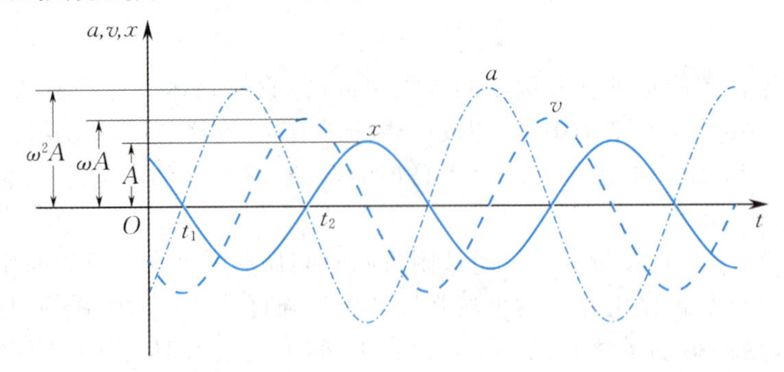

图 3.2 简谐振动的 x,v,a 随时间变化的关系曲线

3.1.2 简谐振动的特征量

简谐振动运动方程中的常数 A,ω,φ 决定了简谐振动的运动状态,这三个参量称为简谐振动的特征量.

1. 振幅 A

按简谐振动运动学方程(3.1),物体的最大位移不能超过 $\pm A$,物体偏离平衡位置的最大位移(或角位移)的绝对值叫作**振幅**. 显然,振幅 A 是由初始条件决定.

将初始条件 $t=0, x=x_0, v=v_0$ 代入式(3.1)和(3.2),得

$$\begin{cases} x_0 = A\cos\varphi, \\ v_0 = -\omega A\sin\varphi. \end{cases} \tag{3.4}$$

解式(3.4)可得

$$A = \sqrt{x_0^2 + \frac{v_0^2}{\omega^2}}. \tag{3.5}$$

显然,振幅是由初始条件决定的. 例如,当 $t=0$ 时,物体位移为 x_0,而振速为零,此时的 $|x_0|$ 即为振幅;又 $t=0$ 时,物体在平衡位置,而初速为 v_0,则 $A = \left|\frac{v_0}{\omega}\right|$,可见初速越大,振幅越大.

2. 周期 T 频率 ν 角频率 ω

做简谐振动的物体,其振动状态发生周而复始的一次变化称为一次全振动,完成一次全振动所需的时间称为振动的**周期**,用 T 表示,因为

$$A\cos[\omega(t+T)+\varphi] = A\cos(\omega t + \varphi),$$

所以

$$\omega = \frac{2\pi}{T}. \tag{3.6}$$

和周期密切相关的另一个物理量是**频率**,即单位时间内系统所完成的全振动的次数,用 ν 表示,

$$\nu = \frac{1}{T} = \frac{\omega}{2\pi}. \tag{3.7}$$

在国际单位制中，ν 的单位是赫[兹](Hz).

由式(3.6)和(3.7)，有

$$\omega = \frac{2\pi}{T} = 2\pi\nu. \tag{3.8}$$

称 ω 为振动的**角频率**，也称**圆频率**，它表示系统在 2π 个单位时间内完成的全振动的次数. 在下一节我们将会看到它是由振动系统自身的力学性质决定的.

3. 相位　初相位

频率或周期描述振动的快慢，振幅描述振动的范围. 此外还有一个重要的物理量 $(\omega t + \varphi)$，称为**相位**. 由式(3.1)，(3.2)和(3.3)可知，在已知 A 和 ω 的情况下，相位确定了振动物体的位置、速度和加速度，即振动状态. 在讨论振动乃至波动的问题时相位是十分重要的物理量.

即使不具体计算振动物体的位置和速度，仅由相位也能大体上判断出物体的振动状态. 如 $(\omega t + \varphi) = 0$ 对应物体位于 x 轴正向最大值、速度为零的状态.

另一方面，用相位表征简谐振动的运动状态还能充分地反映简谐振动的周期性. 简谐振动在一个周期内所经历的运动状态每时每刻都不相同，从相位来理解，这相当于相位经历了从 0 到 2π 的变化过程. 因此，对于一个以某个振幅和频率振动的系统，若它们的相位差为 2π 或 2π 的整数倍，则它们所对应的运动状态必定相同.

不难看出，φ 是 $t = 0$ 时的相位，称为**初相位**或**初相**. 可见，φ 给出了物体初始时刻的振动状态. 由式(3.4)知，φ 也是由初始条件决定的，即

$$\varphi = \arctan\left(-\frac{v_0}{x_0 \omega}\right). \tag{3.9}$$

若已知振子的初始振动状态，则可直接由式(3.9)分析得出其初相位. 例如，若 $t = 0$，$x_0 = A/2$，而 $v_0 < 0$，则由式(3.9)可推知，与此振动状态对应的初相位为 $\varphi = \pi/3$.

3.1.3　简谐振动的旋转矢量表示法

在研究简谐振动问题时，常采用一种较为直观的几何方法，即旋转矢量表示法.

如图 3.3 所示，从坐标原点 O(平衡位置)画一矢量 $\vec{A}$，使它的模等于简谐振动的振幅 A，并令 $t = 0$ 时，$\vec{A}$ 与 x 轴的夹角等于简谐振动的初相位 φ，然后使 $\vec{A}$ 以等于角频率 ω 的角速度在平面上绕 O 点做逆时针匀角速转动，这样作出的矢量称为旋转矢量. 显然，旋转矢量 $\vec{A}$ 任一时刻在 x 轴上的投影 $x = A\cos(\omega t + \varphi)$ 就描述了一个简谐振动.

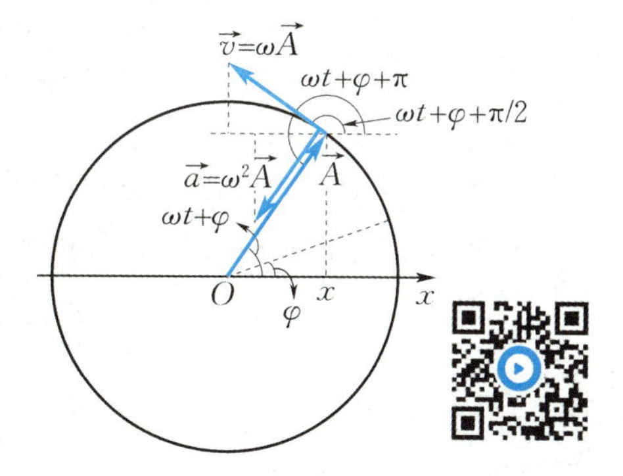

图 3.3　简谐振动的旋转矢量表示

矢端沿圆周运动的速度大小等于 ωA，其方向与 x 轴的夹角等于 $\omega t + \varphi + \pi/2$，在 x 轴上的投影为 $\omega A\cos(\omega t + \varphi + \pi/2) = -\omega A\sin(\omega t + \varphi)$，这就是简谐振动的速度方程式(3.2)；矢端做圆周运动的加速度为 $a = \omega^2 A$，它与 x 轴的夹角为 $\omega t + \varphi + \pi$，所以加速度在 x 轴上的投影为

$$\omega^2 A\cos(\omega t+\varphi+\pi)=-\omega^2 A\cos(\omega t+\varphi),$$

这就是简谐振动的加速度方程式(3.3).同时也证明简谐振动速度的相位比位移超前 $\pi/2$,加速度的相位比速度超前 $\pi/2$,比位移超前 π.

值得注意的是,用旋转矢量法描述简谐振动,并非旋转矢量本身做简谐振动,而是其端点在 x 轴上的投影点做简谐振动.旋转矢量 $\vec{A}$ 每旋转一周,它的端点在 x 轴上的投影点就完成一次全振动,所以简谐振动的周期 T 即为旋转矢量旋转一周所需的时间.

例 3.1 一个物体沿 x 轴做简谐振动,振幅为 0.12 m,周期为 2 s.当 $t=0$ 时,物体的位移为 0.06 m,且向 x 轴正向运动.求:(1) 简谐振动的初相位;(2) $t=0.5$ s 时,物体的位置、速度及加速度;(3) 在 $x=-0.06$ m 处且向 x 轴负向运动时物体的速度和加速度,以及从这个位置回到平衡位置时所需的最短时间.

解 (1) 由题意知 $A=0.12$ m,$\omega=2\pi/T=\pi$,故物体的简谐振动方程及初始位移为

$$x=0.12\cos(\pi t+\varphi),\quad x_0=0.12\cos\varphi=0.06,$$

解得

$$\varphi=\pm\frac{\pi}{3}.$$

因为此时物体向 x 轴正向运动,$v_0=\left.\frac{\mathrm{d}x}{\mathrm{d}t}\right|_{t=0}=-\omega A\sin\varphi>0$,故 $\varphi=-\frac{\pi}{3}$.

(2) 由(1)知,物体的位移、速度及加速度分别为

$$x=0.12\cos\left(\pi t-\frac{\pi}{3}\right),$$

$$v=\frac{\mathrm{d}x}{\mathrm{d}t}=-0.12\pi\sin\left(\pi t-\frac{\pi}{3}\right),$$

$$a=\frac{\mathrm{d}^2x}{\mathrm{d}t^2}=-0.12\pi^2\cos\left(\pi t-\frac{\pi}{3}\right).$$

将 $t=0.5$ s 代入上述三式,得

$$x_{0.5}=0.12\cos\left(\frac{\pi}{2}-\frac{\pi}{3}\right)\mathrm{m}=0.104\ \mathrm{m},$$

$$v_{0.5}=-0.12\pi\sin\left(\frac{\pi}{2}-\frac{\pi}{3}\right)\mathrm{m/s}=-0.188\ \mathrm{m/s},$$

$$a_{0.5}=-0.12\pi^2\cos\left(\frac{\pi}{2}-\frac{\pi}{3}\right)\mathrm{m/s^2}=-1.03\ \mathrm{m/s^2}.$$

(3) 设对应于 $x=-0.06$ m 的时间为 t_1,则有

$$-0.06=0.12\cos\left(\pi t_1-\frac{\pi}{3}\right),$$

即 $\cos\left(\pi t_1-\frac{\pi}{3}\right)=-\frac{1}{2}$,故

$$\pi t_1-\frac{\pi}{3}=\frac{2\pi}{3},\frac{4\pi}{3}.$$

但此时物体向 x 轴负向运动,$v=-0.12\pi\sin\left(\pi t-\frac{\pi}{3}\right)<0$,故相位

$$\varphi = \pi t_1 - \frac{\pi}{3} = \frac{2\pi}{3},$$

解得

$$t_1 = 1\ \text{s}.$$

此时的速度和加速度分别为

$$v = -0.12\pi\sin\left(\pi - \frac{\pi}{3}\right)\text{m/s} = -0.33\ \text{m/s},$$

$$a = -0.12\pi^2\cos\left(\pi - \frac{\pi}{3}\right)\text{m/s}^2 = 0.59\ \text{m/s}^2.$$

从 $x = -0.06$ m 处回到平衡位置，意味着回到相位 $\frac{3\pi}{2}$ 处，设相应时刻为 t_2，则有

$$\pi t_2 - \frac{\pi}{3} = \frac{3\pi}{2},$$

解得

$$t_2 = \frac{11}{6}\ \text{s}.$$

故从 $x = -0.06$ m 处回到平衡位置所需的最短时间为

$$\Delta t = t_2 - t_1 = \left(\frac{11}{6} - 1\right)\text{s} = \frac{5}{6}\text{s} = 0.83\ \text{s}.$$

此题的(1)，(3)问若用旋转矢量法求解则更简便，请读者自己完成.

3.2 简谐振动的动力学特征

3.2.1 弹簧振子模型

研究表明，做简谐振动的物体(或系统)，尽管描述它们偏离平衡位置位移的物理量可以千差万别，但描述它们动力学特征的运动微分方程却完全相同. 图 3.1中的弹簧振子是做简谐振动的理想模型，我们可以非常容易地得到它的微分方程.

如图 3.1 所示，水平放置的弹簧振子在光滑面上振动. 以弹簧处于自然状态的稳定平衡位置为坐标原点，当振子偏离平衡位置的位移为 x 时，其受到的弹力作用为

$$F = -kx, \tag{3.10}$$

式中 k 为弹簧的劲度系数，负号表示弹力的方向与振子的位移方向相反，即振子在运动过程中受到的力总是指向平衡位置，且力的大小与振子偏离平衡位置的位移成正比，这种力称为线性回复力.

如果不计阻力(如振子与支撑面的摩擦力，在空气中运动时受到的介质阻力及其他能量损耗)，则振子的运动微分方程为

$$-kx = m\frac{\mathrm{d}^2 x}{\mathrm{d}t^2}.$$

令

$$\omega^2 = \frac{k}{m}, \tag{3.11}$$

则有

$$\frac{\mathrm{d}^2 x}{\mathrm{d}t^2} + \omega^2 x = 0. \tag{3.12}$$

式(3.12)的解就是式(3.1),可知式(3.12)就是描述简谐振动的运动微分方程.由此可给出简谐振动的一种较普遍的定义:如某力学系统的动力学方程可归结为式(3.12)的形式,且其中常量 ω 仅取决于振动系统本身的性质,则该系统的运动为简谐振动.满足式(3.12)的系统又可称为**谐振子系统**.

3.2.2　微振动的简谐近似

上述弹簧振子(谐振子)是一个理想模型.实际发生的振动大多较为复杂,一方面回复力可能不是弹力,而是重力、浮力或其他的力;另一方面回复力可能是非线性的,只能在一定条件下才可近似当作线性回复力,例如单摆、复摆、扭摆等.

一端固定且不可伸长的细线与可视为质点的物体相连,当它在竖直平面内做小角度($\theta \leqslant 5^\circ$)摆动时,该系统称为**单摆**,如图 3.4 所示.

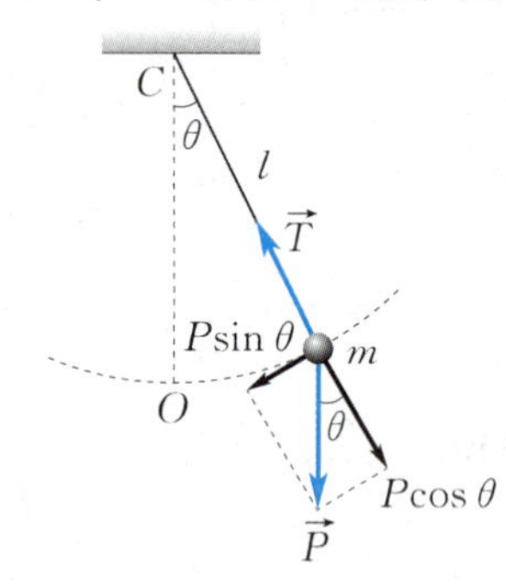

图 3.4　单摆

以摆球为研究对象,单摆的运动可看作绕过 C 点的水平轴转动.显然,摆球在铅直方向 CO 处为稳定平衡位置(即回复力为零的位置).当摆线偏离铅直方向 θ 角时(θ 又称角位移),摆球受到重力 $\vec{P}$ 与绳拉力 $\vec{T}$ 的合力,对过 C 点水平轴的力矩为

$$M = -mgl\sin\theta, \tag{3.13}$$

式中负号表示力矩的方向总是与角位移的方向相反,将 θ 值用弧度表示,在 $\theta \leqslant 5^\circ$ 时,则有 $\sin\theta = \theta - \frac{\theta^3}{3!} + \frac{\theta^5}{5!} + \cdots$,略去高阶无穷小,式(3.13)可近似简化为

$$M = -mgl\theta. \tag{3.14}$$

此时的回复力矩与角位移成正比且反向.

若不计阻力,由转动定律可写出摆球的动力学方程为

$$-mgl\theta = ml^2 \frac{\mathrm{d}^2\theta}{\mathrm{d}t^2},$$

令

$$\omega^2 = \frac{g}{l}, \tag{3.15}$$

则有

$$\frac{\mathrm{d}^2\theta}{\mathrm{d}t^2} + \omega^2\theta = 0, \tag{3.16}$$

即单摆的小角度摆动是简谐振动.由式(3.15)可知单摆的摆动周期

$$T = \frac{2\pi}{\omega} = 2\pi\sqrt{\frac{l}{g}}. \tag{3.17}$$

绕不过质心的水平固定轴转动的刚体称为**复摆**，如图 3.5 所示．质心 C 在铅直位置时为平衡位置，以质心 C 至轴心 O 的距离 h 为摆长，同上分析，当 $\theta \leqslant 5°$时复摆的动力学方程为

$$-mgh\theta = J\frac{\mathrm{d}^2\theta}{\mathrm{d}t^2}. \tag{3.18}$$

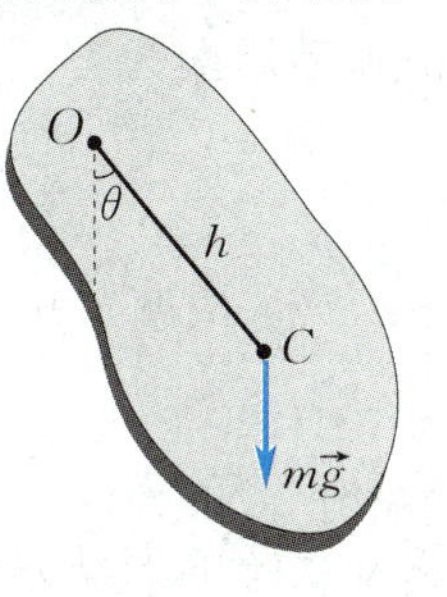

图 3.5　复摆

令

$$\omega^2 = \frac{mgh}{J}, \tag{3.19}$$

式中 J 为刚体对过 O 点水平轴的转动惯量，于是式(3.18)也可归为式(3.16)．

由上述讨论可知，单摆或复摆在小角度摆动情况下，经过近似处理，它们的运动方程与弹簧振子的运动方程具有完全相同的数学形式，即式(3.12)．进一步的研究表明，任何一个物理量(例如长度、角度、电流、电压以及化学反应中某种化学组分的浓度等)的变化规律凡满足式(3.12)且常量 ω 取决于系统本身的性质，则该物理量做简谐振动．

例 3.2　如图 3.6 所示，轻质弹簧一端固定，另一端系一轻绳，绳绕过定滑轮挂一质量为 m 的物体．设弹簧的劲度系数为 k，滑轮的转动惯量为 J，半径为 R．若物体在其初始位置时弹簧无伸长，然后由静止释放．(1) 试证明物体的运动是简谐振动；(2) 求此振动系统的振动周期；(3) 写出振动方程．

解　(1) 若物体离开初始位置的距离为 b 时，受力平衡，则此时有

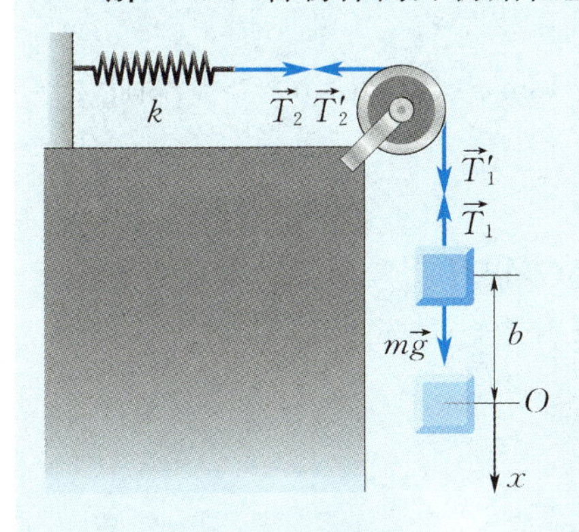

图 3.6　振动组合系统

$$mg = kb, \quad b = \frac{mg}{k}.$$

以此平衡位置为坐标原点 O，竖直向下为 x 轴正向，当物体在坐标 x 处时，由牛顿运动定律和定轴转动定律有

$$\begin{cases} mg - T_1 = ma, & ① \\ T'_1R - T'_2R = J\beta, & ② \\ T_2 = k(x+b), & ③ \\ a = R\beta, & ④ \\ T'_1 = T_1, T'_2 = T_2. & ⑤ \end{cases}$$

联立式①～⑤，解得

$$\left(m + \frac{J}{R^2}\right)\frac{\mathrm{d}^2x}{\mathrm{d}t^2} + kx = 0,$$

即

$$\frac{\mathrm{d}^2x}{\mathrm{d}t^2} + \frac{k}{m + (J/R^2)}x = 0.$$

故此振动系统的运动是简谐振动．

(2) 由上面的表达式知，此振动系统的角频率

$$\omega = \sqrt{\frac{k}{m + (J/R^2)}},$$

故振动周期为

$$T = \frac{2\pi}{\omega} = 2\pi\sqrt{\frac{m + (J/R^2)}{k}}.$$

(3) 依题意知 $t = 0$ 时,$x_0 = -b, v_0 = 0$,可求出

$$A = \sqrt{x_0^2 + \frac{v_0^2}{\omega^2}} = b = \frac{mg}{k}, \quad \varphi = \arctan\left(-\frac{v_0}{-\omega x_0}\right) = \pi.$$

振动系统的振动方程为

$$x = A\cos(\omega t + \varphi) = \frac{mg}{k}\cos\left[\sqrt{\frac{k}{m + (J/R^2)}}t + \pi\right].$$

例 3.3 已知如图 3.7 所示的简谐振动曲线,试写出振动方程.

解 设简谐振动方程为

$$x = A\cos(\omega t + \varphi).$$

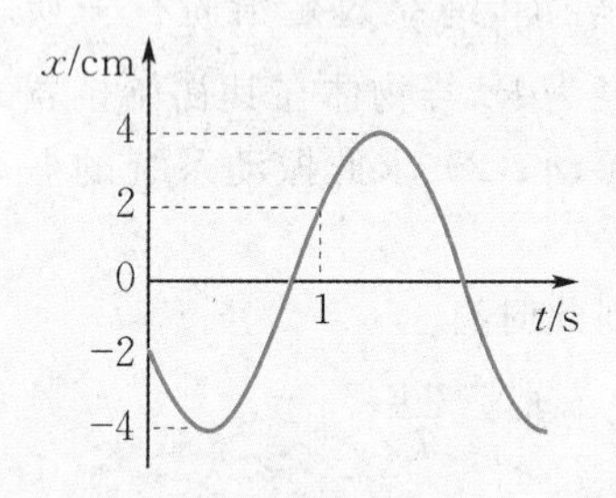

图 3.7 简谐振动曲线

从图中易知 $A = 4$ cm,下面只要求出 φ 和 ω 即可. 由图中分析知,$t = 0$ 时,$x_0 = -2$ cm,且 $v_0 = \frac{\mathrm{d}x}{\mathrm{d}t} < 0$(由曲线的斜率决定),代入振动方程,有

$$-2 = 4\cos\varphi,$$

故 $\varphi = \pm\frac{2}{3}\pi$. 又由 $v_0 = -\omega A\sin\varphi < 0$,得 $\sin\varphi > 0$,因此 $\varphi = \frac{2}{3}\pi$.

又从图中可知,$t = 1$ s 时,$x = 2$ cm,$v > 0$,代入振动方程有

$$2 = 4\cos\left(\omega + \frac{2\pi}{3}\right), \quad \cos\left(\omega + \frac{2\pi}{3}\right) = \frac{1}{2},$$

所以 $\omega + \frac{2\pi}{3} = \frac{5\pi}{3}$ 或 $\frac{7\pi}{3}$$\left(\text{应注意这里不能取} \pm\frac{\pi}{3}\right)$.

因同时要满足 $v = -\omega A\sin\left(\omega + \frac{2\pi}{3}\right) > 0$,即 $\sin\left(\omega + \frac{2\pi}{3}\right) < 0$,故应取 $\omega + \frac{2\pi}{3} = \frac{5\pi}{3}$,即 $\omega = \pi$. 因此振动方程为

$$x = 4 \times 10^{-2}\cos\left(\pi t + \frac{2\pi}{3}\right)(\mathrm{SI}).$$

用旋转矢量法也可以简单地求出简谐振动的 φ 和 ω. 如图 3.8 所示,在 x-t 曲线的左侧作 Ox 轴与位移坐标轴平行,由振动曲线可知,a,b 两点对应于 $t = 0$,1 s 时刻的振动状态,可确定这两个时刻旋转矢量的位置分别为 $\overrightarrow{Oa}$ 和 $\overrightarrow{Ob}$. 下面做详细说明:由 a 向 Ox 轴作垂线,其交点就是 $t = 0$ 时刻旋转矢量端点的投影点. 已知该处 $x_0 = -2$ cm,且此时刻 $v_0 < 0$,故旋转矢量应在 Ox 轴左侧,它与 Ox 轴正向的夹角 $\varphi = \frac{2\pi}{3}$,就是 $t = 0$ 时刻的振动相位,即初相位;又

由 x-t 曲线中 b 点向 Ox 轴作垂线，其交点就是 $t=1$ s 时刻旋转矢量端点的投影点，该处 $x=2$ cm 且 $v>0$，故此时刻旋转矢量应在 Ox 轴的右侧，它与 Ox 轴的夹角 $\varphi=\frac{5\pi}{3}$ 就是该时刻的振动相位，即 $\omega+\frac{2\pi}{3}=\frac{5\pi}{3}$，解得 $\omega=\pi$.

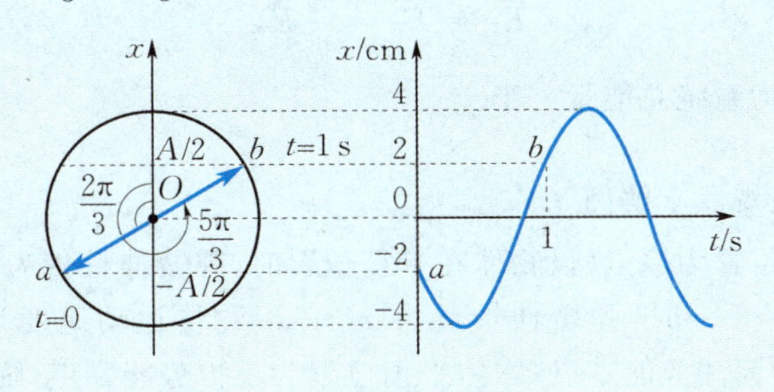

图 3.8　旋转矢量法求解例 3.3

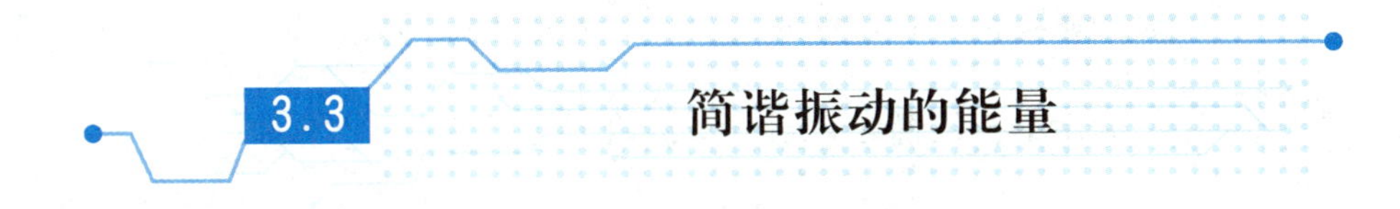

3.3 简谐振动的能量

系统做简谐振动时能量由动能 E_k 和势能 E_p 两部分构成，动能 E_k 和势能 E_p 各自随时间的变化关系为

$$E_k=\frac{1}{2}mv^2=\frac{1}{2}m\omega^2A^2\sin^2(\omega t+\varphi)=\frac{1}{2}kA^2\sin^2(\omega t+\varphi),\tag{3.20}$$

$$E_p=\frac{1}{2}kx^2=\frac{1}{2}kA^2\cos^2(\omega t+\varphi),\tag{3.21}$$

则总能量为

$$E=E_k+E_p=\frac{1}{2}kA^2=\frac{1}{2}m\omega^2A^2.\tag{3.22}$$

由此可见，简谐振动系统的动能和势能分别随时间按此长彼消的规律做周期性的变化，并维持它们的总和在振动过程中保持不变，如图 3.9 所示，即机械能守恒，这是简谐振动能量的一个重要特征.

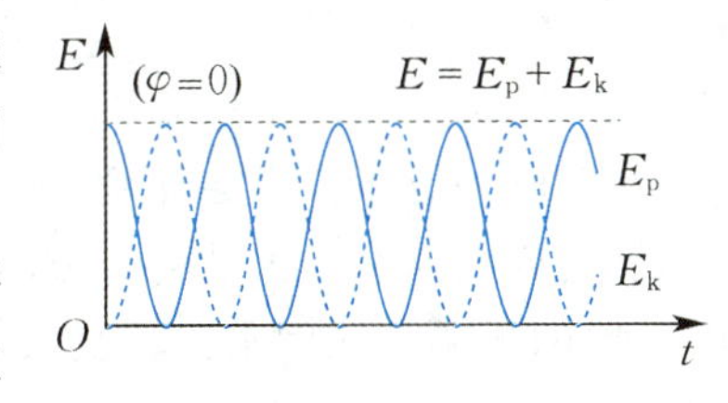

图 3.9　简谐振动的能量曲线

式(3.22)还表明，振动系统的能量与振动角频率的平方及振幅的平方成正比. 这对其他简谐振动系统也是成立的. 振幅不仅给出了简谐振动的幅度，而且也反映了简谐振动系统的总能量的大小，或者说反映了振动的强度.

现求动能在一个周期内的平均值

$$\overline{E}_k=\frac{1}{T}\int_0^T E_k\,\mathrm{d}t=\frac{1}{T}\int_0^T\frac{1}{2}kA^2\sin^2(\omega t+\varphi)\,\mathrm{d}t=\frac{1}{4}kA^2.$$

同理

$$\overline{E}_p = \frac{1}{4}kA^2,$$

即

$$\overline{E}_k = \overline{E}_p = \frac{1}{2}E,$$

动能与势能平均值均为系统总能量一半.

例 3.4 从能量观点求解例 3.2.

解 以物体平衡位置为原点(设物体在平衡位置时,弹簧伸长量为 x_0),取竖直向下的方向为正方向,当物体下落 x 时,弹簧伸长量为 $x_0 + x$,物体运动速度为 v,定滑轮角速度为 v/R,取弹簧原长处为弹性势能零点,物体平衡位置为重力势能零点,则系统的总能量为

$$E = \frac{1}{2}k(x+x_0)^2 - mgx + \frac{1}{2}mv^2 + \frac{1}{2}J\left(\frac{v}{R}\right)^2.$$

由于机械能守恒,总能量 E 是常量,上式对时间求导,得

$$0 = k(x+x_0)v - mgv + mva + J\left(\frac{v}{R^2}\right)a.$$

由于 $v \neq 0, a = \frac{d^2x}{dt^2}$,利用平衡位置处 $kx_0 = mg$,化简上式得

$$\frac{d^2x}{dt^2} + \frac{k}{m+(J/R^2)}x = 0.$$

此即简谐振动的微分方程,其振动周期为

$$T = \frac{2\pi}{\omega} = 2\pi\sqrt{\frac{m+(J/R^2)}{k}}.$$

与例 3.2 解法的结果相同.

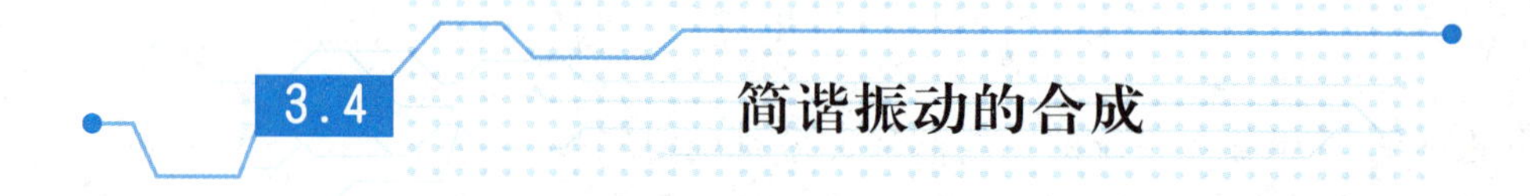

3.4 简谐振动的合成

在实际问题中经常会遇到一个物体同时参与两个或两个以上的简谐振动的情况,此时质点的振动就是这两个振动的合成.在一定条件下,合振动的位移等于各个分振动位移的矢量和.一般的振动合成问题比较复杂,本节只讨论几种简单情况.

3.4.1 两个同方向、同频率简谐振动的合成

设质点同时参与两个同方向、同频率的简谐振动,其运动方程分别为

$$x_1 = A_1\cos(\omega t + \varphi_1), \quad x_2 = A_2\cos(\omega t + \varphi_2).$$

因两分振动在同一方向上进行,故质点的合位移等于两个位移的代数和,即

$$x = x_1 + x_2 = A_1\cos(\omega t + \varphi_1) + A_2\cos(\omega t + \varphi_2). \tag{3.23}$$

利用三角恒等式，上式可化为

$$x = A\cos(\omega t + \varphi),$$

式中合振幅 A 和初相位 φ 值分别为

$$\begin{cases} A = \sqrt{A_1^2 + A_2^2 + 2A_1A_2\cos(\varphi_2 - \varphi_1)}, \\ \varphi = \arctan \dfrac{A_1\sin\varphi_1 + A_2\sin\varphi_2}{A_1\cos\varphi_1 + A_2\cos\varphi_2}. \end{cases} \tag{3.24}$$

由此可见，同方向同频率的简谐振动合成后仍为一简谐振动，其频率与分振动频率相同，合振动的振幅、相位由两分振动的振幅 A_1，A_2 及初相位 φ_1，φ_2 决定.

利用旋转矢量法讨论上述问题则更为简洁直观. 如图 3.10 所示，取坐标轴 Ox，画出两分振动对应的旋转矢量 $\vec{A}_1$ 和 $\vec{A}_2$，它们与 x 轴的夹角分别为 φ_1，φ_2，并以相同的角速度 ω 逆时针方向旋转. 因两分矢量 $\vec{A}_1$ 和 $\vec{A}_2$ 的夹角恒定不变，所以合矢量 $\vec{A}$ 的模保持不变，而且同样以角速度 ω 旋转. $\vec{A}$ 的端点在 x 轴上的投影 $x = x_1 + x_2$，图中矢量 $\vec{A}$ 即为 $t = 0$ 时的合成振动矢量，任一时刻合振动的位移等于该时刻 $\vec{A}$ 的端点在 x 轴上的投影，即

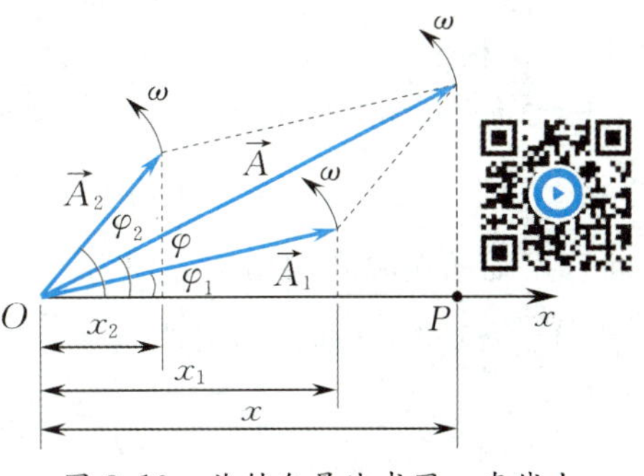

图 3.10　旋转矢量法求同一直线上两个简谐振动的合成

$$x = A\cos(\omega t + \varphi).$$

可见，合振动是振幅为 A、初相位为 φ 的简谐振动，其角频率与两分振动相同，和前文结论一致. 利用图中几何关系，可求得合振动的振幅 A、初相位 φ 为式(3.24).

现进一步讨论合振动的振幅与两分振动相位差之间的关系. 由式(3.24)可知，对于同方向同频率的两个简谐振动来说，无论何时 $(\varphi_2 - \varphi_1)$ 均不变. 因此，合振动的振幅与计时起始时刻无关. 由式(3.24)可见，合振动的初相位 φ 则与计时起始时刻有关. 对于两个同方向同频率简谐振动的合成，重要的是判定合成后的振动是加强了还是减弱了，这主要取决于合振幅 A 的情况. 下面讨论两种特殊情况.

1. 两分振动相位相同(同相)

当两分振动的初相差 $(\varphi_2 - \varphi_1) = \pm 2k\pi$ $(k = 0, 1, 2, \cdots)$ 时，合振幅为

$$A = \sqrt{A_1^2 + A_2^2 + 2A_1A_2} = A_1 + A_2,$$

即合振动的振幅为两个分振动的振幅之和，表明合振幅达到最大值.

2. 两分振动相位相反(反相)

当两分振动的初相差 $(\varphi_2 - \varphi_1) = \pm(2k+1)\pi$ $(k = 0, 1, 2, \cdots)$ 时，合振幅为

$$A = \sqrt{A_1^2 + A_2^2 - 2A_1A_2} = |A_1 - A_2|,$$

即合振动的振幅为两个分振动的振幅之差，表明合振幅达到最小值.

如果 $A_1 = A_2$，则合振幅 $A = 0$，表明两个分振动相互抵消，物体处于静止状态.

如果 $(\varphi_2 - \varphi_1)$ 为其他数值，由式(3.24)可知，合振幅 A 的值在 $A_1 + A_2$ 与 $|A_1 - A_2|$ 之间. 以上讨论的两种特殊情况十分重要，在以后研究机械波和光波的干涉、衍射时都要用到.

例 3.5 已知两个简谐振动的 $x-t$ 曲线如图3.11所示,它们的频率相同,求它们的合振动方程.

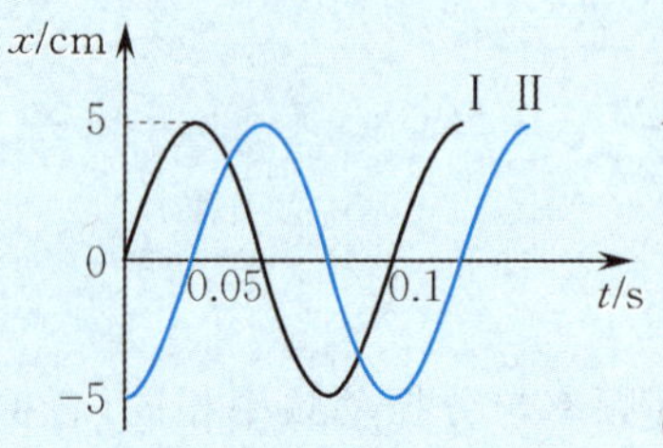

图 3.11 例 3.5 图

解 由图中曲线可以看出,两个简谐振动的振幅相同,$A_1 = A_2 = A = 5$ cm,周期均为 $T = 0.1$ s,因而角频率为

$$\omega = \frac{2\pi}{T} = 20\pi.$$

又由于 $x-t$ 曲线 Ⅰ 可知,简谐振动 Ⅰ 在 $t=0$ 时,$x_1 = 0, v_1 > 0$,因此可求出振动 Ⅰ 的初相位 $\varphi_1 = -\frac{\pi}{2}$. 又由 $x-t$ 曲线 Ⅱ 可知,简谐振动 Ⅱ 在 $t=0$ 时,$x_2 = -5$ cm $= -A$,因此可求出振动 Ⅱ 的初相位 $\varphi_2 = \pm\pi$.

由上面求得的 A, ω 和 φ_1, φ_2,可分别写出振动 Ⅰ 和 Ⅱ 的振动方程:

$$x_1 = 5\cos\left(20\pi t - \frac{\pi}{2}\right)\text{cm}, \quad x_2 = 5\cos(20\pi t \pm \pi)\ \text{cm}.$$

因此合振动的振幅和初相位分别为

$$A' = \sqrt{A_1^2 + A_2^2 + 2A_1A_2\cos(\varphi_2 - \varphi_1)} = \sqrt{2A^2 + 2A^2 \times 0} = \sqrt{2}A = 5\sqrt{2}\ \text{cm},$$

$$\varphi = \arctan\frac{A_1\sin\varphi_1 + A_2\sin\varphi_2}{A_1\cos\varphi_1 + A_2\cos\varphi_2} = \arctan 1 = \frac{\pi}{4}\left(\text{或}\frac{5\pi}{4}\right).$$

但由 $x-t$ 曲线可知 $t=0$ 时,$x = x_1 + x_2 = -5$ cm,因此 φ 应取$\frac{5\pi}{4}$,故合成简谐振动方程为

$$x = 5\sqrt{2} \times 10^{-2}\cos\left(20\pi t + \frac{5\pi}{4}\right)(\text{SI}).$$

3.4.2 两个同方向、不同频率的简谐振动的合成

如果一个质点同时参与两个同方向不同频率的简谐振动,则其合振动较为复杂. 为突出频率不同引起的效果,设质点同时参与的两个同方向、但频率分别为 ω_1 和 ω_2 的简谐振动具有相同的振幅,且初相位均等于 φ,即

$$x_1 = A\cos(\omega_1 t + \varphi), \quad x_2 = A\cos(\omega_2 t + \varphi).$$

合振动的位移为

$$x = x_1 + x_2 = A\cos(\omega_1 t + \varphi) + A\cos(\omega_2 t + \varphi).$$

利用三角恒等式可求得

$$x = 2A\cos\left(\frac{\omega_2 - \omega_1}{2}t\right)\cos\left(\frac{\omega_2 + \omega_1}{2}t + \varphi\right). \tag{3.25}$$

由上式可知,合振动不是简谐振动. 但若两个振动的频率满足 $\omega_1 + \omega_2 \gg |\omega_2 - \omega_1|$,则合振动表现出非常值得注意的特点. 这时式(3.25)中第一项因子 $2A\cos\left(\frac{\omega_2 - \omega_1}{2}t\right)$ 的周期要比另一因子 $\cos\left(\frac{\omega_2 + \omega_1}{2}t + \varphi\right)$ 的周期长得多. 于是我们可将式(3.25)表示的运动看作振幅按照 $\left|2A\cos\left(\frac{\omega_2 - \omega_1}{2}t\right)\right|$ 缓慢变化,而角频率等于 $\frac{\omega_2 + \omega_1}{2}$ 的"准简谐振动",这是一种振幅有

周期性变化的"简谐振动". 或者说，合振动描述的是一个高频振动受到一个低频振动调制的运动，如图 3.12所示. 这种振幅时大时小的现象叫作"拍".

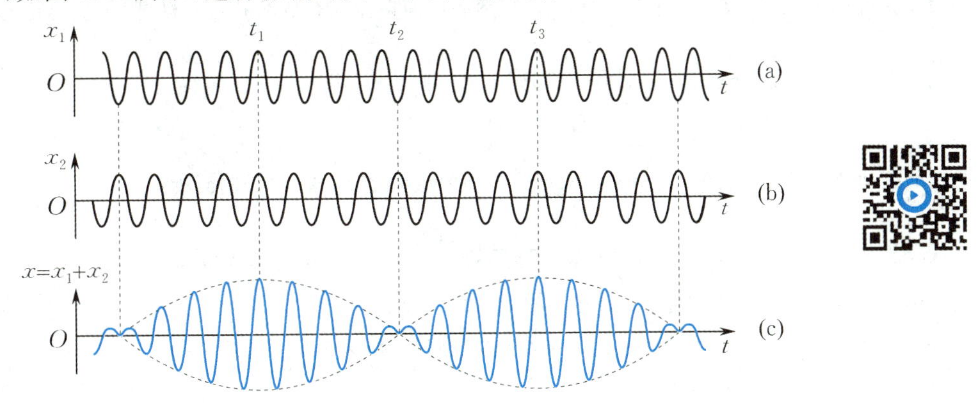

图 3.12　拍的形成

合振幅每变化一个周期称为一拍，单位时间内拍出现的次数(合振幅变化的频率)叫作拍频. 由于振幅只能取正值，因此拍的角频率应为调制角频率的两倍，即

$$\omega_{拍}=|\omega_2-\omega_1|.$$

于是拍频为

$$\nu_{拍}=\frac{\omega_{拍}}{2\pi}=\left|\frac{\omega_2}{2\pi}-\frac{\omega_1}{2\pi}\right|=|\nu_2-\nu_1|. \tag{3.26}$$

这就是说，拍频等于两个分振动频率之差.

拍现象在声振动、电磁振荡和波动中经常遇到. 例如，当两个频率相近的音叉同时振动时，就可听到时强时弱的"嗡、嗡……"的拍音. 拍现象在科学技术及日常生活中应用广泛. 例如，可以利用拍现象来校准乐器，乐师常用标准音叉校准钢琴，因为音调稍有差别就会出现拍音，调整到拍音消失，一个琴键就被校准了. 超外差式收音机就是运用了外来信号和本机振荡频率的拍差现象. 拍现象还可用来测定超声波及无线电波的频率等.

上述关于拍现象的讨论只限于线性叠加. 当两个不同频率的分振动出现物理上非线性耦合时，就可能出现"同步锁模"现象，即两个振动系统锁定在同一频率上. 历史上首先注意到这种现象的是 17 世纪的惠更斯，他偶然发现家中挂在同一木板墙壁上的两个挂钟因相互影响而同步的现象. 以后的观察表明，这种锁模现象也发生在"生物钟"内. 在电子示波器中，人们充分利用这一原理把波形锁定在屏幕上.

*3.4.3　两个相互垂直的简谐振动的合成

当一个质点同时参与两个不同方向的简谐振动时，质点的位移是这两个振动的位移的矢量和. 一般情况下，质点将在平面上做曲线运动. 质点轨道的各种形状由两个振动的频率、振幅和相位差等决定.

1. 两个相互垂直的同频率简谐振动的合成

设质点同时参与两个相互垂直方向上的简谐振动，一个沿 x 轴方向，另一个沿 y 轴方向，并且两振动频率相同，以质点的平衡位置为坐标原点，两个振动方程分别为

$$x=A_1\cos(\omega t+\varphi_1),\quad y=A_2\cos(\omega t+\varphi_2).$$

在任意时刻 t，质点的位置是(x,y)；t 改变时，(x,y) 也改变，这两个方程就是含参变量 t 的质点的运动方程. 消去时间参数 t，便得到质点合振动的轨道方程

$$\frac{x^2}{A_1^2}+\frac{y^2}{A_2^2}-2\frac{xy}{A_1A_2}\cos(\varphi_2-\varphi_1)=\sin^2(\varphi_2-\varphi_1). \tag{3.27}$$

式(3.27)是椭圆方程,它表明两个相互垂直且同频率的简谐振动合成的轨迹为椭圆.下面讨论几种特殊情况.

(1) $(\varphi_2-\varphi_1)=0$ 或 $\pm 2k\pi\ (k=1,2,\cdots)$,即两个振动同相位.由式(3.27)可得

$$y=\frac{A_2}{A_1}x.$$

这表明质点的运动轨迹是一条直线,其斜率为两个分振动的振幅之比,如图3.13(a)所示.

在某一时刻 t,质点的位矢 $\vec{r}$ 的大小为

$$r=\sqrt{x^2+y^2}=\sqrt{A_1^2\cos^2(\omega t+\varphi)+A_2^2\cos^2(\omega t+\varphi)}=\sqrt{A_1^2+A_2^2}\cos(\omega t+\varphi).$$

这表明质点仍做简谐振动,角频率为 ω,振幅为 $\sqrt{A_1^2+A_2^2}$.

(2) $(\varphi_2-\varphi_1)=\pi$ 或 $\pm(2k+1)\pi\ (k=1,2,\cdots)$,即两个分振动反相.由式(3.27)可得

$$y=-\frac{A_2}{A_1}x.$$

这表明质点仍沿直线做简谐振动,其斜率为 $-\frac{A_2}{A_1}$,其角频率、振幅与情况(1)相同,如图3.13(e)所示.

(3) $(\varphi_2-\varphi_1)=\frac{\pi}{2}$,由式(3.27)可得

$$\frac{x^2}{A_1^2}+\frac{y^2}{A_2^2}=1,$$

即质点的运动轨迹为以坐标轴为主轴,半长轴为 A_1,半短轴为 A_2 的椭圆,如图3.13(c)所示,椭圆上的箭头表示质点运动的方向.

若 $(\varphi_2-\varphi_1)=-\frac{\pi}{2}\left(或\frac{3\pi}{2}\right)$,则质点的轨迹仍如上述椭圆,只是运动方向与前者相反,如图3.13(g)所示.

如果两个振动的振幅相等,即 $A_1=A_2=A$,则质点的运动轨迹为圆.

若 $(\varphi_2-\varphi_1)$ 是其他值,质点的轨迹为斜椭圆,由于位移 x 和 y 只在一定范围内变化,所以,椭圆轨道不会超出以 $2A_1$ 和 $2A_2$ 为边长的矩形范围,分别如图3.13(b),(d),(f),(h)所示.

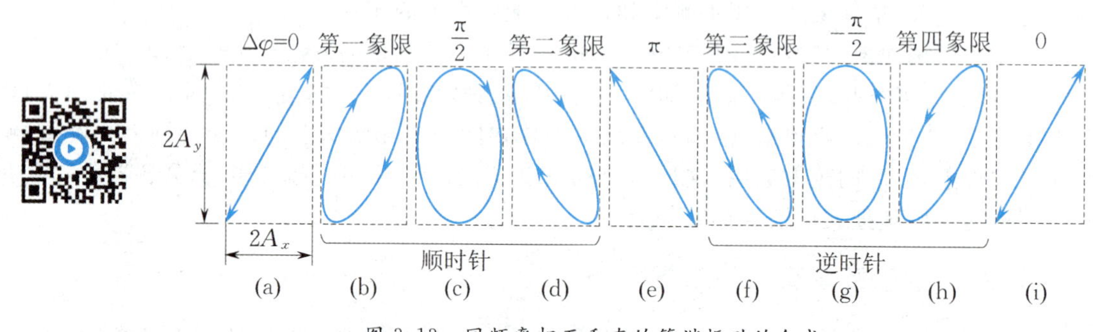

图3.13　同频率相互垂直的简谐振动的合成

2. 两个相互垂直的不同频率简谐振动的合成

如果两振动的频率只有微小差别,则可近似看作同频率简谐振动的合成,相位差会随时间变化,合振动的运动轨迹将不断由直线变成椭圆,再由椭圆变成直线.

如果两个分振动的频率成整数比,则合成振动的轨迹为一封闭的稳定曲线,曲线的花样与两个振动的周期比、初相位以及初相位差有关,得出的图形称为**李萨如图形**.图3.14给出了沿 x 轴和 y 轴的两个分振动的周期比分别为 $T_1:T_2=1:1,1:2,1:3,2:3$ 时几种不同初相位的李萨如图形.在电子示波器中,若使相互垂直的按正弦规律变化的电学量周期成不同的整数比,就可在荧光屏上看到各种不同的李萨如图形.

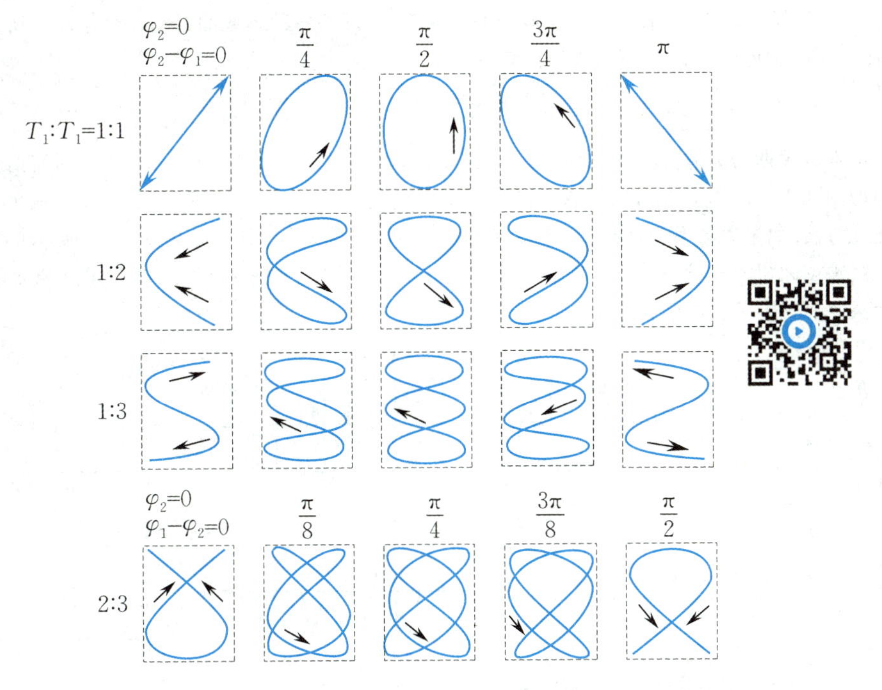

图 3.14　李萨如图形

由于图形花样与两个分振动的频率比有关，因此可以通过李萨如图形的花样来判断两分振动的频率比，进而由一个振动的已知频率求得另一个振动的未知频率. 这是无线电技术中常用的测定未知频率的方法之一.

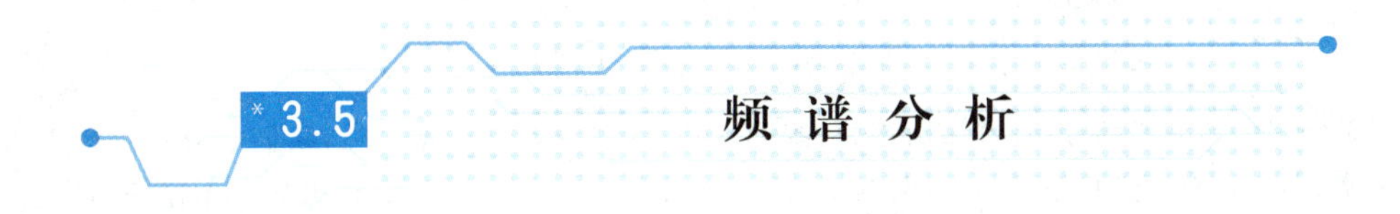

*3.5　频谱分析

由 3.4 节关于振动合成的讨论我们已经看到，两个同一直线上的不同频率的简谐振动合成后不再是简谐振动，一般都会是复杂的振动. 如果是多个不同频率的振动的合振动就会更加复杂. 反过来，我们也可以将一个复杂的周期性振动分解为许多简谐振动. 确定一个复杂振动包含的各种简谐振动的频率及其对应振幅的方法称为频谱分析，在数学上我们可以利用傅里叶级数和傅里叶分析理论.

在数学上，一个周期为 T 的周期函数可表示为

$$x(t+T)=x(t). \tag{3.28}$$

按傅里叶级数展开为

$$x(t)=\frac{a_0}{2}+\sum_{n=1}^{\infty}(a_n\cos n\omega t+b_n\sin n\omega t), \tag{3.29}$$

式中 $\omega=2\pi\nu=\dfrac{2\pi}{T}$.

这就是说，如果把周期振动 $x(t)$ 看成一个复杂的振动，则这一振动可以看成许多简谐振动的叠加，或者说，可以分解成许多个简谐振动. 这些简谐振动中有一个最小的频率 ν_0，称为**基频**，其他频率都是基频的整数倍，为 $n\nu_0$，例如 $2\nu_0$，$3\nu_0$，…，它们分别称为 2 次、3 次……**谐频**. 不同的振动分解为简谐振动时，式(3.29)中

的系数 a_n,b_n 是不同的,a_n,b_n 表示 n 次谐频振动的振幅,可以反映各种频率的振动在合振动中所占的比例.

例如,图 3.15(a)所示的方波,根据数学计算有

$$x=\frac{A}{2}+\frac{2A}{\pi}\sin\omega t+\frac{2A}{3\pi}\sin 3\omega t+\frac{2A}{5\pi}\sin 5\omega t+\cdots=\frac{A}{2}+x_1+x_2+x_3+\cdots,$$

式中第 1 项可看成周期为无穷大的零频项,第 2、第 3、第 4 项就是频率分别为 ν_0,$3\nu_0$,$5\nu_0$ 的简谐振动,其振动曲线分别如图 3.15(b),(c),(d)所示,它们的合振动曲线就接近方波了(见图 3.15(e)). 所取项数越多,则合成波越接近方波. 如果以频率为横坐标,各频率对应的振幅为纵坐标,可作出如图 3.16 所示的频谱图. 频谱图上可直观地反映出不同频率的振动在合振动中所占的比例. 对于周期振动,其频谱图是分立的,图 3.16 分别是矩形波、三角波、锯齿波的频谱图.

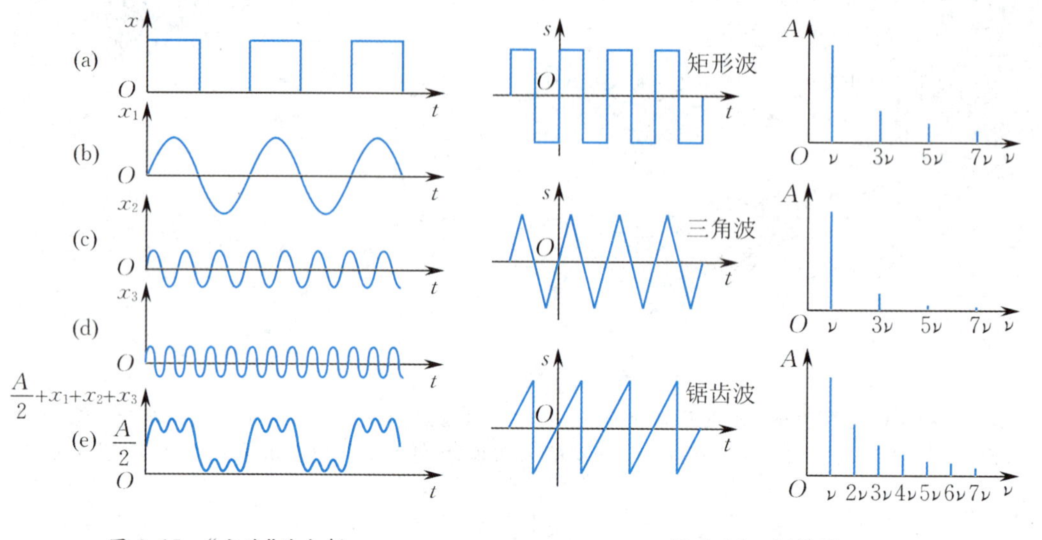

图 3.15 "方波"的分解

图 3.16 频谱图

对于非周期振动,例如脉冲等,其频谱图是连续的,这是由于非周期振动的傅里叶展开是一个积分,即

$$x=f(t)=\int_0^{\infty}A(\omega)\cos\omega t\,d\omega+\int_0^{\infty}B(\omega)\sin\omega t\,d\omega. \tag{3.30}$$

频谱分析是一种实用的方法. 例如用钢琴、提琴、手风琴等演奏同一音阶时,我们能分辨出是由哪几种乐器在演奏,因为它们虽然基频相同,但谐频不同,或者说频谱不同. 只要我们作出各种乐器的频谱图,就可以用电子琴来模拟. 频谱分析还在机械制造、地震学、电子技术、光谱分析中有重要的应用.

*3.6 阻尼振动 受迫振动 共振

3.6.1 阻尼振动

前面所讨论的简谐振动是一种理想状况,但在实际过程中,振动并不像前几节所描述的那么简单.

简谐振子系统做无阻尼(无摩擦和辐射损失)的自由振动是等幅振动. 在实际中,阻尼是不可消除的,如没有能量补充,由于振动能量损耗,其振幅将不断地衰减. 这种振幅随时间不断衰减的振动叫作**阻尼振动**.

形成阻尼振动的原因有两个:一是系统在振动时要克服摩擦阻力做功,使机械能转化为热能;二是振动

系统通过与周围介质互相作用，将振动能量以波的形式向四周传播出去. 这两种原因都使得振动系统的能量减少，从而振幅也相应减小. 本节主要讨论第一种原因所引起的阻尼振动.

下面讨论简谐振子系统受到弱介质阻力而衰减的情况. 弱介质阻力是指当振子运动速度较低时，介质对物体的阻力仅与速度的一次方成正比，即这时阻力为

$$f = -\gamma v = -\gamma \frac{dx}{dt}, \tag{3.31}$$

γ 称为**阻力系数**，与物体的形状、大小、物体的表面性质及介质性质有关.

仍以弹簧振子为例，这时振子的动力学方程为

$$m\frac{d^2x}{dt^2} = -kx - \gamma\frac{dx}{dt},$$

令 $\omega_0^2 = \frac{k}{m}, 2\beta = \frac{\gamma}{m}$，上式可化成

$$\frac{d^2x}{dt^2} + 2\beta\frac{dx}{dt} + \omega_0^2 x = 0, \tag{3.32}$$

式中 ω_0 是系统的固有角频率，β 称为阻尼系数. 式(3.32)的解与阻尼的大小有关.

1. 弱阻尼状态

当阻尼较小($\beta < \omega_0$) 时，称为**弱阻尼**，其方程的解为

$$x = A_0 e^{-\beta t}\cos(\omega t + \varphi), \tag{3.33}$$

式中 $\omega = \sqrt{\omega_0^2 - \beta^2}$，$A_0$ 和 φ 依然是由初始条件确定的两个积分常数. 阻尼振动的位移随时间变化的曲线如图 3.17 所示，图中虚线表示阻尼振动的振幅 $A_0 e^{-\beta t}$ 随时间 t 按指数衰减，阻尼越大(在 $\beta < \omega_0$ 范围内)，振幅衰减越快. 阻尼振动的准周期为

$$T = \frac{2\pi}{\omega} = \frac{2\pi}{\sqrt{\omega_0^2 - \beta^2}} > \frac{2\pi}{\omega_0}. \tag{3.34}$$

可见，阻尼振动的周期比系统的固有周期长.

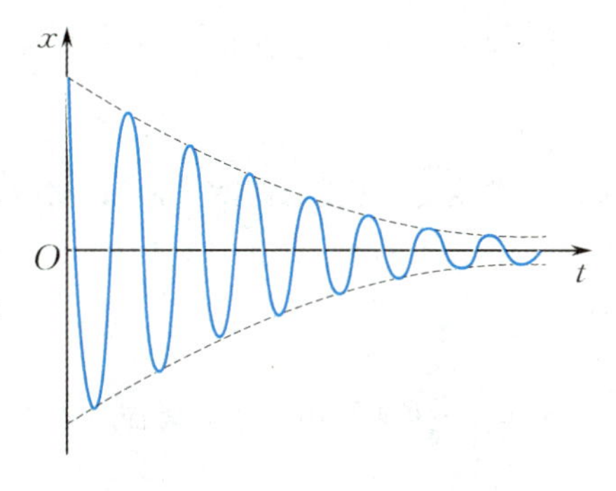

图 3.17　弱阻尼振动

2. 临界阻尼状态

当 $\beta = \omega_0$ 时，称为**临界阻尼**，这时式(3.32)的解为

$$x = (c_1 + c_2 t)e^{-\beta t}. \tag{3.35}$$

此时系统不做往复运动，而是较快地回到平衡位置并停下来.

3. 过阻尼状态

当阻尼很大($\beta > \omega_0$) 时，称为**过阻尼**，此时式(3.32)的解为

$$x = c_1 e^{-\left(\beta - \sqrt{\beta^2 - \omega_0^2}\right)t} + c_2 e^{-\left(\beta + \sqrt{\beta^2 - \omega_0^2}\right)t}. \tag{3.36}$$

这时系统也不做往复运动，而是非常缓慢地回到平衡位置.

阻尼振动的三种状态如图 3.18 所示.

在实用中，常利用改变阻尼的方法来控制系统的振动情况. 例如，各类机器的防震器大多采用一系列的阻尼装置；有些精密仪器，如物理天平、灵敏电流计中装有阻尼装置并调至临界阻尼状态，能够使测量快捷、准确.

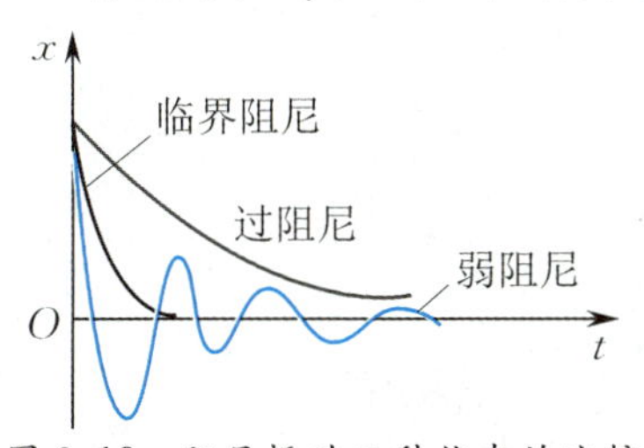

图 3.18　阻尼振动三种状态的比较

3.6.2　受迫振动

至此，我们讨论的振动都是自由振动，即振动系统在初始扰动后，除受阻力外，不再受其他外力. 但在实践中最重要的振动是在周期性外力策动下发生的振动，这种振动称为**受迫振动**.

为简单起见，假设策动力取如下形式：

$$F = F_0 \cos pt, \tag{3.37}$$

式中 F_0 为策动力的幅值,p 为策动力的频率,这种策动力又称为谐和策动力.

仍以弹簧振子为例,讨论弱阻尼简谐振子系统在谐和策动力作用下的受迫振动,其动力学方程为

$$m\frac{\mathrm{d}^2x}{\mathrm{d}t^2}=-kx-\gamma\frac{\mathrm{d}x}{\mathrm{d}t}+F_0\cos pt. \tag{3.38}$$

令 $\omega_0^2=\dfrac{k}{m}$,$2\beta=\dfrac{\gamma}{m}$,$f_0=\dfrac{F_0}{m}$,可得

$$\frac{\mathrm{d}^2x}{\mathrm{d}t^2}+2\beta\frac{\mathrm{d}x}{\mathrm{d}t}+\omega_0^2x=f_0\cos pt. \tag{3.39}$$

方程(3.39)的解为

$$x=A_0\mathrm{e}^{-\beta t}\cos(\omega t+\varphi)+A\cos(pt+\varphi). \tag{3.40}$$

由微分方程理论可知,式(3.40)的第一项实际上是式(3.32)在弱阻尼下的通解,随着时间的推移,很快就会衰减为零,故第一项称为衰减项,第二项才是稳定项,即式(3.39)的稳定解为

$$x=A\cos(pt+\varphi). \tag{3.41}$$

可见,稳定受迫振动的频率等于策动力的频率.

将式(3.41)代入式(3.39),并采用待定系数法可确定稳定受迫振动的振幅为

$$A=\frac{f_0}{\sqrt{(\omega_0^2-p^2)^2+4\beta^2p^2}}. \tag{3.42}$$

这说明,稳定受迫振动的振幅与系统的初始条件无关,而与系统固有角频率、阻尼系数及策动力频率和幅值有关.

3.6.3 共振

共振是受迫振动中一个重要而具有实际意义的现象,下面分别从位移共振和速度共振两方面加以讨论.

1. 位移共振

由式(3.42)可知,对于一个给定的振动系统,当阻尼和策动力幅值不变时,受迫振动的位移振幅是策动力角频率 p 的函数,它存在一个极值.受迫振动的位移达到极大值的现象称为位移共振.将式(3.42)对 p 求导并令 $\dfrac{\mathrm{d}A}{\mathrm{d}p}=0$,可求出位移共振的角频率满足

$$p_r=\sqrt{\omega_0^2-2\beta^2}. \tag{3.43}$$

显然,共振位移的大小与阻尼有关,其关系如图 3.19 所示.

2. 速度共振

系统做受迫振动时,其速度也是与策动力角频率相关的函数,即

$$v=-pA\sin(pt+\varphi)=-v_m\sin(pt+\varphi),$$

式中

$$v_m=pA=\frac{pf_0}{\sqrt{(\omega_0^2-p^2)^2+4\beta^2p^2}} \tag{3.44}$$

称为速度振幅.同样可求出当

$$p_r=\omega_0 \tag{3.45}$$

时,速度振幅有极大值,这种现象称为速度共振,如图 3.20 所示.进一步的研究表明,当系统发生速度共振时,外界能量的输入处于最佳状态,即策动力在整个周期内对系统做正功,用以补偿阻尼引起的能耗.因此,速度共振又称为能量共振.在弱阻尼情况下,位移共振与速度共振的条件趋于一致,一般可以不必区分两种共振.

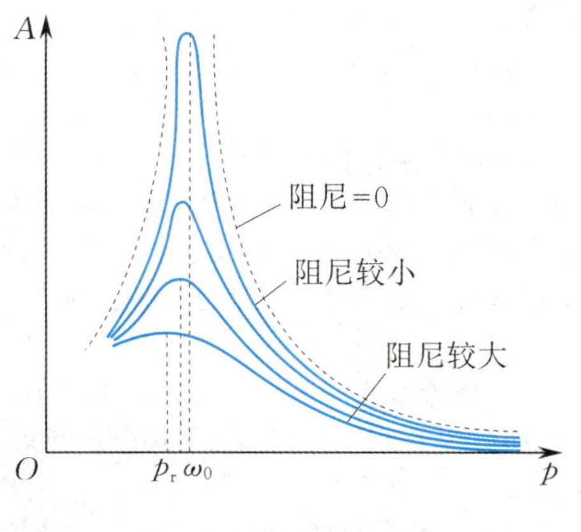

图 3.19　位移共振曲线

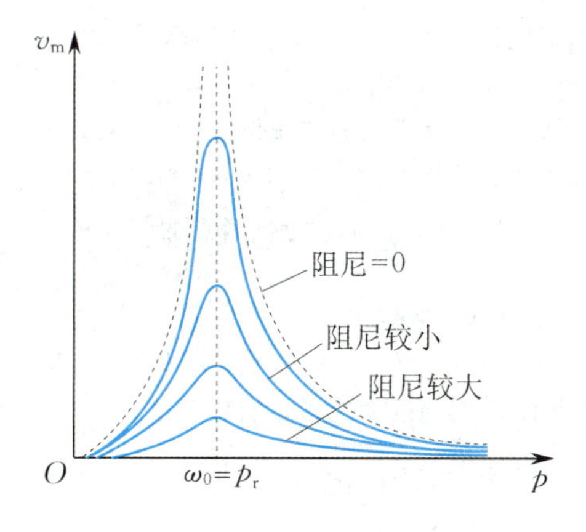

图 3.20　速度共振曲线

共振现象在光学、电学、无线电技术中应用极广，如收音机的“调谐”就利用了“电共振”. 此外，如何避免共振对桥梁、烟囱、水坝、高楼等建筑物的破坏，也是设计制造者必须考虑的问题.

本 章 提 要

1. 振动

(1) 机械振动：物体在其平衡位置附近做往复的运动，称为机械振动.

(2) 简谐振动：一个做往复运动的物体，如果在其平衡位置附近的位移按余弦函数(或正弦函数)的规律随时间变化，这种运动称为简谐振动.

2. 简谐振动的特征

(1) 简谐振动的运动学特征

简谐振动是振动中最简单和最基本的振动形式. 做简谐振动的物体运动规律用如下方程描述：

$$x = A\cos(\omega t + \varphi),$$

其中 A,ω 和 φ 均为常量. 若物理量的取值按上式规律随时间 t 变化，则该物理量做简谐振动.

做简谐振动的物体振动速度为

$$v = -\omega A\sin(\omega t + \varphi).$$

做简谐振动的物体振动加速度为

$$a = -\omega^2 A\cos(\omega t + \varphi).$$

(2) 简谐振动的动力学特征

做简谐振动的物体，描述其偏离平衡位置位移的物理量可以千差万别，但决定其运动规律的动力学原因是相同的，即所受的力 F 与位移大小 x 成正比，方向相反，即

$$F = -kx.$$

根据牛顿第二定律，可得运动微分方程

$$\frac{d^2x}{dt^2} + \omega^2 x = 0.$$

3. 简谐振动的特征物理量

(1) 振幅 A

按简谐振动方程，物体的最大位移不能超过 $\pm A$，物理偏离平衡位置的最大位移(或角位移)的绝对值，称为振幅. 振幅由初始条件决定，即

$$A = \sqrt{x_0^2 + \frac{v_0^2}{\omega}},$$

其中 x_0 和 v_0 分别为初始位移和速度.

(2) 周期 T、频率 ν 和角频率 ω

做简谐振动的物体，其往复运动中，完成一次全振动所需要的时间，称为周期；单位时间内完成全振动的次数称为频率；2π 时间内完成全振动的次数，称为角频率. 它们之间的关系如下：

$$\omega = \frac{2\pi}{T} = 2\pi\nu.$$

(3) 相位及初相位

在简谐振动方程中，$\omega t + \varphi$ 称为相位，它确定了物体的振动状态，包括物体振动的位置、速度和加速度等；φ 为 $t = 0$ 的相位，称为称为初相位或初相，由初始条件决定，即

$$\varphi = \arctan\left(-\frac{v_0}{x_0\omega}\right).$$

4. 简谐振动的旋转矢量法

将简谐振动与一旋转矢量对应，使矢量做逆时

针匀速转动,其长度等于简谐振动的振幅 A,其角速度等于简谐振动的角频率 ω,且 $t=0$ 时,它与参考坐标轴的夹角为简谐振动的初相位 φ,t 时刻它与参考坐标轴的夹角为简谐振动的相位 $\omega t+\varphi$,旋转矢量 $\vec{A}$ 的末端在参考坐标轴上的投影点的运动即为简谐振动.

5. 简谐振动的能量

做简谐振动的物体,能量由动能和势能两部分构成. 任意时刻,物体的动能和势能分别为

$$E_k=\frac{1}{2}mv^2=\frac{1}{2}kA^2\sin^2(\omega t+\varphi),$$

$$E_p=\frac{1}{2}kx^2=\frac{1}{2}kA^2\cos^2(\omega t+\varphi).$$

总能量为

$$E=E_k+E_p=\frac{1}{2}kA^2.$$

6. 简谐振动的合成

(1) 同方向、同频率的简谐振动的合成

合振动仍为简谐振动,且振幅 A 和初相位 φ 值分别为

$$A=\sqrt{A_1^2+A_2^2+2A_1A_2\cos(\varphi_2-\varphi_1)},$$

$$\varphi=\arctan\frac{A_1\sin\varphi_1+A_2\sin\varphi_2}{A_1\cos\varphi_1+A_2\cos\varphi_2}.$$

当两个简谐振动的初相差为

$$\varphi_2-\varphi_1=\pm 2k\pi \quad (k=0,1,2,\cdots)$$

时,合振动振幅最大,即 $A=A_1+A_2$.

当两个简谐振动的初相差为

$$\varphi_2-\varphi_1=\pm(2k+1)\pi \quad (k=0,1,2,\cdots)$$

时,合振动振幅最小,即 $A=|A_1-A_2|$.

(2) 同方向、不同频率的简谐振动的合成. 两振动频率差与它们的频率相比很小时,合成后产生拍的现象,拍频 $\nu_{拍}$ 等于两振动的频率差,即

$$\nu_{拍}=|\nu_1-\nu_2|.$$

(3) 相互垂直的两个同频率简谐振动的合成. 合运动的轨迹通常为椭圆,其具体形状取决于两分振动的相位差和振幅.

(4) 相互垂直的两个不同频率简谐振动的合成. 两个分振动的频率为简单整数比时,合运动轨迹为李萨如图形.

7. 阻尼振动

当振动系统受到各种阻尼作用时,系统的机械能将不断减少,振幅也随时间增加而不断减小. 这种系统能量(或振幅)随时间增大而减小的振动为阻尼振动.

8. 受迫振动

振动系统在周期性外力的持续作用下进行的振动称为受迫振动. 这种周期性外力称为策动力. 稳态时,振动频率等于策动力的频率. 当策动力的频率等于振动系统的固有频率时将发生共振现象.

习 题 3

3.1 符合什么规律的运动才是简谐振动? 试分析下列运动是不是简谐振动:

(1) 拍皮球时球的运动;

(2) 气缸中活塞的往复运动;

(3) 一个小球在一个半径很大的光滑凹球面内滚动(设小球所经过的弧线很短).

3.2 劲度系数分别为 k_1 和 k_2 的两根弹簧,与质量为 m 的小球按如习题 3.2 图所示的两种方式连接,试证明它们的振动均为简谐振动,并分别求出它们的振动周期.

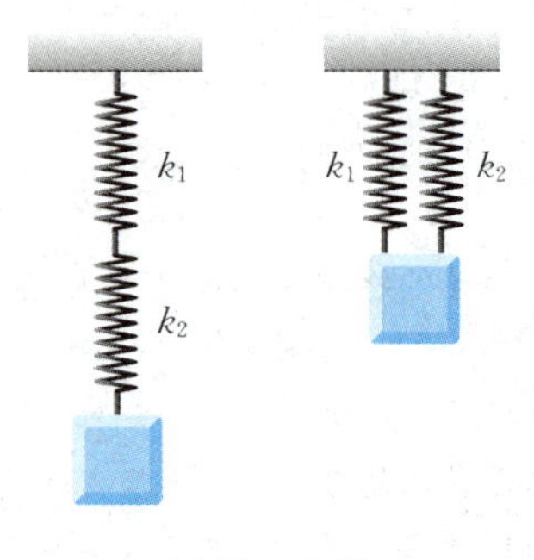

习题 3.2 图

3.3　如习题 3.3 图所示，物体的质量为 m，放在光滑斜面上，斜面与水平面的夹角为 θ，弹簧的劲度系数为 k，滑轮的转动惯量为 J，半径为 R. 先把物体托住，使弹簧维持原长，然后由静止释放，试证明物体做简谐振动，并求振动周期.

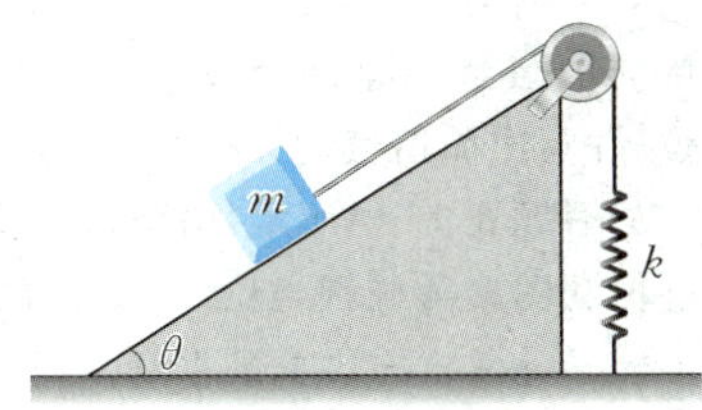

习题 3.3 图

3.4　一根弹簧振子，先后把它拉到离开平衡位置 2 cm 和 4 cm 处放手，任其自由振动，两次振动的振幅、周期、初相位是否相同？为什么？

3.5　一个弹簧的劲度系数为 k，一个质量为 m 的物体挂在它的下面，若把弹簧分割成两半，物体挂在分割后的一根弹簧上，问在弹簧分割前后的振动频率是否一样？它们的关系怎样？

3.6　质量为 10×10^{-3} kg 的小球与轻弹簧组成的系统，按 $x=0.1\cos\left(8\pi t+\dfrac{2\pi}{3}\right)$(SI) 的规律做简谐振动.

(1) 求振动的周期、振幅、初相位及速度与加速度的最大值；

(2) 求最大的回复力、振动能量、平均动能和平均势能，在哪些位置上动能与势能相等？

(3) 求 $t_2=5$ s 与 $t_1=1$ s 两个时刻的相位差.

3.7　一个沿 x 轴做简谐振动的弹簧振子，振幅为 A，周期为 T，其振动方程用余弦函数表示. 如果 $t=0$ 时，质点的状态分别是：

(1) $x_0=-A$；

(2) 过平衡位置向正向运动；

(3) 过 $x=\dfrac{A}{2}$ 处向负向运动；

(4) 过 $x=-\dfrac{A}{\sqrt{2}}$ 处向正向运动.

试求出相应的初相位，并写出振动方程.

3.8　一个质量为 6×10^{-3} kg 的物体沿 x 轴做简谐振动，振幅 $A=0.1$ m，周期 $T=\pi$ s. 当 $t=0$ 时，物体的位移 $x=-0.05$ m，且向 x 轴正向运动，求：

(1) 此简谐振动的方程；

(2) $t=T/4$ 时物体的位置、速度和加速度；

(3) 物体从 $x=0.05$ m 向 x 轴负方向运动第一次回到平衡位置所需的时间；

(4) 在 $x=0.05$ m 处的总能量.

3.9　有一个轻弹簧，下面悬挂质量为 1.0 g 的物体时，伸长 4.9 cm. 用这个弹簧和一个质量为 8.0 g的小球构成弹簧振子，将小球由平衡位置向下拉开 1.0 cm 后，给予向上的初速度 $v_0=5.0$ cm/s，求振动周期和振动表达式.

3.10　习题 3.10 图所示为两个简谐振动的 x-t 曲线，试分别写出其简谐振动方程.

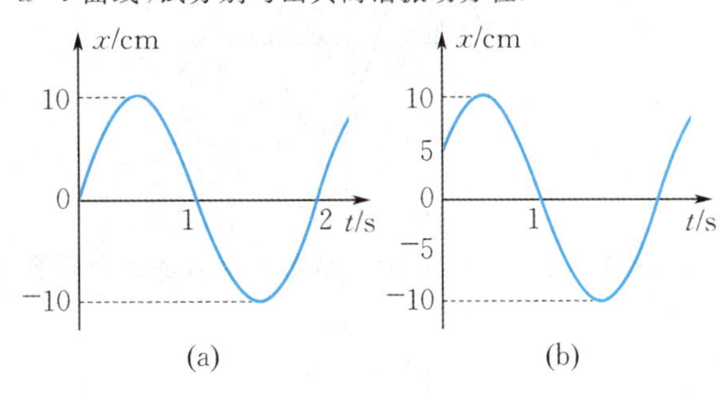

习题 3.10 图

3.11　一根轻弹簧的劲度系数为 k，其下端悬有一个质量为 M 的盘子，现有一个质量为 m 的物体从离盘底 h 高度处自由下落到盘中并和盘子粘在一起，于是盘子开始振动.

(1) 此时的振动周期与空盘子做振动时的周期有何不同？

(2) 此时的振动振幅多大？

(3) 取新的平衡位置为原点，位移以向下为正，并以弹簧开始振动时作为计时起点，求初相位并写出物体与盘子的振动方程.

3.12　有一个单摆，摆长 $l=1.0$ m，摆球质量 $m=10\times10^{-3}$ kg. 当摆球处在平衡位置时，若给小球一个水平向右的冲量 $F\Delta t=1.0\times10^{-4}$ kg·m/s，取打击时刻为计时起点($t=0$)，求振动的初相位和角振幅，并写出小球的振动方程.

3.13　质量为 0.25 kg 的物体，在弹性力作用下做简谐振动，劲度系数 $k=25$ N/m，如果开始振动时具有势能 0.06 J 和动能 0.02 J，求：

(1) 振幅；

(2) 动能等于势能时的位移.

(3) 经过平衡位置的速度.

3.14　有两个同方向、同频率的简谐振动，其合成振动的振幅为 0.20 m，相位与第一个振动的相位差为 $\dfrac{\pi}{6}$. 已知第一个振动的振幅为 0.173 m，求第二个振动的振幅以及两个振动的相位差.

3.15 两个频率和振幅都相等的简谐振动的 $x-t$ 曲线如习题 3.15 图所示.

(1) 求两个简谐振动的相位差;

(2) 求两个简谐振动的合振动的振动方程;

(3) 画出合振动的 $x-t$ 曲线.

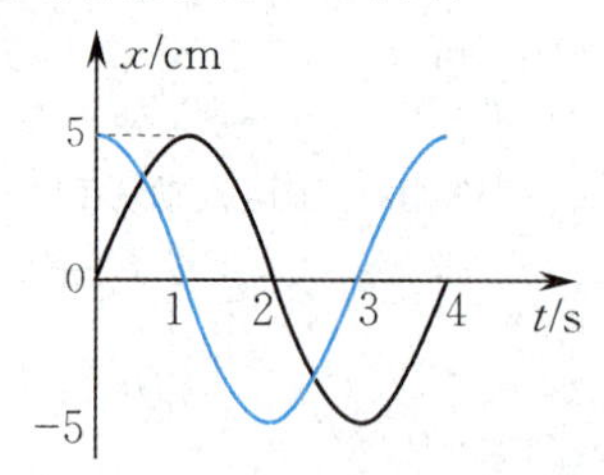

习题 3.15 图

3.16 求出下列两组简谐振动合成后所得合振动的振幅:

(1) $\begin{cases} x_1 = 5\cos\left(3t + \dfrac{\pi}{3}\right)\text{cm}, \\ x_2 = 5\cos\left(3t + \dfrac{7\pi}{3}\right)\text{cm}; \end{cases}$

(2) $\begin{cases} x_1 = 5\cos\left(3t + \dfrac{\pi}{3}\right)\text{cm}, \\ x_2 = 5\cos\left(3t + \dfrac{4\pi}{3}\right)\text{cm}. \end{cases}$

3.17 一个质点同时参与两个在同一直线上的简谐振动,振动方程为

$$\begin{cases} x_1 = 0.4\cos\left(2t + \dfrac{\pi}{6}\right)\text{m}, \\ x_2 = 0.3\cos\left(2t - \dfrac{5\pi}{6}\right)\text{m}. \end{cases}$$

试分别用旋转矢量法和振动合成法求合振动的振幅和初相位,并写出简谐振动方程.

***3.18** 如习题 3.18 图所示,两个相互垂直的简谐振动的合振动图形为椭圆,已知 x 方向的振动方程为 $x = 6\cos 2\pi t$ cm,求 y 方向的振动方程.

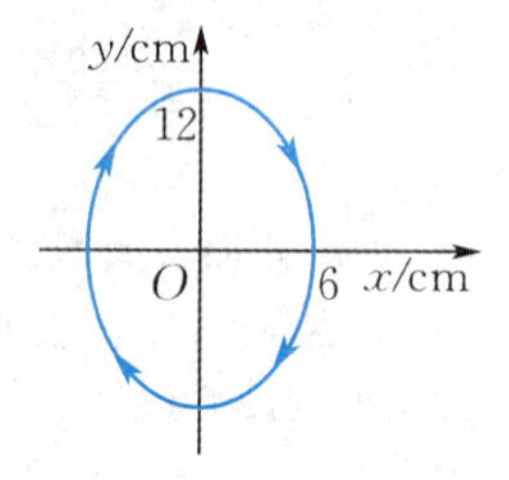

习题 3.18 图

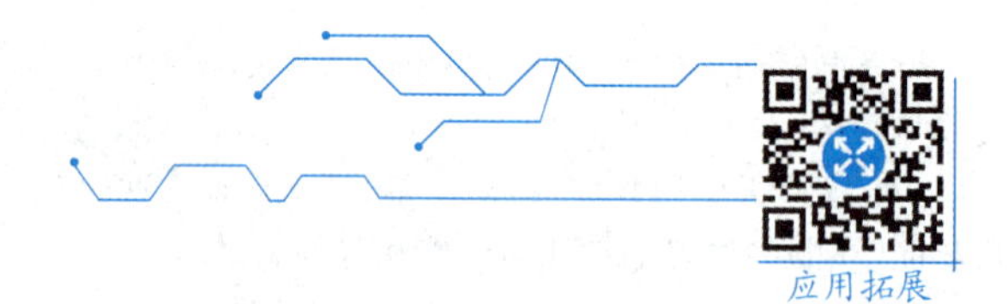

第4章 机 械 波

一般的介质都是由大量相互联系着的质点所组成.由于质点间的相互联系,当介质的一部分发生振动时,其余各部分也会相继振动起来,这就是振动从振源向外的传播.这种振动的传播过程称为波.

机械振动的传播过程称为**机械波**.电磁场理论告诉我们,变化的磁场在周围会激发变化的电场,变化的电场又在周围激发变化的磁场,于是一处的电磁扰动就可向四周传播而形成电磁波.无线电波、微波、光、X射线等都是电磁波.此外,近代物理告诉我们,微观粒子乃至任何物质都具有波动性,这种波称为物质波,物质波的概念是现代物理学的理论基础之一.

机械波的传播、无线电信号的传输、光的行进,以及物质波的传播,都是波动过程.这些不同性质的波动虽然机制各不相同,但它们都伴随着能量的传播,有着一些共同的特征及规律.

本章以机械波为例,讨论波的运动规律.

4.1 机械波的形成和传播

4.1.1 机械波产生的条件

将石子投入平静的水池中,投石处的水质元会发生振动,振动向四周水面传播而泛起的涟漪即为水面波.音叉振动时,引起周围空气的振动,此振动在空气中传播形成声波.可见,机械波的产生必须具备两个条件:① 有做机械振动的物体,谓之**波源**;② **有连续的介质**(从宏观来看,气体、液体、固体均可视作连续体).

如果波动中使介质各部分振动的回复力是弹性力,则称为弹性波.例如,声波即为弹性波.机械波不一定都是弹性波,如水面波就不是弹性波.水面波中的回复力是水质元所受的重力和表面张力,它们都不是弹性力.下面我们只讨论弹性波.

4.1.2 横波和纵波

按振动方向与波传播方向之间的关系,波可分为横波与纵波.振动方向与传播方向垂直的波称为**横波**,平行的波称为**纵波**.

图4.1是横波在一根弦线上传播的示意图.将弦线分成许多可视为质点的小段,质点之间以弹性力相联系.设 $t=0$ 时,质点都处于各自的平衡位置,此时质点1在外界作用下由平衡位置向上运动.由于弹性力的作用,质点1带动质点2向上运动.继而质点2又带动质点3…… 于是各质点就先后上、下振动起来.图4.1中画出了不同时刻各质点的振动状态.设波源的振动周期为 T.由图可知,$t=T/4$ 时,质点1的初始振动状态传到了质点4;$t=T/2$ 时,

质点 1 的初始振动状态传到了质点 7……$t=T$ 时,质点 1 完成了自己的一次全振动,其初始振动状态传到了质点 13. 此时,质点 1 至质点 13 之间各点偏离各自平衡位置的矢端曲线就构成了一个完整的波形. 在以后的过程中,每经过一个周期,就向右传出一个完整波形. 可见,**沿着波的传播方向向前看去,前面各质点的振动相位都依次落后于波源的振动相位**.

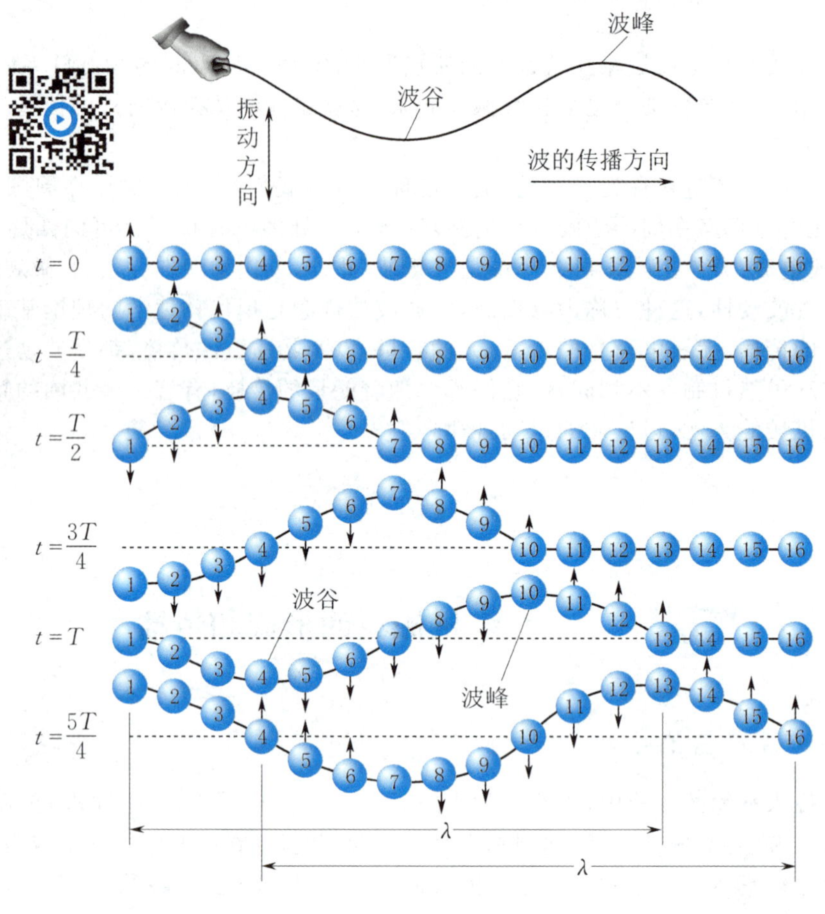

图 4.1 横波传播示意图

横波的振动方向与传播方向垂直,说明当横波在介质中传播时,介质中层与层之间将发生相对错位,即产生切变. 只有固体能承受切变,因此横波只能在固体中传播.

图 4.2 是纵波在一根弹簧中传播的示意图. 在纵波中,质点的振动方向与波的传播方向平行,因此在介质中就形成稠密和稀疏的区域,故又称为疏密波. 纵波可引起介质产生容变,固、液、气体都能承受容变,因此纵波能在所有物质中传播. 纵波传播的其他规律与横波相同.

在液面上因有表面张力,故能承受切变,因此液面波是纵波与横波的合成波. 此时,组成液体的微元在自己的平衡位置附近做椭圆运动.

综上所述,机械波向外传播的是波源的振动状态和能量.

4.1.3 波线和波面

为了形象地描述波在空间中的传播,我们介绍一些概念.

波传播到的空间称为**波场**. 在波场中,代表波的传播方向的射线,称为**波射线**,也简称为**波**

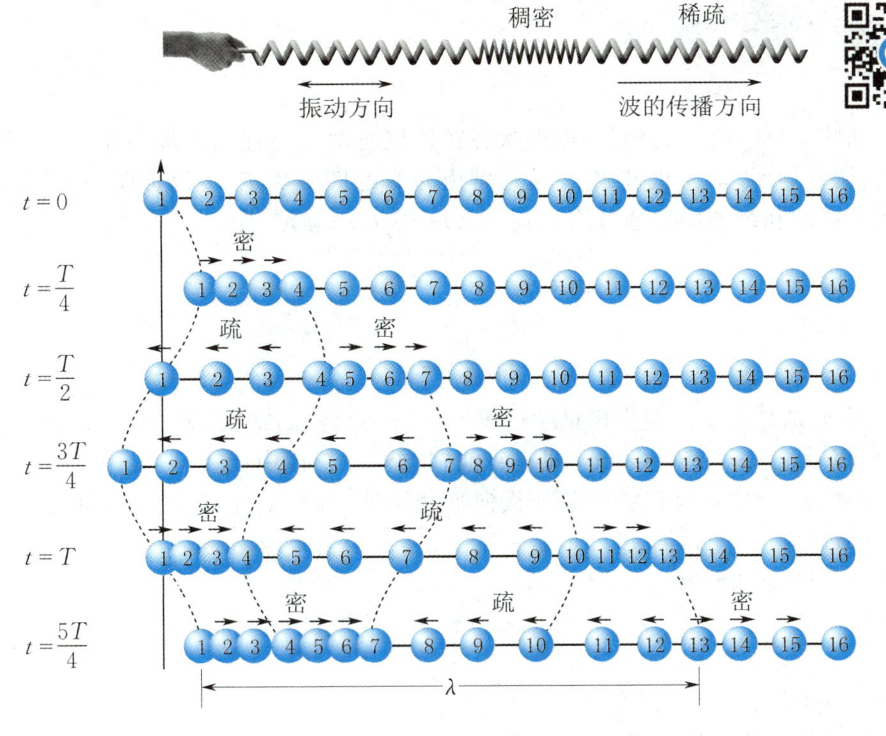

图 4.2　纵波传播示意图

线. 波场中同一时刻振动相位相同的点构成的面，谓之**波面**. 某一时刻波源最初的振动状态传到的波面叫作**波前**或**波阵面**，即最前方的波面. 因此，任意时刻只有一个波前，而波面可有任意多个，如图 4.3 所示.

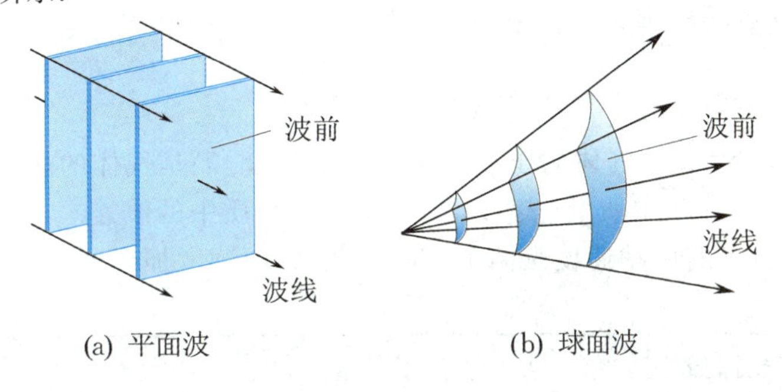

图 4.3　波线和波面

按波面的形状，波可分为平面波、球面波和柱面波等. 在各向同性介质中，波线恒与波面垂直.

4.1.4　简谐波

一般说来，波动中各质点的振动是复杂的. 最简单而又最基本的波动是简谐波，即波源以及介质中各质点的振动都是谐振动. 这种情况只能发生在各向同性、均匀、无限大、无吸收的连续弹性介质中. 以下我们所提到的介质都是这种理想化的介质. 由于任何复杂的波都可以看成由若干个简谐波叠加而成，因此研究简谐波具有特别重要的意义.

4.1.5 描述波动的几个物理量

1. 波速

波动是振动状态(即相位)的传播,振动状态在单位时间内传播的距离叫作**波速**,因此波速又称为相速,用 u 表示.对于机械波,波速通常由介质的性质决定.可以证明,对于简谐波,在固体中传播的横波和纵波的波速分别由式(4.1)、式(4.2)确定,即

$$u_{\perp}=\sqrt{\frac{G}{\rho}}, \tag{4.1}$$

$$u_{/\!/}=\sqrt{\frac{E}{\rho}}, \tag{4.2}$$

上两式中 G 和 E 分别是介质的切变模量和杨氏模量,ρ 为介质的密度.对于同一固体介质,一般有 $E>G$,所以 $u_{/\!/}>u_{\perp}$.顺便指出,只有纵波在均匀细长棒中传播时,式(4.2)才准确成立;在非细长棒中,纵向长变过程中引起的横向形变不能忽略.因此,容变不能简化成长变,式(4.2)只能近似成立.

在弦中传播的横波波速为

$$u_{\perp}=\sqrt{\frac{T}{\mu}}, \tag{4.3}$$

式中 T 是弦中张力,μ 为弦的线密度.

在液体或气体中只能传递纵波,其波速为

$$u_{/\!/}=\sqrt{\frac{B}{\rho}}, \tag{4.4}$$

式中 B 为介质的体积模量.对于理想气体,若把波的传播过程视为绝热过程,则由分子运动理论及热力学方程,可导出理想气体中的声速公式为

$$u=\sqrt{\frac{\gamma p}{\rho}}=\sqrt{\frac{\gamma RT}{M_{\mathrm{mol}}}}, \tag{4.5}$$

式中 γ 为气体的比热比,p 为气体的压强,ρ 为气体的密度,T 是气体的热力学温度,R 是普适气体常量,M_{mol} 是气体的摩尔质量.表 4.1 给出了一些介质中的波速.

波速与介质中质点的振动速度是两个不同的概念,请读者加以区分.

表 4.1 不同介质中的波速

介质	温度/℃	波速/(m/s)	介质	温度/℃	波速/(m/s)
空气	0	331.45	血液		~1 530
氧气	0	316	肌肉		1 545~1 630
氢气	0	1 284	骨骼		2 700~4 100
水	20	1 483	铁		5 950(纵波) 3 240(横波)
水银	20	1 451	铝		6 420(纵波) 3 040(横波)
液氦	−272.15	239	火石玻璃		3 980(纵波) 2 380(横波)
液氧	−183	909			

2. 波动周期和频率

波动过程也具有时间上的周期性.波动周期是指一个完整波形通过介质中某固定点所需的时间,用 T 表示.周期的倒数叫作频率,波动频率即为单位时间内通过介质中某固定点完整波的数目,用 ν 表示.由于波源每完成一次全振动,就有一个完整的波形发送出去,由此可知,当波源相对于介质静止时,波动周期即为波源的振动周期,波动频率即为波源的振动频率.波动周期 T 与频率 ν 之间也满足

$$T = \frac{2\pi}{\omega} = \frac{1}{\nu}. \tag{4.6}$$

3. 波长

波动过程不仅具有时间上的周期性,同时还具有空间上的周期性.如前所述,同一时刻,沿波线上各质点的振动相位是依次落后的,则同一波线上相邻的相位差为 2π 的两质点之间的距离叫作**波长**,用 λ 表示.当波源做一次全振动,波传播的距离就等于一个波长,如图 4.1 所示,因此波长反映了波的空间周期性.显然,波长与波速、周期和频率的关系为

$$\lambda = uT = \frac{u}{\nu}. \tag{4.7}$$

此式不仅适用于机械波,也适用于电磁波.

由于机械波的波速仅由介质的力学性质决定,因此不同频率的波在同一介质中传播时都具有相同的波速,而同一频率的波在不同介质中传播时其波长不同.

既然相距一个波长的两个质点的相位差为 2π,那么我们可以很方便地求出在同一时刻的同一种均匀的介质中的同一波线上任意相距为 Δx 的两质点的相位差为

$$\Delta\varphi = \frac{\Delta x}{\lambda}2\pi. \tag{4.8}$$

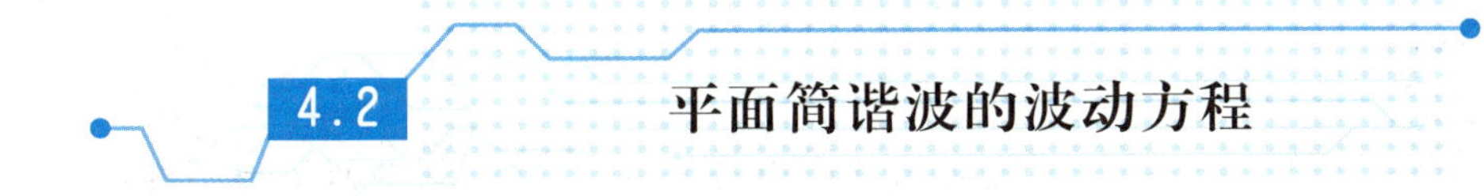

4.2 平面简谐波的波动方程

为了定量地描述波动过程,必须研究波在介质中传播时各质点的运动规律.只有定量地描述了每个质点的振动状态,才算解决了波的运动学问题.而描述介质中各质点的位移随时间和空间变化的关系式称为波动方程,我们只讨论平面简谐波的波动方程.

波阵面为平面的简谐波就称为平面简谐波,它的波线是一组垂直于波面的平行射线,因此可选用其中一根波线为代表来研究平面波的传播规律.也就是说,需要求解的平面简谐波的波动方程就是任一波线上任一点的振动方程的通式.

4.2.1 平面简谐波的波动方程

以一列如图 4.4 所示的横波为例来讨论波动方程.设一列平面简谐波在均匀无限大的理想介质中沿 x 轴正向传播,x 轴即为某一波线,在此波线上任取一点为坐标原点,则 x 表示各个质点在波线上的平衡位置,用 y 表示该处质点偏离平衡位置的位移(每一质点的振动位移

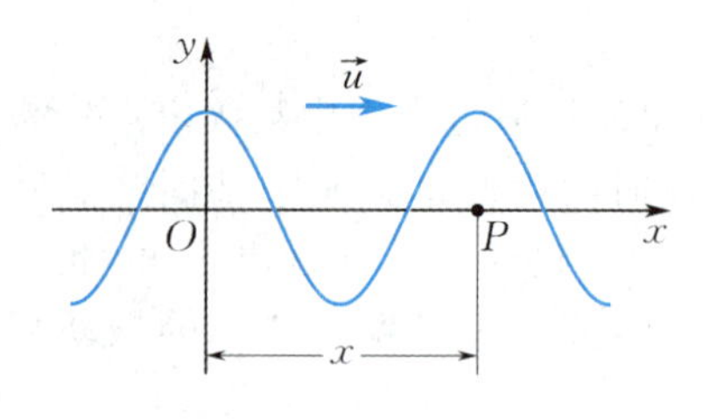

图 4.4 波动方程的推导

都是对自身的平衡位置而言的).假定 O 点处($x=0$)质点的振动方程为

$$y_0 = A\cos(\omega t+\varphi), \tag{4.9}$$

设 P 点为 x 轴上任一点,其坐标为 x,如图 4.4 所示,现求 P 点的振动方程.

P 点和 O 点处的质点做同频率的简谐振动,如果不考虑该波在传播过程中的能量损失,它们的振幅也是相等的,所不同的是在同一时刻 P 点处质点的振动相位比 O 点处质点的振动相位落后 $\frac{x}{\lambda}2\pi$,故 P 点的振动方程可写为

$$y_P = A\cos\left(\omega t+\varphi-\frac{x}{\lambda}2\pi\right). \tag{4.10}$$

由式(4.6)、式(4.7)可得 $\frac{2\pi}{\lambda}=\frac{\omega}{u}$,将此式代入式(4.10),并稍加整理有

$$y_P = A\cos\left[\omega\left(t-\frac{x}{u}\right)+\varphi\right]. \tag{4.11}$$

对式(4.11)也可以理解如下:因为原点的振动状态传到 P 点所需要的时间为 $\Delta t=\frac{x}{u}$,P 点在 t 时刻将重复原点在 $\left(t-\frac{x}{u}\right)$ 时刻的振动状态.或将 $-\frac{x}{u}$ 理解为 P 点的振动落后于原点振动的时间.式(4.11)就是沿 x 轴正向传播的**平面简谐波的波动方程**(或称波动表达式).

若波沿 x 轴负向传播,则 P 点的振动超前于原点的振动,超前的时间为 $\frac{x}{u}$,此时 P 点的振动方程为

$$y = A\cos\left[\omega\left(t+\frac{x}{u}\right)+\varphi\right]. \tag{4.12}$$

这就是沿 x 轴负方向传播的平面简谐波的表达式.

将 $\omega=2\pi\nu=\frac{2\pi}{T}$,$u=\frac{\lambda}{T}=\frac{\omega}{2\pi}\lambda$ 代入式(4.11)和式(4.12),经整理可得两种常用的波动表达式:

$$y = A\cos\left[2\pi\left(\frac{t}{T}\mp\frac{x}{\lambda}\right)+\varphi\right] \tag{4.13}$$

或

$$y = A\cos\left[\frac{2\pi}{\lambda}(ut\mp x)+\varphi\right]. \tag{4.14}$$

4.2.2 波动方程的物理意义

为了深刻理解平面简谐波波动方程的物理意义,以沿 x 轴正向传播的平面简谐波为例分以下几种情况进行讨论.

(1) 当 $x=x_0$,即 x 为给定值时,位移 y 仅是时间 t 的函数,这时波动方程为距离坐标原点 x_0 处给定质点的振动方程,即

$$y = A\cos\left[\omega\left(t - \frac{x_0}{u}\right) + \varphi\right] = A\cos\left[\omega t + \left(\varphi - \frac{2\pi x_0}{\lambda}\right)\right], \tag{4.15}$$

式中 $\left(\varphi - \dfrac{2\pi x_0}{\lambda}\right)$ 为该点振动的初相位. 显然 x_0 处质点的振动相位比原点 O 处质点的振动相位始终落后 $\dfrac{2\pi x_0}{\lambda}$. 由式(4.15)绘出的 y-t 曲线就是 x_0 点的振动曲线(见图 4.5).

(2) 当 $t = t_0$，即 t 为给定值时，位移 y 仅是坐标 x 的函数，这时波动方程变为

$$y = A\cos\left[\omega\left(t_0 - \frac{x}{u}\right) + \varphi\right]. \tag{4.16}$$

方程给出了在 t_0 时刻波线上各质点离开各自平衡位置的位移分布情况，称为 t_0 时刻的波形方程. 对横波而言，t_0 时刻的波形方程对应的曲线就是该时刻的波形；对纵波而言，则只表示该时刻所有质点的位移分布. 由式(4.16)绘出的 y-x 曲线就是 t_0 时刻的波形曲线(见图 4.6).

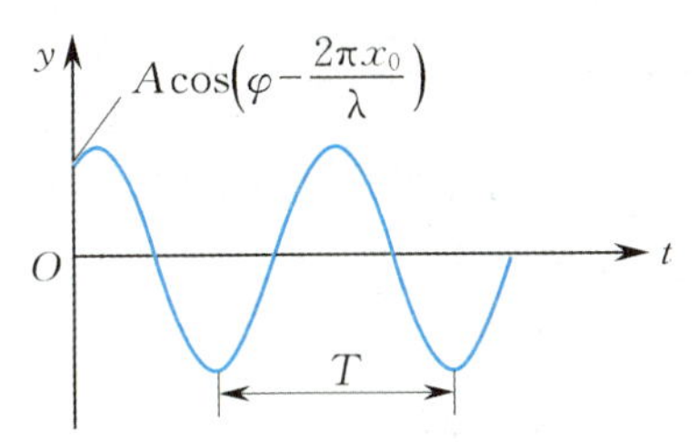

图 4.5　波线上 x_0 点的振动曲线

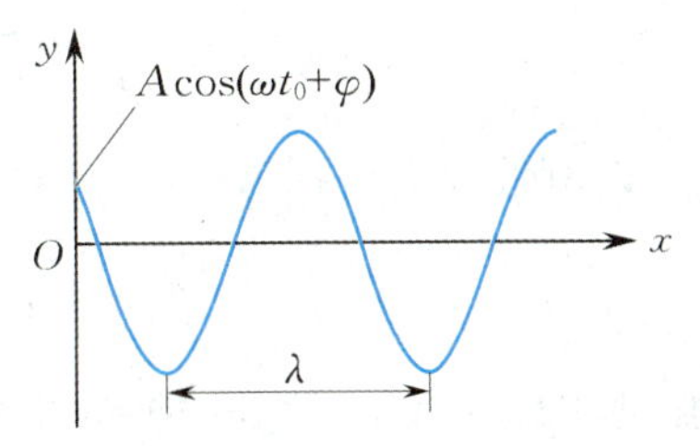

图 4.6　给定时刻($t = t_0$)的波形

(3) 如果 x，t 都在变化，则波动方程 $y = y(x,t)$ 给出了波线上各个质点在不同时刻的位移，即体现了不同时刻的波形，反映了波形不断向前推进的波动传播的全过程. 由波动方程可知，t 时刻的波形方程为

$$y = A\cos\left[\omega\left(t - \frac{x}{u}\right) + \varphi\right],$$

而 $t + \Delta t$ 时刻的波形方程为

$$y = A\cos\left[\omega\left(t + \Delta t - \frac{x}{u}\right) + \varphi\right].$$

我们分别用实线和虚线表示 t 时刻和 $t + \Delta t$ 时刻的两条波形曲线，如图 4.7 所示，便可形象地看出波形向前传播的图像，波形向前传播的速度就等于波速 u.

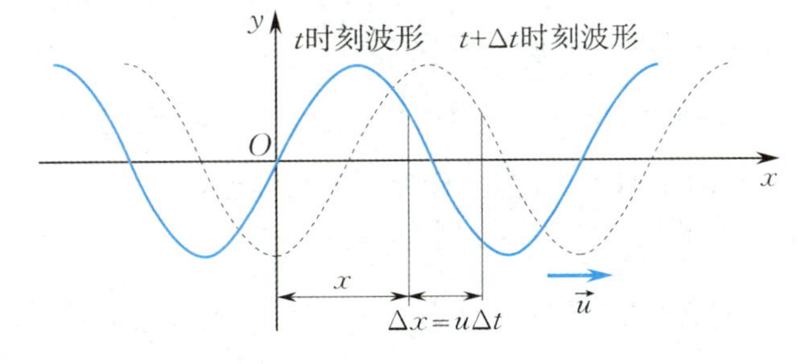

图 4.7　波形的传播

设 t 时刻、x 处的某个振动状态经过 Δt，传播了 $\Delta x = u\Delta t$ 的距离，用波动方程表示为

$$A\cos\left[\omega\left(t+\Delta t-\frac{x+u\Delta t}{u}\right)+\varphi\right]=A\cos\left[\omega\left(t-\frac{x}{u}\right)+\varphi\right],$$

即 $y(t+\Delta t, x+u\Delta t)=y(t,x)$,表明 t 时刻、x 处质点的振动相位等于 $t+\Delta t$ 时刻、$x+\Delta x$ 处质点的振动相位,即质点的振动相位在 Δt 时间内向前传播(行走)了 Δx 的距离. 因此,要获得 $t+\Delta t$ 时刻的波形,只要将 t 时刻的波形沿波的传播方向移动 $\Delta x(=u\Delta t)$ 距离即可. 因此,波动是振动状态(相位)的传播,波动方程反映了波形的传播,它所描述的波称为**行波**.

例 4.1 已知波动方程为 $y=0.2\cos\left[\frac{\pi}{10}(1\,000t-x)+\pi\right]$,其中 x,y 的单位为 m,t 的单位为 s,求:(1) 振幅、波长、周期、波速;(2) 距原点为 8 m 和 10 m 两点处质点振动的相位差.

解 (1) 将题目给出的波动方程与式(4.14)进行比较,即可得

$$A=0.2\ \text{m},\quad u=1\,000\ \text{m/s},\quad \lambda=20\ \text{m},\quad \omega=100\pi\ \text{s}^{-1},$$

所以

$$T=\frac{2\pi}{\omega}=0.02\ \text{s}.$$

(2) 同一时刻波线上坐标为 $x_1=8$ m 和 $x_2=10$ m 两点处质点振动的相位差为

$$\frac{\Delta x}{\lambda}2\pi=\frac{10-8}{20}2\pi=\frac{\pi}{5},$$

即 x_2 处的振动相位落后于 x_1 处的振动相位 $\frac{\pi}{5}$.

例 4.2 一平面简谐波在介质中以速度 $u=20$ m/s 沿直线传播,已知在传播路径上某点 A 的振动方程为 $y_A=0.03\cos 4\pi t$(SI),如图 4.8 所示. (1) 若以 A 点为坐标原点,写出波动方程,并求出 C,D 两点的振动方程;(2) 若以 B 点为坐标原点,写出波动方程,并求出 C,D 两点的振动方程.

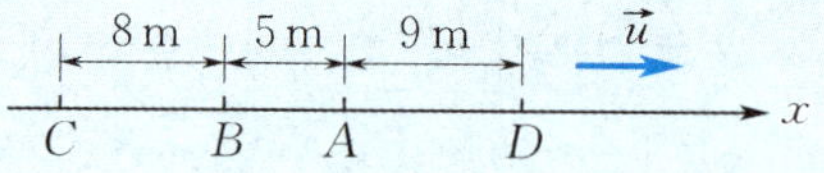

图 4.8 例 4.2 图

解 (1) 已知 $u=20$ m/s,$\omega=4\pi$,可得

$$T=\frac{2\pi}{\omega}=0.5\ \text{s},\quad \lambda=uT=10\ \text{m}.$$

若以 A 点为坐标原点,则原点的振动方程为 $y_O=y_A=0.03\cos 4\pi t$,所以波动方程为

$$y=0.03\cos 4\pi\left(t-\frac{x}{20}\right)=0.03\cos\left(4\pi t-\frac{\pi}{5}x\right)\text{(SI)},$$

其中 x 是波线上任意一点的坐标(以 A 为坐标原点). 对 C 点,$x_C=-13$ m;对 D 点,$x_D=9$ m,故可直接写出 C 点和 D 点的振动方程,分别为

$$y_C=0.03\cos\left(4\pi t-\frac{\pi}{5}x_C\right)=0.03\cos\left(4\pi t+\frac{13\pi}{5}\right)\text{(SI)},$$

$$y_D=0.03\cos\left(4\pi t-\frac{\pi}{5}x_D\right)=0.03\cos\left(4\pi t-\frac{9\pi}{5}\right)\text{(SI)}.$$

(2) 若以 B 点为坐标原点,则原点的振动方程为 B 点的振动方程,由于波从左向右传播,

因此 B 点的振动相位始终比 A 点超前 $\frac{5}{10}\times 2\pi=\pi$，故有

$$y_O=y_B=0.03\cos(4\pi t+\pi)\text{(SI)}.$$

此时波动方程为

$$y=0.03\cos\left[4\pi\left(t-\frac{x}{20}\right)+\pi\right]\text{(SI)},$$

其中 x 是波线上任意一点的坐标(以 B 为坐标原点). 对 C 点，$x_C=-8$ m；对 D 点，$x_D=14$ m，代入波动方程可写出 C 点和 D 点的振动方程分别为

$$y_C=0.03\cos\left[4\pi\left(t+\frac{8}{20}\right)+\pi\right]=0.03\cos\left(4\pi t+\frac{13\pi}{5}\right)\text{(SI)},$$

$$y_D=0.03\cos\left[4\pi\left(t-\frac{14}{20}\right)+\pi\right]=0.03\cos\left(4\pi t-\frac{9\pi}{5}\right)\text{(SI)}.$$

从本例的讨论可以看出，对一列给定的平面波，坐标原点选取不同，波动方程的形式就不同，但每个质点的振动方程却是相同的，即每个质点的振动规律是确定的，与坐标原点的选取无关.

例 4.3　一平面简谐横波以 $u=400$ m/s 的波速在均匀介质中沿 x 轴正向传播. 位于坐标原点的质点的振动周期为 0.01 s，振幅为 0.1 m. 取原点处质点经过平衡位置且向正方向运动时刻作为计时起点.(1) 写出波动方程；(2) 写出距原点为 2 m 处的质点 P 的振动方程；(3) 画出 $t=0.005$ s 和 0.007 5 s 时的波形图；(4) 若以距原点 2 m 处为坐标原点，写出波动方程.

解　(1) 由题意知，坐标原点 O 处质点的振动初始条件为：$t=0$ 时，$y_0=0$，$v_0>0$. 设原点 O 处质点的振动方程为 $y_O=A\cos(\omega t+\varphi)$，将初始条件代入，可求出原点处质点的振动初相位 $\varphi=\frac{3\pi}{2}$，原点的振动方程为

$$y_O=0.1\cos\left(200\pi t+\frac{3\pi}{2}\right)\text{m},$$

故可写出波动方程为

$$y=0.1\cos\left[200\pi\left(t-\frac{x}{400}\right)+\frac{3\pi}{2}\right]\text{m}.$$

(2) 将 $x_P=2$ m 代入上面波动方程即可得到 P 质点的振动方程为

$$y_P=0.1\cos\left[200\pi\left(t-\frac{2}{400}\right)+\frac{3\pi}{2}\right]\text{m}=0.1\cos\left(200\pi t+\frac{\pi}{2}\right)\text{m}.$$

(3) 将 $t_1=0.005$ s 代入波动方程，得此时刻的波形方程

$$y=0.1\cos\left[200\pi\left(0.005-\frac{x}{400}\right)+\frac{3\pi}{2}\right]\text{m}=0.1\cos\left(\frac{\pi}{2}-\frac{\pi}{2}x\right)\text{m}.$$

画出对应的波形曲线如图 4.9 中实线所示. 因为 $T=0.01$ s，故从 $t_1=0.005$ s 到 $t_2=0.007\,5$ s 经历了 $\Delta t=t_2-t_1=0.002\,5\ \text{s}=\frac{1}{4}T$，故 $t_2=0.007\,5$ s 时刻的波形图只需将 $t_1=0.005$ s 时刻的波形曲线沿着波的传播方向平移 $\frac{1}{4}\lambda=\frac{1}{4}uT=1$ m 即可得到，如图 4.9 中虚线所示.

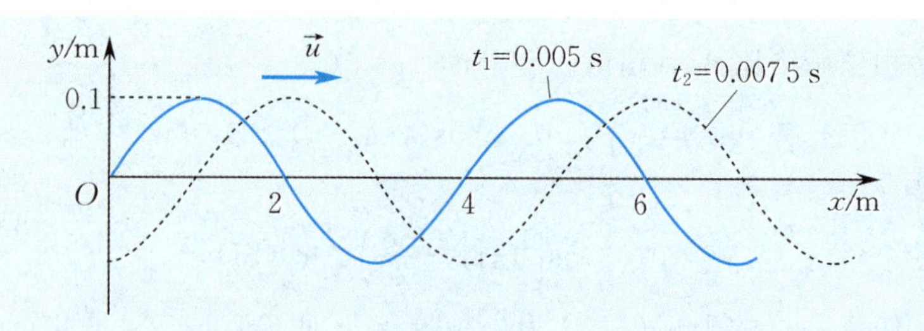

图 4.9 例 4.3 图

(4) 由(2)中结果可知,新坐标原点 O' 的振动方程为

$$y_{O'} = y_P = 0.1\cos\left(200\pi t + \frac{\pi}{2}\right)\text{m},$$

所以新坐标下的波动方程为

$$y' = 0.1\cos\left[200\pi\left(t - \frac{x'}{400}\right) + \frac{\pi}{2}\right]\text{m},$$

式中 x' 是波线上各点在新坐标下的位置坐标.

4.3 波的能量 *声强

在波的传播过程中,波源的振动通过弹性力在介质中传播,使得介质中各质点都在各自的平衡位置附近振动,各质点因此具有动能;同时在波动过程中由于介质的形变它们也具有势能.这些能量都是从波源传播而来的,因此波的传播过程也是波源的能量向外传播的过程.对于这种"流动着"的能量,引入能量密度和能流密度两个概念来描述.

4.3.1 波的能量和能量密度

在波的传播中,载波的介质并不随波向前移动,波源的振动能量则通过介质间的相互作用而传播出去.下面我们以介质中任一体积元 $\mathrm{d}V$ 为例来讨论波动能量.

设有一平面简谐波在密度为 ρ 的弹性介质中沿 x 轴正向传播,设其波动方程为

$$y = A\cos\left[\omega\left(t - \frac{x}{u}\right) + \varphi\right].$$

在坐标为 x 处取一体积元 $\mathrm{d}V$,其质量为 $\mathrm{d}m = \rho\mathrm{d}V$,可视为质点,当波传播到该体积元时,其振动速度为

$$v = \frac{\partial y}{\partial t} = -A\omega\sin\left[\omega\left(t - \frac{x}{u}\right) + \varphi\right],$$

则该体积元的动能为

$$\mathrm{d}E_\mathrm{k} = \frac{1}{2}(\mathrm{d}m)v^2 = \frac{1}{2}(\rho\mathrm{d}V)A^2\omega^2\sin^2\left[\omega\left(t - \frac{x}{u}\right) + \varphi\right]. \tag{4.17}$$

同时,该体积元因形变而具有弹性势能,可以证明(见本小节楷体字部分),该体积元的弹性势

能为

$$dE_p = \frac{1}{2}(\rho dV)A^2\omega^2 \sin^2\left[\omega\left(t-\frac{x}{u}\right)+\varphi\right], \tag{4.18}$$

于是该体积元内总的波动能量为

$$dE = dE_k + dE_p = (\rho dV)A^2\omega^2 \sin^2\left[\omega\left(t-\frac{x}{u}\right)+\varphi\right]. \tag{4.19}$$

上式表明,波动在介质中传播时,介质中任一体积元的总能量随时间做周期性变化.这说明该体积元和相邻的介质之间有能量交换.体积元的能量增加时,它从相邻介质中吸收能量;体积元的能量减少时,它向相邻介质释放能量.这样,能量不断地从介质中的一部分传递到另一部分.因此,波动过程也就是能量传播的过程.

应当注意,波动的能量和谐振动的能量有着明显的区别.在一个孤立的谐振动系统中,它和外界没有能量交换,所以机械能守恒且动能和势能不断地相互转换,当动能有极大值时势能为极小,当动能为极小值时势能为极大.而在波动中,体积元内总能量不守恒,且同一体积元内的动能和势能是同步变化的,即动能有极大值时势能也为极大,反之亦然.如图 4.10 所示,横波在绳上传播时,平衡位置 Q 处体积元的速度最大因而动能最大,此时 Q 处体积元的相对形变也最大,因此弹性势能也为最大;在振动位移最大的 P 处体积元,其振动速度为零,动能等于零,而此处体积元的相对形变量为最小值零$\left(即\left.\frac{\partial y}{\partial x}\right|_P = 0\right)$,其弹性势能也为零.

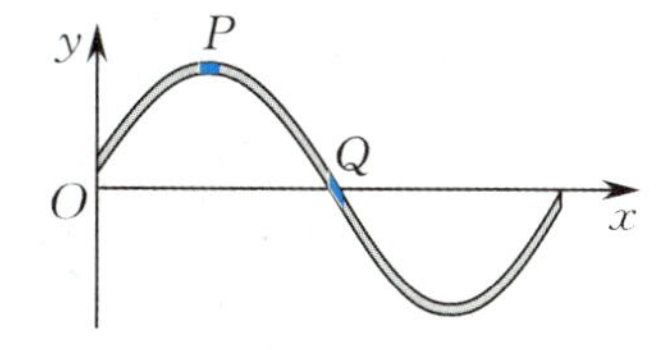

图 4.10　体积元与相对形变量

单位体积介质中所具有的波的能量,称为能量密度,用 w 表示,由式(4.19),有

$$w = \frac{dE}{dV} = \rho A^2\omega^2 \sin^2\left[\omega\left(t-\frac{x}{u}\right)+\varphi\right]. \tag{4.20}$$

可见能量密度 w 随时间做周期性变化,实际应用中是取其平均值.能量密度 w 在一个周期内的平均值称为平均能量密度,用 $\bar{w}$ 表示,则对平面简谐波有

$$\bar{w} = \frac{1}{T}\int_0^T \rho A^2\omega^2 \sin^2\left[\omega\left(t-\frac{x}{u}\right)+\varphi\right]dt = \frac{1}{2}\rho A^2\omega^2. \tag{4.21}$$

式(4.21)指出,平均能量密度与波振幅的平方、角频率的平方及介质密度成正比.此公式适用于各种弹性波.

波动中介质体积元的弹性势能公式(4.18)推导过程如下.如图 4.11 所示,体积元原长为 dx,绝对伸长量为 dy,所以体积元的相对伸长(即线应变或协变)为 $\frac{dy}{dx}$,该体积元所受的弹性力为

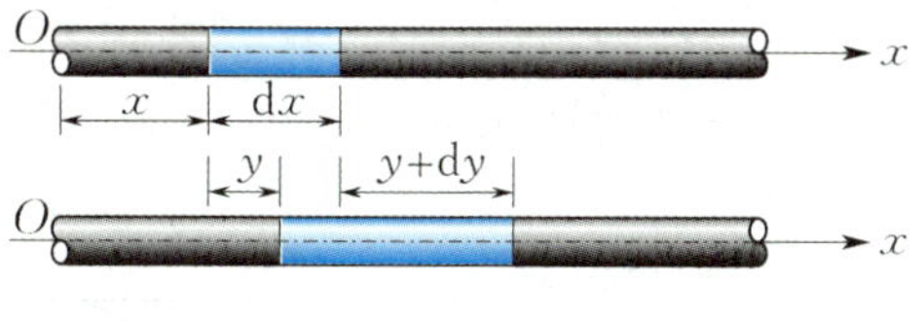

图 4.11　固体细长棒中纵波的传播

$$F = ES\frac{dy}{dx} = k dy,$$

式中 E 是棒的杨氏模量,S 为细棒的截面面积,$k = \frac{ES}{dx}$,故体积元的弹性势能为

$$dE_p = \frac{1}{2}k(dy)^2 = \frac{1}{2}\frac{ES}{dx}(dy)^2 = \frac{1}{2}ES dx\left(\frac{dy}{dx}\right)^2.$$

因为 $\mathrm{d}V=S\mathrm{d}x, u=\sqrt{\dfrac{E}{\rho}}$，且根据波动方程式(4.11)可得

$$\frac{\mathrm{d}y}{\mathrm{d}x}=A\,\frac{\omega}{u}\sin\left[\omega\left(t-\frac{x}{u}\right)+\varphi\right],$$

代入得

$$\mathrm{d}E_{\mathrm{p}}=\frac{1}{2}u^2(\rho\mathrm{d}V)A^2\,\frac{\omega^2}{u^2}\sin^2\left[\omega\left(t-\frac{x}{u}\right)+\varphi\right]=\frac{1}{2}(\rho\mathrm{d}V)A^2\omega^2\sin^2\left[\omega\left(t-\frac{x}{u}\right)+\varphi\right].$$

这就是式(4.18).如果考虑的是平面余弦弹性横波，则只要把上面推导中的 $\dfrac{\mathrm{d}y}{\mathrm{d}x}$ 和 F 分别理解为体积元的切变和剪切力，并用切变模量 G 代替杨氏模量 E，便可得到同样的结果.

4.3.2 波的能流和能流密度

为了描述波动过程中能量的传播，还需引入能流和能流密度的概念.

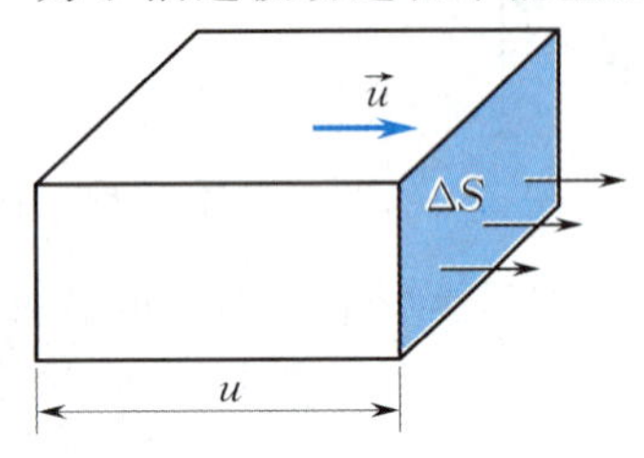

图 4.12 通过 S 面的平均能流

所谓**能流**，即单位时间内通过某一截面的能量. 如图 4.12所示，设想在介质中作一个垂直于波速的截面为 ΔS、长度为 u 的长方体，则在单位时间内，体积为 $u\Delta S$ 的长方体内的波动能量都要通过 ΔS 面，因此通过面积 ΔS 的能流为

$$\bar{P}=\bar{w}u\Delta S, \tag{4.22}$$

式(4.22)中 $\bar{P}$ 也为平均能流.

显然，平均能流 $\bar{P}$ 与 ΔS 截面积有关. 与波的传播方向垂直的单位面积的平均能流称为**能流密度**或波的强度，简称**波强**. 用 I 表示，则有

$$I=\frac{\bar{P}}{\Delta S}=\bar{w}u. \tag{4.23}$$

能流密度是一个矢量，在各向同性介质中，其方向与波速方向相同，矢量表达式为

$$\vec{I}=\bar{w}\,\vec{u}, \tag{4.24}$$

波强等于波的平均能量密度与波速的乘积.

根据式(4.21)，简谐波的波强的大小为

$$I=\frac{1}{2}\rho A^2\omega^2 u, \tag{4.25}$$

即波强与波振幅的平方、角频率的平方成正比. 式(4.25)只对弹性波成立.

在国际单位制中，波强的单位是瓦[特]每平方米($\mathrm{W/m^2}$).

若平面简谐波在各向同性、均匀、无吸收的理想介质中传播，可以证明其波振幅在传播过程中将保持不变.

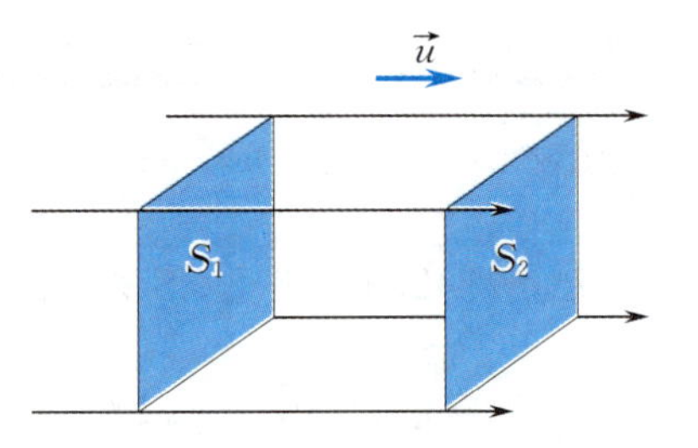

图 4.13 平面波的振幅不变

设一平面波的传播方向如图 4.13 所示，在垂直于传播方向上取两个相等面积 S_1 和 S_2 的平行平面，其平均能流分别为 $\bar{P}_1$ 和 $\bar{P}_2$，因能量无损失，应有 $\bar{P}_1=\bar{P}_2$，即

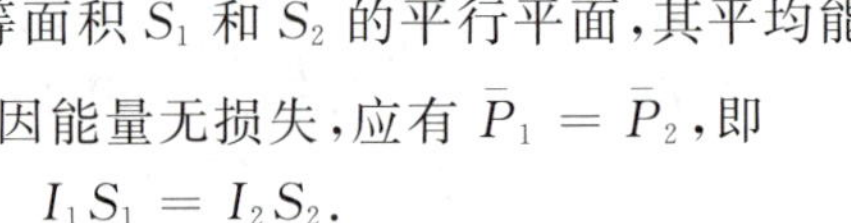

$$I_1S_1=I_2S_2.$$

由式(4.25)有$\frac{1}{2}\rho A_1^2\omega^2 uS_1 = \frac{1}{2}\rho A_2^2\omega^2 uS_2$,于是得

$$A_1 = A_2.$$

同理还可以证明,在理想介质中传播的球面波的振幅随着离波源距离的增加成反比例减小.

4.3.3 波的吸收

波在实际介质中传播时,由于波动能量总有一部分会被介质吸收,所以波的机械能会不断地减少,波强也逐渐减弱,这种现象称为**波的吸收**.

设波通过厚度为 $\mathrm{d}x$ 的介质薄层后,其振幅衰减量为 $-\mathrm{d}A$,实验指出

$$-\mathrm{d}A = \alpha A\,\mathrm{d}x,$$

经积分得

$$A = A_0 \mathrm{e}^{-\alpha x}, \tag{4.26}$$

式中 A_0 和 A 分别是 0 和 x 处的波振幅,α 是常量,称为介质的吸收系数.

由于波强与波振幅平方成正比,波强的衰减规律为

$$I = I_0 \mathrm{e}^{-2\alpha x}, \tag{4.27}$$

式中 I_0 和 I 分别是 0 和 x 处波的强度.

*4.3.4 声压、声强和声强级

频率在 20～20 000Hz 的机械波在空气中传播可以引起人的声音感觉,故称之为声波.为了描述声波在介质中各点的强弱,常采用声压和声强两个物理量.

介质中有声波传播时的压力与无声波时的静压力之间的压差称为**声压**.由于声波是疏密波,在稀疏区域,实际压力小于静压力;在稠密区域,实际压力大于静压力;前者声压为负值,后者声压为正值.因介质中各点声振动是周期性变化的,所以声压也在做周期性变化.对平面简谐波,可以证明声压振幅为

$$p_{\mathrm{m}} = \rho u A\omega. \tag{4.28}$$

声强就是声波的能流密度,由(4.25)和(4.28)两式,有

$$I = \frac{1}{2}\frac{p_{\mathrm{m}}^2}{\rho u} = \frac{1}{2}\rho u A^2\omega^2. \tag{4.29}$$

这说明频率越高越容易获得较大的声压和声强.

引起人的听觉的声波不仅有频率范围,而且有声强范围.对于每个给定频率的可闻声波,声强都有上、下两个限值,低于下限的声强不能引起听觉,高于上限的声强也不能引起听觉,声强太大则只能引起痛觉.一般正常人听觉的最高声强为 10 W/m^2,最低声强为 10^{-12} W/m^2.通常把这一最低声强作为测定声强的标准,用 I_0 表示.由于上、下声强的数量级相差悬殊(达 10^{13}),声强级的常用对数标度作为声强级的量度,以 L_I 表示,即

$$L_I = \lg\frac{I}{I_0}. \tag{4.30}$$

其单位为贝[尔](B),这个单位较大,通常用其分数单位分贝(dB),1 dB=0.1 B,此时声强级公式为

$$L_I = 10\lg\frac{I}{I_0}\ \mathrm{dB}. \tag{4.31}$$

表 4.2 给出了一些典型场合的声强和声强级.

表 4.2 声强和声强级举例

声源	声强/(W/m²)	声强级/dB	响度
听觉阈	10^{-12}	0	
风吹树叶	10^{-10}	20	轻
通常谈话	10^{-6}	60	正常
闹市车声	10^{-5}	70	响
摇滚乐	1	120	震耳
喷气机起飞	10^{3}	150	
地震(里氏 7 级,距震中 5 km)	4×10^{4}	166	
聚焦超声波	10^{9}	210	

最后顺便指出,仅用声强级尚不能完全反映人耳对声音响度的感觉.人耳对响度的主观感觉由声强级和频率共同决定.例如,同为 50 dB 声强级的声音,当频率为 1 000 Hz 时,人耳听起来已相当响,而当频率为 50 Hz 时,则还听不见.若需要考虑这种效应时,可去查阅有关手册中列出的等响度曲线.

例 4.4 空气中声波的吸收系数为 $\alpha_1 = 2\times10^{-11}\nu^2\ \text{m}^{-1}$,钢中的吸收系数为 $\alpha_2 = 4\times10^{-7}\nu^2\ \text{m}^{-1}$,式中 ν 为声波的频率.问频率为 5 MHz 的超声波透过多厚的空气或钢后其声强减为原来的 1%?

解 $\alpha_1 = 2\times10^{-11}\times(5\times10^6)^2\ \text{m}^{-1} = 500\ \text{m}^{-1}$, $\alpha_2 = 4\times10^{-7}\times(5\times10^6)^2\ \text{m}^{-1} = 2\ \text{m}^{-1}$.

由式(4.27)得

$$x = \frac{1}{2\alpha}\ln\frac{I_0}{I}.$$

将 α_1,α_2 之值分别代入上式,又由题目已知 $\frac{I_0}{I}=100$,得空气的厚度为

$$x_1 = \frac{1}{1\,000}\ln 100\ \text{m} = 0.046\ \text{m}.$$

钢的厚度为

$$x_2 = \frac{1}{4}\ln 100\ \text{m} = 1.15\ \text{m}.$$

可见,高频超声波很难通过气体,但极易通过固体.

4.4 惠更斯原理 波的衍射和干涉

4.4.1 惠更斯原理

当波在弹性介质中传播时,由于介质质点间的弹性力作用,介质中任何一点的振动都会引起邻近各质点的振动,因此波动到达的任一点都可以看作新的波源.例如水面波的传播,如

图 4.14 所示，当一块开有小孔的隔板挡在波的前面，则不论原来的波面是什么形状，只要小孔的线度 a 远小于波长，都可以看到穿过小孔的波是圆形波，就好像是以小孔为点波源发出的一样，这说明小孔可以看作新的波源，其发出的波称为次波（子波）.

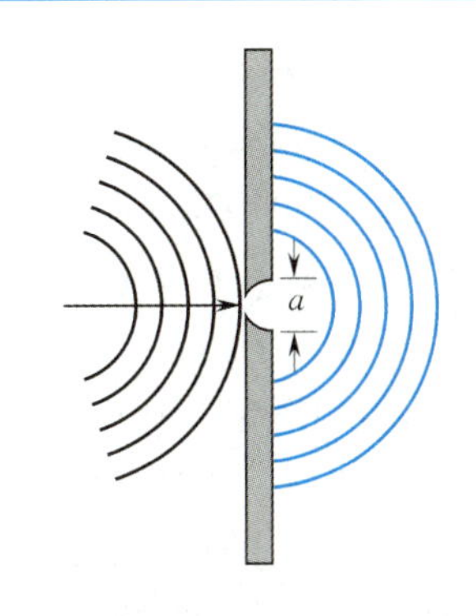

图 4.14　障碍物上的小孔成为新波源

荷兰物理学家惠更斯观察和研究了大量类似现象，于 1690 年提出了一条描述波传播特性的重要原理：**介质中波阵面（波前）上的各点，都可以看作发射子波的波源，其后任一时刻这些子波的包迹面就是新的波阵面.** 这就是**惠更斯原理**的内容.

惠更斯原理不仅适用于机械波，也适用于电磁波. 不论波动经过的介质是均匀的还是非均匀的，是各向同性的还是各向异性的，只要知道了某一时刻的波阵面，就可以根据这一原理，利用几何作图法来确定以后任一时刻的波阵面，进而确定波的传播方向. 此外，根据惠更斯原理，还可以很简单地说明波在传播中发生的反射和折射等现象. 下面以平面波和球面波为例，说明惠更斯原理的应用.

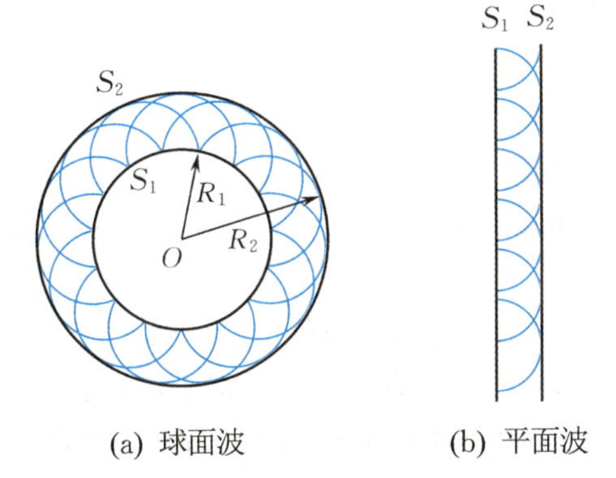

图 4.15　用惠更斯原理确定新波阵面

如图 4.15(a)所示，点波源 O 在各向同性的均匀介质中以波速 u 发出球面波. 已知在 t 时刻的波阵面是半径为R_1 的球面 S_1，根据惠更斯原理，S_1 上的各点都可以看作发射子波的新波源. 经过 Δt 时间，各子波波阵面是以 S_1 球面上各点为球心、以 $r = u\Delta t$ 为半径的许多球面，这些子波波阵面的包迹面 S_2 就是球面波在 $t + \Delta t$ 时刻的新的波阵面. 显然，S_2 是一个仍以点波源 O 为球心、以 $R_2 = R_1 + u\Delta t$ 为半径的球面.

平面波可近似地看作半径很大的球面波阵面上的一小部分. 例如，从太阳射出的球面光波到达地面时，就可看作平面波. 如图 4.15(b)所示，若已知在各向同性均匀介质中传播的平面波在某时刻 t 的波阵面 S_1，用惠更斯原理就可以求出以后任一时刻 $t + \Delta t$ 的新的波阵面 S_2，它是一个与 S_1 相距 $u\Delta t$ 且与 S_1 平行的平面.

从以上讨论可以看出，当波在各向同性均匀介质中传播时，波阵面的几何形状总是保持不变，即波线方向或者波的传播方向是不变的. 当波在不均匀介质或各向异性介质中传播时，同样可以根据惠更斯原理用作图法求出新的波阵面，只是波阵面的形状和波的传播方向都可能发生变化.

4.4.2　波的衍射

日常生活经验表明：当波在传播过程中遇到障碍物时，传播方向会发生弯曲，波能绕过障碍物继续前进，这种现象叫作**波的衍射**（通俗地说是波的绕射），这是波的特征之一.

下面用惠更斯原理定性地说明衍射现象. 如图4.16所示，平面波到达一宽度与波长相近的缝时,缝上各点都可以看作子波的波源,由这些子波的包迹面就可得出新的波前.很明显,此时波前与原来的平面略有不同,靠近边缘处的波前弯曲,即波绕过了障碍物而继续向前传播.

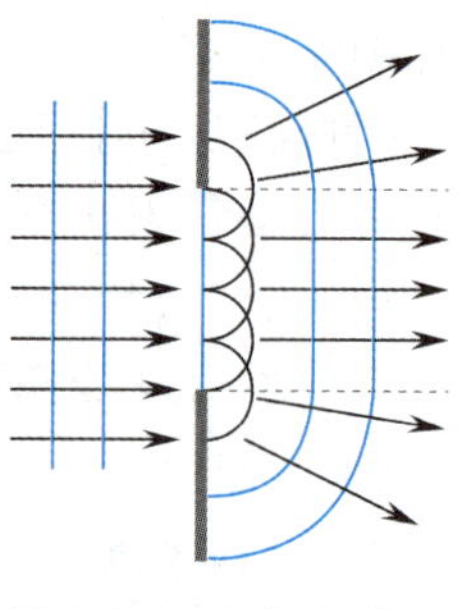
图 4.16 波的衍射

衍射现象是否显著,与障碍物的线度和波长之比有关.若障碍物的宽度远大于波长,衍射现象不明显;若障碍物的宽度与波长相差不多,衍射现象就比较明显;若障碍物的宽度小于波长,则衍射现象更加明显.在声学中,由于声音的波长与所遇到的障碍物的线度差不多,故声波的衍射较明显,如在屋内能够听到室外的声音,就是声波能绕过障碍物的缘故.

4.4.3 波的叠加原理

当若干个波源激发的波在同一介质中相遇时,观察和实验表明:各列波在相遇前和相遇后都保持原来的特性(频率、波长、振动方向、传播方向等)不变,与各波单独传播时一样;而在相遇处各质点的振动则是各列波在该处激起的振动的合成.这就是**波传播的独立性原理**或**波的叠加原理**.例如,把两个石块同时投入静止的水中,两个振源所激起的水波可以互相贯穿地传播.又如,在嘈杂的公共场所,各种声音都传到人的耳朵,但我们仍能将它们区分开来.每天空中同时有许多无线电波在传播,我们却能随意地选取某一电台的广播收听.这些实例都反映了波传播的独立性.图 4.17给出了波的叠加原理的示意图.

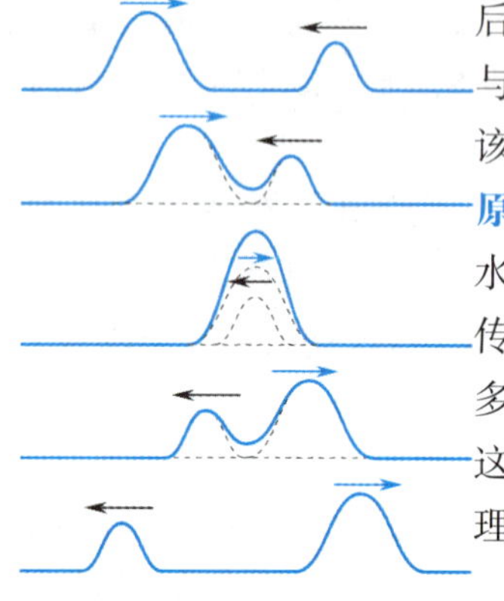
图 4.17 波的叠加原理

波的叠加与振动的叠加是不完全相同的.

振动的叠加仅发生在单一质点上,而波的叠加则发生在两波相遇范围内的许多质元上,这就构成了波的叠加所特有的现象,如下面将要介绍的波的干涉现象;此外,正如任何复杂的振动可以分解为不同频率的许多简谐振动的叠加一样,任何复杂的波也都可以分解为频率或波长不同的许多平面简谐波的叠加.

两个实物粒子相遇时会发生碰撞,而两列波相遇则仅在重叠区域构成合成波,过了重叠区又能分道而去,这就是波不同于粒子的一个重要运动特征.

在我们常常遇到的波动现象中,波的叠加原理一般都是正确的.但是当人们的实验观察和理论研究扩大到强波范围时,介质就会表现出非线性特征,这时波就不再遵从叠加原理,而研究这种情形的新理论称为**非线性波理论**.本书只讨论叠加原理适用的线性波.

4.4.4 波的干涉

既然在多列波的相遇区域内各质点的振动是各列波在该处激起的振动的合成,那么运用前面介绍过的振动合成知识可知:这个区域内的各点振动情况是非常复杂的.在一般情况下,几列波的合成波既复杂又不稳定,而且讨论它们也没有实际意义.但满足下述条件的两列波在介质中相遇,则可形成一种稳定的叠加图样,即出现所谓干涉现象.

两列波若频率相同、振动方向相同、在相遇点相位差恒定,则在合成波场中会出现某些点的振动始终加强,另一些点的振动始终减弱(或完全抵消),这种现象称为**波的干涉**.满足上述条件的波源叫作**相干波源**,相干波源发出的波称为相干波.

由以上讨论可知,定量分析波的干涉的出发点仍然是求相干区域内各质元的同频率、同方向简谐振动的合成振动.

设 S_1 和 S_2 为两相干波源,它们的振动方程分别为

$$\begin{cases} y_{10} = A_{10}\cos(\omega t + \varphi_1), \\ y_{20} = A_{20}\cos(\omega t + \varphi_2), \end{cases} \tag{4.32}$$

式中 ω 为角频率,A_{10},A_{20} 分别为两波源的振幅,φ_1,φ_2 分别为两波源的振动初相位.设由这两个波源发出的两列波在同一介质中传播后相遇,如图 4.18 所示,现在分析相遇区域中任意一点 P 的振动合成结果.

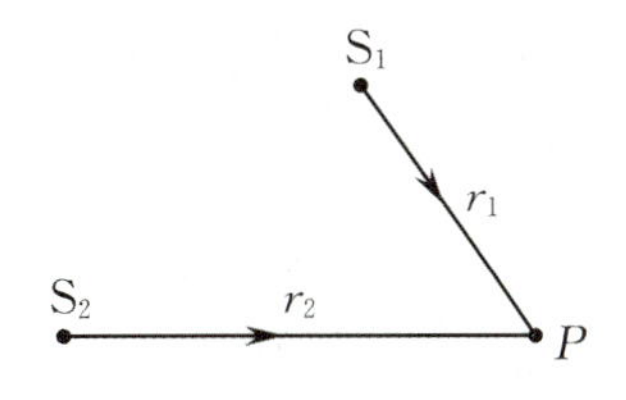

图 4.18　两列相干波的叠加

两列波各自单独传播到 P 点时,在 P 点引起的振动方程分别为

$$\begin{cases} y_{1P} = A_1\cos\left(\omega t - \dfrac{2\pi r_1}{\lambda} + \varphi_1\right), \\ y_{2P} = A_2\cos\left(\omega t - \dfrac{2\pi r_2}{\lambda} + \varphi_2\right), \end{cases}$$

式中 A_1 和 A_2 分别是两列波到达 P 点时的振幅,r_1 和 r_2 分别为 S_1 和 S_2 到 P 点的距离,λ 是波长.P 点同时参与了这两个同频率、同方向的谐振动.从上式容易看出,这两个分振动的初相位分别为 $\left(-\dfrac{2\pi r_1}{\lambda} + \varphi_1\right)$ 和 $\left(-\dfrac{2\pi r_2}{\lambda} + \varphi_2\right)$.根据第 3 章两个同方向同频率简谐振动的合成结论,P 点的合振动也是简谐振动,合振动方程为

$$y = y_1 + y_2 = A\cos(\omega t + \varphi), \tag{4.33}$$

而 P 点处合振动振幅 A 由

$$A^2 = A_1^2 + A_2^2 + 2A_1A_2\cos\Delta\varphi \tag{4.34}$$

给出.由于波的强度正比于振幅的平方,若以 I_1,I_2 和 I 分别表示两个分振动和合振动的强度,则式(4.34)可写成

$$I = I_1 + I_2 + 2\sqrt{I_1 I_2}\cos\Delta\varphi, \tag{4.35}$$

式中 $\Delta\varphi$ 是 P 点处两个分振动的相位差,

$$\Delta\varphi = (\varphi_2 - \varphi_1) - 2\pi\frac{r_2 - r_1}{\lambda}, \tag{4.36}$$

式中$(\varphi_2 - \varphi_1)$是两个相干波源的初相差,为一常量;$(r_2 - r_1)$是两个波源发出的波传到 P 点的几何路程之差,称为**波程差**;$2\pi\dfrac{r_2 - r_1}{\lambda}$ 是两列波之间因波程差而产生的相位差,对于空间任一给定的 P 点,它也是常量.因此,两列相干波在空间任一给定点所引起的两个分振动的相位差 $\Delta\varphi$ 也是恒定的,因而合振幅 A 或强度 I 也是一定的.但对于空间中不同点处,波程差$(r_2 - r_1)$不同,故相位差不同,因而不同点有不同的、恒定的合振幅或强度.因此,在两列相干波相遇的区域会呈现出振幅或强度分布不均匀而又相对稳定的干涉图样.具体讨论如下.

对于满足

$$\Delta\varphi=(\varphi_2-\varphi_1)-2\pi\frac{r_2-r_1}{\lambda}=\pm 2k\pi,\quad k=0,1,2,\cdots \tag{4.37}$$

的空间各点，$A=A_1+A_2=A_{max}$，$I=I_1+I_2+2\sqrt{I_1I_2}=I_{max}$，合振幅和强度最大，这些点处的振动始终加强，称为相干加强或干涉相长.

对于满足

$$\Delta\varphi=(\varphi_2-\varphi_1)-2\pi\frac{r_2-r_1}{\lambda}=\pm(2k+1)\pi,\quad k=0,1,2,\cdots \tag{4.38}$$

的空间各点，$A=|A_1-A_2|=A_{min}$，$I=I_1+I_2-2\sqrt{I_1I_2}=I_{min}$，合振幅和强度最小，这些点处的合振动始终减弱，称为相干减弱或干涉相消.

进一步地，如果 $\varphi_1=\varphi_2$，即对于振动初相位相同的两个相干波源，上述干涉加强或减弱的条件可简化为

$$\delta=r_2-r_1=\pm 2k\frac{\lambda}{2}=\pm k\lambda,\quad k=0,1,2,\cdots,\quad \text{干涉加强}, \tag{4.39}$$

$$\delta=r_2-r_1=\pm(2k+1)\frac{\lambda}{2},\quad k=0,1,2,\cdots,\quad \text{干涉减弱}. \tag{4.40}$$

以上两式表明，**当两个相干波源同相位时，在两列波的叠加区域内，波程差 δ 等于零或波长的整数倍(半波长的偶数倍)的各点，振幅和强度最大；波程差 δ 等于半波长奇数倍的各点，振幅和强度最小**.

从以上讨论可知，两列相干波叠加时，空间各处的强度并不简单地等于两列波强度之和，反映出能量在空间的重新分布，但这种能量的重新分布在时间上是稳定的，在空间上又是强弱相间且具有周期性的. 两列不满足相干条件的波相遇叠加称为**波的非相干叠加**，这时空间任一点合成波的强度就等于两列波强度的代数和，即

$$I=I_1+I_2.$$

干涉现象是波动所独具的基本特征之一，只有波动的叠加，才可能产生干涉现象. 干涉现象在光学、声学中都非常重要，对于近代物理学的发展也起着重大作用.

例 4.5 如图 4.19 所示，同一介质中有两个相干波源 S_1，S_2，振幅皆为 $A=33$ cm，当 S_1 为波峰时，S_2 正好为波谷. 设介质中波速 $u=100$ m/s，欲使两列波在 P 点干涉后得到加强，这两列波的最小频率为多大?

解 由图示知，$\overline{S_1P}=r_1=30$ cm，$\overline{S_2P}=r_2=\sqrt{30^2+40^2}$ cm=50 cm.

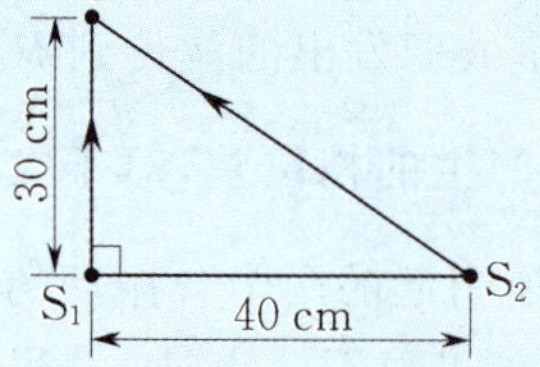

要使从 S_1，S_2 两个波源发出的波在 P 点干涉后得到加强，其波长必须满足

$$\Delta\varphi=(\varphi_2-\varphi_1)-2\pi\frac{r_2-r_1}{\lambda}=\pm 2k\pi\quad(k=0,1,2,\cdots).$$

由题意知 $(\varphi_2-\varphi_1)=\pi$，而 $r_2-r_1=(50-30)$cm=20 cm，代入上式得

图 4.19 例 4.5 图

$$\pi-\frac{40\pi}{\lambda}=\pm 2k\pi,$$

即

$$\lambda = \frac{40}{1+2k}.$$

当 $k=0$ 时，λ 为最大值 $\lambda_{\max}$，

$$\lambda_{\max} = \left.\frac{40}{1+2k}\right|_{k=0} = 40\ \text{cm} = 0.4\ \text{m},$$

故

$$\nu_{\min} = u/\lambda_{\max} = 100/0.4\ \text{Hz} = 250\ \text{Hz}.$$

例 4.6　如图 4.20 所示，同一介质中的两个相干波源分别位于 B,C 两点处，相距 30 m. 它们产生的相干波频率为 $\nu=100$ Hz，波速 $u=400$ m/s，且振幅都相同. 已知 B 点为波峰时，C 点恰为波谷. 求 BC 连线上因干涉而静止的各点的位置.

图 4.20　例 4.6 图

解　由题意知，两波源的振动相位正好相反，即 $(\varphi_C-\varphi_B)=\pi$，而 $\lambda=u/\nu=4$ m. 设 B,C 连线上的任意一点 P 与两个波源的距离分别为 $\overline{BP}=r_B$,$\overline{CP}=r_C$，要使两列波传到 P 点叠加干涉而使 P 点静止，则两列波传到 P 点的相位差必须满足

$$\Delta\varphi = (\varphi_C-\varphi_B) - 2\pi\frac{r_C-r_B}{\lambda} = \pm(2k+1)\pi,$$

可得

$$r_B - r_C = \pm k\lambda,\quad k=0,1,2,\cdots. \qquad ①$$

现在做具体讨论.

(1) 若 P 点在 B 左侧，则 $r_B-r_C=r_B-(r_B+\overline{BC})=-30$ m，它不可能为 $\lambda=4$ m 的整数倍，即不满足 ① 式要求，故在 B 点左侧不存在因干涉而静止的点.

(2) 若 P 点在 C 右侧，与上面类似的讨论可知，C 点右侧也不存在因干涉而静止的点.

(3) 若 P 点在 B,C 两波源之间，则 $r_B-r_C=2r_B-(r_B+r_C)=2r_B-\overline{BC}$，由①式可得

$$2r_B-\overline{BC}=\pm k\lambda,$$

即

$$2r_B-30=\pm k\lambda,\quad k=0,1,2,\cdots,$$

所以在 B,C 之间且与波源 B 相距 $r_B=15\pm2k$，即 1 m,3 m,5 m,…,29 m 的各点会因干涉而静止.

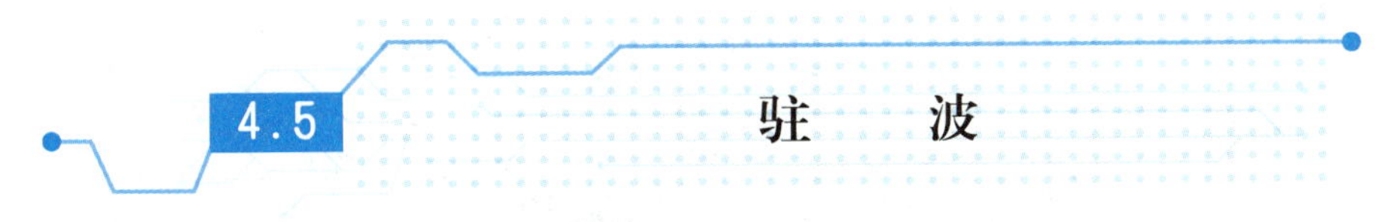

4.5 驻波

在同一介质中两列振幅相同、相向传播的相干波叠加形成驻波. 驻波是一种特殊的干涉现象. 平面简谐波正入射到两种介质的界面上，入射波和反射波进行叠加即可形成驻波.

4.5.1 驻波的形成

图 4.21 是用弦线做驻波实验的示意图. 弦线的一端系在音叉上,另一端系着砝码使弦线拉紧,当音叉振动时,调节劈尖至适当位置,可以看到 AB 段弦线被分成几段长度相等的做稳定振动的部分,即在整个弦线上,并没有波形的传播,线上各点的振幅不同,有些点始终不动,即振幅为零,而另一些点则振动最强,即振幅为最大,这就是驻波. 驻波是怎样形成的呢?当音叉带动 A 端振动所引起的波向右传播到 B 点时,产生的反射波沿弦线向左传播. 这样,由向右的入射波和向左的反射波干涉的结果,在弦线上就产生驻波.

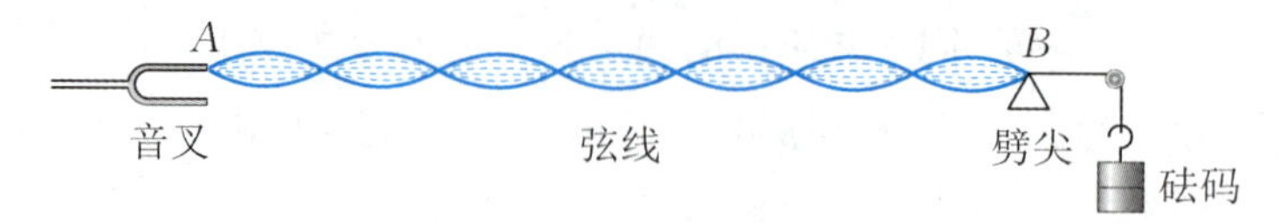

图 4.21 弦线驻波

如图 4.22 所示,虚线和点画线分别表示沿 x 轴正、负方向传播的简谐波,蓝色实线表示两波叠加的结果. 设 $t=0$ 时,入射波和反射波的波形刚好重合(为便于阅读,将两者稍稍分开),其合成波形为两波形在各点相加所得,表明各点振动加强了. 在 $t=T/8$ 时,两波分别向右、向左传播了 $\lambda/8$ 的距离,其合成波形仍为一个余弦曲线. 在 $t=T/4$ 时,两列波向右、向左传播了 $\lambda/4$,合成波形为一个合振幅为零的直线. 在 $t=3T/8$ 和 $t=T/2$ 时,其合成波形在各点的合位移分别与 $t=T/8$ 和 $t=0$ 时的合位移大小相等,但方向相反.

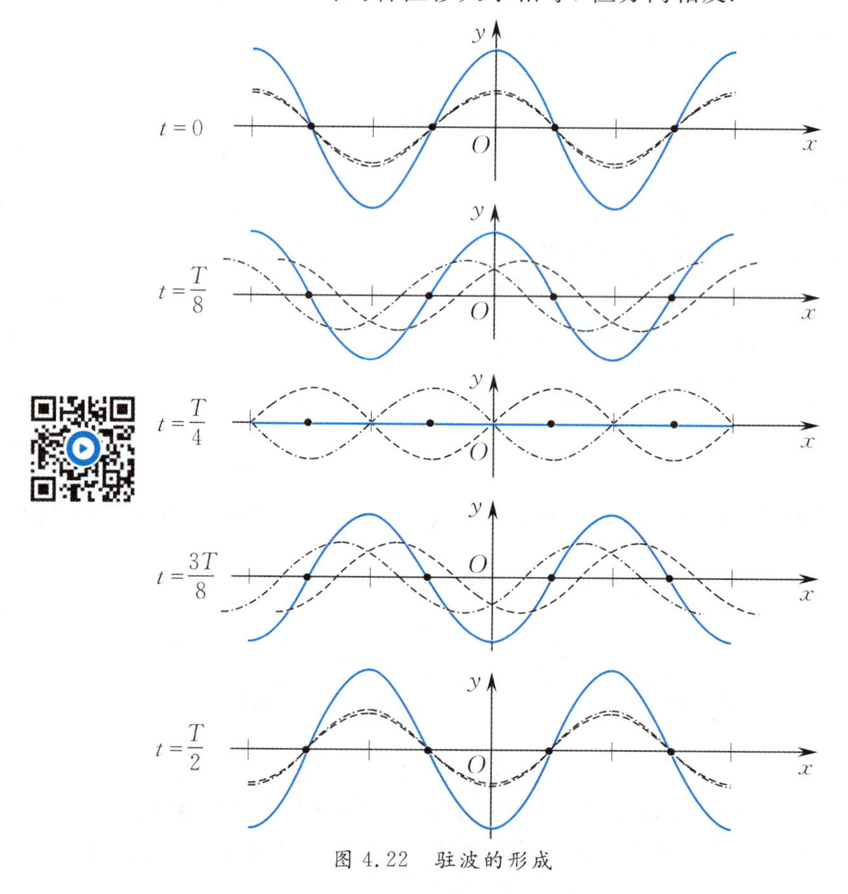

图 4.22 驻波的形成

4.5.2　驻波方程

前面我们定性地描述了驻波的形成，下面则是从入射波和反射波的波动方程出发，计算出驻波方程. 设在坐标原点，入射波和反射波的初相位相同且为零，用 A 表示它们的振幅，ω 表示它们的角频率，则它们的运动学方程分别为

$$y_1 = A\cos\left(\omega t - \frac{2\pi}{\lambda}x\right),\quad y_2 = A\cos\left(\omega t + \frac{2\pi}{\lambda}x\right).$$

合成波的方程为

$$y = y_1 + y_2 = A\cos\left(\omega t - \frac{2\pi}{\lambda}x\right) + A\cos\left(\omega t + \frac{2\pi}{\lambda}x\right) = 2A\cos\frac{2\pi x}{\lambda}\cos\omega t, \tag{4.41}$$

这就是驻波方程，其中 $\cos\omega t$ 表示简谐振动，而 $\left|2A\cos\frac{2\pi x}{\lambda}\right|$ 即为简谐振动的振幅. x 与 t 被分隔于两个余弦函数中，说明此函数不满足 $y(t+\Delta t, x+u\Delta t) = y(t,x)$，因此它不表示行波，只表示各质点都在做与原频率相同的简谐振动，但各点的振幅随位置的不同而不同.

4.5.3　驻波的特点

1. 波腹与波节　驻波振幅分布特点

由图 4.22 可以看出，波线上有些点始终不动（振幅为零），称之为**波节**；而有些点的振幅始终具有极大值，称之为**波腹**.

由式(4.41)可知，对应于使 $\left|\cos\frac{2\pi x}{\lambda}\right| = 0$，即 $\frac{2\pi x}{\lambda} = (2k+1)\frac{\pi}{2}$ 的各点为波节的位置，因此有波节点坐标

$$x = (2k+1)\frac{\lambda}{4},\quad k = 0, \pm 1, \pm 2, \cdots. \tag{4.42}$$

同理，使 $\left|\cos\frac{2\pi x}{\lambda}\right| = 1$，即 $\frac{2\pi}{\lambda} = k\pi$ 的各点为波腹的位置，因此有波腹点坐标

$$x = k\frac{\lambda}{2},\quad k = 0, \pm 1, \pm 2, \cdots. \tag{4.43}$$

由式(4.42)、式(4.43)可知，相邻两个波节或相邻两个波腹之间的距离都是 $\lambda/2$，而相邻的波节、波腹之间的距离为 $\lambda/4$. 这就为我们提供了一种测定行波波长的方法，只要测出相邻两波节或相邻两波腹之间的距离就可以确定原来两列行波的波长 λ.

需要说明的是，式(4.42)、式(4.43)给出的波节、波腹位置的结论不具普遍性，因它们是从特例中导出的.

介于波腹、波节之间的各质点的振幅随坐标位置按 $\left|2A\cos\frac{2\pi x}{\lambda}\right|$ 的规律变化.

2. 驻波相位的分布特点

在驻波方程(4.41)中，振动因子为 $\cos\omega t$，但不能认为驻波中各点的振动相位也相同或如行波中那样逐点不同. x 处的振动位移由 $2A\cos\frac{2\pi x}{\lambda}$ 确定，下面讨论驻波振动相位关系，以波节为分界点划分许多段，第 i 段两端波节坐标分别为

$$x_i = (2i+1)\frac{\lambda}{4},\quad x_{i+1} = (2i+3)\frac{\lambda}{4}.$$

第 i 段中任意点坐标为 x,有 $x_i < x < x_{i+1}$,于是

$$i\pi + \frac{\pi}{2} < \frac{2\pi}{\lambda}x < i\pi + \frac{3}{2}\pi. \tag{4.44}$$

显然,$\frac{2\pi}{\lambda}x$ 值属于第二、三象限或第一、四象限,其余弦值 $\cos\frac{2\pi x}{\lambda}$ 同号,即第 i 段内各点,$A\cos\frac{2\pi x}{\lambda}$ 符号不变. 另外,由式(4.44)可以推断,相邻两段间,$A\cos\frac{2\pi x}{\lambda}$ 符号相反(参阅图 4.22). 以 $\left|2A\cos\frac{2\pi x}{\lambda}\right|$ 作为振幅,这种符号的相同或相反就表明,在驻波中,同一段上的各质点振动相位相同,相邻两段中各质点的振动相位相反. 因此,驻波实际上是介质中的一种特殊的分段振动现象. 同一段内各质点沿相同方向同时到达各自振动位移的最大值,又沿相同方向同时通过平衡位置;而波节两侧各质点同时沿相反方向到达振动位移的正、负最大值,又沿相反方向同时通过平衡位置.

3. 驻波的能量

驻波中既没有相位的传播,也没有能量的传播. 由波强公式可知,入射波的波强与反射波的波强大小相等、方向相反,即介质中总的波强之矢量和为零. 驻波波强为零并不表示各质点在振动中能量守恒. 例如,位于波节处的质点动能始终为零,势能则不断变化. 当两波节间各点的振动位移分别达到各自的正、负最大值时,各点处的动能均为零,两节点间总势能最大,波节附近因相对形变最大,势能有极大值,而波腹附近因相对形变最小,则势能有极小值;当两波节间各点从同一方向通过平衡位置时,介质中各处的相对形变为零,势能均为零,总动能达到最大值. 波腹附近则因振动速度最大而有最大动能. 离波节越近,动能越小,其他时刻则动能、势能并存. 这就是说,在驻波中,一个波段内不断地进行动能与势能的相互转换,并不断地分别集中在波腹和波节附近而不向外传播,故谓之驻波.

4.5.4 半波损失

在图 4.21 所示的实验中,波在固定点 B 处反射,并形成波节. 实验还表明,如果波是在自由端反射的,则反射处为波腹. 一般情况下,在两种介质分界处是形成波节还是形成波腹,与波的种类、两种介质的性质等有关,对机械波而言,它由介质密度 ρ 和波速 u 的乘积决定. ρu 较大的介质叫作波密介质,ρu 较小的介质叫作波疏介质. 波从波疏介质射向波密介质界面反射时,在反射点处形成波节,否则形成波腹. 在两种介质分界面上若形成波节,说明入射波与反射波在此处的相位相反,即反射波在界面处的相位发生了 π 的突变,相当于出现了半个波长的波程差,通常把这种现象称为**半波损失**.

半波损失

*4.5.5 弦线振动的简正模式

从驻波的特征可以了解到,并不是任意波长的波都能在一定线度的介质中形成驻波. 对于具有一定长度且两端固定的弦线来说,形成驻波时,弦线两端为波节. 由图 4.23 可见,此时波长 λ_n 和弦线长度 l 之间应满足的关系为

$$l = n\frac{\lambda_n}{2}, \quad n = 1,2,\cdots, \tag{4.45}$$

即只有当弦线长度 l 等于半波长的整数倍时，才能在两端固定的弦线上形成驻波，由 $\nu = \frac{u}{\lambda}$ 和式(4.45)可知弦线驻波的频率应满足的关系为

$$\nu_n = n\frac{u}{2l}, \quad n = 1,2,\cdots, \tag{4.46}$$

其中每一频率对应于整个弦线的一种可能的振动方式，而这些频率就叫作弦线振动的**简正频率**. 各种允许频率所对应的简谐振动方式，统称为弦线振动的**简正模式**. 各个简正频率中，最低频率 ν_1 常称为**基频**，其他较高频率 $\nu_2,\nu_3,\cdots$ 各为基频的某一整数倍，常称为 2 次、3 次……谐频. 另外，管子里的空气柱、各种形式的膜片、电磁波及反映微观粒子性质的物质波等也能形成驻波. 图4.24展示了一端开口、一端封闭的玻璃管内空气柱振动形成驻波时的几种简正模式. 由于封闭端为波节，开口端为波腹，可知其对应的基频为 $\nu_1 = \frac{u}{4l}$，而谐频则为 ν_1 的奇数倍.

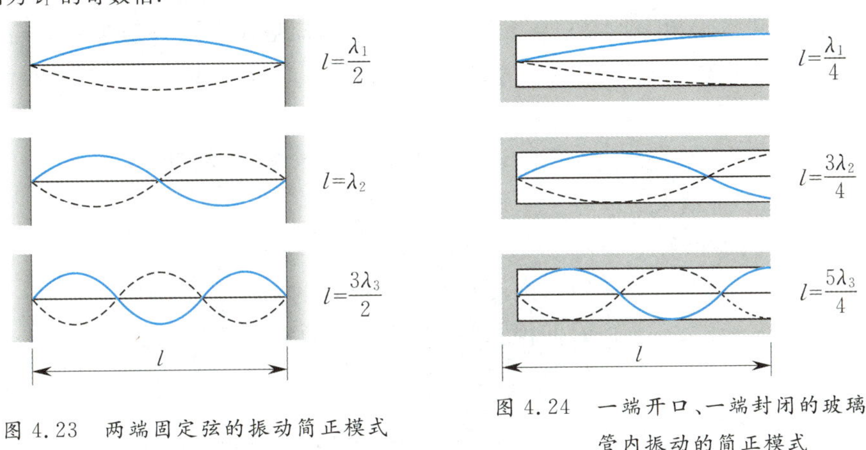

图 4.23 两端固定弦的振动简正模式

图 4.24 一端开口、一端封闭的玻璃管内振动的简正模式

应当指出，当外界策动源的频率与振动系统的某个简正频率相同时，就会激起高强度的驻波，这种现象称为谐振. 乐器中弦、管、锣和鼓等实质上都是驻波系统，它们的振动都是按其各自相应的某些简正模式进行并发生谐振，从而发出具有特定音色(谐频)的音调(基频).

4.6 多普勒效应 *冲击波

4.6.1 多普勒效应

在前面几节的讨论中，我们实际上假定了波源和观察者相对于介质都是静止的，这时观察者接收到的波的频率与波源的振动频率相等. 但是，在日常生活和科学技术中，经常会遇到波源或观察者，或者这两者同时相对于介质运动的情况，那么这时观察者接收到的波的频率与波源的振动频率是否依然相等呢？例如，站在站台上，如果我们以一列火车迎面飞驰而来时听到它的汽笛声调为基准，当火车从我们身边疾驰而去时，就会发现它的汽笛声调有所降

低.实际上,火车鸣笛的音调并未改变(即波源的振动频率未变),而火车接近和驶离我们时,人耳接收到的频率却不同.这些现象表明:当波源或观察者,或者两者同时相对于介质有运动时,观察者接收到的波的频率与波源的振动频率不同,这类现象是由多普勒于1842年发现并提出的,故称为**多普勒效应**或多普勒频移.

为简单起见,我们将介质选为参考系,并假定波源和观察者的运动发生在两者的连线上.用 v_S 表示波源相对于介质的运动速度,v_R 表示观察者相对于介质的运动速度,u 表示波在介质中的传播速度.并规定:波源和观察者相互接近时 v_S 和 v_R 取正值,相互远离时 v_S 和 v_R 取负值.值得注意的是,波速 u 是波相对于介质的速度,它只取决于介质的性质,而与波源或观察者的相对运动无关,它恒为正值.在具体讨论之前,读者应将前面提到的三种频率(即波源振动频率 ν_S,介质的波动频率 ν,观察者的接收频率 ν_R)严格区分开来.实际上,ν_S,ν 的定义在前面章节已有说明,接收频率则是指接收器(观察者)在单位时间内接收到的完整波的数目.虽然对波动频率和接收频率均有 $\nu = u/\lambda$ 成立,但它们却是在不同的参考系中,波动频率是以介质为参考系,接收频率是以观察者为参考系,在 $\nu_R' = u'/\lambda'$ 式中,u',λ' 是观察者测得的波速和波长.

显然,在波源和观察者均相对于介质为静止时,没有多普勒频移,即 $\nu_R = \nu = \nu_S$.因此,多普勒效应是针对下面三种情况.

(1) 波源不动,观察者以 v_R 相对于介质运动($v_S = 0$, $v_R \neq 0$).

设观察者向着波源运动,即 $v_R > 0$,则波相对于观察者的速度为 $u' = u + v_R$,在不涉及相对论效应时,有 $\lambda' = \lambda$,所以在单位时间内,观察者接收到的完整波形的数目,即观察者实际接收到的波的频率为

$$\nu_R' = \frac{u'}{\lambda} = \frac{u + v_R}{uT} = \frac{u + v_R}{u}\nu = \left(1 + \frac{v_R}{u}\right)\nu. \tag{4.47}$$

式(4.47)表明,观察者向着波源运动时,接收到的频率为波源振动频率的 $\left(1 + \frac{v_R}{u}\right)$ 倍;当观察者远离波源运动时,式(4.47)仍可适用,只要将式中 v_R 取为负值即可,显然,这时观察者所接收到的频率会小于波源的振动频率;特别地,当 $v_R = -u$ 时,$\nu_R' = 0$.这就是观察者随着波的传播以波速远离波源运动的情况,当然观察者就接收不到波动了.

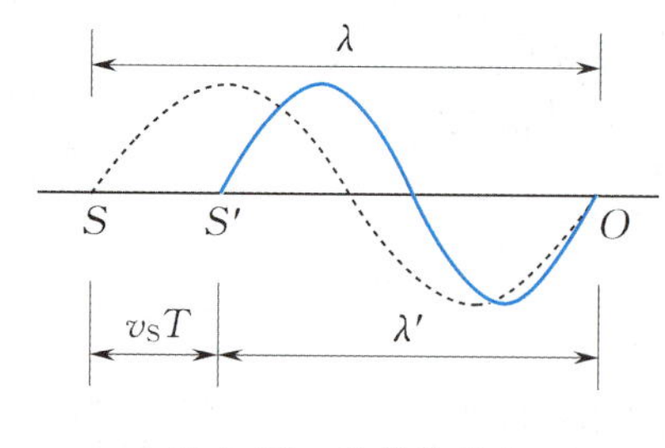

图 4.25 多普勒效应

(2) 观察者不动,波源以速度 v_S 相对于介质运动($v_S \neq 0$, $v_R = 0$).

如图4.25所示,先假设 S 处的波源以 v_S 向着观察者运动.因为波在介质中的传播速度 u 只决定于介质的性质,与波源的运动与否无关,所以这时波源的振动在一个周期内向前传播的距离就等于一个波长,即 $\lambda = uT$,但由于波源向着观察者运动,v_S 为正,在一个周期内波源也在波的传播方向上移动了 $v_S T$ 的距离而达到 S' 点,结果使一个完整的波被挤压在 $S'O$ 之间,相当于波长减少为 $\lambda' = \lambda - v_S T$.因此,观察者在单位时间内接收到的完整波的数目,即观察者接收到的频率为

$$\nu_R' = \frac{u}{\lambda'} = \frac{u}{\lambda - v_S T} = \frac{u}{uT - v_S T} = \frac{u}{u - v_S}\nu. \tag{4.48}$$

式(4.48)表明:波源向着观察者运动时,观察者接收到的频率为波源振动频率的 $\frac{u}{u-v_S}$ 倍,比波源频率要高;若波源远离观察者运动,则上式依然适用,只是 v_S 应取负值,此时观察者接收到的频率 ν_R' 将小于波源的振动频率.

由式(4.48),当 $v_S \to u$ 时,接收频率 ν_R' 应趋于无穷大,但这是不可能的.当接收频率越来越高时,其波长 λ' 也越来越短,当 λ' 小于组成介质的分子间距时,介质对于此波列不再是连续的,波列也就不能传播了.

(3) 波源和观察者同时相对于介质运动($v_S \neq 0$, $v_R \neq 0$).

根据上面(1)和(2)的讨论知,观察者以 v_R 相对于介质运动时,相对于观察者来说,波的速率变为 $u' = u + v_R$;而波源以 v_S 相对于介质运动时,相当于使波长变为 $\lambda' = \lambda - v_S T$. 综合这两个结果,当波源和观察者同时运动时,观察者接收到的波的频率为

$$\nu_R' = \frac{u'}{\lambda'} = \frac{u + v_R}{uT - v_S T} = \frac{u + v_R}{u - v_S}\nu, \tag{4.49}$$

式中,当观察者接近波源时, v_R 取正值,远离时 v_R 取负值;当波源接近观察者时, v_S 取正值,远离时 v_S 取负值.从以上讨论可以得出结论:在多普勒效应中,不论波源还是观察者运动,或两者都运动,当波源和观察者接近时,观察者接收到的频率 ν_R' 总是大于波源振动频率 ν;当波源和观察者远离时, ν_R' 总是小于 ν.

多普勒效应也是一切波动过程的共同特征,不仅机械波有多普勒效应,电磁波也有多普勒效应.与机械波不同的是,因为电磁波的传播不需要介质,相应地在电磁波的多普勒效应中,是由光源和观察者的相对速度 v 来决定观察者的接收频率.用相对论可以证明,当光源和观察者在同一直线上运动时,观察者与光源靠近时接收到的频率为

$$\nu_{接近} = \sqrt{\frac{1 + v/c}{1 - v/c}}\nu, \tag{4.50}$$

反之为

$$\nu_{远离} = \sqrt{\frac{1 - v/c}{1 + v/c}}\nu. \tag{4.51}$$

此外,对于电磁波还有横向多普勒效应,其横向多普勒频移为

$$\nu_{横} = \sqrt{1 - (v/c)^2}\,\nu, \tag{4.52}$$

式中 c 为真空中光速, ν 为波源的频率.由式(4.51)可知,当光源远离观察者运动时,接收到的频率变小、波长变长,这种现象称为“红移”,即移向光谱中的红色一侧.天文学家就是将来自星球的光谱与地球上相同元素的光谱进行比较,发现星球光谱几乎都发生了红移,这说明星球都在远离地球而运动,这一结果已成为“大爆炸”的宇宙学理论的重要证据之一.

多普勒效应在科学技术中还有很多其他重要应用.例如,利用声波的多普勒效应可以测定声源的频率、波速等;利用超声波的多普勒效应来诊断心脏的跳动情况;利用电磁波的多普勒效应可以测定运动物体的速度;此外,多普勒效应还可以用于报警、测量车速等.

例 4.7 一个固定的超声源发出频率为 100 kHz 的超声波. 一个汽车向超声波源迎面驶来,在超声波源外接收到从汽车反射回来的超声波,从测频装置中测出为 110 kHz,设空气中的声速为 330 m/s,试计算汽车的行驶速度.

解 汽车相对于空气以速度 v_S 趋近于超声波源. 从超声波源发出的超声波到达汽车时,汽车是运动的接收器. 超声波从汽车上反射时,汽车又是以 v_S 运动的声源,由式(4.49)可知在固定装置中接收到的反射波频率

$$\nu' = \frac{u+v_S}{u-v_S}\nu,$$

因此解得

$$v_S = \frac{\nu'-\nu}{\nu'+\nu}u = \frac{110-100}{110+100}\times 330\ \mathrm{m/s} = 15.7\ \mathrm{m/s}.$$

*4.6.2 冲击波

由式(4.48)可知,若波源的运动速度大于波在介质中的传播速度,这时接收频率为负值,仅就这一点而言,它在物理上是无意义的. 但波源运动速度大于波在介质中传播速度的问题,在现代科学技术中却越来越重要.

如图 4.26 所示,当位于 S_1 点的波源以超波速的速度 v_S 向前运动时,波源(物体)本身的运动会激起介质的扰动,从而激起另一种波. 这时的运动物体充当了另一种波的波源,这种波是一种以运动物体的运动轨迹为中心的一系列球面波. 由于球面波的波速 u 比运动物体的速度 v_S 小,就会形成以波源为顶点的 V 字形波,这种波就叫作**冲击波**. 冲击波的包迹面成圆锥状,称为**马赫锥**,其半顶角 α(马赫角)满足

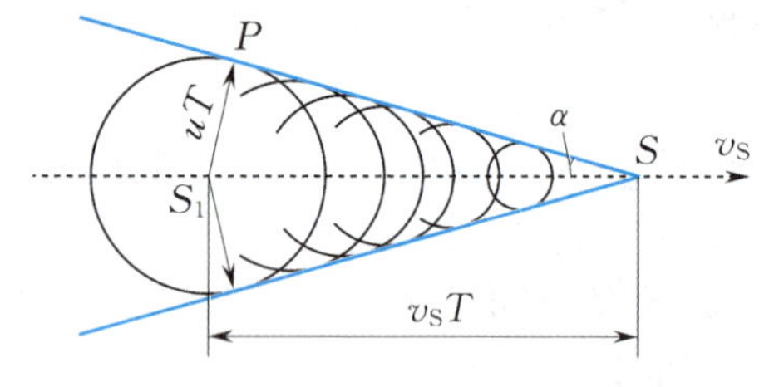

图 4.26 冲击波的产生

$$\sin\alpha = \frac{u}{v_S}. \tag{4.53}$$

$Ma = \frac{v_S}{u}$ 称为**马赫数**. 由此可见,在 u 一定时,随着 v_S 的增大,V 形波愈加变得尖锐. 如果这个冲击波是声波,那么必然是在运动物体通过之后我们才能听到其声. 这就是超音速飞机飞过我们头顶之后才听到强烈响声的原因.

当冲击波产生时,除伴有尖锐的噪声之外,还有剧烈的打击感. 例如原子弹爆炸时,产生的高温气体速度高达 1 000 km/s,它比声速要大很多,其产生的冲击波就具有极大的破坏力.

超音速飞机在空中飞行时,在机头前方产生的冲击波会造成压强的突变,给飞机附加很大的阻力,消耗发动机的能量. 因此力图减弱冲击波的强度是超音速飞机(包括导弹等)设计中的重大课题. 而宇宙飞船重返大气层时会像流星一样带着熊熊烈火,形成热障. 如何利用宇宙飞船船头形成的冲击波来化解"热障"则是另一个方向的重大课题. 带电粒子若以超过光在介质中的传播速度通过介质时,同样会产生冲击波并引发电磁辐射,这种辐射称为切连科夫辐射. 利用切连科夫辐射原理制成的闪烁计数器,已广泛应用于高能物理、农学、医学及生物学中.

本章提要

1. 波动

振动的传播过程称为波动.

波动通常分为两大类:一类是变化的电场和变化的磁场在空间的传播,称为电磁波;一类是机械振动在介质中的传播,称为机械波.

机械波的产生必须具备两个条件:一是要有做机械振动的物体,称为波源;一是要有传播振动的弹性介质.

2. 描述波动的几个物理量

(1) 波速

波动是振动状态(即相位)的传播,振动状态在单位时间内传播的距离称为波速,也称相速,用 u 表示.对于机械波,波速由介质的性质决定.

(2) 波动的周期和频率

波动的周期是指一个完整波形通过介质中某一固定点所需的时间,用 T 表示.周期的倒数称为频率,波动的频率是指单位时间内通过介质中某固定点完整波的数目,用 ν 表示.

(3) 波长

同一波线上相邻的相位差为 2π 的两质点之间的距离称为波长,用 λ 表示,且

$$\lambda = uT = \frac{u}{\nu}.$$

3. 平面简谐波的波方程

(1) 平面简谐波的波动方程

$$y = A\cos\left[\omega\left(t \mp \frac{x}{u}\right) + \varphi\right].$$

(2) 波动方程的物理意义

① 当 x 一定时,波动方程表示在波线的 x 处,质点简谐振动的振动方程.

② 当 t 一定时,波动方程表示 t 时刻波线上各质点离开各自平衡位置的分布情况,即 t 时刻的波形.

③ 当 x,t 都变化时,波动方程表示任一质点在任一时刻离开平衡位置的位移,即代表一列行波.

4. 波的能量

(1) 介质中质元的能量

动能:

$$\mathrm{d}E_\mathrm{k} = \frac{1}{2}(\rho \mathrm{d}V)A^2\omega^2\sin^2\left[\omega\left(t \mp \frac{x}{u}\right) + \varphi\right];$$

势能:

$$\mathrm{d}E_\mathrm{p} = \frac{1}{2}(\rho \mathrm{d}V)A^2\omega^2\sin^2\left[\omega\left(t \mp \frac{x}{u}\right) + \varphi\right].$$

机械能:

$$\begin{aligned}\mathrm{d}E &= \mathrm{d}E_\mathrm{k} + \mathrm{d}E_\mathrm{p}\\ &= (\rho \mathrm{d}V)A^2\omega^2\sin^2\left[\omega\left(t \mp \frac{x}{u}\right) + \varphi\right].\end{aligned}$$

(2) 波的能量密度和平均能量密度

波的能量密度:

$$w = \frac{\mathrm{d}E}{\mathrm{d}V} = \rho A^2\omega^2\sin^2\left[\omega\left(t \mp \frac{x}{u}\right) + \varphi\right].$$

波的平均能量密度:

$$\bar{w} = \frac{1}{2}\rho A^2\omega^2.$$

(3) 波的平均能流

$$\bar{P} = \bar{w}u\Delta S.$$

(4) 波的平均能流密度

$$I = \frac{1}{2}\rho A^2\omega^2 u.$$

5. 惠更斯原理

介质中波前上的各点,都可以看作发射子波的波源,其后任一时刻这些子波的包迹面就是新的波前.

6. 波的叠加原理

几列波相遇时保持各自的特点通过介质中波的叠加区域;在它们重叠的区域内,每一质点的振动都是各个波单独引起的振动的合成.

7. 波的干涉

(1) 干涉现象

当两列(或几列)波在空间某一区域同时传播时,叠加后波的强度在空间这一区域内重新分布,形成有的地方强度始终加强,另一些地方强度始终减弱,整个区域中强度有一稳定分布的现象,称为波的干涉.

(2) 干涉条件

两列波频率相同、振动方向相同及在相遇点相位差恒定是形成干涉必须满足的相干条件.

干涉加强:

$$\begin{aligned}\Delta\varphi &= \varphi_2 - \varphi_1 - 2\pi\frac{r_2 - r_1}{\lambda}\\ &= \pm 2k\pi,\quad k = 0,1,2\cdots,\end{aligned}$$

则合振动的振幅有极大值 $A = A_1 + A_2$，为干涉相长；

干涉减弱：

$$\Delta\varphi = \varphi_2 - \varphi_1 - 2\pi\frac{r_2 - r_1}{\lambda} = \pm(2k+1)\pi,\quad k = 0,1,2,\cdots,$$

则合振动的振幅有极小值 $A = |A_1 - A_2|$，为干涉相消.

8. 驻波

驻波方程

$$y = 2A\cos\frac{2\pi x}{\lambda}\cos\omega t,$$

其振幅 $\left|2A\cos\frac{2\pi x}{\lambda}\right|$ 随 x 做周期变化.

波由波疏介质行进到波密介质，在分界面反射时会形成波节，相当于反射波在反射点损失了半个波长的波程，这种现象称为半波损失.

9. 多普勒效应

观察者和波源之间有相对运动时，观察者测到的频率 ν_R' 和波源的频率 ν 不同的现象称为多普勒效应，两者的关系为

$$\nu_R' = \frac{u + v_R}{u - v_S}\nu.$$

当观察者向着波源运动时，$v_R > 0$；当观察者背离波源运动时，$v_R < 0$；波源向着观察者运动时，$v_S > 0$；波源背离观察者运动时，$v_S < 0$.

习　题　4

4.1　振动和波动有什么区别和联系？平面简谐波波动方程和简谐振动方程有什么不同？又有什么联系？振动曲线和波形曲线有什么不同？

4.2　弹簧振子在振动时其动能和势能保持总和不变，为什么波在介质中传播时，各质元的动能和势能却没有这样的特点？

4.3　两个振幅相同的相干波在某处的相长干涉点，其合振幅为原来的几倍？能量为原来的几倍？是否与能量守恒定律矛盾？

4.4　波动方程中，坐标轴原点是否一定要选在波源处？$t=0$ 时刻是否一定是波源开始振动的时刻？波动方程写成 $y = A\cos\omega(t - x/u)$ 时，波源一定在坐标原点处吗？在什么前提下波动方程才能写成这种形式？

4.5　在驻波的两相邻波节间连线上，描述各质点振动的什么物理量不同？什么物理量相同？

4.6　波源向着观察者运动和观察者向波源运动都会产生频率增高的多普勒效应，这两种情况有何区别？

4.7　一平面简谐波沿 x 轴负向传播，波长 $\lambda = 1.0$ m，原点处质点的振动频率为 $\nu = 2.0$ Hz，振幅 $A = 0.1$ m，且在 $t = 0$ 时恰好通过平衡位置向 y 轴负向运动，求此平面简谐波的波动方程.

4.8　已知波源在原点的一列平面简谐波，波动方程为 $y = A\cos(Bt - Cx)$，其中 A,B,C 为正值恒量.求：

(1) 波的振幅、波速、频率、周期与波长；

(2) 传播方向上距离波源为 L 处一点的振动方程；

(3) 任一时刻在波的传播方向上相距为 d 的两点的相位差.

4.9　沿绳子传播的平面简谐波的波动方程为 $y = 0.05\cos(10\pi t - 4\pi x)$，式中 x,y 以 m 计，t 以 s 计.求：

(1) 波的波速、频率和波长；

(2) 绳子上各质点振动时的最大速度和最大加速度；

(3) $x = 0.2$ m 处质点在 $t = 1$ s 时的相位.它是原点在哪一时刻的相位？这一相位所代表的运动状态在 $t = 1.25$ s 时刻到达哪一点？

4.10　习题 4.10 图所示是沿 x 轴正向传播的平面余弦波在 t 时刻的波形曲线.

(1) 该时刻 O,A,B,C 各点的振动相位是多少？

(2) 若波沿 x 轴负向传播，上述各点的振动相位又是多少？

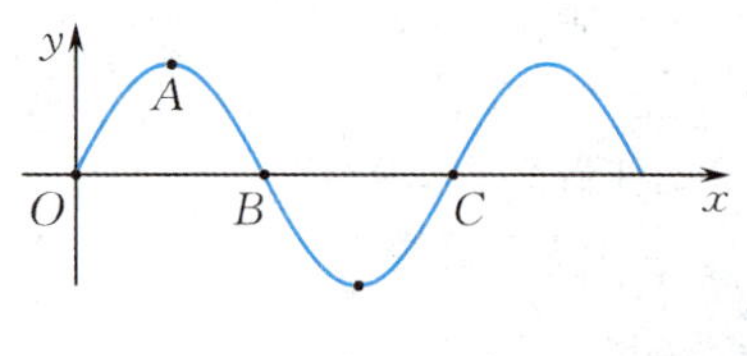

习题 4.10 图

4.11　一列平面简谐波沿 x 轴正向传播，在 $t_1 = 0$，$t_2 = 0.25$ s 时刻的波形如习题 4.11 图所示.

(1) 写出 P 点的振动方程；

(2) 写出波动表达式；

(3) 画出 O 点的振动曲线.

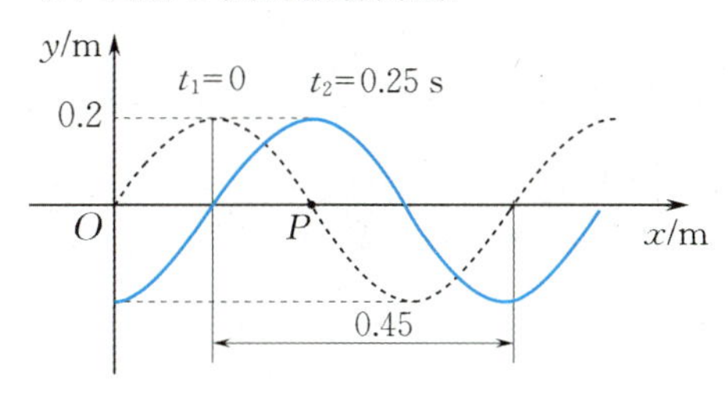

习题 4.11 图

4.12　一平面简谐波沿 x 轴正向传播，波长 $\lambda=4$ m，周期 $T=4$ s，已知 $x=0$ 处质点的振动曲线如习题 4.12 图所示.

(1) 写出 $x=0$ 处质点的振动方程；

(2) 写出此波的波动方程；

(3) 画出 $t=1$ s 时刻的波形曲线.

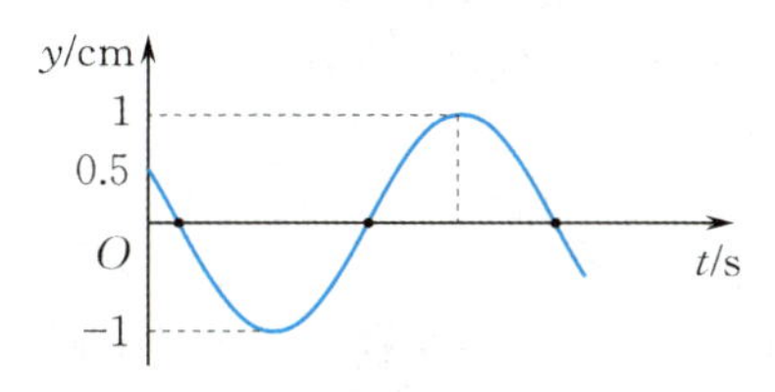

习题 4.12 图

4.13　一列机械波沿 x 轴正向传播，$t=0$ 时的波形如习题 4.13 图所示，已知波速为 10 m/s，波长为 2 m，求：

(1) 波动方程；

(2) P 点的振动方程及振动曲线；

(3) P 点的坐标；

(4) P 点回到平衡位置所需的最短时间.

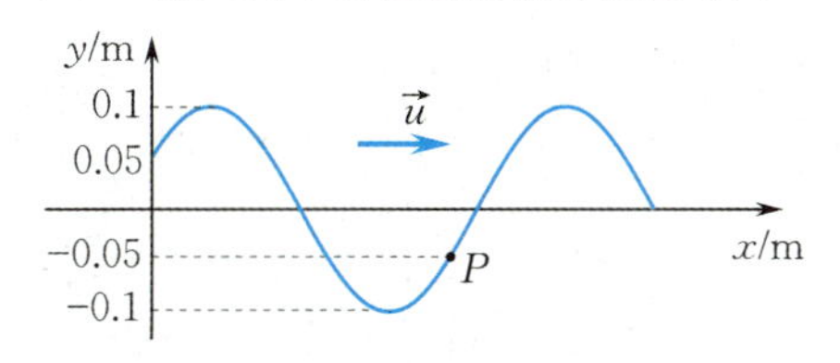

习题 4.13 图

4.14　如习题 4.14 图所示，有一平面简谐波在空间传播，已知 P 点的振动方程为 $y_P=A\cos(\omega t+\varphi)$.

(1) 分别就图(a)、图(b)所给的情形写出其波动方程；

(2) 写出距 P 点距离为 b 的 Q 点的振动方程.

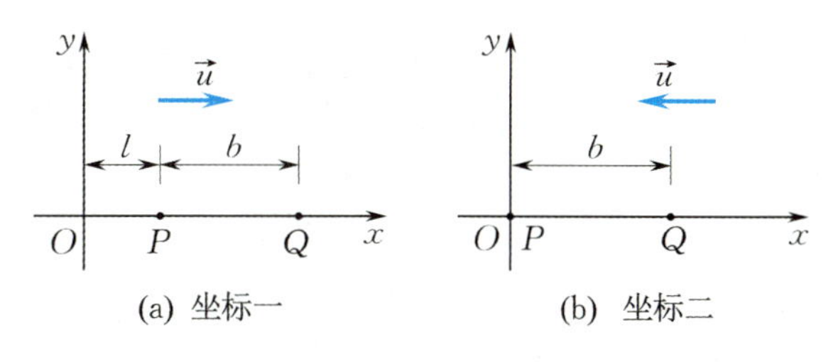

习题 4.14 图

4.15　如习题 4.15 图所示，图(a)表示 $t=0$ 时刻的波形图，图(b)表示原点($x=0$)处质元的振动曲线，试求此波的波动方程，并画出 $x=2$ m 处质元的振动曲线.

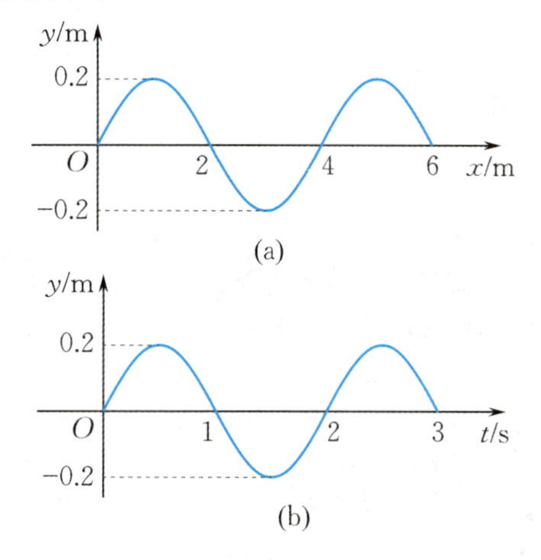

习题 4.15 图

4.16　一平面余弦波沿直径为 14 cm 的圆柱形管传播，波的强度为 1.80×10^{-2} J/(m^2 · s)，频率为 300 Hz，波速为 300 m/s，求：

(1) 波的平均能量密度和最大能量密度；

(2) 两个相邻同相面之间的波段中含有的能量.

4.17　如习题 4.17 图所示，S_1 和 S_2 为两相干波源，振幅均为 A_1，相距 $\frac{\lambda}{4}$，S_1 较 S_2 相位超前 $\frac{\pi}{2}$，求：

(1) S_1 外侧各点的合振幅和强度；

(2) S_2 外侧各点的合振幅和强度.

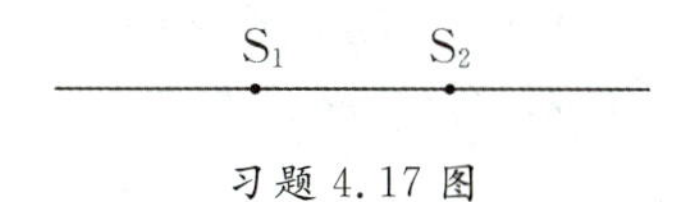

习题 4.17 图

4.18　如习题 4.18 图所示，S_1 和 S_2 为同振幅的相干波源，它们的振动方向均垂直于图面，发出波长为 λ 的平面简谐波，P 点是两列波相遇区域中的一点，已知 $S_1P=2\lambda$，$S_2P=2.2\lambda$，两列波在 P 点发生相消干涉，若 S_1 的振动方程为 $y_1=A\cos\left(2\pi t+\frac{\pi}{2}\right)$，求 S_2

的振动方程.

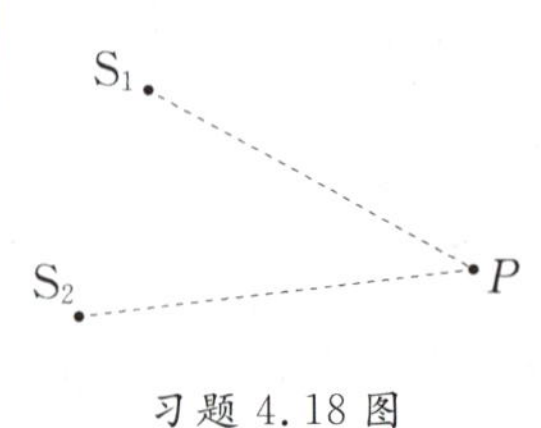

习题 4.18 图

4.19 一驻波方程为 $y=0.02\cos 2x\cos 75t$ (SI),求:

(1) 形成此驻波的两列行波的振幅和波速;

(2) 相邻两波节间距离.

4.20 两列波在一根很长的细绳上传播,它们的波动方程分别为

$$y_1=0.05\cos(10\pi t+\pi x)\ \text{(SI)},$$

$$y_2=0.05\cos(10\pi t-\pi x)\ \text{(SI)}.$$

(1) 试证明绳子将做驻波式振动,并求波节、波腹的位置;

(2) 波腹处的振幅多大? $x=\frac{1}{3}$ m 处振幅多大?

4.21 汽车驶过车站时,车站上的观测者测得汽笛声频率由 1 200 Hz 变到了 1 000 Hz,设空气中声速为 330 m/s,求汽车的速率.

阅读材料一　非线性振动简介

能用线性微分方程描述的振动称为线性振动,如前面所讨论的简谐振动、弱阻尼的谐受迫振动等.不能用线性微分方程描述的振动即称为非线性振动.从动力学角度分析,发生非线性振动的原因包括振动系统内在的非线性因素和系统外部的非线性因素这两个方面.内在的因素源自系统本身的特征,例如单摆,摆角 $\theta>5°$ 时,回复力不能近似为 θ 的线性函数;外部因素源自非线性阻尼影响或策动力为位移或速度的非线性函数.这些非线性微分方程有解析解的很少,多数情况下都只能近似简化、图解或利用计算机数值求解.

人们对非线性振动的研究较早,有些课题研究已日趋成熟.例如,自振理论应用于钟表、电铃、内燃机的调速器,以及防止汽车车轮的跳动、飞机机翼的颤振、机床的自振等方面.非线性振动的研究也包含在当代科学前沿中,例如,航天器中的液体自由面的振荡,激发了人们对混沌现象的研究.非线性振动是自然界中普遍存在的一种现象,对人们的生产生活带来诸多影响,如何有效利用或控制非线性振动,仍需要人们进一步研究.

(扫二维码阅读详细内容)

阅读材料二　超声、次声和噪声简介

声学是物理学中最古老的学科之一,从古代开始,人们就对它的本质有了基本正确的认识.经过 19 和 20 世纪的发展,其理论体系形成了 20 多个分支,其中超声学、次声学、噪声学是三个重要分支方向.

超声是频率高于人类听觉上限频率(约 20 000 Hz)的声波.超声波与一般声波相比,方向性好,能定向传播;穿透本领很大,在液体、固体中传播时,衰减很小;在介质中传播时,与介质的宏观非声学物理量有密切关系.利用这些特效,可制成各种超声仪器.

次声是频率低于可听声频率(20 Hz)的声波.次声波频率很低,大气对次声波的吸收很小,所以次声波是大气中的优秀通讯员,利用次声波可探测气象的性质和规律,可预测自然灾害事件,例如火山爆发、龙卷风、雷暴等.

噪声对人的心里和生理影响和危害都很大,可引起疲劳、分散注意力,长期处在噪声过强的环境中,会造成听力损失或耳聋.随着工业化进程加速,噪声已成为当今环境三大公害(污水、污气和噪声)之一.因此,必须对噪声加以控制,由于噪声体系由声源、传播途径、接收这三个环节组成,噪声的控制手段也要从这三个方面入手.

(扫二维码阅读详细内容)

第3篇 波动光学基础

光学是一门有着悠久历史的学科.

17世纪后半叶,以牛顿、惠更斯等为代表的研究工作使光学开始步入真正发展的道路.牛顿建立了光的微粒说理论.但按照微粒说理论来研究折射定律时,得出水中的光速大于空气中的光速的错误结论.惠更斯是光的微粒说的反对者,他创立了光的波动说.波动说能解释光在介质中的传播,能推出反射定律和折射定律,并能解释方解石的双折射现象,但它不仅解释不了光的偏振现象,也不能说明光的干涉和衍射等涉及光波的振幅和相位的传播与叠加问题.在整个18世纪中,光的微粒说理论和光的波动理论都被粗略地提了出来,但都不很完整.

1865年麦克斯韦总结了一系列电学和磁学实验,得到了著名的麦克斯韦方程组,并预言了电磁波的存在,指出电磁波以光速传播,光是一种电磁现象.19世纪初,波动光学初步形成,光的干涉、衍射和偏振现象表明光具有波动性,并且是横波.至此,光的电磁理论基础正式确立.

19世纪末至20世纪初,人们又发现一系列不能用光的波动理论来解释的新现象,如热辐射、光电效应、康普顿效应等.这些结论毋庸置疑地证明了光的量子性——微粒性.

如何把光的波动性与粒子性统一起来,物理学家进行了大量的探索工作.研究表明,光在传播过程中所产生的各种现象,可以用波动理论予以解释,当光与其他物质相互作用而涉及能量交换的过程,必须考虑光的粒子性,用量子力学理论来处理.波粒二象性是微观物质所共有的属性.

光的干涉、衍射和偏振现象在现代科学技术中的应用已十分广泛,如长度的精密测量、光谱学的测量与分析、光测弹性研究、晶体结构分析等.20世纪60年代以来,由于激光的问世和激光技术的迅速发展,使光学的研究进入到一个崭新的阶段,如全息技术、信息光学、集成光学、光纤通信以及强激光下的非线性光学效应研究等,推动了现代科技的新发展.

本篇仅从波动的角度来研究光的性质,分别介绍光的干涉、衍射和偏振,其量子性将在第15章介绍.

第5章 光的干涉

5.1 光源 光的相干性

5.1.1 光源

1. 光源的发光机理

任何发光的物体都可以称为**光源**. 太阳、白炽灯、日光灯等都是我们日常生活中熟悉的光源. 光源的发光是其中大量的分子或原子进行的一种微观过程,现代物理学理论已完全肯定分子或原子的能量只能具有离散的值,这些值称为能级.

原子发出的光是原子中的电子由高能级跃迁到低能级时辐射的电磁波. 发光的频率由电子跃迁的高、低两个能级差决定,每个原子每次发光的持续时间约为 10^{-8} s,因此一个原子每次发光只能发出一段长度有限的光波,它的频率和振动方向是一定的,这一段光波叫作**一个波列**(见图 5.1).

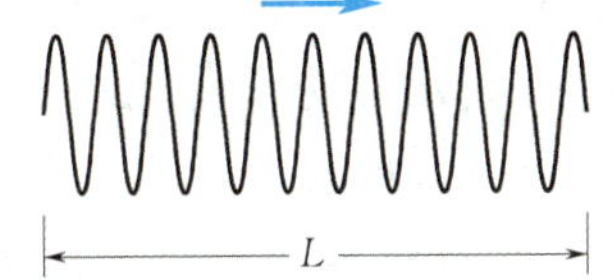

图 5.1 光波波列

在普通的光源内,有大量的原子在发光,这些原子的发光不是同步的. 这是因为在这些光源内原子处于激发态时,它向低能级的跃迁完全是自发的,是按照一定的概率发生的. 各原子的各次发光完全是相互独立、互不相关的. 各次发出的波列的频率和振动方向可能不同,而且它们何时发光也是完全不确定的,在实验中所观察到的光是由普通光源中的许多原子所发出的、彼此独立的波列组成的.

2. 光的颜色和光谱

通常意义上的光是指可见光,即能引起人的视觉的电磁波. 它的频率在 3.9×10^{14} ~ 7.7×10^{14} Hz 范围内,对应在真空中的波长范围是 390~760 nm. 在可见光范围内,不同频率的光将引起不同的颜色感觉,表 5.1 是各光色与频率(或真空中波长)的对照. 由表 5.1 可见,波长从小到大呈现出从紫到红等各种颜色.

表 5.1 光色与频率、波长对照表

光色	频率范围/Hz	波长范围/nm
红	3.9×10^{14} ~ 4.7×10^{14}	760~622
橙	4.7×10^{14} ~ 5.0×10^{14}	622~597
黄	5.0×10^{14} ~ 5.5×10^{14}	597~577
绿	5.5×10^{14} ~ 6.3×10^{14}	577~492

续表

光色	频率范围/Hz	波长范围/nm
青	$6.3\times10^{14}\sim6.7\times10^{14}$	492~450
蓝	$6.7\times10^{14}\sim6.9\times10^{14}$	450~435
紫	$6.9\times10^{14}\sim7.7\times10^{14}$	435~390

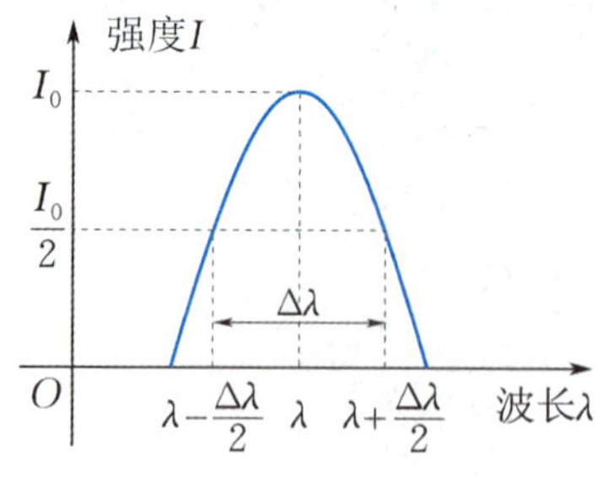

图 5.2 谱线及其宽度

具有单一频率的光波称为**单色光**,严格的单色光是不存在的.一般光源的发光是由大量分子或原子在同一时刻发出的,它包含了各种不同的波长成分,称为**复色光**.任何光源发出的光波都有一定的频率(或波长)范围,在此范围内,各种频率(或波长)所对应的强度不同,以波长(或频率)为横坐标,强度为纵坐标,可以直观地表示出强度与波长的关系,称为光谱曲线(简称谱线).如图 5.2 所示,谱线所对应的波长范围 $\Delta\lambda$ 越窄,其单色性越好.例如,用滤光片从白光中得到的色光,其波长范围相当宽,$\Delta\lambda\approx10$ nm;在气体原子发出的光中,每一种成分的光的波长范围 $\Delta\lambda\approx0.1\sim10^{-3}$ nm;即使是单色性很好的激光,也有一定的波长范围,例如 $\Delta\lambda\approx10^{-9}$ nm.利用光谱仪可以把光源所发出的光中波长不同的成分彼此分开,所有的波长成分就组成了所谓光谱.光谱中每一波长成分所对应的亮线或暗线,称为光谱线,它们都有一定的宽度.

3. 光强度

可见光是能激起人视觉的电磁波,是变化电磁场在空间传播所形成的.实验证明,对眼睛、感光胶片、光电元件等光的接收器件起作用的主要是电磁波中的电矢量 $\vec{E}$,光振动实质上是指电场强度按简谐振动规律做周期性变化,因而把电矢量 $\vec{E}$ 称作光矢量.

人眼或感光仪器所检测到的光的强弱是由平均能流密度决定的,平均能流密度正比于电场强度振幅 E_0 的平方,所以**光的强度**(即平均能流密度)

$$I\propto E_0^2.$$

在同一介质中,我们往往只讨论光强度的相对分布,取比例系数为 1,故在传播光的空间内任一点光的强度,可用该点光矢量振幅的平方表示,即

$$I=E_0^2. \tag{5.1}$$

5.1.2 光的相干性

在讨论机械波时就指出,两个相干波源发出的两列相干波在相遇的区间将产生干涉现象.对于两列光波,在它们的相遇区域满足什么条件才能观察到干涉现象呢?

设两个频率相同、光矢量 $\vec{E}$ 方向相同的光源所发出的光振幅和光强分别为 E_{10},E_{20} 和 I_1,I_2,它们在空间 P 点相遇,P 点处合成光矢量的振幅 E、光强 I 根据式(4.35)和式(5.1)可表示为

$$E^2=E_{10}^2+E_{20}^2+2E_{10}E_{20}\cos\Delta\varphi, \tag{5.2}$$

式中 $\Delta\varphi$ 为两光振动在 P 点处的相位差.由于分子或原子每次发光持续的时间极短(约为

10^{-8} s)，人眼和感光仪器不可能在这个极短的时间内对两波列之间的干涉做出响应. 我们所观察到的光强是在较长时间 τ 内的平均值

$$I=\overline{E^2}=\frac{1}{\tau}\int_0^{\tau}(I_1+I_2+2\sqrt{I_1I_2}\cos\Delta\varphi)\mathrm{d}t=I_1+I_2+2\sqrt{I_1I_2}\,\frac{1}{\tau}\int_0^{\tau}\cos\Delta\varphi\mathrm{d}t. \quad (5.3)$$

对于式(5.3)分两种情况讨论.

1. 光的非相干叠加

如果两列同频率同振动方向的单色光是分别由两个独立的普通光源发出的，由于分子或原子发光的间歇性和随机性，在 τ 时间内，两列光波间的相位差 $\Delta\varphi$ 也将随机地变化，并以相同的概率取 0 到 2π 之间的一切数值，因而在所观测的时间内 $\cos\Delta\varphi$ 对时间的平均值为零，故

$$I=I_1+I_2.$$

上式表明，叠加后的光强等于两光束单独照射时的光强 I_1 和 I_2 之和，我们把这种情况称为**光的非相干叠加**.

2. 光的相干叠加

如果两束同频率、同振动方向的光在光场中各指定点的 $\Delta\varphi=\varphi_2-\varphi_1$ 具有恒定值，与时间无关，则由式(5.3)可得在相遇空间的 P 点处合成后的光强为

$$I=I_1+I_2+2\sqrt{I_1I_2}\cos\Delta\varphi. \quad (5.4)$$

对于两波相遇区域的不同位置，其光强的大小将由这些位置的相位差决定，即空间各处光强分布将由干涉项 $2\sqrt{I_1I_2}\cos\Delta\varphi$ 决定，这种情况称为光的相干叠加.

当 $\Delta\varphi=\pm2k\pi\ (k=0,1,2,\cdots)$ 时，$I=I_1+I_2+2\sqrt{I_1I_2}$，在这些位置的光强最大，称为**干涉相长**. 当 $\Delta\varphi=\pm(2k+1)\pi\ (k=0,1,2,\cdots)$ 时，$I=I_2+I_1-2\sqrt{I_1I_2}$，在这些位置的光强最小，称为**干涉相消**.

如果 $I_1=I_2$，则合成后的光强为

$$I=2I_1(1+\cos\Delta\varphi)=4I_1\cos^2\frac{\Delta\varphi}{2}, \quad (5.5)$$

此时光强 I 随相位差 $\Delta\varphi$ 变化的情况如图 5.3 所示，这就是光的干涉现象.

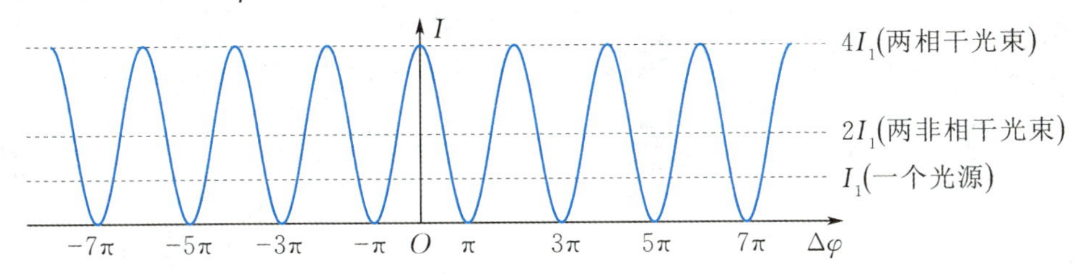

图 5.3 两光叠加时的光强分布

综上所述，我们把能进行相干叠加的两束光称为相干光，相干叠加必须满足振动方向相同、频率相同、相位差恒定的条件.

3. 获得相干光的方法

对于普通光源的发光，由于原子发光的无规则性，同一个原子先后发出的波列之间，以及不同原子发出的波列之间都没有固定的位相关系，且振动方向与频率也不尽相同，这就决定了两个独立的普通光源发出的光不是相干光，因而不能产生干涉现象.

怎样才能获得两束相干光呢？由普通光源获得相干光，必须将同一光源上同一发光点发出的一束光分成两束，让它们经过不同的传播路径后，再使它们相遇，这时，这一对由同一光束分出来的光的频率相同，在相遇点的相位差也是恒定的，而振动方向一般总有相互平行的振动分量，因而是相干光. 获得相干光的具体方法有两种：**分波阵面法**和**分振幅法**. 前者是从同一波阵面上的不同部分产生的次级波相干，如下面将要讨论的双缝干涉；后者是利用光在透明介质薄膜表面的反射和折射，将同一光束分割成振幅较小的两束相干光，如后面要介绍的薄膜干涉.

5.2 杨氏双缝干涉

5.2.1 杨氏双缝干涉

1801 年，英国物理学家托马斯·杨(T. Young) 首先用实验方法观察到了光的干涉现象，以后人们把他的实验加以改进，称为杨氏双缝干涉实验. 如图5.4(a) 所示，光源 L 发出的光照射到单缝 S 上，在单缝 S 的前面放置两个相距很近的狭缝 S_1，S_2，S 到 S_1，S_2 的距离很小并且相等. 为便于讨论，把图 5.4(a) 画成投影图 5.4(b).

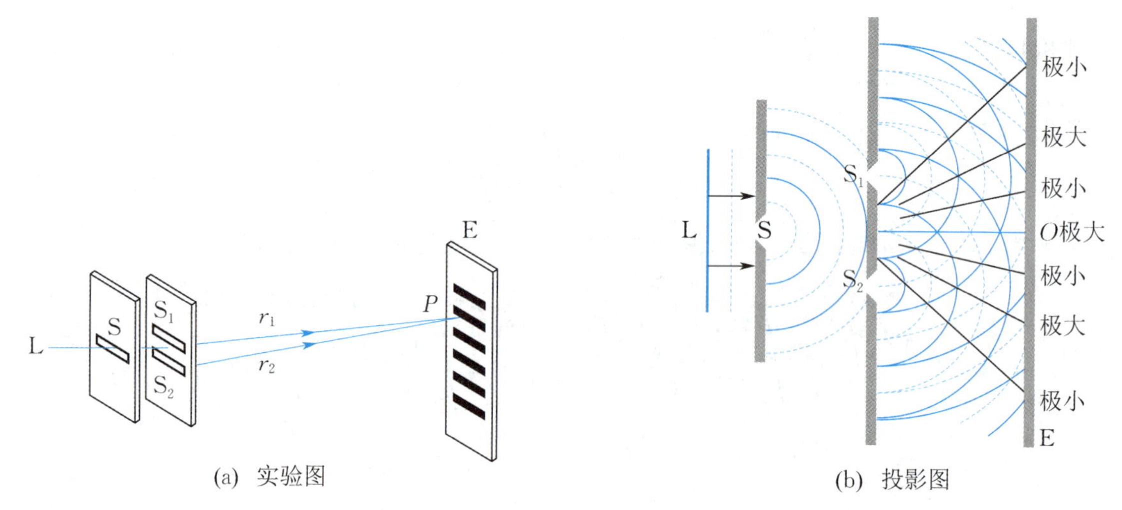

(a) 实验图　　(b) 投影图

图 5.4　杨氏双缝干涉实验

按照惠更斯原理，S_1，S_2 是由同一光源 S 形成的，满足振动方向相同、频率相同、相位差恒定的相干条件，故 S_1，S_2 是相干光源. 这样 S_1，S_2 发出的光在空间相遇，将会产生干涉现象. 在较远的接收屏上观测到一组以 O 为对称中心的平行干涉条纹. 这种获取相干光的方法称为分波阵面法.

利用波的干涉理论可以定量分析屏上明暗条纹的位置. 如图 5.5 所示，S_1 与 S_2 之间的

距离为 d，到屏幕 E 的距离为 D，MO 是 S_1S_2 的中垂线. 在屏幕 E 上任取一点 P，设 P 点离 O 点的距离为 x，P 点到 S_1，S_2 的距离分别为 r_1，r_2，$\angle PMO=\theta$. 由图 5.5 可以看出 P 点的位置 x 和角位置 θ 之间的关系为

$$x = D\tan\theta. \tag{5.6}$$

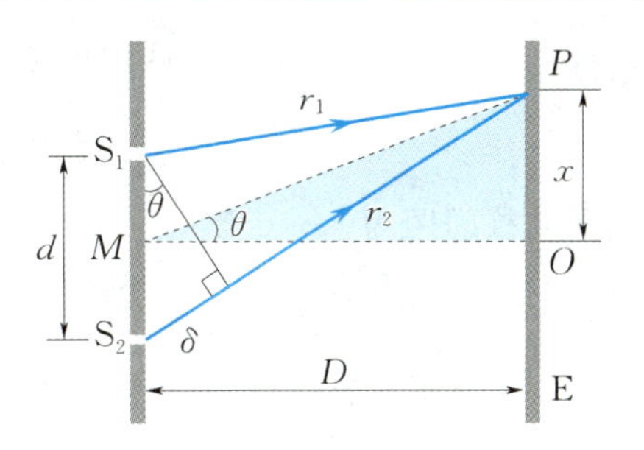

图 5.5　杨氏双缝干涉条纹计算

在实验中，一般 $D\gg d$，θ 很小，可以取 $\sin\theta\approx\tan\theta$，则 S_1 与 S_2 发出的光到达 P 点的波程差为

$$\delta = r_2 - r_1 \approx d\sin\theta \approx d\tan\theta = d\frac{x}{D}. \tag{5.7}$$

根据式(4.39)和式(4.40)，两列相干波在空间传播而产生干涉时，波程差为半波长的偶数倍，干涉加强；波程差为半波长的奇数倍，干涉减弱，即

$$\delta = \pm 2k\frac{\lambda}{2},\qquad k=0,1,2,\cdots,\quad \text{干涉加强}, \tag{5.8}$$

$$\delta = \pm (2k+1)\frac{\lambda}{2},\quad k=0,1,2,\cdots,\quad \text{干涉减弱}, \tag{5.9}$$

式中 k 称为干涉级. 把式(5.7)分别代入式(5.8)和式(5.9)，得到明条纹中心的位置为

$$x = \pm 2k\frac{D}{d}\frac{\lambda}{2},\quad k=0,1,2,\cdots, \tag{5.10}$$

暗条纹中心的位置为

$$x = \pm (2k+1)\frac{D}{d}\frac{\lambda}{2},\quad k=0,1,2,\cdots. \tag{5.11}$$

双缝间距对条纹间距的影响

相邻明纹中心或相邻暗纹中心的距离称为条纹间距，

$$\Delta x = x_{k+1} - x_k = \frac{D}{d}\lambda. \tag{5.12}$$

这表明屏幕上形成明暗相间的等间距干涉条纹. 当 D，d 一定时，用不同的单色光做实验，则入射光波长愈小，条纹愈密；波长愈大，条纹愈稀. 此外，还可由 Δx 的精确测量而推算出单色光的波长 λ.

在屏幕中央 O 点，两波的波程差等于零，即满足式(5.10)的条件，是明条纹，称为中央明条纹或零级明条纹. 式(5.10)和式(5.11)中正负号表示干涉条纹在 O 点两侧，呈对称分布. 屏幕上呈现对称分布于 O 点两侧且平行于狭缝的明暗相间、等间距的干涉直条纹.

如果用白光照射，由于白光是包含各种单色光的复合光，根据式(5.10)，屏幕上除中央明纹因各单色光重合而显示白色外，其他各级条纹由于各单色光出现明纹的位置不同，因而形成彩色条纹.

例 5.1　在杨氏双缝干涉实验中，设缝距为 0.2 mm，缝屏间距为 1 m. (1) 若入射光波长为 600 nm，求第 10 级明纹离中央明纹的距离，并求相邻明纹间距；(2) 用白光(波长为 400 nm ~ 760 nm)垂直照射，求第 2 级光谱的宽度.

解　(1) 由式(5.10)可知，明纹位置公式为

$$x = \pm k\frac{D\lambda}{d},$$

可计算第 10 级明纹离中央明纹的距离为

$$x_{10}=10\frac{D}{d}\lambda=10\times\frac{1}{0.2\times10^{-3}}\times600\times10^{-9}\text{ m}=3\times10^{-2}\text{ m},$$

相邻明纹间距为

$$\Delta x=\frac{D}{d}\lambda=\frac{1}{0.2\times10^{-3}}\times600\times10^{-9}\text{ m}=3\times10^{-3}\text{ m}.$$

(2) 白光入射时,任一级光谱的宽度为

$$\Delta x_k=k\frac{D}{d}(\lambda_{红}-\lambda_{紫}),$$

对第 2 级光谱,

$$\Delta x_2=2\times\frac{1}{0.2\times10^{-3}}(760-400)\times10^{-9}\text{ m}=3.6\times10^{-3}\text{ m}.$$

5.2.2 菲涅耳双面镜 劳埃德镜

分波阵面的干涉实验还有菲涅耳双面镜实验、劳埃德镜实验等,它们的基本思想与杨氏双缝实验相同,都是将从同一光源发出的一束光变为两束相干光,但采用的方法不同.

1. 菲涅耳双面镜

菲涅耳双面镜实验装置如图 5.6 所示.它是由两个夹角 ε 很小的平面镜 M_1 和 M_2 构成.光源 S 为线光源,其长度方向与两镜面的交棱 C 平行.于是从光源 S 发出的光,经 M_1 和 M_2 反射后成为两束相干光波,它们也有部分重叠区域.在屏幕 E 上的重叠区域就会出现明暗条纹.如果把两束相干光看作是由两个虚光源 S_1 和 S_2 发出的,则完全可利用杨氏双缝干涉的结果计算这里的明暗纹位置及条纹间距.

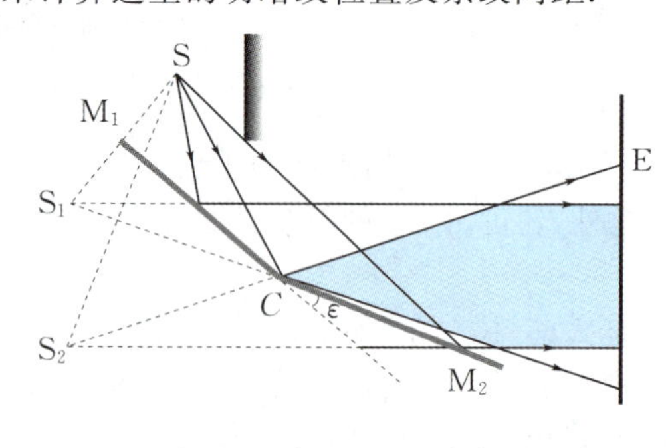

图 5.6 菲涅耳双面镜实验

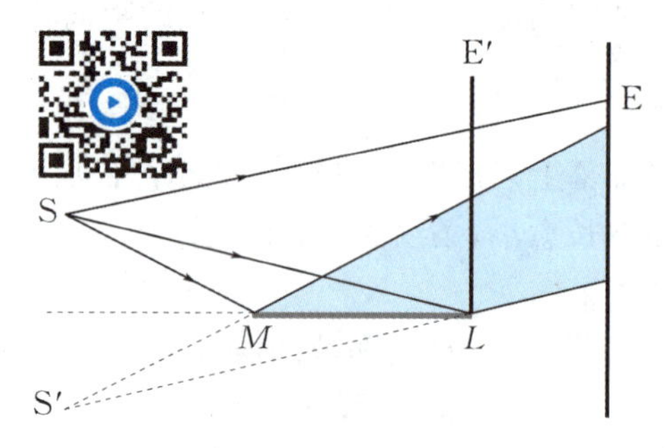

图 5.7 劳埃德镜实验

2. 劳埃德镜

如图 5.7 所示,ML 是一个平面镜,S 为线光源.从 S 发出的光,一部分直接射向屏幕 E,另一部分以近 90° 的入射角掠射到平面镜上,然后反射到屏幕 E 上,S′ 是 S 在镜中的虚像,反射光可看成是虚光源 S′ 发出的,它和 S 构成一对相干光源,则关于杨氏双缝实验的分析同样适用于劳埃德镜实验.

将屏幕移到镜面 L 端,入射光与反射光的波程相等的,这时在屏幕与镜面接触处应该出现明条纹,但是在实验中观察到的是暗条纹.这是因为玻璃与空气相比,玻璃的折射率比空气大,它是光密介质,空气是光疏介质.电磁波的理论指出,入射波在正入射(入射角为 0°) 或掠入射(入射角接近 90°) 时,光从光疏介质射到光密介质时,反射光有半波损失,即相位有 π 的突变. 因此两相干光源 S,S′ 达到屏上某一点的波程差为 $\delta+\lambda/2=r_2-r_1+\lambda/2$,$r_1$,$r_2$ 分别是 S,S′ 到该点的距离. 如果把屏移到 L 处,波程差为 $\lambda/2$,所以 L 处呈现暗条纹. 这就相当于反射光与入射光之间有了 $\lambda/2$ 的波程差. 因此计算这里的干涉条纹与杨氏实验的情况相反,满足式(5.8)的是暗纹,满足式(5.9)的是明纹.

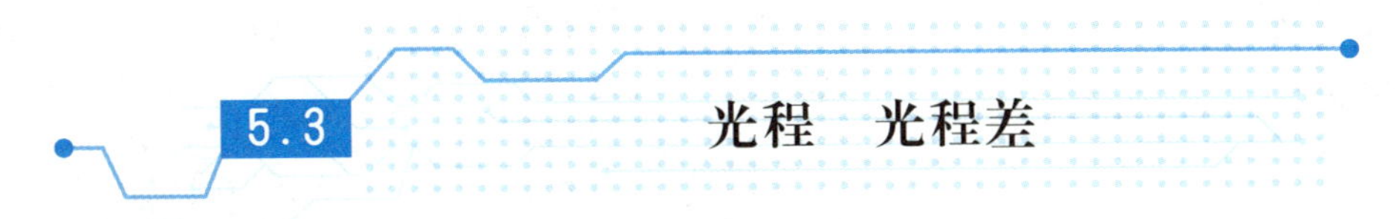

5.3 光程　光程差

前面分析光的干涉现象中,两束相干光都是在空气中传播的,我们利用波程差与波长比较来分析干涉加强或减弱. 但光在不同介质中传播,由于波长会发生改变,引进光程的概念进行分析将更为便捷.

5.3.1 光程

波长为 λ 的单色光,在折射率为 n 的介质中传播时,波速为 $u=c/n$,频率为 ν 的单色光在介质中的波长为

$$\lambda_n=\frac{u}{\nu}=\frac{c/n}{\nu}=\frac{\lambda}{n},$$

式中 λ 是频率为 ν 的单色光在真空中的波长. 上式改写为

$$\lambda=n\lambda_n. \tag{5.13}$$

这表明,对于同一频率的单色光,在真空中的波长是介质中波长的 n 倍. 波长表示一个周期内波传播的路程,那么在同一周期内,光在介质中传播的路程为 λ_n,而在真空中传播的路程为 $\lambda=n\lambda_n$. 由此可得出结论:光在介质中传播的路程为 r,则同一时间内在真空中传播的路程为 nr,我们把介质的折射率和光在介质中传播的几何路程的乘积 nr 称为**光程**. 它的物理意义是:**在相同时间内把光在介质中传播的几何路程折算成在真空中传播的路程**.

引入光程的概念,还便于分析不同介质中的相位. 设真空中的波长为 λ 的单色光,在真空中通过路程 r,其相位的减少为

$$\varphi_1-\varphi_2=\frac{2\pi}{\lambda}r.$$

若该单色光在折射率为 n 的介质中通过路程 r,其相位的减少为

$$\varphi_1-\varphi_2=\frac{2\pi}{\lambda_n}r=\frac{2\pi}{\lambda}nr.$$

显然,光在折射率为 n 的介质中通过路程 r,与它在真空中通过路程 nr,其相位的减少是一样的. 这表明,在介质中可以用光程来分析相应的相位变化,并且在不同的介质中,若光程相同,则相位变化也相同.

5.3.2 光程差

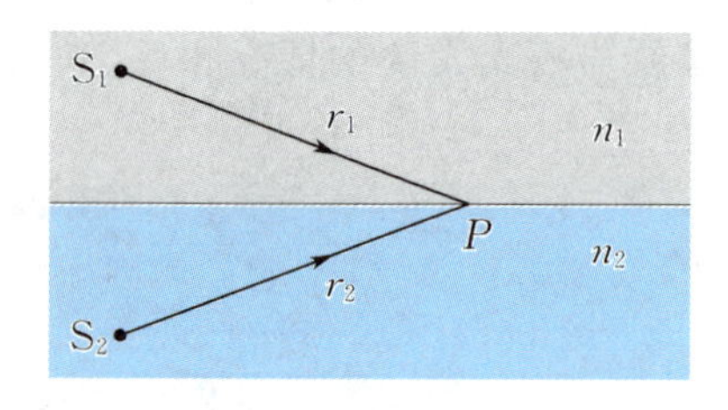

图 5.8 两相干光在不同介质中传播

设从相干光源 S_1 和 S_2 发出的两相干光,分别在折射率为 n_1 和 n_2 的介质中传播,相遇点 P 与光源 S_1 和 S_2 的距离分别为 r_1 和 r_2,如图 5.8 所示.我们用光程差分析 P 点干涉加强或减弱的条件.

我们知道,P 点是干涉加强还是减弱取决于两光束到达 P 点的相位变化之差

$$\Delta\varphi = (\varphi_2 - \varphi_1) - \left(2\pi\frac{r_2}{\lambda_2} - 2\pi\frac{r_1}{\lambda_1}\right).$$

若两相干光源的初相位相同,$\varphi_1 = \varphi_2$,则

$$\Delta\varphi = 2\pi\frac{r_1}{\lambda_1} - 2\pi\frac{r_2}{\lambda_2},$$

把式(5.13)代入得

$$\Delta\varphi = \frac{2\pi}{\lambda}(n_1 r_1 - n_2 r_2). \tag{5.14}$$

令 $\delta = (n_1 r_1 - n_2 r_2)$,表示两束相干光的光程之差,称为**光程差**.由此可以得出相位差和光程差的关系,即

$$\Delta\varphi = \frac{2\pi}{\lambda}\delta. \tag{5.15}$$

两束相干光在 P 点的干涉条件用相位差表示为

$$\Delta\varphi = \begin{cases} \pm 2k\pi, & k = 0,1,2,\cdots, \quad \text{干涉加强}, \\ \pm(2k+1)\pi, & k = 0,1,2,\cdots, \quad \text{干涉减弱}. \end{cases}$$

用光程差表示为

$$\delta = \begin{cases} \pm 2k\dfrac{\lambda}{2}, & k = 0,1,2,\cdots, \quad \text{干涉加强}, \\ \pm(2k+1)\dfrac{\lambda}{2}, & k = 0,1,2,\cdots, \quad \text{干涉减弱}. \end{cases} \tag{5.16}$$

式(5.16)是从特殊情况导出的,它仅适用于光源初相位相同的两束相干光在任何介质中的干涉.应该注意,引进光程后,不论光在什么介质中传播,式(5.16)中的 λ 均是光在真空中的波长.

例 5.2 如图 5.9 所示,将折射率为 $n = 1.58$ 的薄云母片覆盖在杨氏干涉实验中的一条狭缝 S_1 上,这时屏幕上的零级明纹上移到原来的第 9 级明纹的位置,如果入射光波长为 550 nm,试求此云母片的厚度.

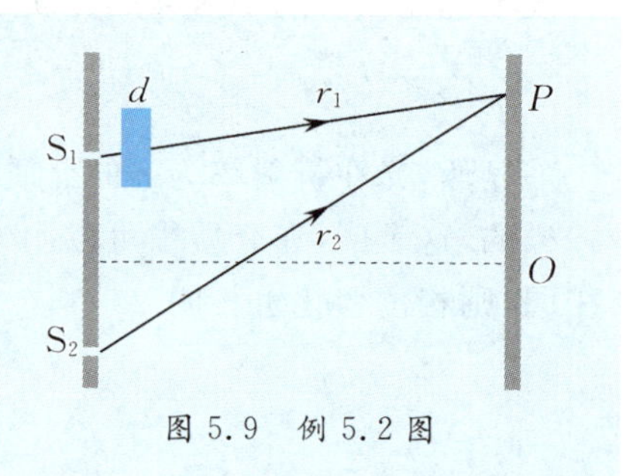

图 5.9 例 5.2 图

解 设屏幕上原来第 9 级明条纹在 P 处,覆盖云母片前两束相干光在 P 点的光程差为

$$\delta = r_2 - r_1 = k\lambda = 9\lambda. \qquad ①$$

设云母片厚度为 d，在 S_1 上覆盖云母片后，按题意，两相干光在 P 点光程差为零，得

$$\delta' = r_2 - [r_1 + (n-1)d] = 0. \qquad ②$$

由式①和②得

$$d = \frac{9\lambda}{n-1} = \frac{9 \times 5.50 \times 10^{-7}}{1.58-1}\ \mathrm{m} = 8.53 \times 10^{-6}\ \mathrm{m} = 8.53\ \mu\mathrm{m}.$$

上式同时也提供了一种测量透明介质折射率的方法.

5.3.3　薄透镜的等光程性

在干涉和衍射装置中，经常要用到透镜. 下面简单说明通过透镜的各光线的等光程性.

平行光通过透镜后，各光线要会聚在焦点，形成一亮点. 这一事实说明，在焦点处各光线是同相的. 由于平行光的同相面与光线垂直，从入射平行光内任一与光线垂直的平面算起，直到会聚点，各光线的光程都是相等的. 例如在图5.10(a)或(b)中，从 a,b,c 到 F（或 F'）或者从 A,B,C 到 F（或 F'）的三条光线都是等光程的.

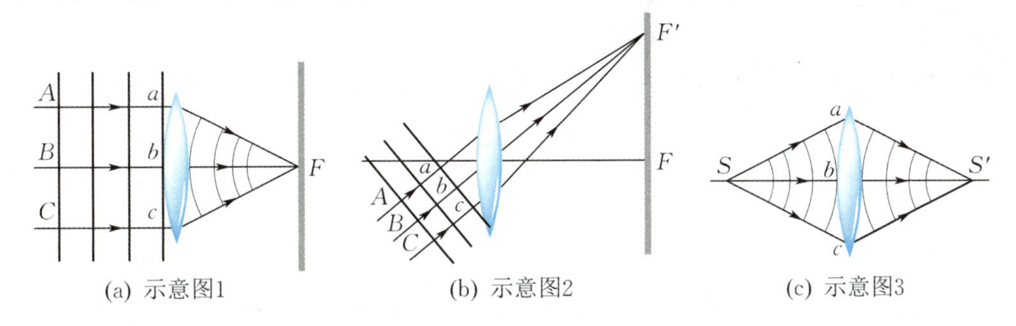

(a) 示意图1　　(b) 示意图2　　(c) 示意图3

图 5.10　光线通过透镜的等光程性

这一等光程性可做如下解释：如图 5.10(a) 或(b) 所示，光线 AaF，CcF 在空气中传播的路径长，在透镜中传播的路径短；而光线 BbF 在空气中传播的路径短，在透镜中传播的路径长. 由于透镜的折射率大于空气的折射率，折算成光程后，各光线光程将相等. 这就是说，透镜可以改变光线的传播方向，但不附加光程差. 在图 5.10(c) 中，物点 S 发出的光经透镜成像为 S'，说明物点和像点之间各光线也是等光程的.

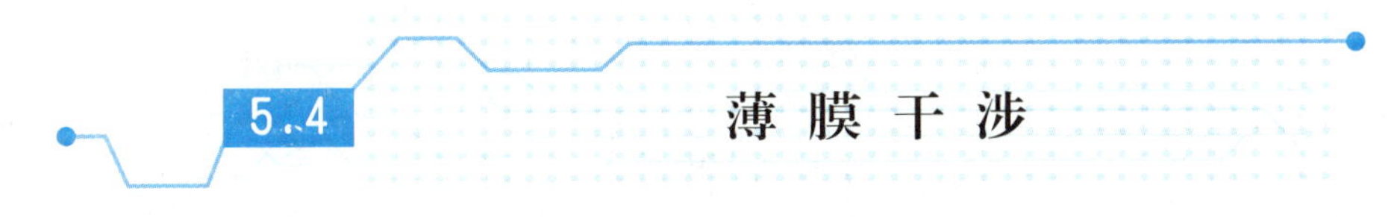

5.4　薄膜干涉

由薄膜两表面反射(或透射)光产生的干涉现象称为**薄膜干涉**. 在太阳光下见到的肥皂膜和水面上的油膜所呈现的彩色条纹都是薄膜干涉的实例.

5.4.1 等倾干涉(膜为平行平面)

1. 薄膜干涉的基本公式

如图 5.11 所示,在折射率为 n_1 的均匀介质中,置入一折射率为 n_2 的平行平面透明介质薄膜($n_2 > n_1$),薄膜厚度为 e,由单色面光源上点 S 发出的光线 a,以入射角 i 投射到薄膜表面上的 A 点,在入射点 A 处存在反射和折射. 折射部分在下表面经 C 点反射后再经薄膜的上表面折射出去,显然两光线 1,2 是平行的,经透镜会聚于 P 点. 光线 1,2 是从同一条入射光线 a 分出来的,是相干光,可在 P 上产生干涉条纹. 相干光 1,2 的能量也是从同一条入射光线 a 发出来的,由于光波的能量与振幅有关,这种产生相干光的方法又叫作分振幅法.

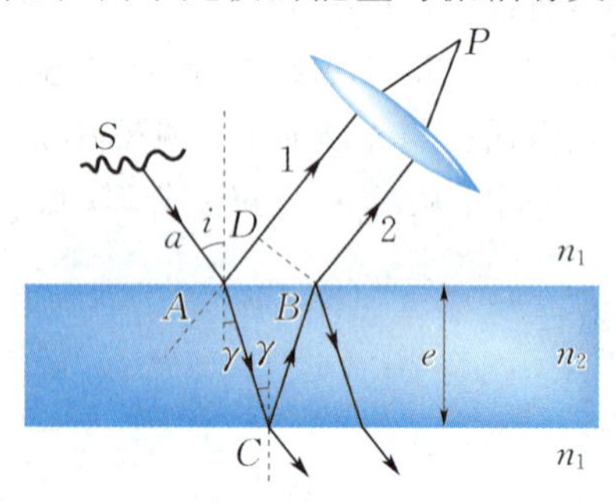

图 5.11 薄膜的干涉

如图 5.11 所示,作 BD 垂直于 AD,则 BP 与 DP 之间的光程相等,光线 1,2 之间的光程差为

$$\delta' = n_2(AC + CB) - n_1 AD,$$

由于

$$AC = CB = \frac{e}{\cos\gamma},$$

$$AD = AB\sin i = 2e\tan\gamma\sin i,$$

故

$$\delta' = 2\frac{e}{\cos\gamma}(n_2 - n_1\sin\gamma\sin i).$$

由折射定律 $n_1\sin i = n_2\sin\gamma$, 可得

$$\delta' = \frac{2e}{\cos\gamma}n_2(1-\sin^2\gamma) = 2n_2 e\cos\gamma = 2n_2 e\sqrt{1-\sin^2\gamma} = 2e\sqrt{n_2^2 - n_1^2\sin^2 i}.$$

考虑薄膜的上表面反射的光,因半波损失而产生的附加光程差,总的光程差为

$$\delta = 2e\sqrt{n_2^2 - n_1^2\sin^2 i} + \frac{\lambda}{2}.$$

于是,决定两反射光线 1 和 2 会聚点 P 处的干涉条件为

$$\delta = 2e\sqrt{n_2^2 - n_1^2\sin^2 i} + \frac{\lambda}{2} = \begin{cases} 2k\dfrac{\lambda}{2}, & k = 1,2,\cdots, \quad \text{明纹}, \\ (2k+1)\dfrac{\lambda}{2}, & k = 0,1,2,\cdots, \quad \text{暗纹}. \end{cases} \tag{5.17}$$

当垂直入射 ($i = 0$) 时, 有

$$\delta = 2n_2 e + \frac{\lambda}{2} = \begin{cases} 2k\dfrac{\lambda}{2}, & k = 1,2,\cdots, \quad \text{明纹}, \\ (2k+1)\dfrac{\lambda}{2}, & k = 0,1,2,\cdots, \quad \text{暗纹}. \end{cases} \tag{5.18}$$

由式(5.17)可知,对于厚度均匀的薄膜(e 处处相等)来说,光程差决定于入射光线的倾角 i. **凡以相同倾角 i 入射到厚度均匀的薄膜上的光线,经膜上、下表面反射后产生的相干光束有相等的光程差,因而它们干涉加强或减弱的情况一样,产生同一干涉条纹**. 因此,这样形成的干涉条纹叫作**等倾干涉条纹**.

如果观察从薄膜透过的光,也可以看到干涉现象. 两束透射的相干光的光程差是

$$\delta = 2e\sqrt{n_2^2 - n_1^2 \sin^2 i}. \tag{5.19}$$

与式(5.17)相比较可知，对于相同膜厚，若反射光干涉加强时，透射光将干涉减弱，当反射光干涉减弱时，透射光将干涉加强，两者是互补的.

在实际生活中所使用的光源一般是复色光源，我们所看到的图样将是彩色的. 利用薄膜干涉可以测定薄膜的厚度或波长，除此之外，还可用以提高光学仪器的透射率或反射本领.

2. 增透膜与增反膜

通常光射到光学元件表面时，其能量要分成反射和透射两部分，于是透射的光能或反射的光能都要相对原光能减少.

利用干涉原理，在镜面上镀一层增强透射能力的薄膜，这种薄膜称为增透膜. 例如，较高级的照相机镜头由六七个透镜组成，因光在镜头表面反射而损失的能量约占一半左右. 为了减少由此所引起的光能损失，可在镜面上镀一层均匀的氟化镁(MgF_2)透明薄膜，其折射率 $n = 1.38$，介于空气和玻璃之间，通过薄膜的干涉使反射光减到最小，以增强其透射率. 若在照相机等光学仪器的镜头表面镀上 MgF_2 薄膜，人眼视觉最敏感的黄绿光进入后将由于反射减弱而增强. 而镜头若在白光照射下，其反射常给人以蓝紫色的视觉，这是因为白光中波长大于和小于黄绿光的光不完全满足干涉相消的缘故.

利用干涉原理，在镜面上镀一层增强反射能力的薄膜，这种薄膜称为增反膜. 例如，激光器中的反射镜要求对某种频率的单色光的反射率在 99% 以上. 人们常在玻璃表面上镀一层高反射率的透明薄膜，使薄膜上下表面反射光的光程差满足干涉相长条件，从而使反射光增强. 但由于反射光能量约占入射光能量的 5%，为了达到具有高反射率的目的，通常需在玻璃表面交替镀上折射率高低不同的多层介质膜，一般镀到 13 层，有的甚至高达 15 层、17 层. 宇航员头盔和面甲上都会镀有对红外线具有高反射率的多层膜，以屏蔽宇宙空间中极强的红外线照射.

例 5.3　借助玻璃表面涂的氟化镁(MgF_2)透明膜可减少玻璃表面的反射. 已知MgF_2的折射率为1.38，玻璃的折射率为 1.60. 若波长为 500 nm 的光从空气中垂直入射到MgF_2 膜上，为了实现反射最小，求透明膜的最小厚度 e_{min}.

解　如图 5.12 所示，由于 $n_1 < n_2 < n_3$，MgF_2 薄膜上、下表面反射的 2,3 两光均有半波损失. 设光线 1 垂直入射($i = 0$)，则 2,3 两光的光程差为

$$\delta = 2n_2 e.$$

反射最小时，即满足干涉相消条件：

$$2n_2 e = (2k+1)\frac{\lambda}{2}, \quad k = 0,1,2,\cdots,$$

有

$$e = \frac{(2k+1)\lambda}{4n_2}, \quad k = 0,1,2,\cdots,$$

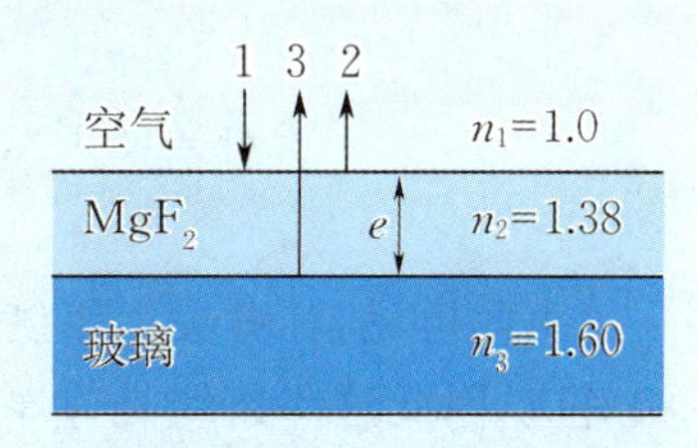

图 5.12　例 5.3 图

所以

$$e_{min} = \frac{\lambda}{4n_2} = \frac{500}{4 \times 1.38}\ \text{nm} = 90.6\ \text{nm}.$$

5.4.2 等厚干涉(膜的上下两个表面不平行)

若薄膜厚度不均匀,由干涉公式(5.17)可知,在入射角、薄膜折射率及周围介质确定后,对某一波长来说,两相干光的光程差仅取决于薄膜的厚度,因此**薄膜厚度相同处的反射光将有相同的光程差,产生同一干涉条纹**.或者说,同一干涉条纹是由薄膜上厚度相同处所产生的反射光形成的,这样的条纹称为**等厚干涉条纹**.下面讨论同属于等厚干涉的平面劈尖干涉与牛顿环.

1. 劈尖干涉

如图5.13(a)所示,G_1,G_2为两片平板玻璃,一端接触,一端垫入一张薄纸片或一根细丝,G_1,G_2夹角很小,在G_1的下表面与G_2的上表面间形成一端薄、一端厚的空气膜,叫作空气劈尖,G_1与G_2之间也可以是其他层,如流体、固体层等.两玻璃板接触处为劈尖棱边,其夹角θ称为劈尖楔角.在平行于棱边的直线上各点,空气膜的厚度e是相等的.

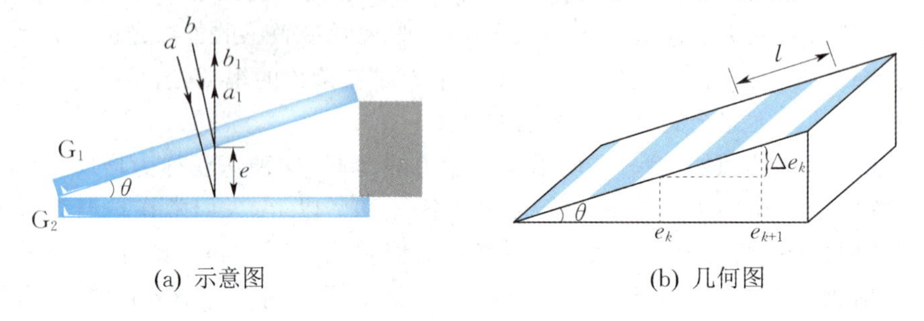

(a) 示意图 (b) 几何图

图5.13 劈尖干涉

一束平行光垂直入射到G_1上,从空气劈尖的上表面反射光a_1和从下表面反射光b_1在上表面相遇,在此面上两列光波叠加形成干涉条纹.

考虑劈尖上厚度为e处,由式(5.17)分析上、下表面反射的两相干光的光程差为

$$\delta = 2ne + \frac{\lambda}{2}, \tag{5.20}$$

其中n为空气折射率,$\frac{\lambda}{2}$为光在空气膜的下表面反射时的半波损失.

两表面反射光的干涉条件为

$$\delta = 2ne + \frac{\lambda}{2} = \begin{cases} 2k\dfrac{\lambda}{2}, & k = 1,2,\cdots, \quad \text{明条纹}, \\ (2k+1)\dfrac{\lambda}{2}, & k = 0,1,2,\cdots, \quad \text{暗条纹}. \end{cases} \tag{5.21}$$

由此可见,凡劈尖上厚度相同的地方,两反射光的光程差都相等,都与一定的明纹或暗纹相对应,因此这些条纹是等厚干涉条纹,这样的干涉是等厚干涉.

因为厚度相同的地方对应着同一干涉条纹,而厚度相同的地方处于平行于棱边的直线段上,所以劈尖干涉条纹是一系列平行棱边的明暗相间的直条纹.在两玻璃片的接触处,$e=0$,两反射光的光程差为$\frac{\lambda}{2}$,所以棱边处应为暗条纹,与实验相符合.

由图5.13(b)可知,相邻明纹对应的劈尖厚度差为

$$\Delta e_k = e_{k+1} - e_k = \frac{1}{2n}\left[(k+1)\lambda - \frac{\lambda}{2}\right] - \frac{1}{2n}\left(k\lambda - \frac{\lambda}{2}\right) = \frac{\lambda}{2n}. \tag{5.22}$$

用 l 表示相邻两个明纹或暗纹在表面上的距离，则

$$l = \frac{\Delta e_k}{\sin\theta} = \frac{\lambda}{2n\sin\theta}. \tag{5.23}$$

对于很小的 θ 值，上式可改写为

$$l = \frac{\lambda}{2n\sin\theta} \approx \frac{\lambda}{2n\theta}. \tag{5.24}$$

式(5.23)和(5.24)表明，劈尖干涉形成的干涉条纹是等间距的，条纹间距与劈尖顶角 θ 值有关. θ 越大，条纹间距越小，条纹越密. 当 θ 大到一定程度后，条纹就密不可分了，所以干涉条纹只能在劈尖楔角很小时才能观察到.

对空气劈尖的分析时取 $n=1$. 如果构成劈尖的介质膜不是空气，而是其他透明物质(如液体、二氧化硅等)，其上、下表面两反射光的光程差计算方法类同，但附加光程差的计算应具体问题具体分析.

2. 牛顿环

如图 5.14(a)所示，将一个曲率半径很大的平凸透镜的曲面放在一个平板玻璃上，透镜与平板玻璃之间形成一个上表面为球面、下表面为平面的空气薄膜，这种薄膜厚度相同处的轨迹是以接触点为中心的同心圆. 因此，若单色平行光垂直照射，由于空气薄层上、下表面的两个反射光发生干涉，则会在反射光中观察到一系列以接触点为中心点的明暗相间的同心圆环，这种等厚干涉条纹称为牛顿环(见图 5.14(b)).

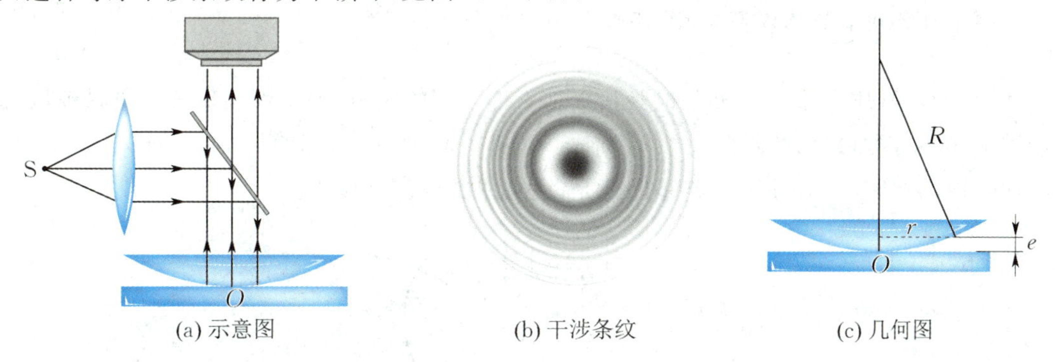

(a) 示意图　(b) 干涉条纹　(c) 几何图

图 5.14　牛顿环

当垂直入射的单色平行光透过平凸透镜后，在空气薄层上、下表面两反射光发生干涉，对应的空气薄层厚度 e 的两束相干光的光程差为

$$\delta = 2ne + \frac{\lambda}{2} = 2e + \frac{\lambda}{2},$$

$\frac{\lambda}{2}$ 是光在空气层的下表面(即与平玻璃的分界面)上反射时产生的半波损失. 形成明暗环的条件为

$$2e+\frac{\lambda}{2}=\begin{cases}2k\dfrac{\lambda}{2}, & k=1,2,\cdots, \quad 明环,\\ (2k+1)\dfrac{\lambda}{2}, & k=0,1,2,\cdots, \quad 暗环.\end{cases} \tag{5.25}$$

由图 5.14(c)可得

$$r^2=R^2-(R-e)^2=2Re-e^2.$$

因为 $R\gg e$，上式中 e^2 可忽略不计，有

$$e=\frac{r^2}{2R}. \tag{5.26}$$

由式(5.25)和式(5.26)，可得干涉明暗环半径分别为

$$r=\begin{cases}\sqrt{(2k-1)R\dfrac{\lambda}{2}}, & k=1,2,\cdots, \quad 明环,\\ \sqrt{kR\lambda}, & k=0,1,2,\cdots, \quad 暗环.\end{cases} \tag{5.27}$$

显然，由于半径 r 与环的级次 k 的平方根成正比，随着级数 k 值的增大，牛顿环半径的增大，条纹变得愈来愈密，如图 5.14(b)所示.

在透镜与平板玻璃的接触点 O 处，因 $e=0$，两反射光的光程差为 $\frac{\lambda}{2}$，故牛顿环的中心是一个暗斑(因实际接触处不可能是点而是圆面).

此外，也可以观察到透射光的干涉条纹，但透射光干涉的明暗纹条件恰好与反射光相反，观察空气膜牛顿环的透射光，中心处为一亮斑.

等厚干涉条纹有许多实际应用，下面举例说明.

例 5.4 利用等厚条纹可以检验精密加工件表面的质量. 在工件上放一块平板玻璃，使其间形成一个空气劈尖，如图 5.15(a) 所示. 今观察到干涉条纹如图5.15(b) 所示. 试根据纹路弯曲方向，判断工件表面上纹路是凹还是凸?并求该纹路深度 h.

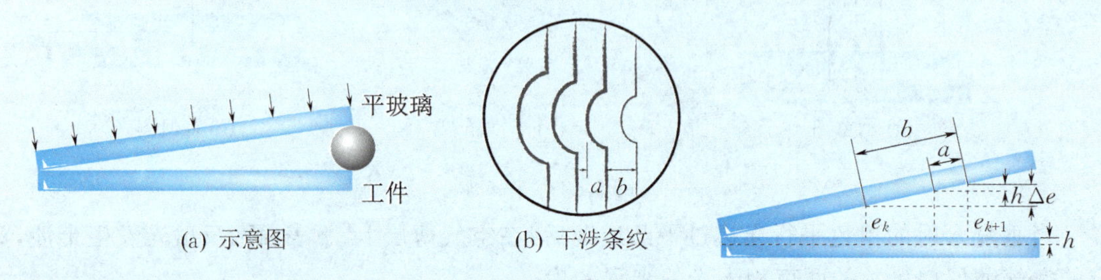

图 5.15 平板玻璃表面检验示意图　　图 5.16 计算纹路深度用图

解 如果工件表面是精确的平面，等厚条纹应为等间距的平行于棱边的直条纹. 现在条纹有局部弯向棱边，而同一条等厚条纹对应相同的膜厚度，可以判断工件的表面上纹路是下凹的.

计算纹路深度可参考图 5.16，图中 b 是条纹间隔，a 是条纹弯曲深度，e_k 和 e_{k+1} 分别是与 k 级及 $k+1$ 级条纹对应的正常空气膜厚度，以 Δe 表示相邻两条纹对应的空气膜的厚度差，h 为纹路深度，则由相似三角形关系可得

$$\frac{h}{\Delta e}=\frac{a}{b}.$$

由于对空气膜来说，$\Delta e=\frac{\lambda}{2}$，代入上式即可得

$$h=\frac{a}{b}\cdot\frac{\lambda}{2}.$$

例 5.5　制造半导体元件时，常要确定硅体上二氧化硅（SiO_2）薄膜的厚度. 可用化学方法把SiO_2 薄膜的一部分腐蚀成劈尖形，如图 5.17 所示. SiO_2 的折射率为 1.5，Si 的折射率为 3.42. 已知单色光垂直入射，波长为 589.3 nm，若观察到 7 条明纹，问SiO_2 膜的厚度 e 为多大？

解　**方法一**：由题意知，由 SiO_2 上、下表面反射的光均有半波损失，所以

$$\delta=2n_2e.$$

反射加强时，

$$2n_2e_k=k\lambda,\quad k=0,1,2,\cdots.$$

第 7 条即第 6 级明纹所对应的膜厚，

$$e=\frac{k\lambda}{2n_2}=\frac{6\times589.3\times10^{-9}}{2\times1.5}\ \text{m}=1.1786\times10^{-6}\ \text{m}.$$

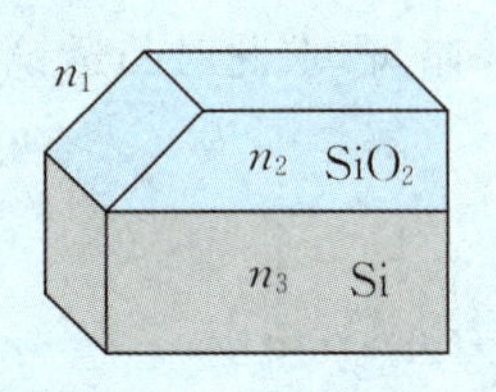

图 5.17　例 5.5 图

方法二：利用式(5.22)，有

$$e=N\cdot\Delta e=6\times\frac{\lambda}{2n_2}=\frac{3\lambda}{n_2}\ \text{m}=1.1786\times10^{-6}\ \text{m}.$$

例 5.6　利用干涉膨胀仪可测定固体的热膨胀系数，其结构如图 5.18 所示. 待测样品 W 放置在平台 D 上. 待测样品 W 的上表面磨成稍微倾斜，外套一个热膨胀系数很小的石英圆环 C，环顶上放一平板玻璃 A，它与样品的上表面构成一个空气劈尖. 若波长为 λ 的单色光垂直入射在这个空气劈尖上，将形成等厚干涉条纹. 当样品受热膨胀时（不计石英环的膨胀），劈尖的下表面位置上升，干涉条纹将发生移动. 设温度为 t_0 时，样品的高度为 L_0，温度升高到 t 时，样品的高度增为 L，在此过程中，通过视场某一刻线的条纹数目为 N. 求样品的热膨胀系数 β.

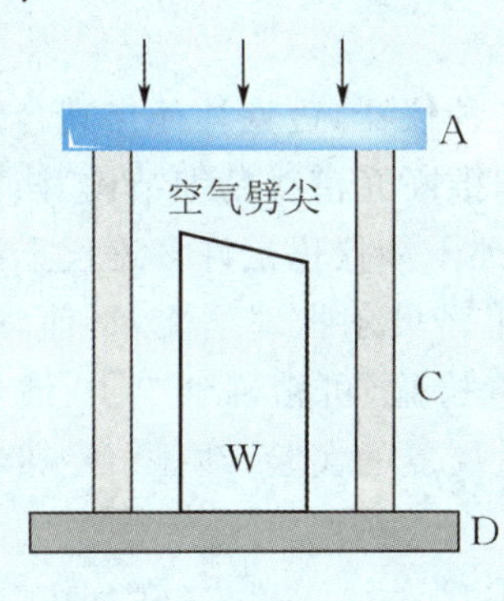

图 5.18　例 5.6 图

解　在劈尖干涉的等厚条纹中，设温度为 t_0 时，第 k 级暗纹所在处的空气层厚度为

$$e_k=k\,\frac{\lambda}{2},$$

温度为 t 时，劈尖同一处的空气层厚度为

$$e_{k-N}=(k-N)\,\frac{\lambda}{2},$$

两温度下空气层的厚度差为

$$L-L_0=e_k-e_{k-N}=N\,\frac{\lambda}{2}.$$

由热膨胀系数的定义，得

$$\beta=\frac{L-L_0}{L_0}\cdot\frac{1}{t-t_0}=\frac{N\lambda}{2L_0(t-t_0)}.$$

例 5.7 用 He-Ne 激光器发出的 $\lambda=633\ \mathrm{nm}$ 的单色光，在牛顿环实验时，测得第 k 个暗环半径为 5.63 mm，第 $k+5$ 个暗环半径为 7.96 mm，求平凸透镜的曲率半径 R.

解 由暗纹条件的公式，可知

$$r_k=\sqrt{kR\lambda},\quad r_{k+5}=\sqrt{(k+5)R\lambda},$$

故

$$5R\lambda=r_{k+5}^2-r_k^2.$$

由此可得

$$R=\frac{r_{k+5}^2-r_k^2}{5\lambda}=\frac{(7.96^2-5.63^2)\times10^{-6}}{5\times6.33\times10^{-7}}\ \mathrm{m}=10.0\ \mathrm{m}.$$

例 5.8 如图 5.19 所示，平板玻璃和平凸透镜构成牛顿环装置，凸透镜可沿 OO' 移动，整个装置浸入折射率为 1.60 的液体中. 500 nm 的单色光垂直入射，从反射方向观察，中心为一暗斑，求此时凸透镜顶点距平板玻璃最小距离.

解 因为 $n_1>n>n_2$，所以两反射光线均无半波损失，光程差为

$$\delta=2ne.$$

对中心暗斑，

$$\delta=\frac{\lambda}{2},$$

所以

$$e=\frac{\lambda}{4n}=\frac{500\times10^{-9}}{4\times1.60}\ \mathrm{m}=7.81\times10^{-8}\ \mathrm{m}.$$

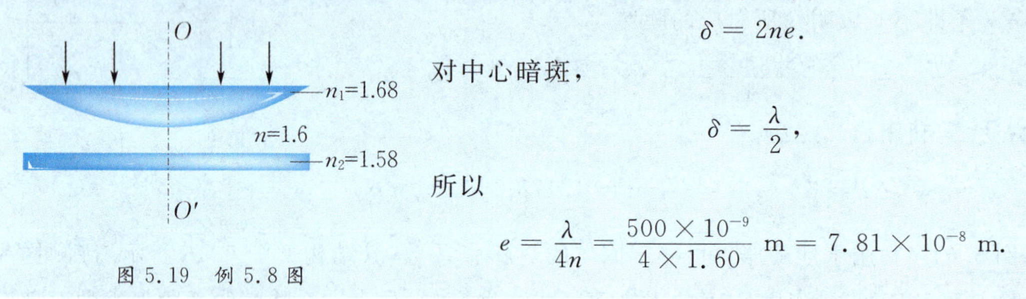

图 5.19 例 5.8 图

5.5 迈克耳孙干涉仪

迈克耳孙干涉仪是利用分振幅法产生双光束以实现干涉的一种仪器，迈克耳孙与其合作者曾用此仪器进行了三项著名的实验：光速测定实验、米尺标定和推断光谱线精细结构. 该仪器设计精巧，用途广泛，不少干涉仪均由此派生出来，至今迈克耳孙干涉仪仍是许多近代干涉仪的原型. 迈克耳孙也因发明干涉仪和光速的测量而获得 1907 年诺贝尔物理学奖. 目前，迈克耳孙干涉仪仍被广泛地应用于长度精密计量和光学平面的质量检验(可精确到 1/10 波长左右)及高分辨率的光谱分析中. 迈克耳孙也曾运用它进行了大量反复的实验，动摇了经典物理的以太说，为相对论的提出奠定了实验基础.

5.5.1 迈克耳孙干涉仪结构及原理

迈克耳孙干涉仪的结构和光路如图 5.20 所示. M_1，M_2 是精细磨光的平面反射镜，M_2 固定，M_1 借助于螺旋及导轨可沿光路方向做微小平移，G_1，G_2 是厚度相同、折射率相同的两块

平行平板玻璃板，G_1 和 G_2 保持平行，并与 M_1 或 M_2 成 45° 角. G_1 的背面镀银层，使之成为半透半反射膜，从光源 S 射来的光束 a 和 b 一半反射，一半透射. 具体而言，反射光束 a_1，b_1 射到 M_1，经 M_1 反射后再次透过 G_1（a_1，b_1 光束两次通过 G_1）进入透镜 L_2 或眼睛；透射光束 a_2，b_2 经 G_2 射到 M_2，再由 M_2 反射后经 G_2 入射到 G_1 上的半镀银面，反射到透镜 L_2 或眼睛，显然 G_2 起了补偿光程的作用（a_2，b_2 光束通过 G_2 两次）. 两束相干光（如 a_1，b_1 和 a_2，b_2）在透镜的焦面上或眼睛的视网膜上相遇时，将产生干涉图样. 由此可知，迈克耳孙干涉仪是利用分振幅法产生的双光束来实现干涉的仪器.

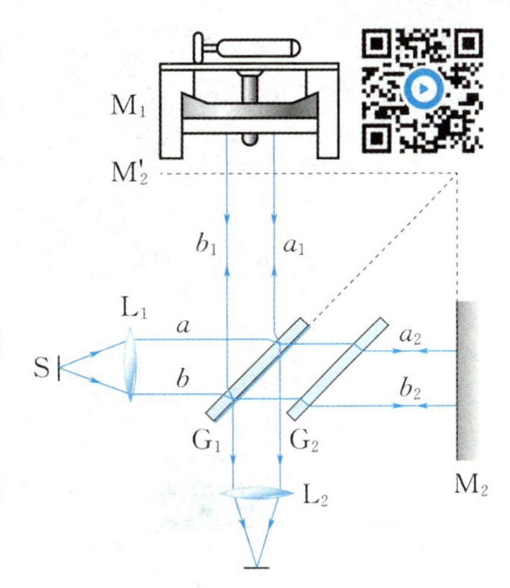

图 5.20 迈克耳孙干涉仪

5.5.2 迈克耳孙干涉仪的干涉条纹

由图 5.20 可以看出，M_2' 是 M_2 由 G_1 的半镀银面所成的虚像，对观察者看来，就好像两相干光束是从 M_1 和 M_2' 反射而来的，因此所看到的干涉图样犹如 M_1 和 M_2' 之间的空气薄膜所产生的薄膜干涉条纹.

调节 M_1，当 M_1 与 M_2' 的镜面平行时（M_1 与 M_2 严格垂直），就形成平行平面空气膜，可观察到等倾条纹.

当 M_1 与 M_2' 的镜面不平行（M_1 与 M_2 不正交）时，M_1 与 M_2' 有微小夹角形成空气劈尖膜，可观察到等厚条纹.

由于干涉条纹的位置取决于光程差，只要光程差有微小变化，干涉条纹即可发生可鉴别的移动. 以等厚干涉为例，每当 M_1 的平移距离为 $\frac{\lambda}{2}$ 时，观察者将看到 1 条明纹或 1 条暗纹移过视场中的某一参考标记. 如果记下条纹移动的数目 N，则平面镜 M_1 平移的距离为

$$\Delta d = N\frac{\lambda}{2}. \tag{5.28}$$

这表明，根据条纹的移动数 N 和单色光波长 λ，便可算出 M_1 移动的距离，可用来测量微小长度的变化，其精确度可达 $\frac{\lambda}{2} \sim \frac{\lambda}{200}$，远高于一般方法的精密度. 此外，也可由 M_1 移动的距离来测定光波的波长.

例 5.9 在迈克耳孙干涉仪的一臂中放入长 10 cm 的真空玻璃管 A，另一个臂中放入一个充以一个大气压空气的长为 10 cm 的玻璃管 B. 入射光波波长为 546 nm，通过向真空玻璃管中逐渐充入一个大气压空气的过程中，观察到有 107.2 个条纹移动. 试求空气的折射率 n.

解 设玻璃管 A 和 B 的管长为 h，当 A 管内为真空、B 管内充有空气时，两臂之间的光程差为 δ_1；在 A 管内充入空气后，两臂间的光程差为 δ_2，则光程差变化为

$$\delta_2 - \delta_1 = 2(n-1)h.$$

因为每移动一条条纹时所对应的光程差变化为一个波长，所以移动 107.2 个条纹时，对应的光程差的变化为

$$2(n-1)h = 107.2\lambda.$$

空气的折射率为

$$n = 1 + \frac{107.2\lambda}{2h} = 1 + \frac{107.2 \times 546 \times 10^{-9}}{2 \times 10^{-2}} = 1.0029.$$

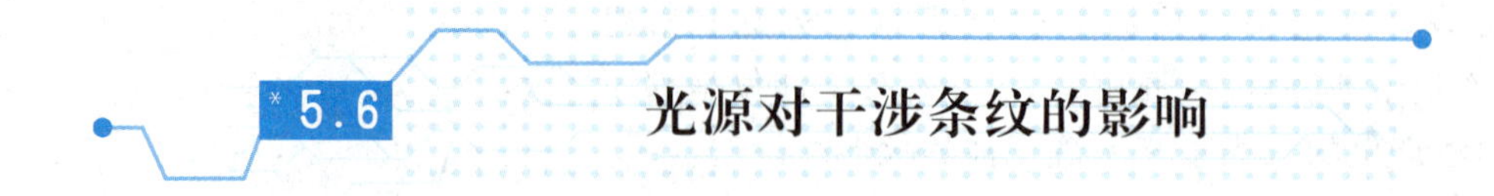

*5.6 光源对干涉条纹的影响

5.6.1 光源的非单色性对干涉条纹的影响(光波的时间相干性)

任何实际光源都不是理想的单色光源，它们所发出的光总是包含着一定的波长范围 $\Delta\lambda$，这将会影响干涉条纹的可见度. 由于波长范围 $\Delta\lambda$ 内的每一波长的光均形成各自的一组干涉条纹，而且各条纹除零级以外，相互间均有一定的位移. 由于不同波长的光是非相干的，这时观察到的干涉条纹实际是各波长的光各自形成的干涉条纹的非相干叠加，即光强直接相加. 非相干叠加的结果将导致干涉条纹的清晰度下降.

如图 5.21 所示，图中曲线为干涉条纹的总光强. 由图可见，随着 x 的增大，干涉条纹的明暗对比减小，当 x 增大到某一值后，干涉条纹就消失了. 这就是干涉实验中难以观察到清晰的高级次条纹的原因.

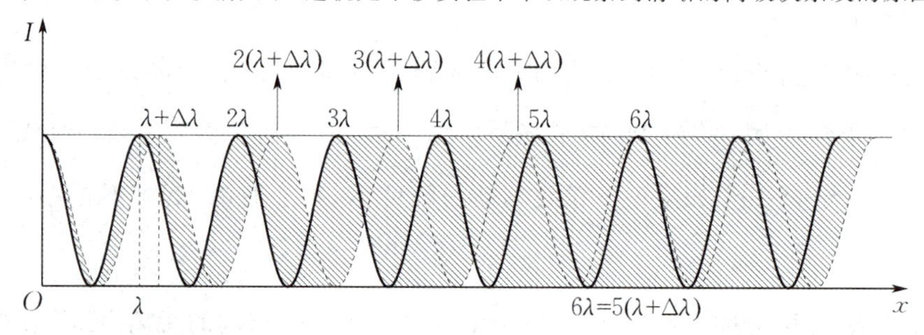

图 5.21 光源的非单色性对光强分布的影响

对于谱线宽度为 $\Delta\lambda$ 的单色光，当波长为 $\lambda+\Delta\lambda$ 的第 k 级明条纹中心与波长为 λ 的第 $k+1$ 级明条纹中心重合时，干涉条纹消失，即

$$k(\lambda + \Delta\lambda) = (k+1)\lambda,$$

由此式可得

$$k = \frac{\lambda}{\Delta\lambda}. \tag{5.29}$$

与该干涉级 k 对应的光程差就是实现相干的最大光程差，即

$$\delta_{max} = k(\lambda + \Delta\lambda) \approx \frac{\lambda^2}{\Delta\lambda}. \tag{5.30}$$

式(5.29)和式(5.30)表示了光的非单色性对干涉条纹的影响. 光源单色性越差，光源谱线宽度 $\Delta\lambda$ 越大，能够观察到的干涉条纹的级次 k 和最大光程差 δ_{max} 就越小. 只有在光程差小于 δ_{max} 的条件下，才能观察到干涉条纹. 我们称 δ_{max} 为相干长度.

普通光源中原子发光是持续时间约在 10^{-8} s 以内的有限长波列，而且只有同一原子在同一时刻发出的光波列分成两路，经不同的光程后再相遇时，才能相干. 相干光必须来自同一个原子或分子的同一次发射的波列，而这种波列的长度 L_0 是有限的. 波列的长度是由原子发光的持续时间和传播速度决定的.

如图 5.22 所示的杨氏双缝实验，光源先后发出波列 a，b. 波列 a 通过双缝被分成两波列 a'，a''，它们经不同的路径 r_1，r_2 后再相遇，可以产生干涉条纹. 若两路光程差太大，大于光波列的长度，则波列 a'' 到 P 点时，波列 a' 已过去，无法相遇，波列 a 与 b 无固定位相关系，a'' 与 b' 不相干，必然导致干涉条纹消失. 由此可见，对于有一定波长范围 $\Delta\lambda$ 的非单色光源，波列的长度 L_0 至少应等于最大光程差 $\delta_{\max}$，才有可能观察到 $k=\dfrac{\lambda}{\Delta\lambda}$ 级以下的干涉条纹，由此可得

$$L_0=\delta_{\max}\approx\frac{\lambda^2}{\Delta\lambda},\tag{5.31}$$

即波列的长度 L_0 与光源的谱线宽度 $\Delta\lambda$ 成反比. 光源的单色性好，光源的谱线宽度 $\Delta\lambda$ 就小，波列的长度就长.

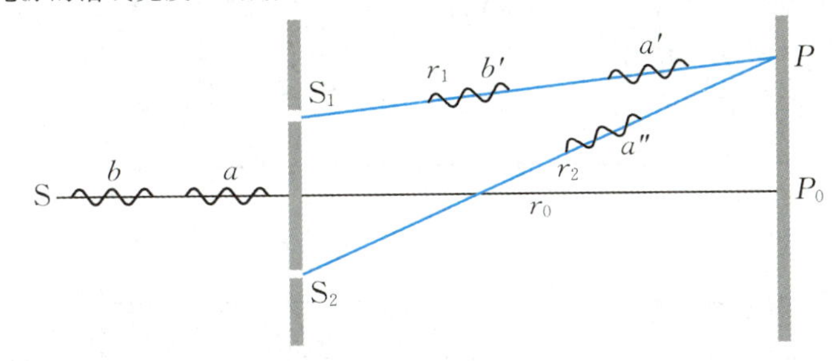

图 5.22　光波的时间相干性

对于持续时间为 τ 的波列，有

$$\tau=\frac{L_0}{c},\tag{5.32}$$

即光通过相干长度所需的时间. 显然，衡量光波场时间相干性的好坏是 τ，τ 大则相干性好. τ 称为相干时间. 对于观察点，若前后两个时刻传来的光波属同一波列，则称它们是相干光波，该光波场具有时间相干性(与单色性紧密相联). 又因为波列是沿光的传播方向通过空间固定点，所以时间相干性是光波场的纵向相干性.

5.6.2　光源的大小对干涉条纹的影响(光波的空间相干性)

在双缝干涉实验的讨论中我们采用的是点光源或线光源，但实际上光源总是具有一定的宽度，可以把它看成由很多线光源构成，各个线光源在屏幕上形成各自的干涉花样. 这些干涉花样具有一定的位移，位移量的大小与线光源到面光源中心 S 的距离有关，这些干涉花样的非相干叠加，使总的干涉花样模糊不清，干涉条纹变得模糊甚至消失.

在图 5.23 的双缝干涉装置中，光源是宽度为 b 的面光源. 由光程差的分析可知，位于 S 处的线光源产生的干涉条纹，其零级明纹在屏幕的中心 O 处. 在 S 上方 M 处的线光源，其零级明纹在 O 的下方；而在 S 下方 N 处的线光源，它的零级明纹在 O 的上方.

如果上方 M 处的线光源所产生的第一级暗纹正好落在 S 处的线光源所产生的中央明纹上，就会使整个干涉条纹因互相错开而变得完全模糊.

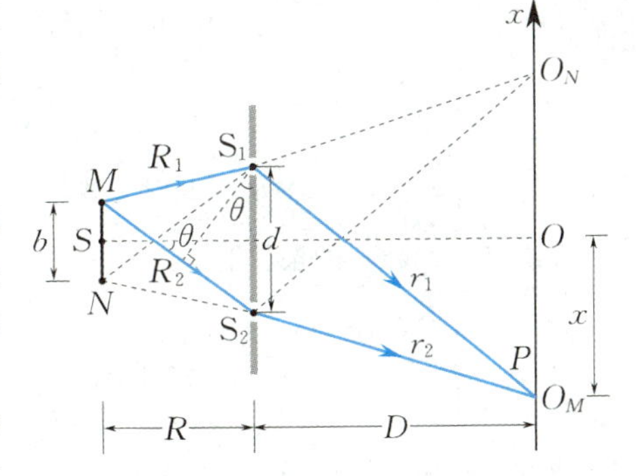

图 5.23　光源的大小对干涉条纹的影响

图 5.24(a),(b)分别画出了两个宽度不同的光源所产生的干涉强度分布,下面的是各成分线光源产生的干涉强度分布曲线,上面的是它们非相干叠加而形成的总的干涉强度分布曲线.显然随光源宽度的增加,干涉条纹的明暗对比下降.图 5.24(b)中 O_M,O_N 错开了一个条纹间距,总的光强均匀分布,干涉条纹完全消失,即上方的线光源 M 所产生的第一级暗纹正好落在 S 所产生的中央明纹上,就会使整个干涉条纹因相互错开而变得完全模糊.此时由图 5.23 可计算出线光源 M 到屏幕上 O 点的两相干光的光程差为

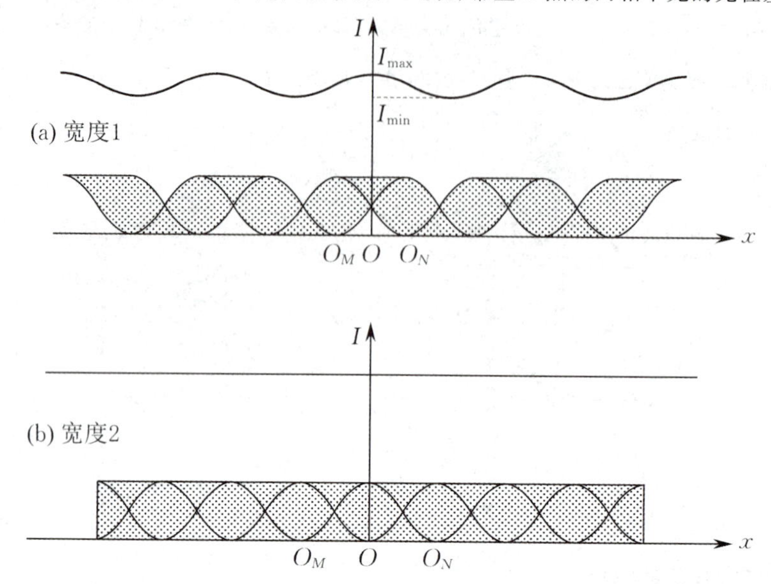

图 5.24 两个宽度不同的线光源双缝干涉的强度分布曲线

$$\delta=(R_2-R_1)+(r_2-r_1)=R_2-R_1=\frac{\lambda}{2}.$$

在 $R\gg d$ 和 $R\gg b$ 的情况下,有

$$\delta=R_2-R_1=d\sin\theta\approx d\theta.$$

由图 5.23 的几何关系可知

$$MS=\frac{b}{2},\quad \theta\approx\frac{\frac{b}{2}+\frac{d}{2}}{R},$$

所以

$$\delta\approx d\theta=\frac{b}{2}\frac{d}{R}+\frac{d^2}{2R}\approx\frac{b}{2}\frac{d}{R}=\frac{\lambda}{2},$$

即

$$b=\frac{R}{d}\lambda. \tag{5.33}$$

干涉条纹的可见度为零,我们称此时光源的宽度为临界宽度.

在给定了 R 和 d 的条件下,若要在屏幕上观察到干涉条纹,光源宽度 b 是有限制的,最大不能超过 $\frac{R}{d}\lambda$.可将式(5.33)改写成

$$d_{\max}=\frac{R}{b}\lambda, \tag{5.34}$$

则表明对一个有限大小 b 的光源,在它发出的光波的波面上,在多大的横向范围内提取出来的两个子波源 S_1 和 S_2 仍是相干的.这个范围越大,我们就说光场的空间相干性越好.

综上所述，光场的空间相干性是描述光场中在光的传播路径上空间横向两点在同一时刻光振动的关联程度，所以又称横向相干性. 显然，光的空间相干性与光源的线度有关.

本 章 提 要

1. 普通光源及相干光

(1) 普通光源发光的特点：由于原子发光的无规则性，同一个原子先后发出的波列之间，以及不同原子发出的波列之间，都没有固定的相位关系，且振动方向与频率也不尽相同，所以两个独立的光源或同一光源上的两个不同部分发出的光都不能产生干涉现象.

(2) 相干条件、相干光的获得.

① 相干条件：光振动的频率相同；振动方向相同；两光的振动在相遇处具有恒定的相位差.

满足这三个条件的光称为相干光. 根据波动理论知，两列相干光相遇时能产生干涉叠加，产生干涉现象.

② 相干光的获得：将点光源发出的一列光波分成两束，使其经不同路径后再重新相遇叠加，这样的两束光满足相干条件，能产生干涉现象. 具体的方法有分波阵面法和分振幅法两种.

2. 杨氏双缝干涉

杨氏实验是利用分波阵面法获得两相干光的.

(1) 明、暗纹条件：经双缝到达屏幕上某点 P 的两光之间的波程差为

$$\delta = r_2 - r_1 = d\frac{x}{D},$$

式中 d 为双缝间距，D 为缝中心到屏幕的距离，x 为 P 点的位置坐标.

(2) 明条纹中心的位置为

$$x = \pm 2k\frac{D}{d}\frac{\lambda}{2},\quad k = 0,1,2,\cdots.$$

(3) 暗条纹中心的位置为

$$x = \pm(2k+1)\frac{D}{d}\frac{\lambda}{2},\quad k = 0,1,2,\cdots.$$

(4) 相邻明纹中心或相邻暗纹中心的距离，称为条纹间距，

$$\Delta x = \frac{D\lambda}{d}.$$

特点：杨氏双缝干涉条纹是等间距的；当 λ 一定时，条纹宽度正比于缝到屏的距离 D，而反比于双缝的间距 d；当 D 和 d 确定时，干涉条纹的宽度与 λ 成正比. 若以白光做实验，则除中央亮纹仍为白色外，其余各级亮纹均为由紫到红的彩色光带.

3. 光程、光程差、半波损失和薄透镜的等光程性

(1) 光程、光程差：光在折射率为 n 的介质中通过几何路径 r 时发生的相位改变与光在真空中通过 nr 的几何路径时所发生的相位改变相同. 把 n 与 r 的乘积 nr 称为光程. 这样，就可以把光在不同介质中通过一定路程后引起的相位变化统一折算到真空中来，以便于计算和比较.

当两束相干光分别在介质 n_1 和 n_2 中走过路径 r_1 和 r_2 后，两者的相位差为

$$\Delta\varphi = \frac{2\pi}{\lambda}(n_1 r_1 - n_2 r_2).$$

令 $\delta = (n_1 r_1 - n_2 r_2)$，表示两束相干光的光程之差，称为光程差，则可以得出相位差和光程差的关系，即

$$相位差 = \frac{2\pi}{\lambda}\times 光程差.$$

两束相干光通过不同介质后，在空间某点相遇而产生的干涉现象，是由两束光的光程差而不是几何路程差决定的. 光干涉时加强或减弱的条件也由上式确定，即

$$\delta = \begin{cases} \pm 2k\dfrac{\lambda}{2}, & k = 0,1,2,\cdots,\quad 干涉加强, \\ \pm(2k+1)\dfrac{\lambda}{2}, & k = 0,1,2,\cdots,\quad 干涉减弱. \end{cases}$$

(2) 半波损失：当光从光疏介质正入射或掠入射向光密介质表面时，反射波产生 π 的相位突变的现象，叫作半波损失.

(3) 薄透镜的等光程性：通过薄透镜中心的光线不改变方向；平行光线会聚在薄透镜的后焦面上，聚焦亮点是平行光线光程差为零的点.

4. 薄膜干涉

薄膜干涉是用分振幅方法来产生双光束干涉的，包括劈尖和牛顿环.

入射光在薄膜表面因反射和折射而“分振幅”，薄

膜上、下表面反射的光为相干光.光程差的计算有两项,一是由几何路程差而引起,另一项要考虑反射时是否有半波损失.

(1) 等倾干涉(膜厚 e 均匀,倾角 i 变化)

$$\delta = 2e\sqrt{n_2^2 - n_1^2\sin^2 i} + \frac{\lambda}{2} = \begin{cases} 2k\dfrac{\lambda}{2}, & k = 1,2,3,\cdots, \quad 明纹, \\ (2k+1)\dfrac{\lambda}{2}, & k = 0,1,2,\cdots, \quad 暗纹. \end{cases}$$

(2) 等厚干涉(膜厚 e 不均匀,垂直入射 $i = 0$)

$$\delta = 2ne + \frac{\lambda}{2} = \begin{cases} 2k\dfrac{\lambda}{2}, & k = 1,2,\cdots, \quad 明条纹, \\ (2k+1)\dfrac{\lambda}{2}, & k = 0,1,\cdots, \quad 暗条纹. \end{cases}$$

(3) 劈尖

$$l = \frac{\lambda}{2n\sin\theta} \approx \frac{\lambda}{2n\theta}(楔角\ \theta\downarrow,条纹间隔\uparrow).$$

(4) 牛顿环:薄膜的上、下表面中一个是球面、另一个是平面(或两者都是球面)时,干涉图样为明暗相间的同心圆环,用圆环半径来确定条纹的空间位置.如平面或球面均为玻璃,膜层为空气时,有

$$r = \begin{cases} \sqrt{(2k-1)R\dfrac{\lambda}{2}}, & k = 1,2,\cdots, \quad 明环, \\ \sqrt{kR\lambda}, & k = 0,1,2,\cdots, \quad 暗环. \end{cases}$$

(5) 迈克耳孙干涉仪:采用分振幅法使两个相互垂直(或不严格垂直)的平面镜形成一等效薄膜,产生双光束干涉,干涉条纹移动1条,相当于薄膜厚度 d 改变 $\lambda/2$,即

$$\Delta d = N\frac{\lambda}{2}\ (N\ 为条纹移动数).$$

关于干涉条纹的移动:在光的干涉应用中,许多做法都与条纹的移动有关.在分析条纹的移动方向时,常常是“跟踪”视场中某一级条纹,观察它朝什么方向移动,则相应其他条纹也将朝这一方向移动.

习 题 5

5.1 为什么在讨论光的干涉时要引入光程这个概念?它的物理意义是什么?

5.2 在杨氏双缝实验中,做如下调节时,屏幕上的干涉条纹将如何变化?试说明理由.

(1) 使两缝之间的距离变小;

(2) 保持双缝间距不变,使双缝与屏幕间的距离变小;

(3) 整个装置的结构不变,全部浸入水中;

(4) 光源沿平行于 S_1,S_2 连线方向做微小的上下移动;

(5) 用一块透明的薄云母片盖住下面的一条缝.

5.3 如习题5.3图所示,劈尖上面玻璃板做如下运动,试分析指明干涉条纹如何移动及相邻条纹间距如何变化.

5.4 如习题5.4图所示,牛顿环的平凸透镜可以上下移动,若以单色光垂直照射,看见条纹向中心收缩,问透镜是向上还是向下移动?

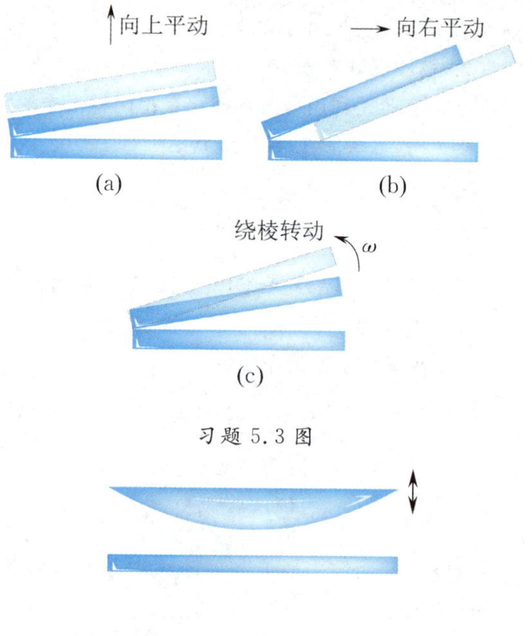

习题5.3图

习题5.4图

5.5　在杨氏双缝实验中，双缝间距 $d=0.20$ mm，缝屏间距 $D=1.0$ m.

(1) 若第 2 级明条纹离屏中心的距离为 6.0 mm，计算此单色光的波长；

(2) 试求相邻两明条纹间的距离.

5.6　劳埃德镜干涉装置如习题 5.6 图所示，镜长 30 cm，狭缝光源 S 在离镜左边 20 cm 的平面内，与镜面的垂直距离为 2.0 mm，光源波长 $\lambda=7.2\times10^{-7}$ m，试求位于镜右边缘的屏幕 E 上第一条明条纹到镜边缘的距离.

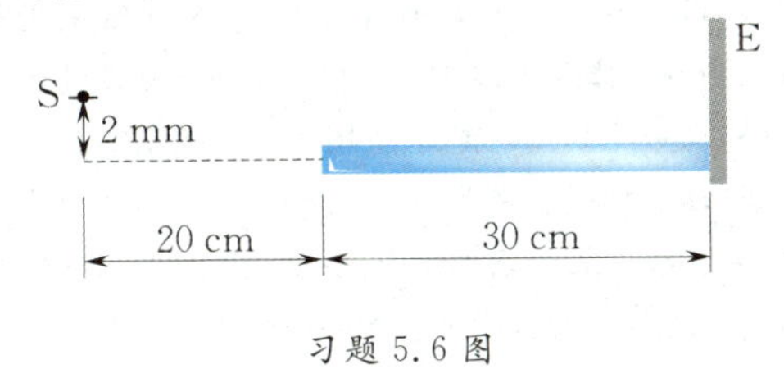

习题 5.6 图

5.7　一射电望远镜的天线设在湖岸上，距湖面的高度为 h，对岸地平线上方有一恒星刚刚升起，恒星发出波长为 λ 的电磁波，如习题 5.7 图所示. 试求当天线测得第 1 级干涉极大时恒星所在的角位置 θ（提示：作为劳埃德镜干涉分析）.

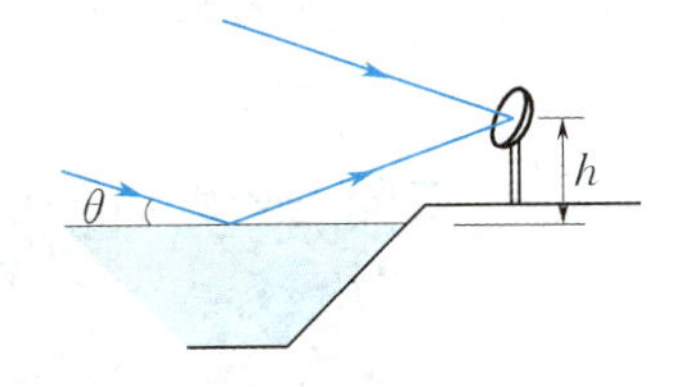

习题 5.7 图

5.8　用单色光照射相距 0.4 mm 的双缝，缝屏间距为1 m.

(1) 从第 1 级明纹到同侧第 5 级明纹的距离为 6 mm，求此单色光的波长；

(2) 若入射的单色光波长为 4 000 Å 的紫光，求相邻两明纹间的距离；

(3) 上述两种波长的光同时照射时，求两种波长的明条纹第 1 次重合在屏幕上的位置，以及这两种波长的光从双缝到该位置的波程差.

5.9　在双缝干涉实验装置中，屏幕到双缝的距离 D 远大于双缝之间的距离 d，对于钠黄光（$\lambda=589.3$ nm）产生的干涉条纹，相邻两明条纹的角距离（即相邻两明条纹对双缝处的张角）为 0.20°.

(1) 对于什么波长的光，这个双缝装置所得相邻两条纹的角距离比用钠黄光测得的角距离大 10%？

(2) 若将此装置浸入水中（水的折射率 $n=1.33$），用钠黄光垂直照射时，相邻两明条纹的角距离有多大？

5.10　将折射率为 1.5 的玻璃片插入杨氏实验的一束光路中，光屏上原来第 5 级亮条纹所在的位置为中央亮条纹，试求插入的玻璃片的厚度. 已知光波长为 6×10^{-7} m.

5.11　如习题 5.11 图所示，在折射率为 1.50 的平板玻璃表面有一层厚度为 300 nm、折射率为 1.22的均匀透明油膜，用白光垂直射向油膜. 问：

(1) 哪些波长的可见光在反射光中产生相长干涉？

(2) 哪些波长的可见光在透射光中产生相长干涉？

(3) 若要使反射光中 $\lambda=550$ nm 的光产生相长干涉，油膜的最小厚度为多少？

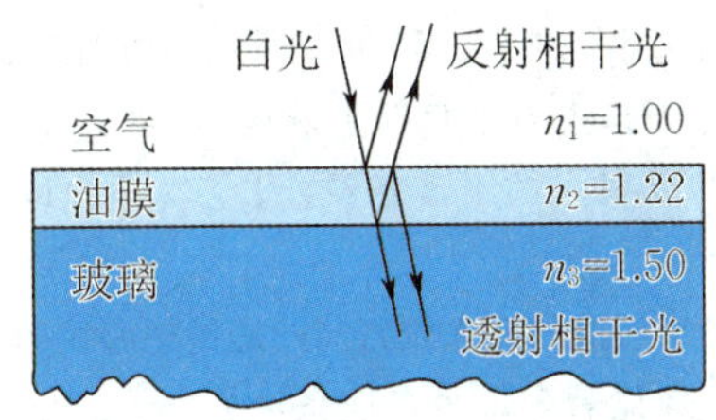

习题 5.11 图

5.12　一个平面单色光波垂直照射在厚度均匀的薄油膜上，油膜覆盖在玻璃板上. 油的折射率为 1.30，玻璃的折射率为 1.50，若单色光的波长可由光源连续可调，可观察到 5 000 Å 与 7 000 Å 这两个波长的单色光在反射中消失. 试求油膜层的厚度.

5.13　如习题 5.13 图所示，波长为 6 800 Å 的平行光垂直照射到 $L=0.12$ m 长的两块玻璃片上，两玻璃片一边相互接触，另一边被直径 $d=0.048$ mm 的细钢丝隔开. 求：

(1) 两玻璃片间的夹角 θ；

(2) 相邻两明条纹间空气膜的厚度差；

(3) 相邻两暗条纹的间距；

(4) 在这 0.12 m 内呈现的明条纹条数.

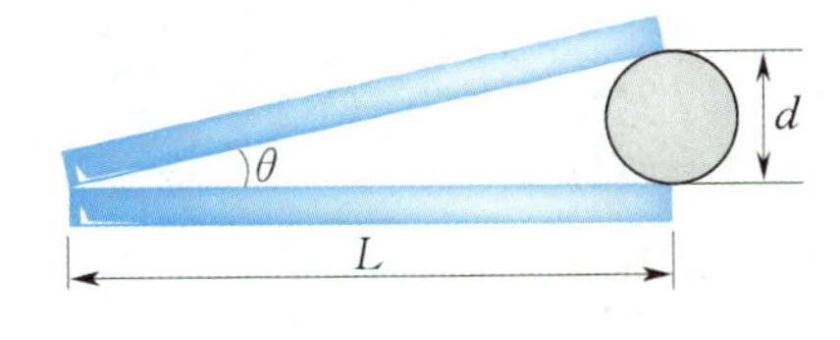

习题 5.13 图

5.14 用$\lambda=5\ 000$ Å的平行光垂直入射劈形薄膜的上表面,从反射光中观察,劈尖的棱边是暗纹.若劈尖上面介质的折射率n_1大于薄膜的折射率$n(n=1.5)$.

(1) 求膜下方介质的折射率n_2与n的大小关系;

(2) 求第10条暗纹处薄膜的厚度;

(3) 使膜的下表面向下平移一微小距离Δe,干涉条纹有什么变化?若$\Delta e=2.0\ \mu$m,原来的第10条暗纹处将被哪级暗纹占据?

5.15 (1) 若用波长不同的光观察牛顿环,$\lambda_1=6\ 000$ Å,$\lambda_2=4\ 500$ Å,观察到用λ_1时的第k个暗环与用λ_2时的第$k+1$个暗环重合,已知透镜的曲率半径是190 cm.求用λ_1时第k个暗环的半径;

(2) 如在牛顿环中用波长为5 000 Å的第5个明环与用波长为λ_2的第6个明环重合,求未知波长λ_2.

5.16 柱面平凹透镜A的曲率半径为R,放在平玻璃片B上,如习题5.16图所示.现用波长为λ的平行单色光自上方垂直往下照射,观察A和B间空气薄膜的反射光的干涉条纹.设空气膜的最大厚度$d=2\lambda$.

(1) 求明条纹极大位置与凹透镜中心线的距离r;

(2) 共能看到多少条明条纹?

(3) 若将玻璃片B向下平移,条纹如何移动?

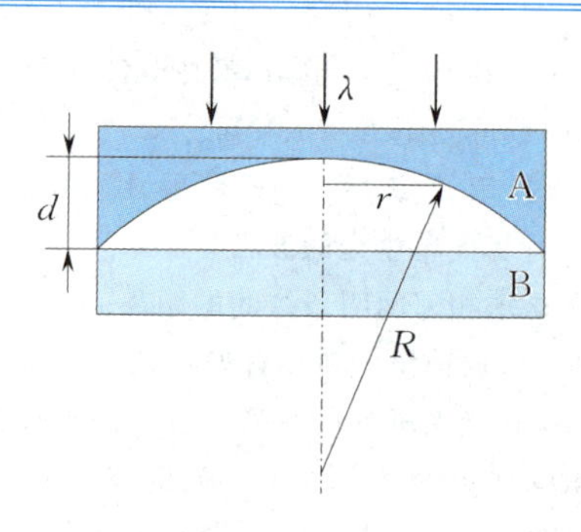

习题5.16图

5.17 利用迈克耳孙干涉仪可测量单色光的波长.当M_1移动距离为0.322 mm时,观察到干涉条纹移动数为1 024条,求所用单色光的波长.

5.18 把折射率为$n=1.632$的玻璃片放入迈克耳孙干涉仪的一条光路中,观察到有150条干涉条纹向一方移过.若所用单色光的波长为$\lambda=5\ 000$ Å,求此玻璃片的厚度.

5.19 用迈克耳孙干涉仪观察等倾干涉圆条纹,原来视场中有12个亮环,移动可动镜M_1的过程中,视场中心陷入10个亮斑,最后在视场中只剩下5个亮环,求原来视场中心亮斑的级次.

第6章　光的衍射

6.1　光的衍射　惠更斯-菲涅耳原理

6.1.1　光的衍射现象

光波遇到障碍物时，偏离直线传播而进入几何阴影区域，使光强重新分布的现象，称为**光的衍射现象**.

如图 6.1 所示，使平行光通过可以调节宽窄的狭缝 K 后，在屏幕 E 上呈现光斑. 若狭缝宽度 d 远大于波长 λ($d > 10^4\lambda$)，光斑和狭缝形状相同，这时可把光看成是沿直线传播的，如图 6.1(a) 所示. 若缩小缝宽 d 使它可与光的波长 λ 相比较($d < 10^3\lambda$)，则屏 E 上呈现的光斑亮度减弱，但宽度比狭缝大，且在中央光斑两侧对称地出现了明暗相间的条纹. 这说明光通过障碍物后不仅传播方向发生改变，而且光的强度也发生了重新分布，产生了所谓的衍射图样，如图 6.1(b)所示. 衍射现象的特点是：光束向受到限制的方向扩展，对光束的限制越厉害(如光通过窄细狭缝或孔等)，其衍射图样越扩展，即衍射效应越显著.

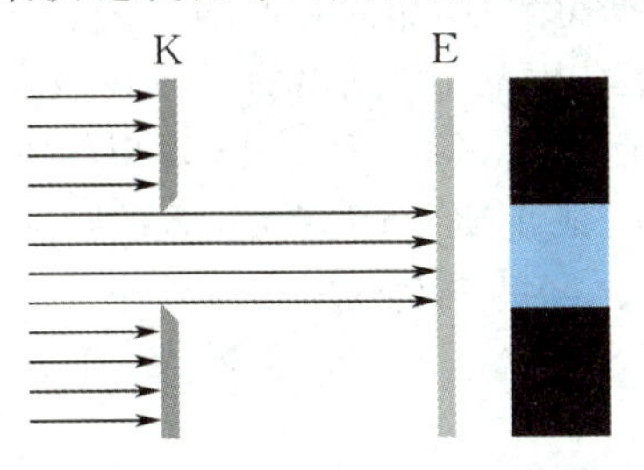

(a) 缝宽远大于波长时看作直线传播

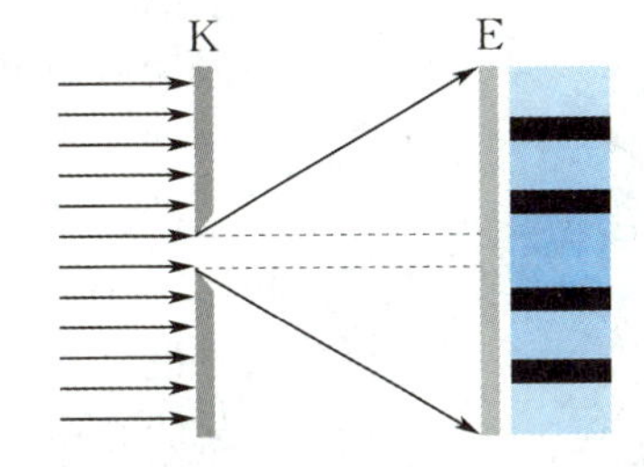

(b) 缝宽可与波长相比时产生衍射条纹

图 6.1　衍射现象

6.1.2　两类衍射问题

衍射系统由光源、衍射屏和接收屏组成. 通常根据三者相对位置的远近，把衍射现象分为两类：一类是光源和接收屏(或其中之一)与衍射屏的距离为有限远时的衍射，称为**菲涅耳衍射**，如图 6.2(a)所示；另一类是光源和接收屏与衍射屏的距离都是无限远时的衍射，即入射到衍射屏和离开衍射屏的光都是平行光的衍射，称为**夫琅禾费衍射**. 如图 6.2(b)所示.

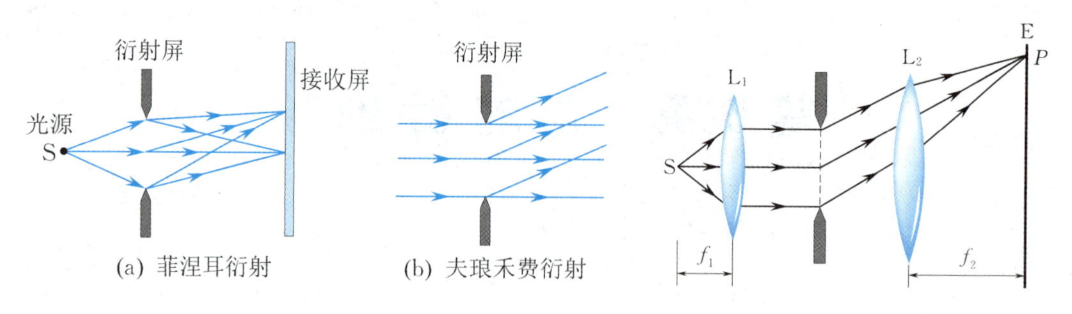

图 6.2 衍射分类　　图 6.3 在实验室中实现夫琅禾费衍射

在实验室或实际应用中的夫琅禾费衍射,是利用透镜来获得平行光的.如图 6.3 所示,从位于透镜 L_1 焦点的点光源发出的光,经过 L_1 形成平行光投射到单缝上,而透镜 L_2 将通过单缝的平行光聚焦在其焦平面上.利用了两个透镜,对衍射屏来说,就相当于把光源和接收屏都移到无穷远去了.本章着重讨论单缝和光栅的夫琅禾费衍射及应用.

6.1.3 惠更斯-菲涅耳原理

光的衍射是怎样产生的?怎样解释呢?利用惠更斯原理可以解决波传播的方向问题.惠更斯原理指出:波阵面上的每一点都可看成新波源,这些新波源向外发射子波,任意时刻各个子波的包迹构成新的波阵面.惠更斯原理可以定性说明光通过衍射屏时为什么传播方向会发生改变,但要完全解释和说明光的衍射现象,还必须解决光沿不同方向传播时的强度问题.1818 年,菲涅耳提出了子波的相干叠加的概念,发展了惠更斯原理,建立了惠更斯-菲涅耳原理:从同一波面上各点发出的子波,在传播到空间某一点时产生相干叠加.空间各点波的强度由各子波在该点的相干叠加所决定.

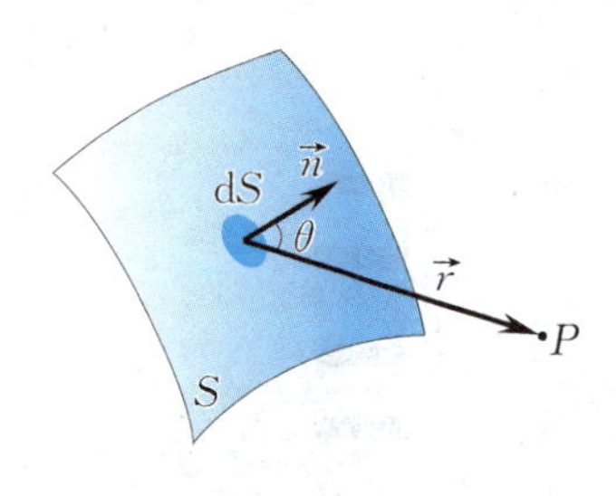

图 6.4 惠更斯-菲涅耳原理

如图 6.4 所示,根据惠更斯-菲涅耳原理,空间任意点 P 的光振动可由波阵面 S 上各面元 dS 发出的子波在该点叠加后的合振动来表示.菲涅耳还指出,每一面元 dS 发出的子波在 P 点引起的振动的振幅与 dS 成正比,与 P 点到 dS 的距离 r 成反比,并随 $\vec{r}$ 和 dS 的法线 $\vec{n}$ 之间的夹角 θ 增大而减小.

设 $t=0$ 时波阵面 S 上各点初相位为零,则面元 dS 在 P 点引起的光振动可表示为

$$dE = C\frac{K(\theta)}{r}\cos\left(\omega t - \frac{2\pi}{\lambda}r\right)dS, \tag{6.1}$$

式中 C 为比例系数,$K(\theta)$ 是随 θ 角增大而缓慢减小的函数,称为倾斜因子.当 $\theta=0$ 时,$K(\theta)$ 最大;当 $\theta \geqslant \frac{\pi}{2}$ 时,$K(\theta)=0$,因而子波叠加后振幅为零,由此可说明子波不能向后传播.

P 点处的合振动是波阵面上所有 dS 发出的子波在 P 点处引起的振动叠加,即

$$E = \iint_S C\frac{K(\theta)}{r}\cos\left(\omega t - \frac{2\pi}{\lambda}r\right)dS. \tag{6.2}$$

式(6.2)是惠更斯-菲涅耳原理的数学表达式.它是研究衍射问题的理论基础,可以定量计算并解释各种衍射场的分布,但计算相当复杂.下面我们采用菲涅耳提出的半波带法来讨论单缝夫琅禾费衍射现象,以避免繁杂的计算.

6.2 单缝夫琅禾费衍射

单缝夫琅禾费衍射实验装置如图 6.5 所示. 在衍射屏 K 上开有一个细长狭缝，单色点光源 S 发出的光经透镜 L_1 后变为平行光束照射在单缝上，穿过单缝的光再经过透镜 L_2 聚焦在焦平面处的屏幕 E 上，呈现出一系列平行于狭缝的衍射条纹.

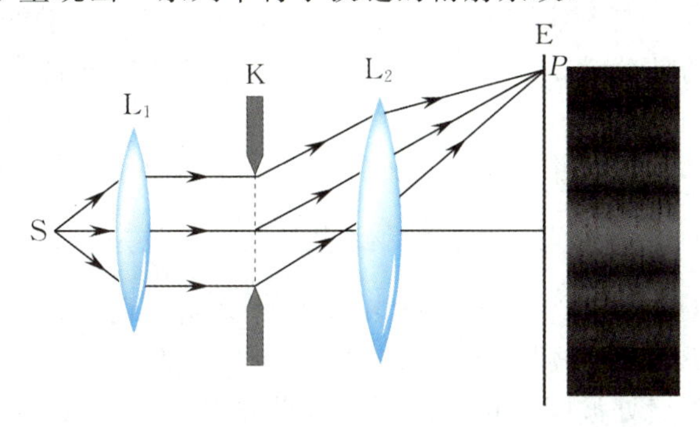

图 6.5　单缝衍射实验装置

下面用菲涅耳半波带法来分析单缝夫琅禾费衍射.

在图 6.6(a)中，衍射屏 K 上有一宽度为 a 的单缝，平行单色光垂直照射，根据惠更斯-菲涅耳原理，单缝所在处的波面 AB 上各点都是相干的子波源，透镜 L 把每一平行光束分别会聚在屏幕 E 上的不同位置进行相干叠加.

先分析沿着原入射方向传播的衍射光束 1，从 AB 面发出时的相位是相同的，而经过透镜又不会引起附加光程差，它们经透镜会聚于焦点 O 时，相位仍然相同，因此 O 点处出现明纹，称为中央明纹.

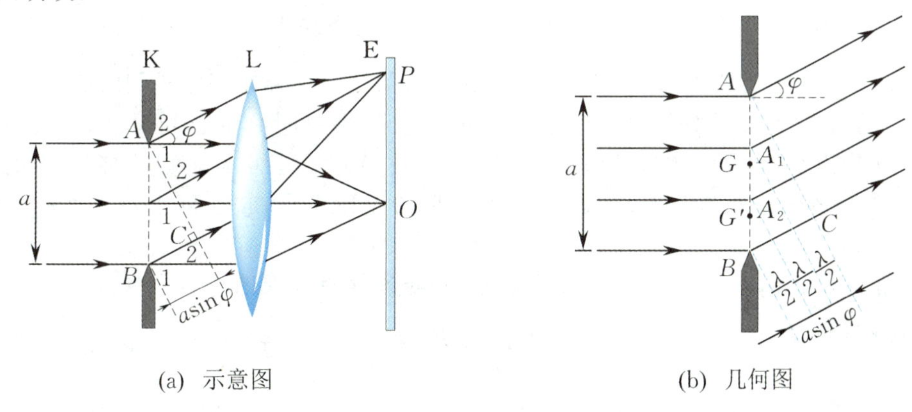

(a) 示意图　　(b) 几何图

图 6.6　单缝衍射条纹的计算

再分析与原入射方向成 φ 角(φ 称为衍射角) 方向传播的衍射光束 2，它们经透镜 L 会聚

于屏幕上 P 点. 显然,由单缝 AB 上各点发出的衍射光到达 P 点的光程各不相同,所以各子波在 P 点的相位也各不相同. 作 AC 垂直于 BC,则由 AC 面上各点到 P 点光程相等,这组平行光的光程差仅取决于它们从缝面各点到达 AC 面对应点时的光程差,最大光程差为 AB 两条边缘光线之间的光程差,即

$$BC = a\sin\varphi.$$

衍射角 φ 不同,最大光程差 BC 也不相同,P 点的位置也不同. P 点处的明暗完全取决于光程差 BC 的量值.

如图 6.6(b)所示,作一些平行于 AC 的平面交于波阵面 AB,使两个相邻平面之间的距离等于入射光的半波长,即 $\frac{\lambda}{2}$. 设交线可将波阵面 AB 分成 $AA_1, A_1A_2, \cdots, A_nB$ 等整数个部分(图中以波阵面 AB 被分成三个部分为例). 每个部分的面积相等,各个部分在 P 点所引起的光振幅接近相等,这样的部分就是**菲涅耳半波带**. 利用这样的半波带来分析衍射图样的方法称半波带法.

两个相邻半波带上,任意两个对应点(如图 6.6(b)中 A_1A_2 带上的 G 点与 A_2B 带上的 G' 点)所发出的光线的光程差为 $\frac{\lambda}{2}$,经过透镜后到达 P 点时相位差为 π,可见任意两个相邻半波带所发出的光线在 P 点将相互抵消. 由此可知,对应于某给定衍射角 φ,单缝处波阵面可分成偶数个半波带时,即当 BC 是半波长的偶数倍时,所有半波带的作用成对地相互抵消,P 点处是暗条纹的中心;如果单缝处波阵面可分成奇数个半波带,即 BC 是半波长的奇数倍,两两相互抵消的结果,还留下一个半波带起作用,那么 P 点处应近似为亮条纹的中心. 同时必须注意,对于其他的衍射角 φ 来说,AB 一般不能恰好分成整数个半波带,即 BC 不一定等于 $\frac{\lambda}{2}$ 的整数倍,对应于这些衍射角的衍射光束,经透镜会聚后,在屏幕上的光强介于最明与最暗之间.

综上所述可知,当平行光垂直于单缝入射时,单缝衍射明暗条纹的衍射角 φ 满足:

$$a\sin\varphi = 0, \qquad \text{中央明条纹中心,} \tag{6.3}$$

$$a\sin\varphi = \pm(2k+1)\frac{\lambda}{2}, \quad k = 1,2,\cdots, \qquad \text{明条纹中心(近似),} \tag{6.4}$$

$$a\sin\varphi = \pm 2k\frac{\lambda}{2}, \quad k = 1,2,\cdots, \qquad \text{暗条纹中心.} \tag{6.5}$$

式(6.4)和(6.5)中 k 为衍射级次,正、负号表示衍射条纹对称分布于中央明纹的两侧.

图 6.7 是单缝夫琅禾费衍射相对光强分布的情况. 中央明纹中心光强最大,其他各级明条纹中心的光强与中央明条纹相比较明显下降. 这是因为随着级次 k 的增加,对应的衍射角增大,波阵面分成的半波带数目增加,每个半波带的面积变小,它在屏上对光强的贡献也就越小.

利用图 6.7,我们可以分析条纹宽度分布. 中央条纹的宽度即为两个第 1 级暗条纹中心的间距. 对第 1 级暗纹有 $a\sin\varphi_1 = \pm\lambda$,当 φ_1 很小时,$\varphi_1 \approx \sin\varphi_1 = \pm\frac{\lambda}{a}$,因此**中央明纹的角宽度**(条纹对透镜中心所张的角度)即为 $2\varphi_1 \approx 2\frac{\lambda}{a}$. 有时也用半角宽度描述,即

$$\varphi_1 \approx \frac{\lambda}{a}. \tag{6.6}$$

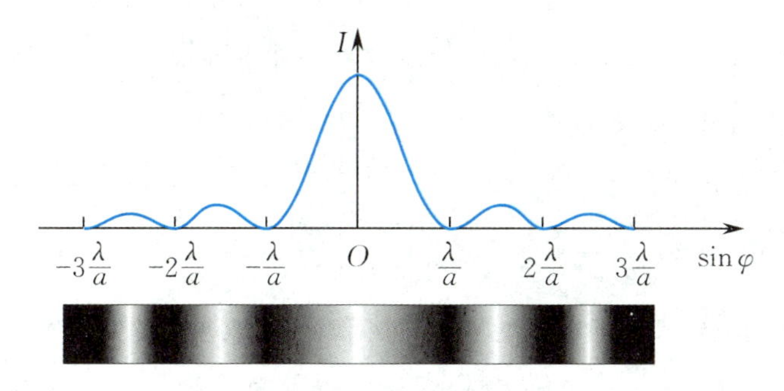

图 6.7 单缝夫琅禾费衍射相对光强分布图

这一关系称为**衍射的反比律**. 以 f 表示透镜的焦距,则条纹在屏幕上所处位置 P 点与 O 点的距离为 $x = f\tan\varphi$, 在屏幕上观察到的**中央明纹的线宽度**为

$$l_0 = 2x_1 = 2f \cdot \tan\varphi_1 \approx 2f\varphi_1 = \frac{2\lambda f}{a}. \tag{6.7}$$

而衍射角较小时其他明纹宽度(相邻暗纹之距离)为

$$\Delta x = x_{k+1} - x_k = f\tan\varphi_{k+1} - f\tan\varphi_k \approx f\sin\varphi_{k+1} - f\sin\varphi_k = \frac{\lambda f}{a}. \tag{6.8}$$

显然中央明纹为 k 较小的明纹宽度的两倍.

对于一定的波长 λ, a 越小,与各级条纹对应的 φ 角就越大,衍射也就越显著. a 越大,与各级条纹对应的 φ 角就越小,这些条纹都向中央明纹靠拢,衍射也就越不显著. 当 $a \gg \lambda\left(\frac{\lambda}{a} \to 0\right)$ 时,光将沿直线传播,衍射效应可以忽略. 由此可知,通常所说的光的直线传播现象,是光的波长较障碍物的线度很小,即衍射现象不显著的情况.

对一定宽度的单缝, $\sin\varphi$ 与波长 λ 成正比,单色光的衍射条纹的位置是由 $\sin\varphi$ 决定的. 如果白光作为入射光,白光中各波长的光达到屏上的 O 点均没有光程差,因此中央条纹是白色条纹. 但位于 O 点两侧的各级条纹中,不同波长的单色光在屏上的衍射明纹将不完全重叠. 各单色光的同级明纹将随波长的不同而略微错开,呈现由紫到红的彩色条纹,称为衍射光谱.

波长和缝宽对条纹的影响

例 6.1 用单色平行可见光,垂直照射到缝宽为 $a = 0.5$ mm 的单缝上,在缝后放一焦距 $f = 1$ m 的透镜,在位于焦平面的观察屏上形成衍射条纹. 已知屏上离中央明纹中心 1.5 mm 处的 P 点为明纹,求:(1) 入射光的波长;(2) P 点的明纹级次和对应的衍射角,以及此时单缝波面可分成的半波带数;(3) 中央明纹的线宽度.

解 (1) 对 P 点,因 $\tan\varphi = \frac{x}{f} = \frac{1.5\times10^{-3}}{1} = 1.5\times10^{-3}$,当 φ 很小, $\tan\varphi \approx \sin\varphi \approx \varphi$. 由单缝衍射公式(6.4)可知

$$\lambda = \frac{2a\sin\varphi}{2k+1} = \frac{2a\tan\varphi}{2k+1}.$$

当 $k = 1$ 时, $\lambda = 500$ nm;当 $k = 2$ 时, $\lambda = 300$ nm. 在可见光范围内,入射光波长为 $\lambda = 500$ nm.

(2) P 点为第 1 级明纹, $k = 1$,

$$\varphi \approx \sin\varphi = \frac{3\lambda}{2a} = 1.5\times 10^{-3}\ \text{rad}.$$

半波带数为 $2k+1=3$.

(3) 中央明纹的线宽度为

$$\Delta x = 2f\frac{\lambda}{a} = 2\times 1\times\frac{500\times 10^{-9}}{0.5\times 10^{-3}}\ \text{m} = 2\times 10^{-3}\ \text{m}.$$

例 6.2 波长为 $\lambda = 632.8$ nm 的 He-Ne 激光垂直地投射到缝宽 $a = 2.09\times 10^{-3}$ cm 的狭缝上.现有一焦距 $f = 50$ cm 的凸透镜置于狭缝后面,试求:(1) 由中央明纹的中心到第1级暗纹的角距离;(2) 在透镜的焦平面上所观察到的中央明纹的线宽度.

解 (1) 根据单缝衍射的各最小值位置公式

$$a\sin\varphi_k = k\lambda,\quad k=\pm 1, \pm 2,\cdots,$$

可知

$$\sin\varphi_k = k\frac{\lambda}{a}.$$

令 $k=1$, 得

$$\sin\varphi_1 = \frac{\lambda}{a} = \frac{6.328\times 10^{-5}}{2.09\times 10^{-3}} = 0.03,$$

由于 φ 很小,有 $\sin\varphi_1\approx\varphi_1$,则

$$\varphi_1 = 0.03\ \text{rad} = 1^\circ 43'.$$

(2) 由于 φ_1 十分小,故第1级暗条纹到中央明纹中心的距离为

$$x = f\tan\varphi_1 \approx 50\times 0.03\ \text{cm} = 1.5\ \text{cm},$$

因此中央明纹的线宽度为

$$2x = 2\times 1.5\ \text{cm} = 3\ \text{cm}.$$

*单缝衍射条纹光强分布的计算

半波带法只能大致说明单缝衍射的情况,而菲涅耳积分法则可较精确地给出单缝衍射的规律.

如图 6.8 所示,平行光垂直于缝的平面入射,单缝宽为 a,将缝分成一组平行于缝长的窄带.AB 中心 O' 为坐标原点,在距 O' 为 x 处取宽为 dx 的窄带.按照惠更斯-菲涅耳原理:从每一条窄带发出的次波,其振幅正比于 dx,设光波初相位为 0,A_0 为中央条纹的总振幅,狭缝上单位宽度的振幅为 A_0/a,而宽度 dx 的窄条上次波的振幅为 $A_0 dx/a$,狭缝的各窄带发出次波的振幅为

$$dE_0 = \frac{A_0 dx}{a}\cos\omega t.$$

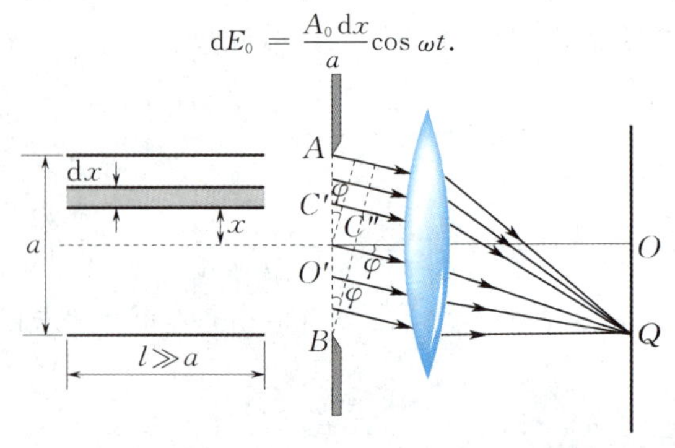

图 6.8 单缝衍射条纹光强分布的计算

由图6.8可知 $O'C'=x$，则 $C'C''=x\sin\varphi$，这是分别从 C' 和 O' 两点发出的次波沿与 $C'C''$ 平行的方向到达平面 $O'C''$ 时的光程差. 于是由(6.2)式得 C'' 的光振动表示为

$$\mathrm{d}E=\frac{A_0\,\mathrm{d}x}{a}\cos\left(\frac{2\pi}{\lambda}x\sin\varphi-\omega t\right),$$

或写成复数形式

$$\mathrm{d}E=\frac{A_0\,\mathrm{d}x}{a}\mathrm{e}^{\mathrm{i}\left(\frac{2\pi}{\lambda}x\sin\varphi-\omega t\right)}.$$

为了简化计算，我们忽略波面上各点到观察点距离差异及倾斜因子的因素. 根据惠更斯-菲涅耳原理可知，P 点的合振幅应为对整个缝宽的积分，有

$$\begin{aligned}E&=\int\mathrm{d}E=\int_{-\frac{a}{2}}^{\frac{a}{2}}\frac{A_0}{a}\mathrm{e}^{\mathrm{i}\left(\frac{2\pi}{\lambda}x\sin\varphi-\omega t\right)}\mathrm{d}x=A_0\,\mathrm{e}^{-\mathrm{i}\omega t}\int_{-\frac{a}{2}}^{\frac{a}{2}}\frac{1}{a}\mathrm{e}^{\mathrm{i}\left(\frac{2\pi}{\lambda}x\sin\varphi\right)}\mathrm{d}x\\&=A_0\,\mathrm{e}^{-\mathrm{i}\omega t}\frac{1}{\mathrm{i}\,\frac{2\pi}{\lambda}a\sin\varphi}\left[\mathrm{e}^{\mathrm{i}\left(\frac{2\pi}{\lambda}a\sin\varphi-\omega t\right)}-1\right].\end{aligned}$$

P 点合成光强为

$$I_P=A_P^2=EE^*=A_0^2\frac{\sin^2\left(\frac{\pi a}{\lambda}\sin\varphi\right)}{\left(\frac{\pi a}{\lambda}\sin\varphi\right)^2}=I_0\frac{\sin^2\left(\frac{\pi a}{\lambda}\sin\varphi\right)}{\left(\frac{\pi a}{\lambda}\sin\varphi\right)^2},$$

令 $u=\frac{\pi a}{\lambda}\sin\varphi$，有

$$I_P=A_P^2=A_0^2\frac{\sin^2u}{u^2}.\tag{6.9}$$

首先确定衍射花样中光强最大值和最小值的位置，即求出满足光强的一阶导数为零的点：

$$\frac{\mathrm{d}}{\mathrm{d}u}\left(\frac{\sin^2u}{u^2}\right)=\frac{2\sin u\cos u\cdot u^2-2u\sin^2u}{u^4}=\frac{2\sin u(u\cos u-\sin u)}{u^3},$$

可得 $\begin{cases}\sin u=0,\\u=\tan u,\end{cases}$ 通过求解这两式，可得出所有的极值点.

(1) 单缝衍射中央最大值：$\sin u=0$，解得 $\sin\varphi_0=0$，即 O 点处，$I_{P_0}=A_0^2$，光强为最大.

(2) 单缝衍射最小值的位置：$\sin u=0$，解得满足

$$u=k\pi,\quad \frac{\pi a}{\lambda}\sin\varphi=k\pi$$

的衍射方向上，即当

$$\sin\varphi=\frac{k\lambda}{a},\quad k=\pm1,\pm2,\cdots$$

时，$A_P=0$，屏上这些点是暗的.

(3) 单缝衍射次最大的位置：在每两个相邻最小值之间有一个最大值，这些最大值的位置由 $u=\tan u$ 方程决定，可用图解法求解. 作直线 $y=u$ 和正切曲线 $y=\tan u$，如图6.9所示，它们的交线就是这个超越方程的解，即

$$u=0,\quad u_1=\pm1.43\pi,\quad u_2=\pm2.46\pi,$$
$$u_3=\pm3.47\pi,\quad u_4=\pm4.48\pi,\cdots.$$

分列于中央主极大两边的次最大的位置为

$$\sin\varphi_{10}=\pm1.43\frac{\lambda}{a}\approx\pm\frac{3}{2}\frac{\lambda}{a},$$

$$\sin\varphi_{20}=\pm2.46\frac{\lambda}{a}\approx\pm\frac{5}{2}\frac{\lambda}{a},$$

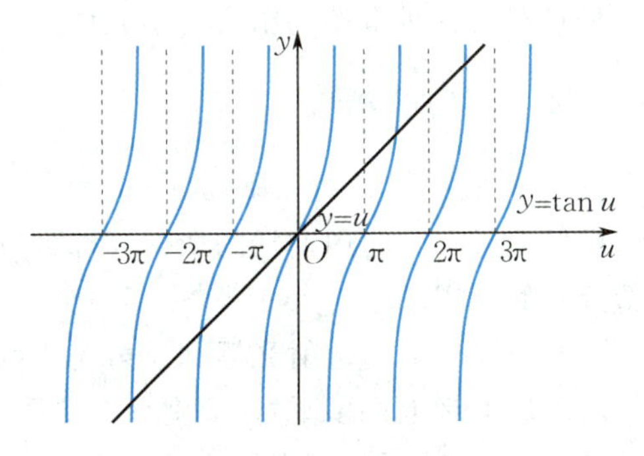

图6.9　超越方程的解

$$\sin\varphi_{30}=\pm 3.47\frac{\lambda}{a}\approx\pm\frac{7}{2}\frac{\lambda}{a},$$

$$\cdots$$

$$\sin\varphi_{k0}\approx\pm\left(k+\frac{1}{2}\right)\frac{\lambda}{a}.$$

与之相应的光强为

$$A_1^2=0.047\,2A_0^2,\quad A_2^2=0.016\,5A_0^2,\quad A_3^2=0.008\,3A_0^2,\quad \cdots.$$

单缝衍射图样的相对光强的分布情况如图 6.10 所示.由分析可看出,各级明纹的光强随着级次 k 值的增大而迅速减弱.第 1 级次级明纹的光强约为中央明纹光强的 5%.

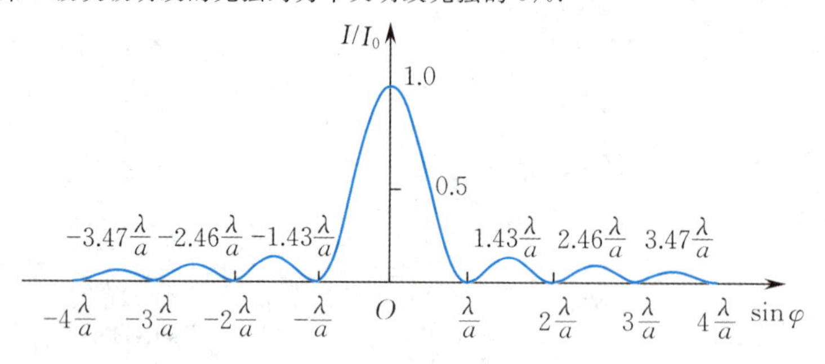

图 6.10 单缝衍射光强分布

计算结果分析显示,与半波带法相比,除中央明纹外,由菲涅耳积分算出的各级明纹都要向中央明纹靠近一些,与实验结果比较,积分法较为精确.

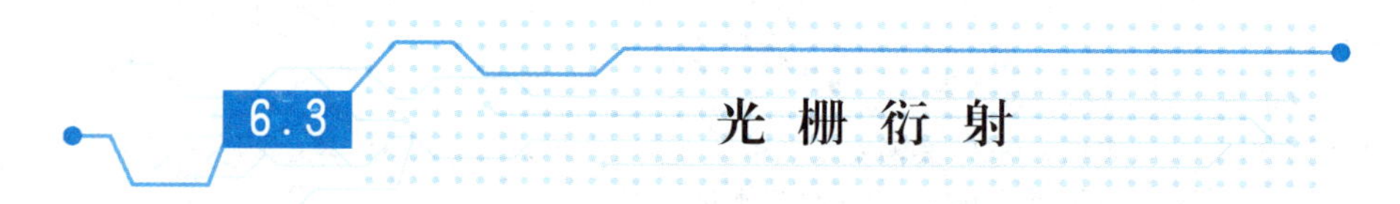

6.3 光栅衍射

从 6.2 节的讨论可知,如果利用单色光通过单缝时所产生的衍射条纹来测定该单色光的波长,为了准确测量,要求使明条纹很亮、很窄,且分得很开.可是单缝衍射要条纹分得开,就要求单缝的宽度 a 很小,但这样会使通过单缝的光能量减少,导致条纹不够明亮且难以看清楚,影响测量的精准.在实际测定光波波长时,常采用衍射光栅来解决这个问题.衍射光栅是一种具有高分辨本领的精密光学元件.

6.3.1 衍射光栅

1. 光栅

任何具有空间周期性的衍射屏都可以看成**衍射光栅**.光栅对光的传播起着限制和能量重新分布的作用.

光栅又可分为透射光栅和反射光栅两种.如图 6.11 所示,透射光栅是在一块光洁度很高的玻璃坯上刻上许多平行、等宽而又等距的刻痕,刻痕处因漫反射而不大透光,相当于不透光部分,未刻过的部分相当于透光的狭缝.它是利用透射光来产生衍射图样的.如图 6.12 所示,反射光栅是在光洁度很高的金属平面上刻出具有周期形状的反射面,它是利用反射光来产生衍射图样的.缝的宽度 a 和刻痕的宽度 b 之和,即 $d=a+b$ 称为**光栅常数**.现代用的衍射光栅在 1 cm 内可刻上 $10^3 \sim 10^4$ 条缝,所以一般的光栅常数约为 $10^{-5} \sim 10^{-6}$ m 的数量级.

光栅作为一种很好的分光元件,它广泛地应用于分光仪器和光谱仪器中.光栅在近代光学的理论和实验中也有着重要的地位.

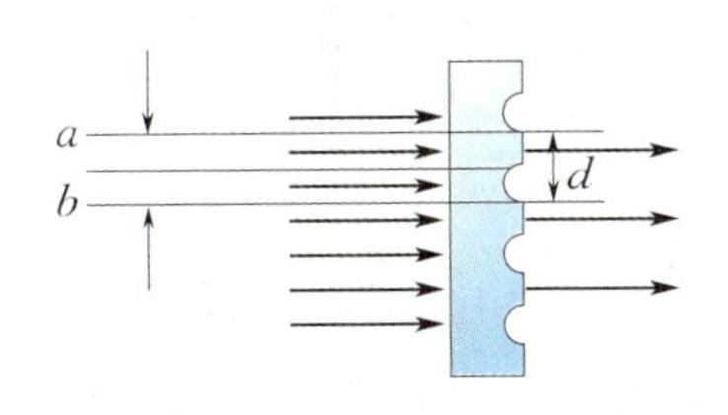

图 6.11 透射光栅

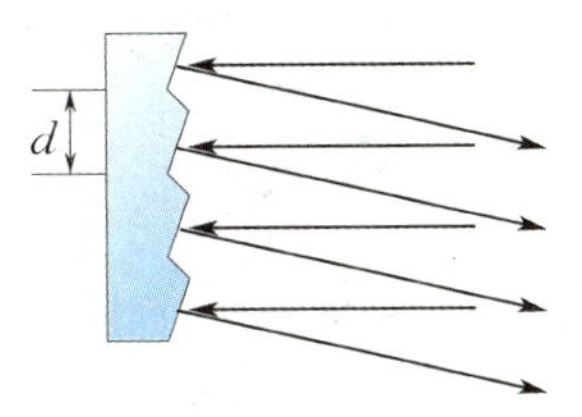

图 6.12 反射光栅

2. 光栅的衍射原理

光栅的衍射原理可由图 6.13 说明.光从狭缝光源 S 发出,经透镜 L_1 后形成平行光垂直照射到光栅上,在各个缝上发生衍射,又由于各个衍射光束是由同一波阵面上分划出来的,它们是相干的,经透镜 L_2 在屏上能产生干涉.光栅同时包括光的衍射和光的干涉两方面的问题,是各个缝上的衍射和各缝之间的干涉,即各个缝上衍射的结果再加多光束干涉.光栅的衍射条纹是单缝衍射和多光束干涉的总效果.

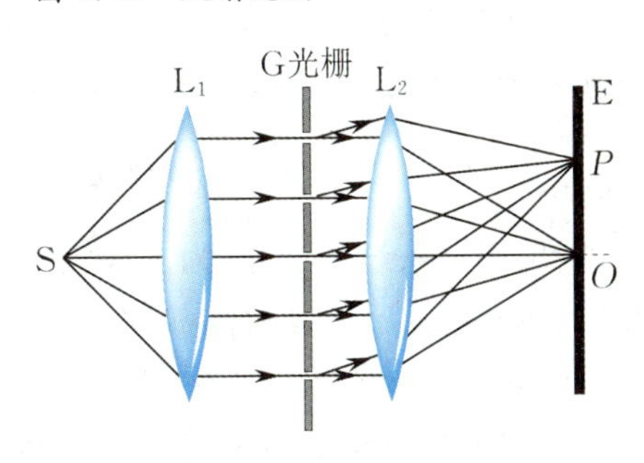

图 6.13 光栅衍射原理图

6.3.2 光栅方程

对于有 N 条缝、光栅常数为 $d=a+b$ 的光栅,先考虑多光束干涉的影响.可以认为各缝共形成 N 个间距都是 d 的同相子波波源,它们沿每一方向都发出频率相同、振幅相同的光波,这些光波的叠加就是多光束的干涉.

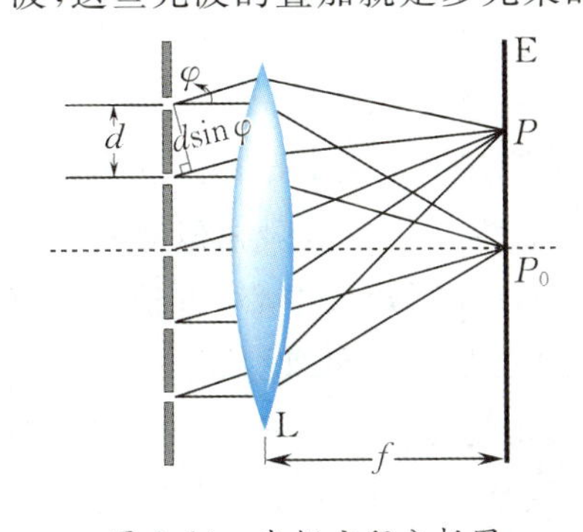

图 6.14 光栅方程分析图

从图 6.14 中可以看出,在衍射角为 φ 时,任意相邻两缝发出的衍射光到达 P 点处的光程差都是相等的,均为 $d\sin\varphi$.由振动的叠加规律可知,当 φ 满足

$$d\sin\varphi = k\lambda, \quad k=0, \pm 1, \pm 2, \cdots \tag{6.10}$$

时,N 个缝的光束在 P 点处干涉加强,合振动的振幅最大,产生明纹.式(6.10)称为**光栅方程**.$k=0$ 对应于中央明纹,正负号表示各明纹在中央明纹两侧对称分布.满足光栅方程的明条纹称为主极大,又叫作光谱线.从光栅方程可以看出,在波长一定的单色光照射下,光栅常数 d 愈小,各级明条纹的 φ 角愈大,因而相邻两个明条纹分得愈开.

以上讨论的是平行单色光垂直入射到光栅上的情况.如果平行光倾斜地入射到光栅上,入射方向与光栅平面法线之间的夹角为 θ,那么相邻两缝的入射光在入射到光栅前已有光程差 $d\sin\theta$,所以光线斜入射时的光栅方程应为

$$d(\sin\varphi \pm \sin\theta) = k\lambda, \quad k=0, \pm 1, \pm 2, \cdots, \tag{6.11}$$

式中 φ 表示衍射方向与法线间的夹角,θ 和 φ 均取正值. 当 φ 与 θ 在法线同侧,如图 6.15(a)所示,式(6.11)左边括号中取加号;在异侧时取减号,如图 6.15(b)所示.

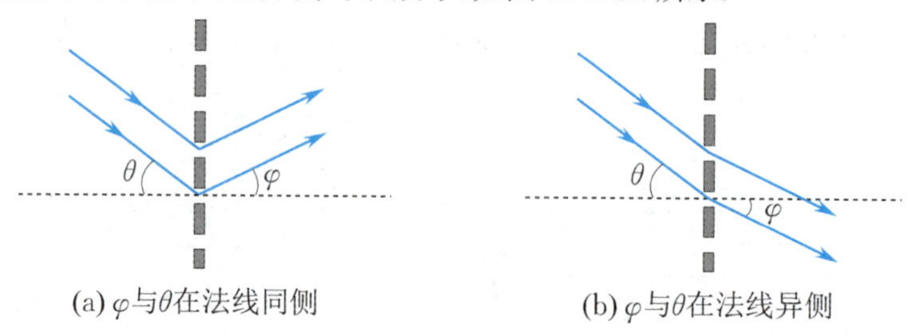

图 6.15 平行单色光的倾斜入射

在光栅衍射中,相邻两主极大之间还分布着一些暗条纹. 这些暗条纹是由各缝衍射光因干涉相消而形成的. 可以证明,当 φ 角满足下述条件:

$$(a+b)\sin\varphi = \left(k+\frac{k'}{N}\right)\lambda, \quad k=0,\pm1,\pm2,\cdots \tag{6.12}$$

时,则出现暗条纹. 式中 k 为主极大级数,N 为光栅缝总数,k' 为正整数,取值为 $k'=1,2,\cdots,N-1$. 由式(6.12)可知,在两个主极大之间,分布着 $N-1$ 条暗条纹. 显然,在这 $N-1$ 条暗条纹之间的位置光强不为零,但其强度比各级主极大的光强要小得多,称为次级明条纹. 因此在相邻两主极大之间分布有 $N-1$ 条暗条纹和 $N-2$ 条光强极弱的次级明条纹. 这些明条纹几乎是观察不到的,实际上在两个主极大之间是一片连续的暗区,且缝数 N 愈多,暗条纹也愈多,暗区愈宽,明条纹愈细窄. 多光束干涉的结果是在几乎黑暗的背景上出现一系列又细又亮的光栅衍射条纹.

6.3.3 单缝衍射对光栅衍射的影响

对于单缝衍射,在不同的 φ 方向,衍射光的强度是不同的. 显然,多光束干涉的各级明条纹将要受单缝衍射的调制.

光栅上的每一个狭缝都要单独产生衍射图样,但是每个衍射图样只取决于衍射角,与缝的上下位置无关,这是由透镜的会聚规律决定的. 因此,每个单缝在屏幕上形成的衍射图样的位置和光强分布都相同. N 个单缝衍射合成后,得到光强分布曲线与单缝衍射相似但明纹亮度更亮的衍射图样. 因为对于 N 个缝的光栅,满足式(6.10)的各级明条纹中心,由于多光束干涉加强,其振动的合振幅等于各狭缝发出的光在该处产生的分振幅之和. 设从每一狭缝发出的光,在衍射角为 φ 的明条纹中心的分振幅为 $A_{1\varphi}$,则从组成光栅的 N 个缝发出的光在该处的合振幅为 $A_\varphi = NA_{1\varphi}$. 又由于光强与光振幅的平方成正比,这样可得出结论:光栅衍射中各级明条纹中心的光强是单缝衍射在该处产生的光强的 N^2 倍,即光栅衍射中各级条纹的光强受到单缝衍射光强的调制. 图 6.16 是一个 $N=5$ 的光栅强度分布示意图,图 6.16(a)是只考虑多光束干涉的光强分布,图 6.16(b)是各单缝衍射的光强分布,图 6.16(c)是受单缝衍射调制的多光束干涉的光强分布,即光栅衍射条纹的光强分布.

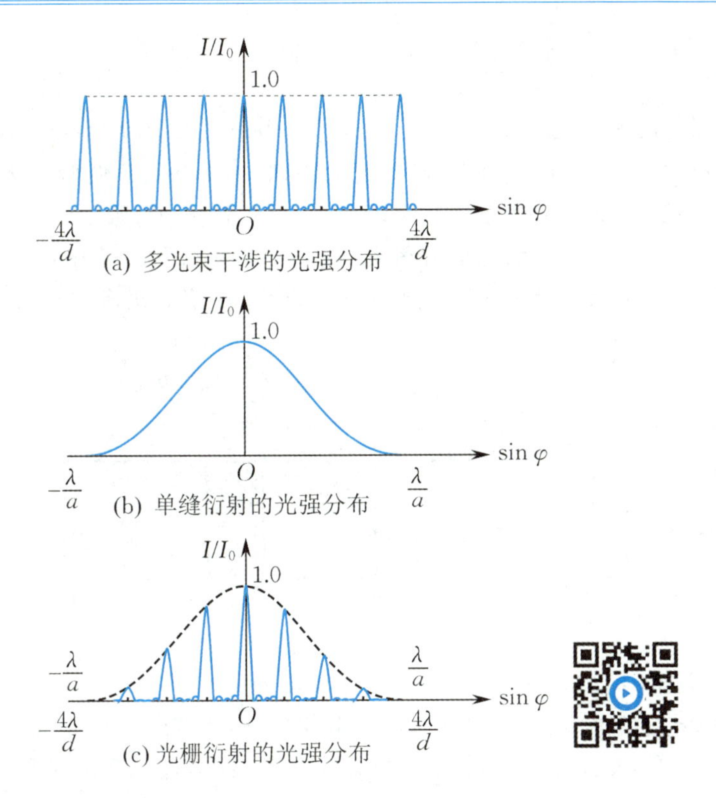

图 6.16　光栅衍射光强分布示意图

6.3.4　光栅的缺级

由于单缝衍射的光强分布在某些 φ 方向时可能为零，如果在 φ 方向按多光束干涉出现某些级的主极大时，这些主极大将消失.

在 φ 方向，主极大满足

$$d\sin\varphi = k\lambda, \quad k = 0, \pm 1, \pm 2, \cdots.$$

在 φ 方向，单缝衍射极小满足

$$a\sin\varphi = k'\lambda, \quad k' = \pm 1, \pm 2, \cdots.$$

如果同时满足上面两个方程，则 k 级主极大缺级. 由此可得光栅缺级的级次为

$$k = \frac{d}{a}k', \quad k' = \pm 1, \pm 2, \cdots. \tag{6.13}$$

例如，当 $d/a = 4$ 时，则 $k = \pm 4, \pm 8, \cdots$ 等主极大缺级. 图 6.16(c)就是这种情形.

综合以上分析，光栅衍射有如下特点.

(1) 与单缝衍射图样相比，光栅衍射的图样中出现一系列强度最大值和最小值，其中那些较强的亮线叫作主极大.

(2) 主极大的位置同缝数 N 无关，但它们的宽度随 N 的增大而减小，其强度正比于 N^2，主极大十分明亮.

(3) 相邻的主极大之间有 $N-1$ 条暗纹和 $N-2$ 条次极大，表示主极大十分窄(谱线细锐).

(4) 光栅衍射强度的分布受到单缝衍射因素的影响.

6.3.5 衍射光谱

由光栅方程 $d\sin\varphi=\pm k\lambda, k=0,1,2,\cdots$ 可知,当白光入射时,中央明纹为白色,其他同一级的条纹不重合,波长较长的在外,波长较短的在内.中央条纹的两侧对称分布着由紫到红对称排列的彩色光带,这些光带的整体叫作**衍射光谱**,如图 6.17 所示.对于同一级的条纹由于波长短的光衍射角小,波长长的光衍射角大,光谱中紫光(图 6.17 中以 V 表示)靠近中央明条纹,红光(图 6.17 中以 R 表示)则远离中央明条纹,在第 2 级和第 3 级光谱中发生了重叠,级数愈高,重叠情况愈复杂.

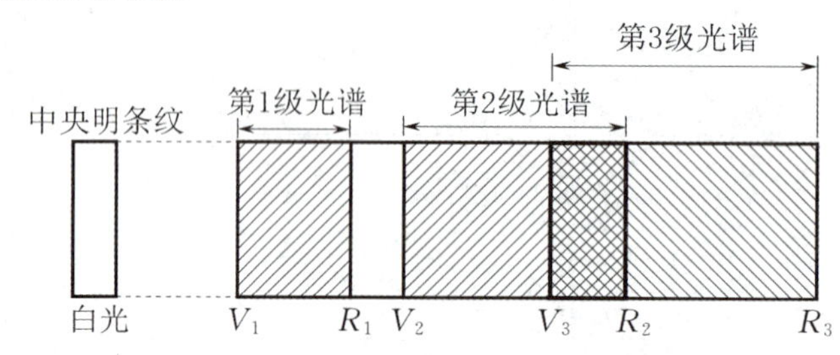

图 6.17 光栅光谱

由于光栅可以把不同波长的光分隔开来,它和棱镜一样是一种分光元件,又由于光栅条纹宽度很窄,测量误差很小,在光谱仪中常用它取代棱镜,构成性能更为优越的光栅光谱仪.

由于电磁波与物质相互作用时,物质的状态会发生变化,伴随有发射和吸收能量的现象,因此对物质发射光谱和吸收光谱的研究已成为研究物质结构的重要手段之一.在实验上,用光栅分光镜观察光谱,测定光谱中各谱线的波长及相对强度,可以确定发光物质的成分及含量.这种分析方法叫作**光谱分析**,在科学研究和工程技术上有着广泛的应用.

例 6.3 用波长为600 nm的单色光垂直入射在一光栅上.狭缝宽度为1.0×10^{-4} m,光栅常数为狭缝的3倍,透镜焦距为 $f=1$ m.(1) 在透镜焦平面上,求单缝衍射的第1,2级暗条纹中心的位置;(2) 求多光束干涉的第1,2级明条纹中心位置;(3) 哪几级明条纹缺级?

解 (1) 由单缝衍射暗条纹中心公式,$a\sin\varphi=\pm k'\lambda$,当 φ 很小时,$\sin\varphi\approx\dfrac{x'}{f}$,其中 x' 为单缝衍射暗纹中心的位置,有

$$x'=\pm\frac{k'\lambda f}{a}=\pm\frac{k'\times600\times10^{-9}\times1}{1\times10^{-4}}\ \text{m}=\pm6\times10^{-3}k'\ \text{m}.$$

当 $k'=1, x_1'=\pm6\times10^{-3}$ m;当 $k'=2, x_2'=\pm1.2\times10^{-2}$ m.

(2) 由光栅方程 $d\sin\varphi=\pm k\lambda(k=0,1,2,\cdots)$,可得

$$x'=\pm\frac{k\lambda f}{d}=\pm2\times10^{-3}k\ \text{m}.$$

当 $k=1, x_1'=\pm2\times10^{-3}$ m;当 $k=2, x_2'=\pm4\times10^{-3}$ m.由结果可知,第1,2级明条纹均在单缝衍射的中央明区域内.

(3) 满足 $\begin{cases}d\sin\varphi=\pm k\lambda,\\ a\sin\varphi=\pm k'\lambda\end{cases}$ 时,明条纹缺级,有 $\dfrac{k}{k'}=\dfrac{a+b}{a}=3$,缺级的明纹级次为 $k=\pm3,\pm6,\pm9,\cdots$.

6.4 圆孔衍射　光学仪器的分辨本领

6.4.1 圆孔衍射

前面我们讨论了平行光通过狭缝产生的衍射现象. 当平行光通过小圆孔时，也会产生衍射现象. 如图 6.18(a)所示，当单色平行光垂直照射小圆孔 K 时，在透镜 L 焦平面处的屏幕 E 上可以观察到圆孔夫琅禾费衍射图样，其中央是一个明亮圆斑，周围为一组明暗相间的同心圆环，由第一暗环所围成的中央光斑称为**艾里斑**. 如图 6.18(c) 所示，艾里斑的直径为 d，其半径对透镜 L 光心的张角 θ 称为艾里斑的半角宽度. 圆孔夫琅禾费衍射图样的光强分布如图 6.18(b)所示，其中艾里斑的光强占整个入射光强的 80%以上.

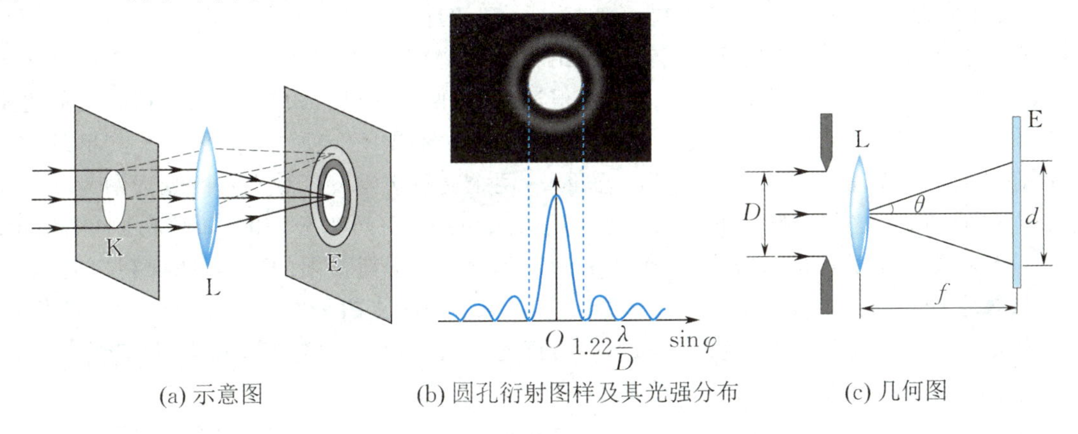

(a) 示意图　(b) 圆孔衍射图样及其光强分布　(c) 几何图

图 6.18　圆孔夫琅禾费衍射

根据理论计算，艾里斑的半角宽度 θ 与圆孔直径 D 及入射光波长 λ 的关系为

$$\theta \approx \sin\theta = 1.22\,\frac{\lambda}{D}. \tag{6.14}$$

如图 6.18(c)所示，

$$\theta \approx \tan\theta = \frac{d/2}{f}, \tag{6.15}$$

艾里斑的直径为

$$d = 2f\tan\theta \approx 2f\theta = 2.44\,\frac{\lambda}{D}f,$$

艾里斑的半径为

$$R = 1.22\,\frac{\lambda}{D}f, \tag{6.16}$$

其中 f 为透镜焦距. 由式(6.16) 可知，圆孔直径 D 愈小或 λ 愈大，则衍射现象愈明显，当

$\frac{\lambda}{D} \ll 1$ 时,衍射现象可忽略.

圆孔衍射的光强分布和单缝衍射相类似,能量大部分集中在艾里斑,一级明环中心的强度仅是艾里斑中心光强的1.75%.因此,在讨论夫琅禾费圆孔衍射时,主要就是讨论它的艾里斑的情况.图6.18(b)给出了圆孔衍射图样及其光强分布.

6.4.2 光学仪器的分辨本领

我们知道,人眼的瞳孔、望远镜、显微镜、照相机等都是通过透镜将入射光会聚成像,其中的透镜可以看成一个透光的小圆孔.从几何光学来看,物体通过透镜成像时,每一物点都有一个对应的像点.然而从波动光学来看,像点不再是一个几何的点,而是一个具有一定大小的艾里斑.如果两个物点距离很近,其相对应的两个艾里斑很可能部分重叠而不易分辨,以致不能清楚地分辨出两个物点的像.这就是说,光的衍射现象使光学仪器的分辨能力受到了限制.圆孔衍射有重要的实际意义.

以透镜为例,分析光学仪器的分辨本领与哪些因素有关.图6.19中 a,b 两物点发出的光,经透镜成像时,将形成两个艾里斑,分别为 a 和 b 的像.如果这两个艾里斑分得较开,相互间没有重叠或重叠较小时,我们就能够分辨出 a,b 两物点的像,从而可判断原来物点是两个点,如图6.19(a)所示.如果 a,b 两物点靠得很近,以致两个艾里斑大部分重叠,这时我们将不能分辨两个物点的像,即原有物点 a,b 不能被分辨,如图6.19(c)所示.如果一个艾里斑的中心正好和另一个艾里斑外的第一暗环中心重叠,两个艾里斑重叠区域中心的光强约为艾里斑中心光强的80%.这种光强差别对视力正常的人来说是恰好可以分辨的,如图6.19(b)所示.

瑞利根据以上的讨论,提出了一个作为确定光学仪器分辨极限的判据,即**瑞利判据:如果一个物体在像平面上形成的艾里斑中心恰好落在另一个物点的衍射第1级暗环上,则这两个物点恰能被光学仪器所分辨.**这时两物点对透镜光心的张角 θ_0 称为**光学仪器的最小分辨角**,其倒数称为**光学仪器的分辨率**或**分辨本领**.

从图6.19(b)中可以看到,最小分辨角 θ_0 正好等于每个艾里斑的半角宽度,即

$$\theta_0 = 1.22\frac{\lambda}{D}, \tag{6.17}$$

分辨本领为

$$\frac{1}{\theta_0} = \frac{D}{1.22\lambda}. \tag{6.18}$$

由式(6.18)可知,光学仪器的分辨本领与仪器的孔径 D 成正比,与光波的波长 λ 成反比.在天文观测中,为了分清远处靠得很近的几个星体,须采用孔径很大的望远镜.而对于显微镜,为了提高分辨本领,则尽量采用波长短的紫光.近代物理的实验证实,电子也具有波动性,而且其波长可与固体中原子间距相比拟(约为0.1~0.01 nm数量级),因此电子显微镜的分辨本领要比普通光学显微镜的分辨本领高数千倍,为研究物质的微观结构提供了极好的工具.

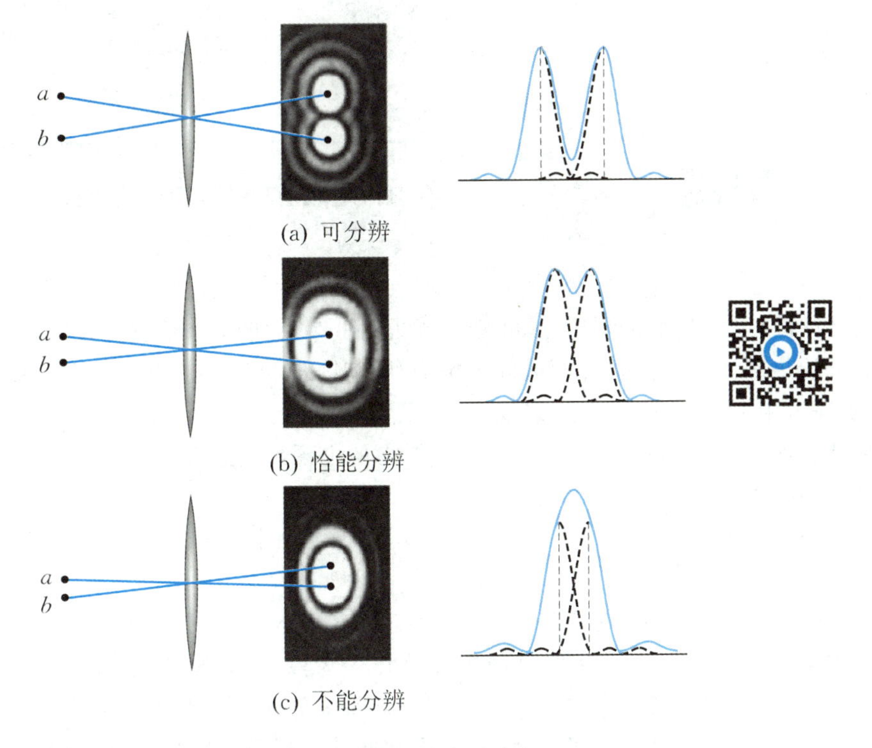

(a) 可分辨

(b) 恰能分辨

(c) 不能分辨

图 6.19　光学仪器的分辨本领

例 6.4　某人看到 2 km 远处有一辆汽车迎面驶来，已知此汽车两盏前灯的距离为 1.2 m.(1) 求两盏灯对此人的角距离；(2) 设此人在夜间的瞳孔直径为 5 mm，车灯发出的波长可用 550 nm 计算，求人眼的最小分辨角；(3) 按上述情况，此人可否分辨这两盏车灯？(4) 车与人的距离 L 等于何值时，此人不能分辨这两盏车灯？

解　(1) 根据图 6.20 可知，两车灯对此人的角距离为

$$\theta=\frac{s}{L}=\frac{1.2}{2\times10^{3}}\ \text{rad}=6\times10^{-4}\ \text{rad}.$$

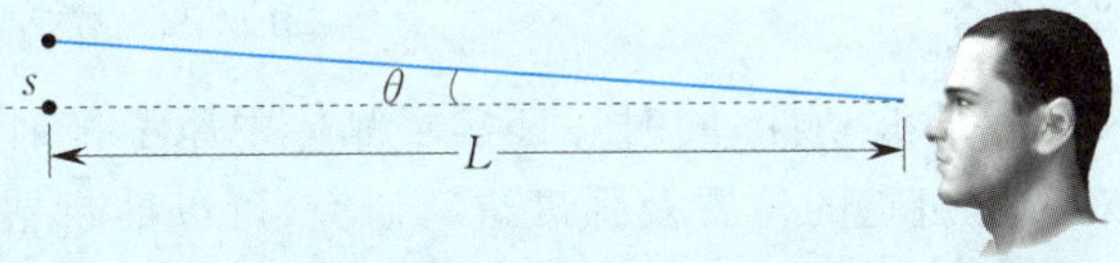

图 6.20　例 6.4 图

(2) 根据式(6.17)可知，人眼的最小分辨角为

$$\theta_0=1.22\,\frac{\lambda}{D}=1.22\times\frac{550\times10^{-9}}{5\times10^{-3}}\ \text{rad}=1.34\times10^{-4}\ \text{rad}.$$

(3) 对比(1)和(2)结论：$\theta>\theta_0$，按瑞利判据可知，此人可分辨两盏车灯.

(4) 此人可分辨两车灯的条件为

$$L\leqslant\frac{s}{\theta_0}=\frac{1.2}{1.34\times10^{-4}}\ \text{km}=9\ \text{km}.$$

这表明汽车的距离超过 9 km 时，此人不能分辨两盏车灯，而会看成连成一片的一盏灯.

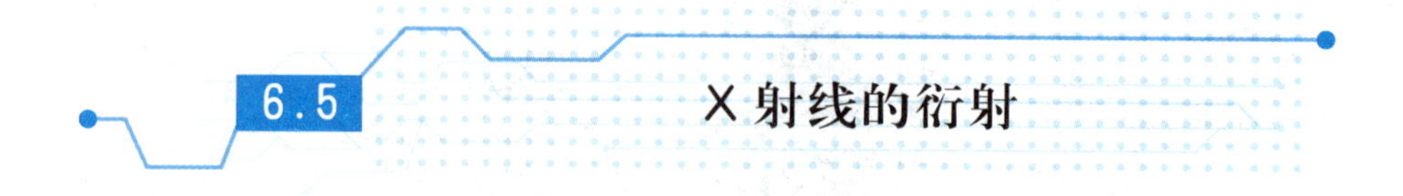

6.5 X射线的衍射

X射线又称伦琴射线,是伦琴于1895年发现的. 图6.21所示为X射线管的结构示意图. K是发射电子的热阴极,A是阳极. 两极间加数万伏高压,阴极发射的电子在强电场作用下加速,高速电子撞击阳极(靶)而产生X射线.

X射线是一种人眼看不见的具有很强穿透能力的电磁波,波长在0.01~10 nm之间. X射线既然是一种电磁波,也应该与可见光一样有干涉和衍射现象. 但由于它的波长太短,用普通光栅观察不到X射线的衍射现象,而且也无法用机械方法制造出光栅常数与X射线波长相近的光栅.

1912年,劳厄考虑到晶体中原子排列成有规则的空间点阵,原子间距为10^{-10} m的数量级,与X射线的波长同数量级,因此可以利用晶体作为天然光栅. 根据劳厄的设想设计的X射线衍射的实验称为劳厄实验. 实验装置如图6.22所示,一束X射线穿过铅屏上的小孔后射向一个单晶片,经晶片衍射后使底片感光,结果在底片上得到一些规则分布的斑点,称为劳厄斑点. 它是由相互加强的X射线束在照相底片上感光所形成的衍射斑点.

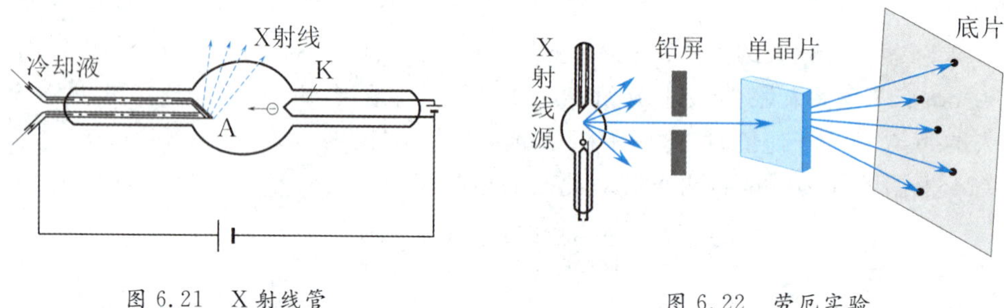

图6.21 X射线管　　图6.22 劳厄实验

劳厄实验证明了X射线的波动性,同时还证实了晶体中原子排列的规则性,其间隔与X射线的波长同数量级. 对劳厄斑点的位置及强度进行研究,可以推断晶体中原子的排列.

1913年,布拉格父子提出一种较为简单的研究X射线衍射的方法,他们认为晶体是由一系列平行原子层组成的,这些原子层称为晶面. 在X射线的照射下,晶体表面和内部每一原子层的原子都成为子波中心,向各个方向发出X射线,这种现象称为散射. 这些散射的X射线彼此相干,在空间将产生干涉.

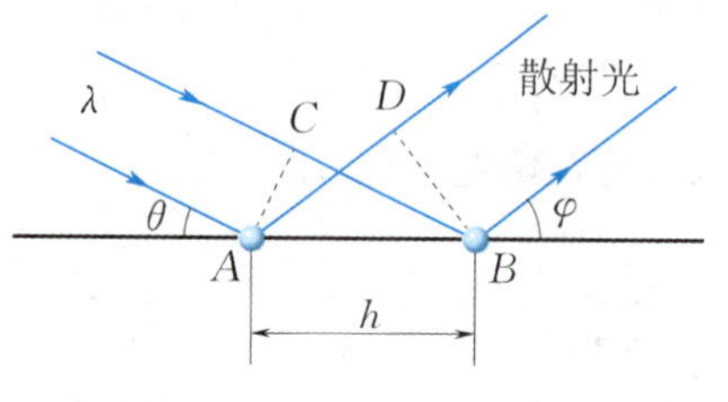

图6.23 X射线的散射

如图6.23所示,对于同一个晶面上各个子波源所发出的子波相干叠加,设入射的X射线与该平面的夹角为θ,散射波与该平面的夹角为φ,那么相邻散射线之间的光程差为

$$AD - BC = h(\cos\varphi - \cos\theta),$$

式中 h 为该平面上原子间的距离.

只有当光程差为波长的整数倍时,散射波才能互相加强. 当 $h(\cos\varphi - \cos\theta) = 0$,即光程差为零时,散射波合成的强度最大,即 $\varphi = \theta$ 时,散射光的光强最大.

对于不同晶面所散射的X射线,如图6.24所示,其相干叠加后的强度由相邻两束散射线的光程差确定,即

$$AC + CB = 2d\sin\varphi,$$

式中 d 为各原子层之间的距离,称为晶格常数.

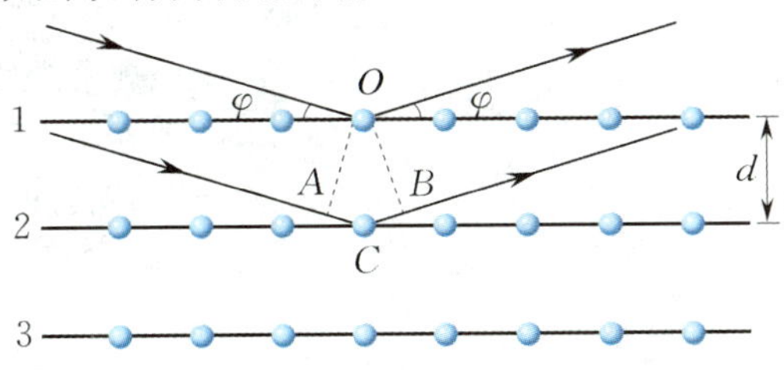

图6.24 推导布拉格公式图

各层散射线互相加强,形成亮点的条件是

$$2d\sin\varphi = \pm k\lambda, \quad k = 1,2,\cdots, \tag{6.19}$$

此公式称为**布拉格公式**.

应用布拉格公式也可以解释劳厄斑点. 晶体内有许多不同方向的原子层,各原子层组的晶格常数 d 各不相同. 当X射线从一定方向入射到晶体表面时,对不同原子层组的掠射角也不同,因此从不同的原子层组散射出去的X射线只有满足布拉格公式时,才能相互加强,在底片上形成劳厄斑点.

X射线的衍射在科学研究和工程技术上有着广泛的应用,主要用于解决下列两个方面的问题.

(1) 若晶体的 d 已知,测得 φ 可得X射线的波长. 由此发展起来的X射线光谱分析,对原子结构的研究极为重要.

(2) 若X射线波长已知,测得 φ 便可测定晶体的晶格常数. 由此发展起来的X射线晶体结构分析,无论在物质结构的研究中还是在工程技术上都有极大的应用价值.

例6.5 已知入射的X射线束含有0.95～1.30 Å范围内的各种波长,晶体的晶格常数为2.75 Å,当X射线以45°角入射晶体时,问对哪些波长的X射线能产生强反射?

解 由布拉格公式 $2d\sin\varphi = k\lambda$,得 $\lambda = \dfrac{2d\sin\varphi}{k}$ 时满足干涉相长.

当 $k=1$ 时,$\lambda_1 = 2\times 2.75\times \sin 45°\ \text{Å} = 3.89\ \text{Å}$;

当 $k=2$ 时,$\lambda_2 = \dfrac{2\times 2.75\times \sin 45°}{2}\ \text{Å} = 1.94\ \text{Å}$;

当 $k=3$ 时,$\lambda_3 = \dfrac{3.89}{3}\ \text{Å} = 1.30\ \text{Å}$;

当 $k=4$ 时,$\lambda_4 = \dfrac{3.89}{4}\ \text{Å} = 0.97\ \text{Å}$;

故只有 $\lambda_3 = 1.30\ \text{Å}$ 和 $\lambda_4 = 0.97\ \text{Å}$ 的X射线能产生强反射.

本章提要

1. 惠更斯-菲涅耳原理

同一波阵面上各点发出的各次级子波之间也能产生干涉，衍射光的光强分布就是由这些次级子波在相遇点的相干叠加所决定的.

2. 夫琅禾费衍射

(1) 单缝夫琅禾费衍射. 根据菲涅耳半波带的性质，当平行光垂直于单缝入射时，单缝衍射明暗条纹的位置衍射角 φ 满足：

中央明纹中心

$$a\sin\varphi=0,$$

明条纹中心(近似)

$$a\sin\varphi=\pm(2k+1)\frac{\lambda}{2},\quad k=1,2,\cdots,$$

暗条纹中心

$$a\sin\varphi=\pm 2k\frac{\lambda}{2},\quad k=1,2,\cdots,$$

式中 k 为衍射级次，正、负号表示衍射条纹对称分布于中央明纹的两侧.

中央明纹的半角宽度，也就是第 1 级暗纹所对应的衍射角，可由暗纹公式令 $k=1$ 求得，即

$$\varphi_1\approx\frac{\lambda}{a}.$$

中央明纹的角宽度为

$$2\varphi_1\approx 2\frac{\lambda}{a},$$

是其他各级明纹角宽度的两倍.

(2) 圆孔衍射和光学仪器的分辨本领.

艾里斑的半角宽度也就是第 1 级暗环所对的衍射角，其值为

$$\theta\approx\sin\theta=1.22\frac{\lambda}{D}.$$

光学仪器最小分辨角的倒数叫作仪器的分辨本领，即

$$\frac{1}{\theta_0}=\frac{D}{1.22\lambda}.$$

3. 光栅衍射

光栅衍射图样是单缝衍射和多缝干涉的综合效应.

(1) 单色光垂直入射时的光栅公式：

$$d\sin\varphi=k\lambda,\quad k=0,\pm1,\pm2,\cdots.$$

光栅公式是决定光栅衍射的各级明纹(即各级主极大)位置的方程.

(2) 缺级现象：光栅谱线受单缝衍射光强度分布的调制. 若在某一方向既满足光栅衍射明纹公式，又满足单缝衍射极小条件：

$$d\sin\varphi=k\lambda,\quad k=0,\pm1,\pm2,\cdots,$$

$$a\sin\varphi=k'\lambda,\quad k'=\pm1,\pm2,\cdots,$$

则对应于该方向的第 k 级明纹将不可能出现，这种现象称为缺级现象.

发生缺级的第 k 级主极大由下式计算：

$$k=\frac{d}{a}k',\quad k'=\pm1,\pm2,\cdots.$$

(3) 光栅光谱. 当光栅常数给定时，某一级的衍射角 φ 与 λ 有关. 当用白光进行衍射时，除中央明纹外，各种波长的单色光的同级明条纹在不同的衍射角出现，形成不同颜色的同级明纹按波长顺序排列的光栅光谱. 因此，光栅具有色散作用.

4. 干涉和衍射的区别和联系

光的干涉是有限数目光振动的叠加. 光的衍射是指无限数目、连续分布的子波源发出的子波的叠加. 因此，可以认为衍射现象是更复杂的干涉现象. 干涉和衍射现象都是光振动的叠加，从本质上讲，两者没有什么区别.

5. 晶体的 X 射线衍射

X 射线通过晶体或在晶面上反射时都可以产生衍射现象.

布拉格公式

$$2d\sin\varphi=k\lambda,\quad k=\pm1,\pm2,\cdots.$$

当满足布拉格公式时，X 射线在两晶面上反射的光线干涉加强，形成亮点.

习　题　6

6.1　试用杨氏双缝实验说明干涉与衍射的区别与联系.

6.2　单缝衍射暗条纹的条件与双缝干涉明条纹的条件在形式上类似,两者是否矛盾? 试解释.

6.3　什么叫半波带? 单缝衍射中怎样划分半波带? 对应于单缝衍射第 3 级明条纹和第 4 级暗条纹,单缝处波面各可分成几个半波带?

6.4　在夫琅禾费单缝衍射实验中,如果把单缝沿透镜光轴方向平移时,衍射图样是否会跟着移动? 若把单缝沿垂直于光轴方向平移时,衍射图样是否会跟着移动?

6.5　在单缝夫琅禾费衍射中,改变下列条件,衍射条纹有何变化?

(1) 缝宽变窄;

(2) 入射光波长变长;

(3) 入射平行光由正入射变为斜入射.

6.6　光栅衍射与单缝衍射有何区别? 为何光栅衍射的明条纹特别明亮而暗区很宽?

6.7　有一条单缝,宽 $a=0.10$ mm,在缝后放一焦距为 50 cm 的会聚透镜,用平行绿光($\lambda=546.0$ nm)垂直照射单缝,试求位于透镜焦面处屏幕上中央明纹及第 2 级明纹的宽度.

6.8　波长为 λ 的单色平行光沿与单缝衍射屏成 α 角的方向入射到宽度为 a 的单狭缝上,试求各级衍射极小的衍射角 θ 值.

6.9　一束单色平行光垂直照射一条单缝,若其第 3 级明条纹位置正好与 6 000 Å 的单色平行光的第 2 级明条纹位置重合,求前一种单色光的波长.

6.10　用橙黄色的平行光垂直照射一宽为 $a=0.60$ mm 的单缝,缝后凸透镜的焦距 $f=40.0$ cm,观察屏幕上形成的衍射条纹.若屏上离中央明条纹中心 1.40 mm 处的 P 点为一个明条纹.

(1) 求入射光的波长;

(2) 求 P 点处条纹的级次;

(3) 从 P 点看,对该光波而言,狭缝处的波面可分成几个半波带?

6.11　单缝宽 0.10 mm,透镜焦距为 50 cm,用 $\lambda=5\,000$ Å 的绿光垂直照射单缝.

(1) 位于透镜焦平面处的屏幕上中央明条纹的半角宽度为多少?

(2) 若把此装置浸入水中($n=1.33$),中央明条纹的半角宽度又为多少?

6.12　用 $\lambda=5\,900$ Å 的钠黄光垂直入射到每毫米有 500 条刻痕的光栅上,问最多能看到第几级明条纹?

6.13　波长为 5 000 Å 的平行单色光垂直照射到每毫米有 200 条刻痕的光栅上,光栅后的透镜焦距为 60 cm.

(1) 求屏幕上中央明条纹与第 1 级明条纹的间距;

(2) 当光线与光栅法线成 30°斜入射时,中央明条纹的位移为多少?

6.14　光栅宽为 2 cm,共有 6 000 条缝.

(1) 如果用钠光(589.3 nm)垂直照射,在哪些角度出现光强极大?

(2) 如钠光与光栅的法线方向成 30°角入射,光栅光谱线将有什么变化?

6.15　波长 $\lambda=6\,000$ Å 的单色光垂直入射到一光栅上,第 2、第 3 级明条纹分别出现在 $\sin\varphi=0.20$ 与 $\sin\varphi=0.30$ 处,第 4 级缺级.求:

(1) 光栅常数;

(2) 光栅上狭缝的宽度;

(3) 在 $90°>\varphi>-90°$ 范围内,实际呈现的全部级次.

6.16　波长为 500 nm 的单色光垂直入射到光栅,如果要求第 1 级谱线的衍射角为 30°,光栅每毫米应刻几条线? 如果单色光不纯,波长在 0.5% 范围内变化,则相应的衍射角变化范围 $\Delta\theta$ 如何? 如果光栅上下移动而保持光源不动,衍射角 θ 又如何变化?

6.17　在夫琅禾费圆孔衍射中,设圆孔半径为 0.10 mm,透镜焦距为 50 cm,所用单色光波长为 5 000 Å,求在透镜焦平面处屏幕上呈现的艾里斑的半径.

6.18　已知地球到月球的距离是 3.84×10^{8} m,设来自月球的光的波长为 600 nm,若在地球上用物镜直径为 1 m 的天文望远镜观察时,刚好将月球正面一环形山上的两点分辨开,则该两点的距离为多少?

6.19 用方解石分析X射线谱,已知方解石的晶格常量为 3.029×10^{-10} m,今在 $43°20'$ 和 $40°42'$ 的掠射方向上观察到两条主极大谱线,求这两条谱线的波长.

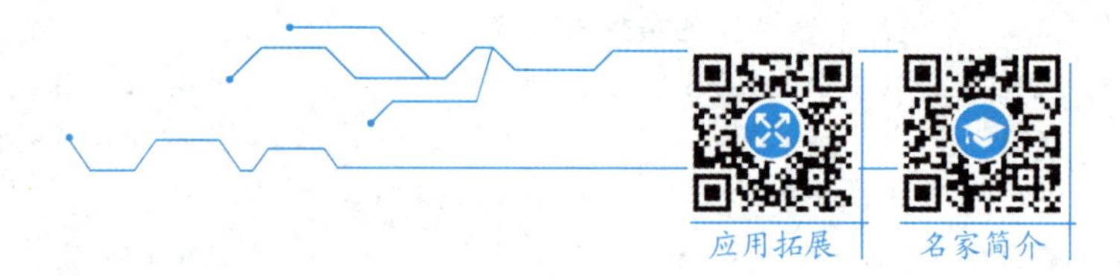

第7章 光的偏振

光的干涉和衍射现象反映了光的波动性,但这些现象还不能说明光是纵波还是横波.光的偏振现象显示出光的横波性,这一结论与光的电磁理论完全一致,或者说这是光的电磁波理论的一个有力证明.

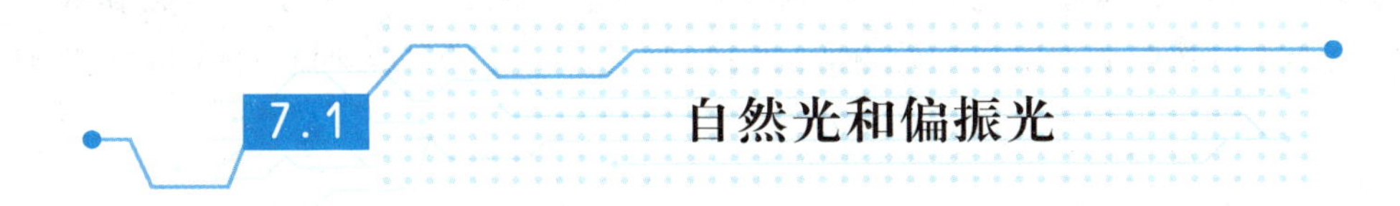

7.1 自然光和偏振光

光波是电磁波,光波中光矢量的振动方向总是与光的传播方向垂直.当光的传播方向确定以后,在与光传播方向垂直的平面内光振动的方向仍然是不确定的,光矢量可能有各种不同的振动状态,这种振动状态通常称为**光的偏振态**.按照光振动状态的不同,可以把光分为五类:自然光、线偏振光、部分偏振光、椭圆偏振光和圆偏振光.

7.1.1 自然光

光是由构成光源的大量原子(分子)发出的.一般光源各个原子的发光彼此独立,各原子发出的光的波列不仅初相位彼此不同,而且振动方向也各不相同.在每一时刻,光源中大量原子所发出的光的总和,实际上包含了一切可能的振动方向,而且平均说来,没有哪个方向上的光振动比其他方向占有优势,因而表现为在不同的方向上有相同的能量和振幅.这种各个方向振动的光强相同的光,称为**自然光**.

图 7.1(a)表示一束自然光,在垂直于光的传播方向的平面内用各个方向长度相等的箭头表示各个方向振动的光矢量的振幅.为研究问题方便起见,常把自然光中各个方向的光振动都分解为方向确定的两个相互垂直的分振动,这样,就可将自然光表示成**两个相互垂直的、振幅相等的、独立的光振动**,如图 7.1(b)所示.这种分解不论在哪两个相互垂直的方向上进行,其分解的结果都是相同的,**两个相互垂直方向的光振动的光强都等于自然光光强的一半**.但应注意,由于光源中各个原子发光是没有联系的,自然光中各个光矢量的振动频率通常不同,它们的振动相位也各不相同,没有恒定的相位差.因此,不能认为它们的合振动为零.图 7.1(c)是自然光的图示,图中用短线表示在纸面内的光振动,用点表示垂直纸面的光振动,点和短线交替均匀画出,表示光矢量在纸面内振动的光强和垂直纸面振动的光强相同.

7.1.2 线偏振光

自然光经过某些物质反射、折射、吸收等,可以成为只具有某一方向振动的光,这种光称

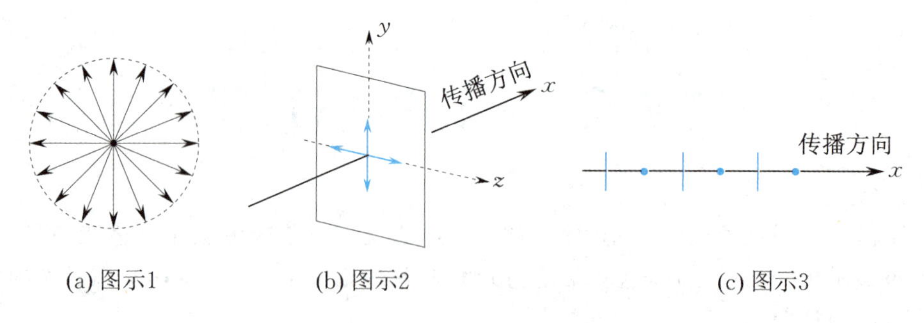

图 7.1 自然光

为**线偏振光**.把光的振动方向和传播方向组成的平面称为振动面.由于线偏振光的光矢量都在同一振动面内,故线偏振光也称为平面偏振光(或完全偏振光).图 7.2 是线偏振光的示意图.图中短线表示光振动方向在纸面内的线偏振光,点表示光振动方向垂直纸面的线偏振光.

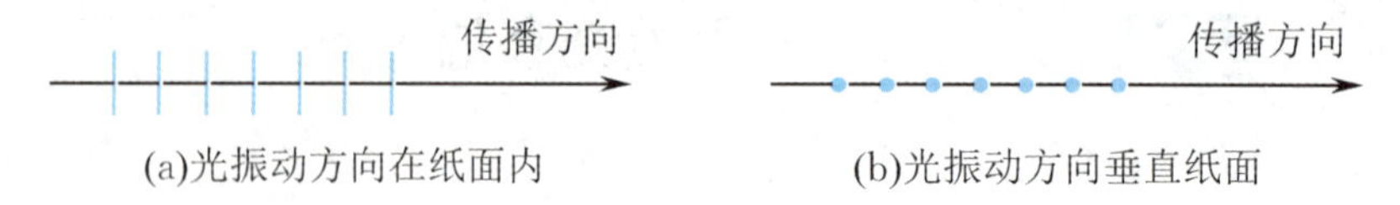

图 7.2 线偏振光

光的振动面不具有轴对称性.光的这种现象叫作**偏振**.很显然只有横波才有偏振现象,这是横波区别于纵波的一个最明显的标志.

7.1.3 部分偏振光

一种介于自然光和线偏振光两者之间的光,称为**部分偏振光**.它和自然光相同的是,光在垂直于光的传播方向的平面内,各方向的振动都有;它和自然光不同的是,各个方向的振幅大小不相等,某一方向振动的光强特别大.部分偏振光可以看成自然光和线偏振光的叠加.图 7.3 是部分偏振光的示意图.图 7.3(a)表示纸面内的光强比垂直纸面的光强大,图 7.3(b)表示垂直纸面的光强比在纸面内的光强大.

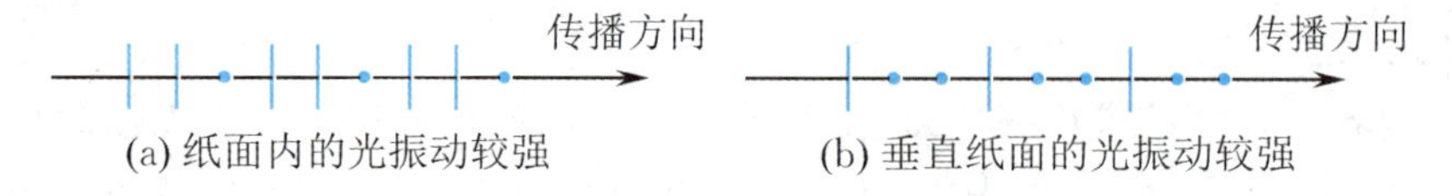

图 7.3 部分偏振光

7.1.4 椭圆偏振光与圆偏振光

椭圆偏振光与圆偏振光的特点是光振动的方向随时间改变,光矢量在垂直于光的传播方向的平面内以一定的角速度旋转.如图 7.4(a)所示,光矢量的端点描绘的轨迹是椭圆,即不仅光矢量的方向随时间改变,光矢量的大小也随时间改变,这种光称为**椭圆偏振光**.如图 7.4(b)所示,如果光矢量的端点描绘出的轨迹是圆,即只是光矢量的方向随时间改变,光矢量的大小不随时间改变,这种光称为**圆偏振光**.关于椭圆偏振光与圆偏振光将在 7.5 节进行深入讨论.

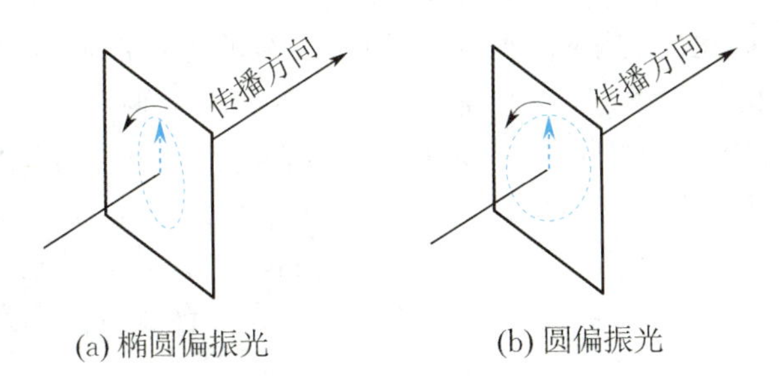

图 7.4　椭圆偏振光与圆偏振光

7.2 起偏和检偏　马吕斯定律

普通光源发出的是自然光，用于从自然光中获得偏振光的器件称为**起偏器**. 人的眼睛不能区分自然光与偏振光，用于鉴别光的偏振状态的器件称为**检偏器**. 常用的起偏器有偏振片、尼科耳棱镜等. 能当作起偏器的也可以当作检偏器. 除此之外，利用光的反射和折射或晶体棱镜也可以获取偏振光. 下面介绍几种产生和检验偏振光的方法.

7.2.1 偏振片的起偏和检偏

具有二向色性的有机晶体，如硫酸碘奎宁、电气石或聚乙烯醇薄膜在碘溶液中浸泡后，在高温下拉伸、烘干，然后粘在两个玻璃片之间，使得它有一个特定的方向，只让平行于该方向的振动通过. 当一束自然光射到透明薄片上时，与此方向垂直的光振动分量完全被吸收，只让平行于该方向的光振动分量通过，从而获得线偏振光. 只允许沿某一特定方向的光通过的光学器件，叫作**偏振片**. 这个特定的方向叫作**偏振片的偏振化方向**，也叫作透光轴方向.

如图 7.5 所示，当自然光垂直照射偏振片 P_1 时，透过 P_1 的光就成为光振动方向平行于该透光轴方向的线偏振光，这一过程称为起偏. 透过 P_1 所形成的线偏振光再垂直入射至偏振片 P_2 时，转动偏振片 P_2，可观察到透射光强度的变化. 显然，偏振片可用来检验某一光束是否为线偏振光，这一过程称为检偏.

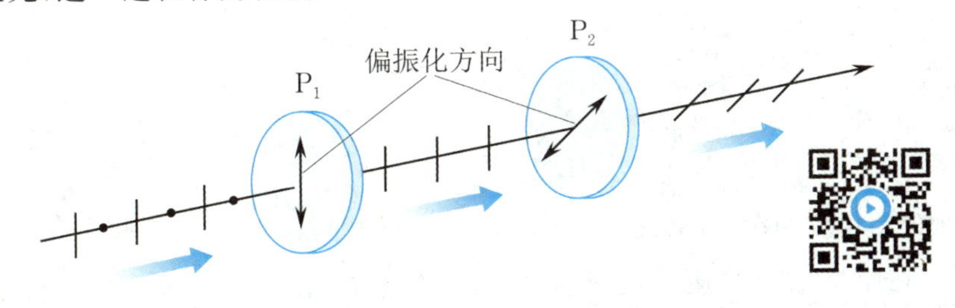

图 7.5　起偏与检偏

当自然光垂直射到偏振片 P_1，透过的光为线偏振光，其振动方向平行于 P_1 的偏振化方向，光强 I_1 只有入射自然光光强 I_0 的一半. 透过 P_1 的线偏振光再射到偏振片 P_2 上，若 P_2 的

偏振化方向与 P_1 的偏振化方向平行,则透过偏振片 P_2 的光强最强;如果偏振片 P_2 的偏振化方向与 P_1 的偏振化方向相互垂直,由于线偏振光全部被 P_2 吸收,在 P_2 的后面光强为零,称为消光.如果让 P_2 绕入射光的传播方向缓慢转动一周时,就会发现透过 P_2 的光强不断改变,并经历两次光强最大和两次消光的过程.

如果入射到 P_2 上的是自然光,上述过程就不会出现;如果入射到 P_2 上的是部分偏振光,只能观察到两次光强最强和两次光强最弱,但不会出现消光的现象.

7.2.2 马吕斯定律

1809 年马吕斯对线偏振光通过检偏器后的透射光光强进行了研究.

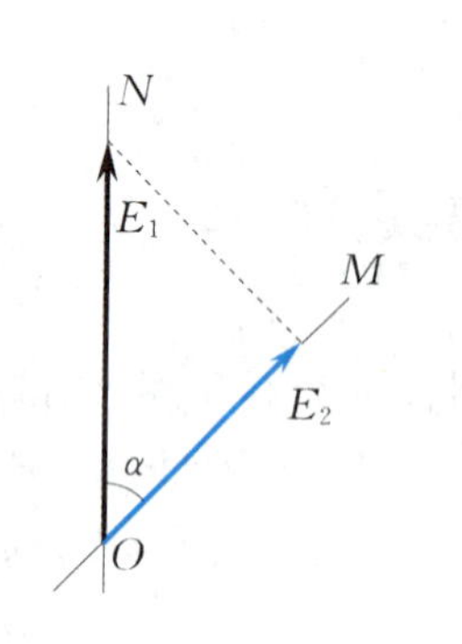

图 7.6 马吕斯定律的证明

如图 7.6 所示,ON 表示起偏器的偏振化方向,OM 表示检偏器的偏振化方向,两者的夹角为 α.设入射线偏振光的光矢量振幅为 E_1,只有平行于检偏器偏振化方向 OM 的分量 $E_1\cos\alpha$ 可以透过检偏器.由于光强和振幅的平方成正比,透过检偏器的透射光强 I_2 和入射线偏振光的光强 I_1 之比为

$$\frac{I_2}{I_1}=\frac{(E_1\cos\alpha)^2}{E_1^2}=\cos^2\alpha,$$

即

$$I_2=I_1\cos^2\alpha. \tag{7.1}$$

式(7.1)称为**马吕斯定律**.由此可知,当 $\alpha=0°$ 或 $\alpha=180°$ 时,$I_2=I_1$,透射光强度最大;当 $\alpha=90°$ 或 $\alpha=270°$ 时,$I_2=0$,没有光从检偏器射出.α 为其他角度时,透射光的强度介于 $0\sim I_1$ 之间.

例 7.1 一束光是自然光和线偏振光的混合.当它通过一偏振片后,测得最大透射光强是最小透射光强的 5 倍,求入射光中自然光和线偏振光的光强之比.

解 设入射光中自然光的光强为 I_1,线偏振光的光强为 I_2.通过偏振片后,自然光的光强为 $\frac{I_1}{2}$,则透射光强中最大光强和最小光强分别为

$$I_{\max}=\frac{1}{2}I_1+I_2,\quad I_{\min}=\frac{1}{2}I_1,$$

又 $\frac{I_{\max}}{I_{\min}}=5$,有

$$\frac{I_2}{I_1}=2,$$

即入射光中自然光和线偏振光的光强之比为 1∶2.

例 7.2 在两个正交偏振片之间插入第三个偏振片,自然光依次通过三个偏振片.(1) 当最后透过的光强为入射光强的 $\frac{1}{8}$ 时,求插入偏振片的方位角;(2) 为使最后透过的光强为零,插入的偏振片应如何放置?

解　设入射的自然光光强为 I_0，且第三个偏振片与第一个和第二个偏振片的透光轴夹角分别为 θ 和 $\frac{\pi}{2}-\theta$，则透过三个偏振片后的光强为

$$I=\frac{1}{2}I_0\cos^2\theta\cos^2\left(\frac{\pi}{2}-\theta\right)=\frac{I_0}{2}\cos^2\theta\sin^2\theta=\frac{I_0}{8}\sin^2 2\theta .$$

(1) 若出射光强为入射光强的 $\frac{1}{8}$，则

$$\sin^2 2\theta=1,\quad \theta=45^\circ,$$

即第三个偏振片与第一个偏振片的透光轴夹角为 45°.

(2) 若 $I=0$，$\sin^2 2\theta=0$，则有

$$\theta=0 \text{ 或 } \theta=90^\circ,$$

即第三个偏振片与第一个偏振片的透光轴夹角为 0 或 90°.

7.3　反射与折射时光的偏振　布儒斯特定律

自然光在两种各向同性介质的分界面上反射和折射时，光的传播方向要改变，光的偏振状态也要改变. 一般情况下，反射光和折射光都将成为部分偏振光. 但在特定情况下，反射光有可能成为线偏振光，即完全偏振光.

如图 7.7(a)所示，一束自然光 AB 以入射角 i 入射到折射率分别为 n_1 和 n_2 的两种介质的分界面上时，BC 和 BC' 分别为反射光线和折射光线，γ 为折射角. 图中用黑点表示与入射面垂直的光振动，用短线表示与入射面平行的光振动. 实验发现，在一般情况下，反射光是部分偏振光，以垂直于入射面的光振动为主；折射光也是部分偏振光，以平行于入射面的光振动为主. 理论和实验都证明，反射光的偏振化程度和入射角有关. 当入射角等于某一特定值 i_0，即满足

$$\tan i_0=\frac{n_2}{n_1} \tag{7.2}$$

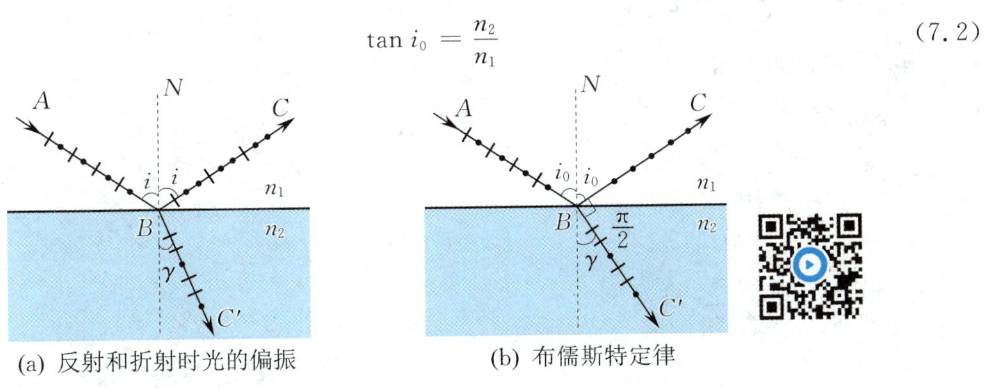

(a) 反射和折射时光的偏振　(b) 布儒斯特定律

图 7.7　反射和折射时光的偏振

时,反射光成为线偏振光,只有垂直于入射面的分振动;而折射光仍为部分偏振光,如图 7.7(b)所示. 式(7.2)称为**布儒斯特定律**. i_0 称为**布儒斯特角**或**起偏振角**.

根据折射定律,$n_1 \sin i_0 = n_2 \sin \gamma$,由布儒斯特定律有

$$\tan i_0 = \frac{\sin i_0}{\cos i_0} = \frac{n_2}{n_1},$$

可得 $\sin \gamma = \cos i_0$,所以

$$i_0 + \gamma = \frac{\pi}{2}.$$

这说明当入射角为起偏振角时,反射光与折射光相互垂直.

当自然光以布儒斯特角从空气入射到玻璃界面时,平行于入射面的光振动全部被折射,而反射光强只占入射自然光中垂直振动光强的 15%,折射光占入射自然光中垂直振动光强的 85%和平行振动的全部光强,虽然折射光的光强很强,但为部分偏振光,偏振化程度却不高. 如果把许多相互平行的玻璃片重叠组装成玻璃片堆,如图 7.8 所示,当自然光以布儒斯特角 i_0 入射到玻璃片堆上时,光在各层玻璃面上反射和折射,与入射面垂直的振动在玻璃片堆的每个分界面上都要被反射掉一部分,增强了反射光的强度,而与入射面平行的振动在各分界面上都被折射. 如果玻璃片足够多,最后透射出来的折射光的振动方向与入射面平行,非常接近线偏振光,提高了折射光的偏振化程度. 因此,利用玻璃片堆可使自然光变为线偏振光,玻璃片堆可作为起偏器或检偏器.

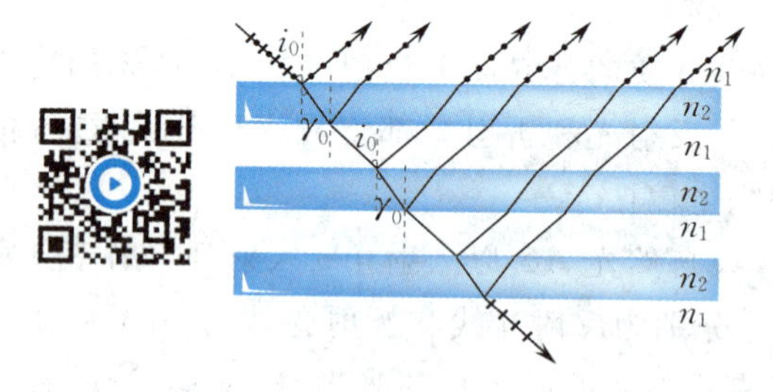

图 7.8 利用玻璃片堆获取线偏振光

例 7.3 一束自然光从空气入射到折射率为 1.40 的液体表面上,其反射光是完全偏振光. (1) 入射角 i_0 等于多少? (2) 折射角 γ 为多少?

解 (1) 根据布儒斯特定律 $\tan i_0 = \frac{n_2}{n_1}$,有

$$\tan i_0 = \frac{1.40}{1},$$

所以

$$i_0 = 54°28'.$$

(2) 因 $i_0 + \gamma = \frac{\pi}{2}$,可得

$$\gamma = 90° - i_0 = 35°32'.$$

例 7.4 已知某材料在空气中的布儒斯特角为 58°，求它的折射率. 若将它放在水中(水的折射率为 1.33)，求布儒斯特角. 该材料对水的相对折射率是多少?

解 设该材料的折射率为 n，空气的折射率为 1，

$$\tan i_0=\frac{n}{1}=\tan 58^\circ=1.599\approx 1.6.$$

放在水中，则对应有

$$\tan i_0'=\frac{n}{n_{水}}=\frac{1.6}{1.33}=1.2,$$

可得它放在水中的布儒斯特角

$$i_0'=50.3^\circ.$$

该材料对水的相对折射率为 $\tan 50.3^\circ=1.2$.

7.4 光的双折射

7.4.1 光的双折射现象 晶体的光轴

一束自然光射向方解石、石英等各向异性介质时，其折射光有两束，这种现象称为**双折射现象**.

实验发现，除立方晶系外，光线进入晶体时，一般都将产生双折射现象. 在图 7.9 的两束折射光线中，一束光在晶体内的传播速度与传播方向无关，即遵守普通的折射定律，称为**寻常光**，简称 **o 光**；一束光在晶体内的传播速度与传播方向有关，即不遵守普通的折射定律，称为**非常光**，简称 **e 光**. 需注意，o 光和 e 光只有在双折射晶体内部才有意义，光线在晶体以外，就无所谓 o 光和 e 光了.

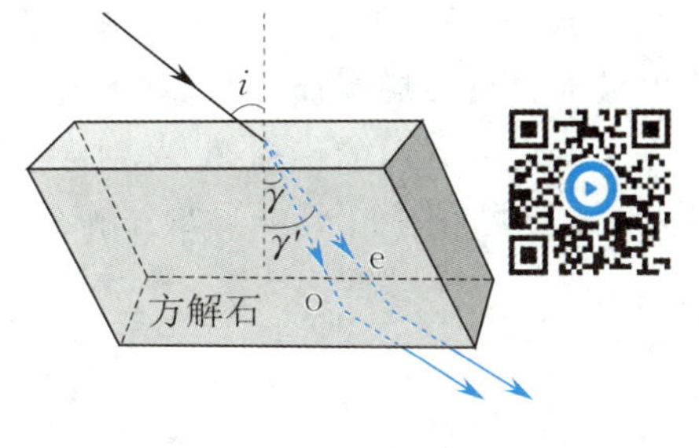

图 7.9 寻常光和非常光

实验还发现，在晶体内存在着一个特殊方向，光沿这个方向传播时不产生双折射，即 o 光和 e 光重合，在该方向 o 光和 e 光的折射率相等，光的传播速度相等，这个特殊的方向称为**晶体的光轴**. 只有一个光轴的晶体称为单轴晶体，如方解石、石英等. 有两个光轴的晶体称为双轴晶体，如云母、蓝宝石等. 我们通过分析天然方解石晶体来说明晶体的光轴. 如图 7.10 所示，方解石晶体是斜平行六面体，两棱之间的夹角约为 78°或 102°. 从其三个钝角面相会合的顶点引出一条直线，并使其与三棱边都成等角，这个直线方向就是方解石晶体的光轴方向. 图 7.10(a)为各棱边都相等的方解石晶体，图 7.10(b)为各棱边不相等的方解石晶体. 应该注意，光轴不是指一条直线，而是强调其“方向”.

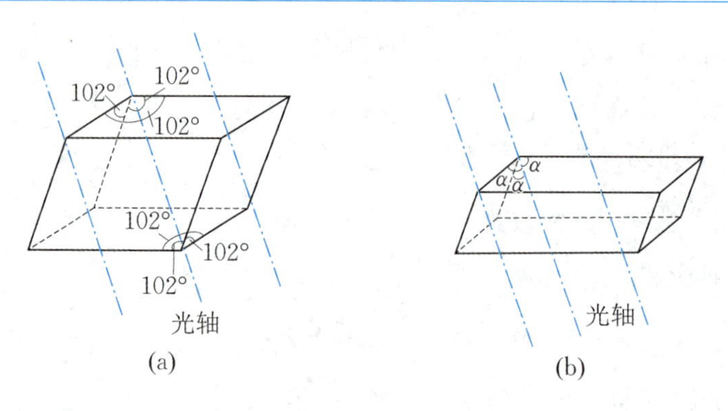

图 7.10 方解石晶体的光轴

7.4.2 单轴晶体中 o 光和 e 光的特性

在晶体中,光线与晶体的光轴所组成的平面称为该光线的主平面,o 光和 e 光各有自己的主平面.实验发现,o 光和 e 光都是线偏振光,但是光矢量的振动方向不同.o 光的光振动垂直于 o 光的主平面,e 光的光振动在 e 光的主平面内.一般情况下,o 光和 e 光的主平面并不重合,它们之间有个不大的夹角.只有当光线沿光轴和晶体表面法线所组成的平面入射时,这两个主平面才严格重合,且就在入射面内,这时 o 光和 e 光的光振动方向相互垂直.这个由光轴和晶体表面法线方向组成的平面称为晶体的主截面.在实际应用中,一般都选择光线沿主截面入射,以使双折射现象的研究更为简化.

在单轴晶体中,o 光沿各个方向传播的速度相同,而 e 光沿各个方向传播的速度是不同的,唯有沿光轴方向 o 光和 e 光的传播速度相同,在垂直于光轴方向 o 光和 e 光的传播速度相差最大.假想在晶体内有一子波源,由它发出的光波在晶体内传播,则 o 光的波面是球面,而 e 光的波面是旋转椭球面,两个波面在光轴方向上相切.用 v_o 表示 o 光的传播速度,v_e 表示 e 光沿垂直于光轴方向的传播速度.对于 $v_o \geqslant v_e$ 的一类晶体,如石英,称为正晶体,如图 7.11(a)所示;另一类晶体 $v_o \leqslant v_e$,如方解石,称为负晶体,如图 7.11(b)所示.

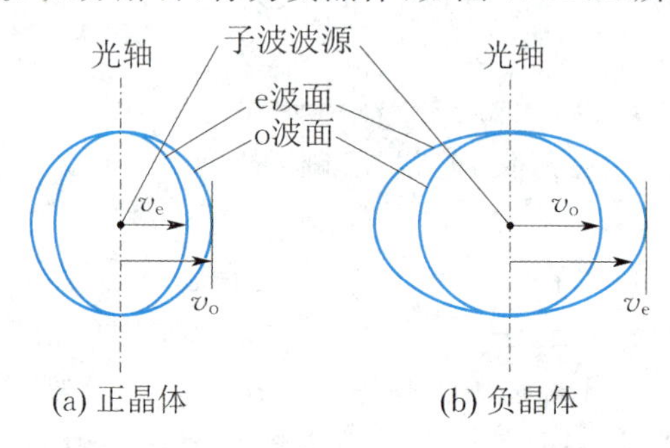

图 7.11 正晶体和负晶体的子波波阵面

根据折射率的定义,对于 o 光,$n_o = \dfrac{c}{v_o}$ 表示 o 光的主折射率,它是与方向无关、只由晶体材料决定的常数.对于 e 光,通常把真空中的光速 c 与 e 光沿垂直光轴方向的传播速度 v_e 之比 $n_e = \dfrac{c}{v_e}$,称为 e 光的主折射率.

7.4.3　惠更斯原理分析单轴晶体中 o 光和 e 光的传播方向

晶体是各向异性介质，光射入单轴晶体中，从一点发出的子波波面有两个，一个是 o 光的球面，另一个是 e 光的旋转椭球面. 下面应用惠更斯作图法分析方解石晶体内部光波的波阵面和 e 光、o 光的传播方向.

（1）自然光倾斜入射晶体表面，光轴在入射面内并与晶体表面斜交.

如图 7.12(a)所示，平行光以入射角 i 倾斜入射到方解石晶体表面. AC 是平面波的一个波面，当入射波 C 传到 D 时，AC 波面上除 C 点外的其他各点，都已先后到达晶体表面 AD 并向晶体内发出子波，其中 A 点发出的 o 光球面子波和 e 光旋转椭球面子波的波面相切于光轴上的 G 点. AD 间各点先后发出的球面子波波面的包迹平面 DE 就是 o 光在晶体中的新波面，AE 线即为 o 光在晶体中的折射线方向；各旋转椭球面子波波面的包迹平面 DF 就是 e 光在晶体中的新波面，AF 线即为 e 光在晶体中的折射方向. 从图 7.12(a)中可见 o 光和 e 光的传播方向不同，因而在晶体中出现了双折射现象.

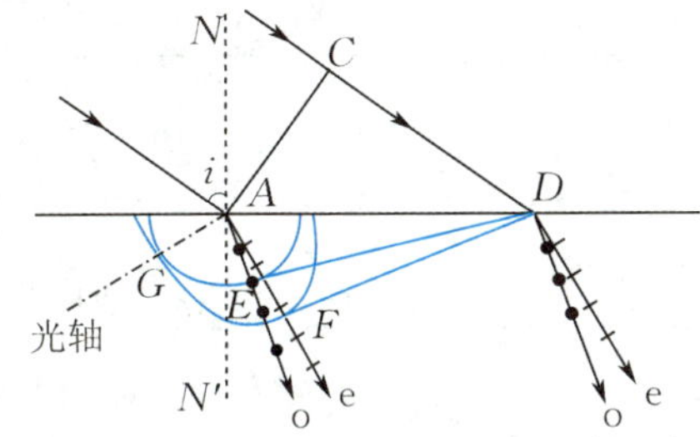

(a) 自然光倾斜地射入方解石的双折射现象

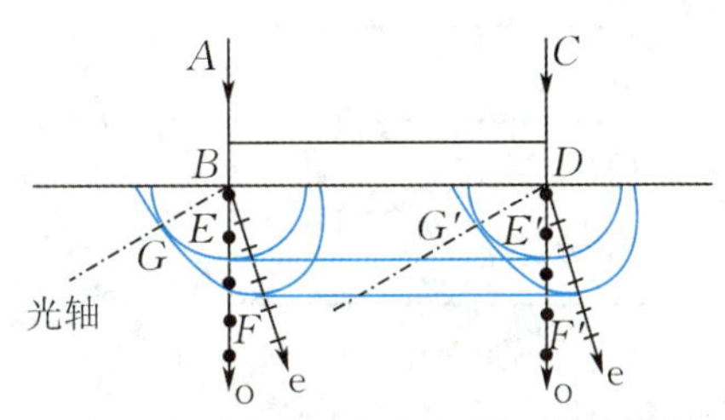

(b) 自然光垂直射入方解石的双折射现象

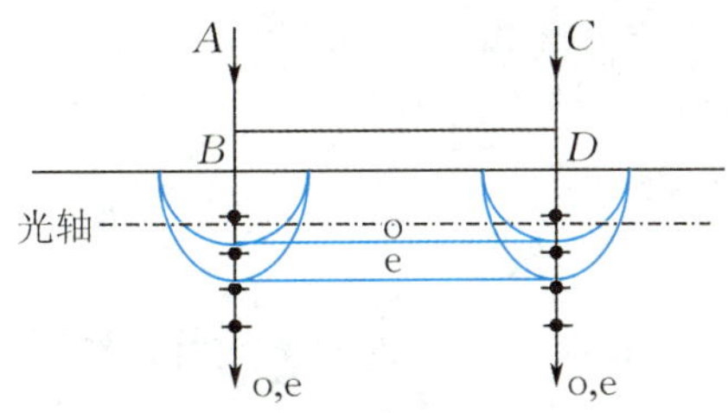

(c) 自然光垂直射入方解石（光轴在折射面内并平行于晶面）的双折射现象

图 7.12　双折射现象

（2）自然光垂直入射晶体表面，光轴在入射面内并与晶体表面斜交.

如图 7.12(b)所示，平行光垂直入射到方解石晶体表面. 从晶体表面的 $B(D)$ 点分别发出 o 光球面子波和 e 光旋转椭球面子波波面，两子波波面相切于光轴上的 $G(G')$ 点. BD 间各点先后发出的球面子波波面的包迹平面 EE' 就是 o 光在晶体中的新波面，BE 线即为 o 光在晶体中的折射线方向；各旋转椭球面子波波面的包迹平面 FF' 就是 e 光在晶体中的新波面，BF 线即为 e 光在晶体中的折射方向. 可以看到，在这种情况下，e 光入射角为零，它不符合折射定律，且 e 光的光线与 e 光的波阵面也不垂直.

（3）自然光垂直入射晶体表面，光轴在入射面内并与晶体表面平行.

如图 7.12(c)所示，平行光垂直入射到方解石晶体表面. 可以看到 o 光和 e 光的传播方向是按原来方向传播,它们互相重合.这表明在此情况下 o 光和 e 光的传播方向相同,但传播速度和折射率均不相同,仍属于双折射现象.这一情况与光在晶体内沿光轴方向传播时具有同速度、同折射率、无双折射现象是有区别的.

7.4.4 尼科耳棱镜

尼科耳棱镜是利用光的全反射原理与晶体的双折射现象制成的一种偏振仪器.天然方解石厚度有限,不可能把 o 光和 e 光分得很开.尼科耳棱镜是用方解石晶体经加工制成的,可用作起偏器或检偏器的光学元件.

取一块长度约为宽度三倍的方解石晶体,如图 7.13 所示,将两端切去一部分,使主截面上的角度为 68°.将一块方解石晶体的天然晶面做适当加工后,沿一定切面剖成两半,再用加拿大树胶黏合而成.对于入射的钠黄光,$n_o = 1.658$,$n_e = 1.486$,$n_{加} = 1.55$.对于 o 光,在 AN 面全反射,被涂黑的 CN 面吸收;对于 e 光,透射成为偏振光.自尼科耳棱镜出来的偏振光的振动面在棱镜的主截面内.尼科耳棱镜可用作起偏器,也可用作检偏器.

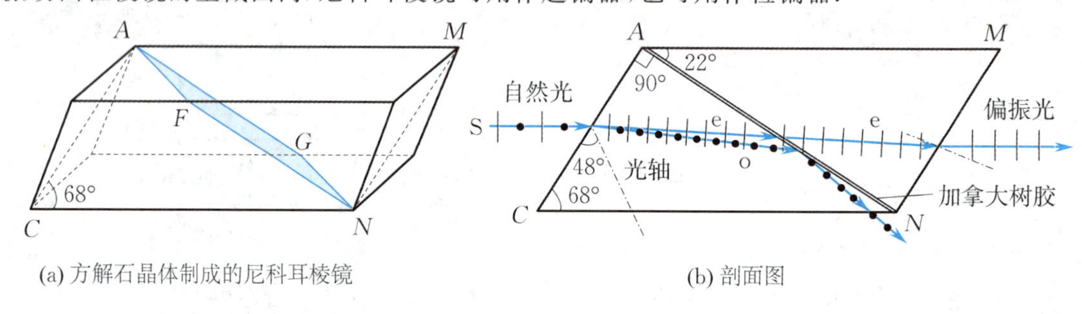

(a) 方解石晶体制成的尼科耳棱镜　　(b) 剖面图

图 7.13　尼科耳棱镜

*7.5 偏振光的干涉

7.5.1 椭圆偏振光

在第 3 章 3.4 节中已经知道,利用振动方向互相垂直、频率相同的两个简谐运动可以合成椭圆或圆运动的规律.与此类似,如果有两个频率相同、振动方向互相垂直的线偏振光,合成后将形成椭圆偏振光.

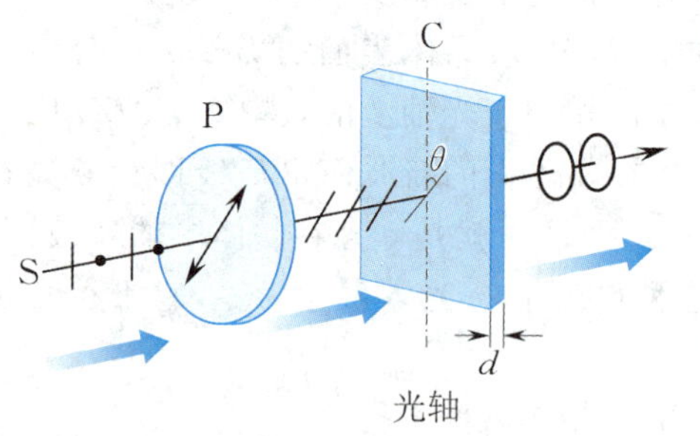

图 7.14　椭圆偏振光的获得

获得椭圆偏振光与圆偏振光的装置如图 7.14 所示.单色自然光通过偏振片 P 后,成为线偏振光,再让线偏振光垂直射入光轴平行于晶面的单轴薄晶片 C.根据对图 7.12(c)的分析可知,偏振光进入晶体后产生双折射,分成振动方向互相垂直的 o 光和 e 光.由于 o 光和 e 光的传播方向相同,传播速度不同,晶片对 o 光和 e 光的主折射率(e 光在垂直于光

轴方向的折射率) n_o 和 n_e 也不相同,所以通过厚度为 d 的晶片后,它们之间将出现光程差

$$\delta = n_o d - n_e d, \tag{7.3}$$

相应的相位差为

$$\Delta\varphi = \frac{2\pi}{\lambda}\delta = \frac{2\pi}{\lambda}(n_o - n_e)d, \tag{7.4}$$

其中 λ 是入射单色光的波长. 这样两束频率相同、振动方向相互垂直且具有一定相位差的两个光振动就合成为椭圆偏振光. 合成光矢量末端的轨迹在一般情况下是一个椭圆.

适当选择晶片厚度 d, 使得相位差

$$\Delta\varphi = \frac{2\pi}{\lambda}(n_o - n_e)d = \frac{\pi}{2},$$

则通过晶片后的合成光为正椭圆偏振光.

7.5.2　波片

波片是按晶面与光轴平行的要求,从单轴晶体上切割出一个薄晶片. 晶片的厚度不同, o 光和 e 光的光程差就不同.

对图 7.14 中的晶片 C 适当选取厚度 d,使 $(n_o - n_e)d = \pm\frac{\lambda}{4}$,这时 $\Delta\varphi = \pm\frac{\pi}{2}$, 这样的薄晶片称为 $\frac{1}{4}$ 波片. $\frac{1}{4}$ 波片的厚度为

$$d = \frac{\lambda}{4(n_o - n_e)}. \tag{7.5}$$

显然,与晶体光轴交角为 $\theta\left(0 < \theta < \frac{\pi}{2}\right)$ 的线偏振光使用 $\frac{1}{4}$ 波片后成为正椭圆偏振光. 若使入射到晶片上的线偏振光的振动方向和晶片光轴的交角为 $\theta = \frac{\pi}{4}$,则 o 光和 e 光的光振动振幅相等,这时从晶片射出的是圆偏振光.

适当选取晶片厚度 d,使 $(n_o - n_e)d = \frac{\lambda}{2}$ 时,这时 $\Delta\varphi = \pm\pi$, 这样的薄晶片称为 $\frac{1}{2}$ 波片. $\frac{1}{2}$ 波片的厚度为

$$d = \frac{\lambda}{2(n_o - n_e)}. \tag{7.6}$$

这时从晶片中射出的是线偏振光,由于 o 光和 e 光射入晶片时,这两个互相垂直的光振动的相位差由零变为 π,光振动的方向发生了改变. 仍保持 θ,则 o 光、e 光通过晶片后的相位差为 π,且振幅相等,合成后仍为线偏振光,不过振动方向将旋转 90°.

7.5.3　偏振光的干涉

如图 7.15 所示, P_1, P_2 为两个偏振片,它们的偏振化方向相互垂直,在它们之间插入一个光轴平行于晶体表面的晶片 C. 自然光经过 P_1 后成为线偏振光,通过 C 后分解为 o 光和 e 光(两束光的振动方向相互垂直且有一定相位差),两束光再射入偏振片 P_2,只有与 P_2 透光轴平行的分振动才可以通过,这样就得到了两束相干的线偏振光,从而可以产生干涉现象.

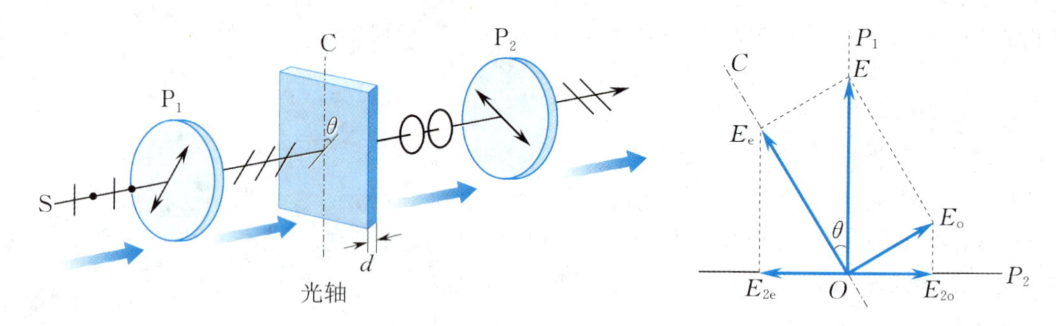

图 7.15 偏振光的干涉　　　　图 7.16 偏振光干涉振幅矢量图

图 7.16 是通过偏振片 P_1、薄晶片 C 和偏振片 P_2 的光的振幅矢量图. 其中 OP_1,OP_2 为两偏振片的透光轴方向,OC 为晶片的光轴方向,E 为入射晶片 C 的线偏振光的振幅. 由振幅矢量图可得通过晶片 C 后,两束光振幅分别为

$$E_o = E\sin\theta, \quad E_e = E\cos\theta.$$

通过 P_2 后,有

$$E_{2o} = E_o\cos\theta = E\sin\theta\cos\theta, \quad E_{2e} = E_e\sin\theta = E\sin\theta\cos\theta.$$

这表明,在 P_1,P_2 正交时,$E_{2o} = E_{2e}$. 即分振动振幅相等,这种情况下观察干涉现象最清晰. 它们通过晶片 C 产生的相位差为 $\Delta\varphi_1 = \dfrac{2\pi}{\lambda}(n_o - n_e)d$,但从图中可以看出它们的振动方向相反,即产生附加相位差 $\Delta\varphi_2 = \pi$. 总的相位差为

$$\Delta\varphi = \Delta\varphi_1 + \Delta\varphi_2 = \frac{2\pi}{\lambda}(n_o - n_e)d + \pi. \tag{7.7}$$

由此可知干涉的明暗条件为

$$\Delta\varphi = \frac{2\pi}{\lambda}(n_o - n_e)d + \pi = \begin{cases} 2k\pi, & k = 1,2,\cdots,\text{加强}, \quad \text{视场最亮}, \\ (2k+1)\pi, & k = 1,2,\cdots,\text{减弱}, \quad \text{视场最暗}. \end{cases} \tag{7.8}$$

如果晶片 C 是劈尖形状,则视场将出现明暗相间的干涉条纹. 若所用入射光源为白光,则对应不同波长的光,满足各自的干涉条件,在视场中将呈现彩色干涉图样,这种现象称为色偏振.

偏振光的干涉在实际工作中有许多应用. 例如,在起偏器和检偏器之间放入不同的晶体,将产生不同的干涉条纹,可以研究晶体的内部结构,鉴别矿石的种类等. 偏光显微镜就是利用这一原理制造的,它是附加有起偏器和检偏器的显微镜.

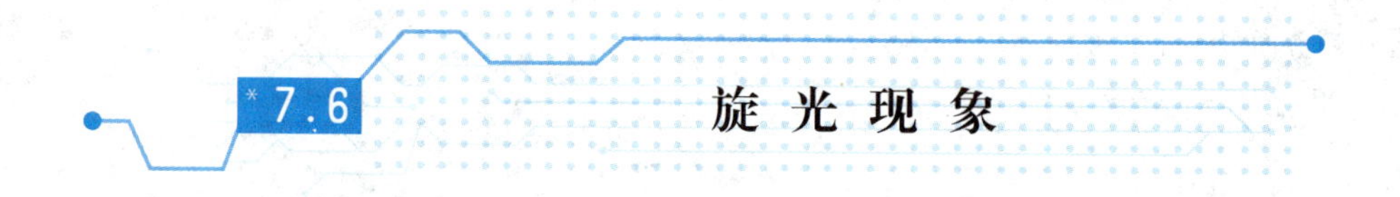

*7.6 旋光现象

1811 年,法国物理学家阿喇果发现,当单色平面偏振光通过某些透明物质时,它的振动面将旋转一定的角度,这种现象称为旋光现象. 能使振动面旋转的物质称为旋光物质. 最早是发现石英晶体有这种现象,后来继续发现在糖溶液、松节油、硫化汞、氯化钠等液体中和其他一些晶体中都有此现象. 实验证明,光的振动面转过的角度取决于旋光物质的性质、厚度或浓度以及入射光的波长等.

如图7.17所示是研究物质旋光性的装置.图中F是用以获取单色光的滤光器.C是旋光物体.若旋光物体为晶面与光轴垂直的石英片，当石英片放在两个相互正交的偏振片 P_1 和 P_2 之间时，看到视场由原来的黑暗变为明亮.再将偏振片 P_2 绕光的传播方向旋转某一角度后，视场又将由明亮变为黑暗.这说明线偏振光透过旋光物体后仍然是线偏振光，但是振动面旋转了一个角度，旋转角等于偏振片 P_2 旋转的角度.

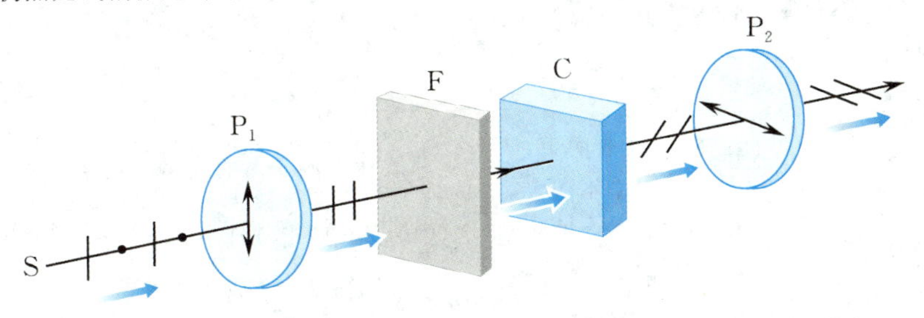

图7.17　观察旋光现象的实验

上述方法的实验结果表明：

(1) 不同的旋光物质可以使线偏振光的振动面向不同的方向旋转.迎着光的传播方向看，使光的振动面顺时针向旋转的物质称为右旋物质；反之则为左旋物质.如天然石英晶体具有右旋和左旋两种类型，葡萄糖为右旋糖，果糖为左旋糖.

(2) 光的振动面的旋转角 φ 与波长有关，当波长给定时，则与旋光物质的厚度 d 有关，且满足关系式

$$\varphi = ad, \tag{7.9}$$

式中 a 称为**旋光率**，与物质的性质、入射光的波长等有关，d 用mm计.如1 mm厚的石英片能产生的旋转角对红光为15°，对钠黄光为21.7°，对紫光为51°.

(3) 偏振光通过糖溶液、松节油时，振动面的旋转角可表示成

$$\varphi = acd, \tag{7.10}$$

式中 a 和 d 的意义同上，c 是旋光物质的浓度.在制糖工业中，根据这一原理制成的糖量计可用于测定甘蔗、甜菜、果品的含糖量，也可用来测定食品中总含糖量.

本章提要

1. 光的偏振状态

所谓偏振性，是指光矢量的振动方向相对于光的传播方向不对称的特性.光的偏振现象说明了光波是横波.

光有五种偏振状态：自然光、线偏振光(平面偏振光)、部分偏振光、椭圆偏振光和圆偏振光.

自然光中光振动的取向是无规则的，相对于光的传播方向来说，光矢量是对称的，不具有偏振性；线偏振光的光振动矢量始终沿某一固定方向；部分偏振光在垂直于光传播方向的平面内，光振动沿不同方向的强度不相同；而椭圆(圆)偏振光的光矢量端点的轨迹是一个椭圆(圆).

2. 马吕斯定律

强度为 I_0 的线偏振光入射到偏振片上时，透射光强度 I 的值为

$$I = I_0\cos^2\alpha,$$

其中 α 为入射光的光振动方向与偏振片的偏振化方向之间的夹角.

自然光 I_0 入射到偏振片上时，透射光强为 $I_0/2$，即自然光透过偏振片后强度减半.

3. 布儒斯特定律

自然光入射到两种介质的界面上时，反射光和折射光一般都是部分偏振光.当入射角为布儒斯特角 i_0 时，反射光为振动方向垂直于入射面的线偏振光，折射光为部分偏振光.

布儒斯特定律：使反射光成为线偏振光的布儒

斯特角(起偏振角)由

$$\tan i_0 = \frac{n_2}{n_1}$$

确定,式中 n_1 是入射介质的折射率,n_2 是折射介质的折射率.当入射角为布儒斯特角 i_0 时,折射线与反射线相互垂直,即 $i_0+\gamma=90°$.

4. 双折射现象

一束自然光进入各向异性晶体后分成两束,叫作光的双折射.一束遵循折射定律,折射率不随入射方向改变,叫作寻常光(o光);另一束不遵守折射定律,折射率随入射方向改变,叫作非常光(e光).寻常光和非常光都是线偏振光,且两者光振动方向相互垂直.

*应用波阵面的概念和惠更斯原理,根据o光和e光在晶体中传播的性质,用作图法可以求出晶体内o光和e光的传播方向.

*线偏振光垂直入射到光轴平行于表面、厚度为 d 的晶片时,被分解为振动方向互相垂直的o光和e光.它们沿同一方向传播,但速度不等,射出时有固定的光程差

$$\delta=(n_o-n_e)d.$$

两出射光合成的结果一般为椭圆偏振光,特殊情况下为圆偏振光或线偏振光.

***5. $\frac{1}{4}$波片和$\frac{1}{2}$波片**

使在其中传播的o光和e光产生$\frac{\lambda}{4}$的光程差的晶片称为$\frac{1}{4}$波片,即

$$\delta=(n_o-n_e)d=\frac{\lambda}{4}.$$

$\frac{1}{4}$波片可使入射的线偏振光变成圆(椭圆)偏振光,或把入射的圆(椭圆)偏振光变成线偏振光.

使在其中传播的o光和e光产生$\frac{\lambda}{2}$的光程差的晶片称为$\frac{1}{2}$波片,即

$$\delta=(n_o-n_e)d=\frac{\lambda}{2}.$$

$\frac{1}{2}$波片不改变光的偏振性,但会改变光的偏振或旋转方向.

***6. 旋光现象**

旋光是指线偏振光通过某些物质时振动面发生旋转的现象.旋转角度与光束通过物质的路径长度成正比.

习 题 7

7.1 自然光一定不是单色光吗?线偏振光一定是单色光吗?

7.2 用哪些方法能获得线偏振光?怎样用实验来检验线偏振光、部分偏振光和自然光?

7.3 一束光入射到两种透明介质的分界面上时,发现只有透射光而无反射光,试说明这束光是怎样入射的?其偏振状态如何?

7.4 是否只有自然光入射晶体时才能产生o光和e光?

7.5 投射到起偏器的自然光强度为 I_0.开始时起偏器和检偏器的透光轴方向平行,然后使检偏器绕入射光的传播方向分别转过30°,45°,60°.试问分别在上述三种情况下,透过检偏器后光的强度是 I_0 的几倍?

7.6 自然光通过两个偏振化方向成60°角的偏振片后,透射光的强度为 I_1.若在这两个偏振片之间插入另一偏振片,它的偏振化方向与前两个偏振片均成30°角,则透射光强为多少?

7.7 自然光和线偏振光的混合光束通过一偏振片.随着偏振片以光的传播方向为轴转动,透射光的强度也跟着改变,最强和最弱的光强之比为6∶1,那么入射光中自然光和线偏振光光强之比为多大?

7.8 自然光入射到两个重叠的偏振片上.如果透射光强为

(1) 透射光最大强度的三分之一;

(2) 入射光强的三分之一;

则这两个偏振片透光轴方向间的夹角为多少?

7.9　利用布儒斯特定律可以测定不透明介质(如珐琅等釉质)的折射率.当一束平行自然光从空气中以58°角入射到某介质材料表面上时,检验出反射光是线偏振光,求该介质的折射率.

7.10　习题7.10图所示为一玻璃三棱镜,材料的折射率为$n=1.50$,设光在棱镜中传播时能量不被吸收.

(1) 一束光强为I_0的单色光,从空气入射到棱镜左侧界面,并折射进入棱镜.若要求入射光全部能进入棱镜,对入射光和入射角有何要求?

(2) 若要求光束经棱镜从右侧折射出来,强度仍保持不变,则对棱镜顶角有何要求?

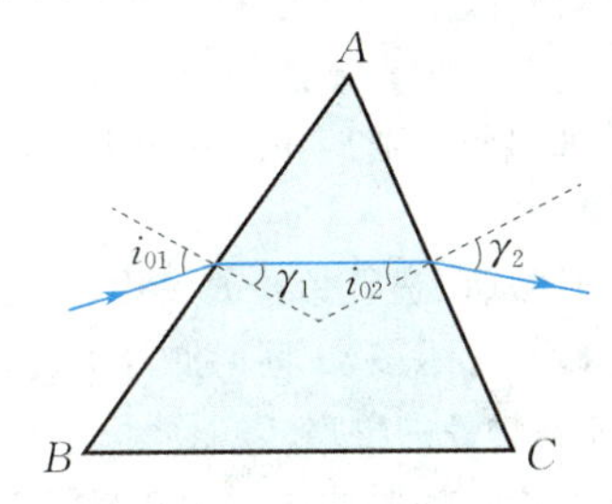

习题7.10图

7.11　加拿大树胶的折射率为1.550,钠光从方解石入射到加拿大树胶时,哪一种光可以全反射,其临界角为多少(方解石$n_e=1.486$,$n_o=1.658$)?

7.12　将方解石切割成一个60°的正三角棱镜,光轴垂直于棱镜的正三角截面.设非偏振光的入射角为i,而e光在棱镜内的折射线与镜底边平行,如习题7.12图所示.求入射角i,并在图中画出o光的光路.已知$n_e=1.49$,$n_o=1.66$.

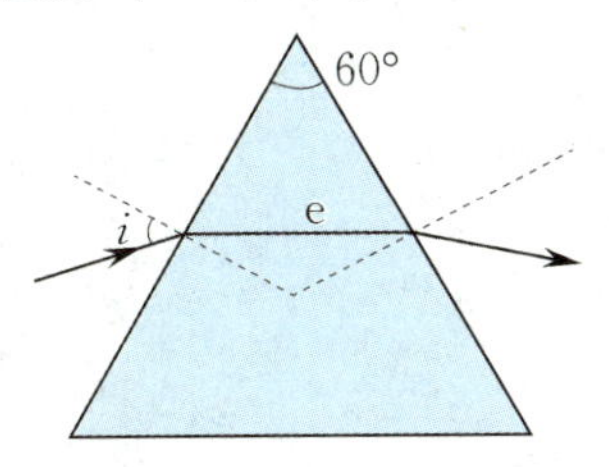

习题7.12图

7.13　在习题7.13图示的各种情况中,用黑点和短线把反射光和折射光的振动方向表示出来,并标明是线偏振光还是部分偏振光.图中$i\neq i_0$,$i_0=\arctan n$.

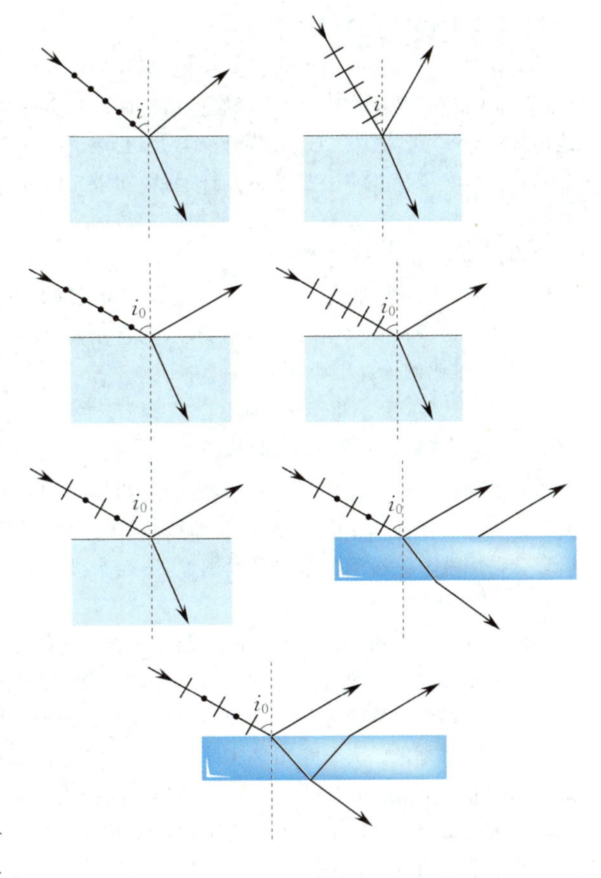

习题7.13图

***7.14**　如果一个$\frac{1}{2}$波片或$\frac{1}{4}$波片的光轴与起偏器的偏振化方向成30°角,试问从$\frac{1}{2}$波片或$\frac{1}{4}$波片透射出来的光是线偏振光,还是圆偏振光,还是椭圆偏振光?为什么?

***7.15**　将厚度为1 mm且垂直于光轴切出的石英晶片,放在两平行的偏振片之间.对某一波长的光波,经过晶片后振动面旋转了20°.问石英晶片的厚度变为多少时,该波长的光将完全不能通过?

***7.16**　现将含杂质的糖配制成浓度为20%(g/cm³)的糖溶液,然后将此溶液装入长20 cm的玻璃管中.用旋光计测得光的振动面旋转了25°.已知这种纯糖的旋光率$a=0.665(°)\frac{1}{\mathrm{dm}}\cdot\frac{\mathrm{cm}^3}{\mathrm{g}}$,且糖中的杂质没有旋光性,试求这种糖的纯度(即含有纯糖的百分比).

阅读材料一　光纤通信简介

通信是指将信息从一处传到另一处. 近代发展的无线电通信,传递信息的载体是无线电波,而光纤通信(或称激光通信)是将声音、图像或其他信息调制到激光载波上发送出去,载波频率约为 $10^{13}\sim10^{15}$ Hz,比无线电载波频率 $10^{8}\sim10^{10}$ Hz 要高几个数量级. 激光通信可分为地面大气通信、宇宙空间通信和光纤(缆)通信. 目前,激光通信基本上都是指光纤通信. 在激光问世以前,光纤通信一直未发展到实用阶段,因为没有可靠的、高强度的光源,没有稳定的、低损耗的传输媒质. 直到 1969 年发明了激光器,1970 年美国康宁公司研制出损耗为 20 dB/km 的石英玻璃纤维,光纤通信开始步入实用阶段. 光纤通信的大规模推广应用是在 20 世纪 70 年代末、80 年代初. 现在,光纤通信技术的发展状况被看成衡量一个国家技术水平的重要标志之一. 光纤通信已被人们誉为信息社会的支柱,它将在未来的信息社会中发挥巨大的作用,产生日渐深远的影响.

(扫二维码阅读详细内容)

阅读材料二　全息技术简介

普通照相是根据几何光学原理,将来自物体表面各点的光经透镜成像于感光底片上. 底片所记录的仅是物体各点的光强即振幅信息,彩色照相底片还记录了颜色即光波长信息,但都不能把相位信息记录下来. 所以普通照片只能得到二维的平面图像,不能获得逼真的立体图像. 如果将普通照相底片撕去一角,则所记录的图像也就不完整了.

全息技术是利用干涉和衍射原理记录并再现物体光波波前的一种技术. 透镜拍摄的底片上所记录的是物体所发光波的全部信息(包括振幅和相位),因而可以再现物体逼真的立体形象. 同时底片上的每一个局部都包含了物体整体的光信息,因此,如果底片有缺损,也不会影响完整物像的再现.

全息技术是伦敦大学帝国理工学院的科学家伽伯博士于 1948 年发明的. 他也因此而获得了 1971 年的诺贝尔物理学奖. 最初,伽伯博士只是希望提高扫描电子显微镜的分辨本领. 他曾用汞灯作光源成功地拍摄了第一张全息照片. 其后,由于缺乏强相干光源以及某些技术上的困难,直到 1960 年激光问世以后,全息技术才获得了迅速发展,并成为一门应用广泛的重要新技术.

(扫二维码阅读详细内容)

第4篇 热学基础

大量的生活和生产实践表明，当物质的冷热程度发生变化时，物质的力、热、电磁和聚集态等方面的性质也将发生变化．这类与物质冷热程度有关的现象统称为**热现象**．宏观物体以热现象为主要标志的运动形态称为热运动，它实质上是组成物质的大量微观粒子的无规则运动在总体上所表现出来的一种运动形式．热学就是研究物质的热运动以及热运动与其他运动形态之间的转化规律的一门学科．

为了研究热力学系统的运动规律，首先需要描述系统的状态．系统状态描述的方法有两种：一种是宏观描述，即从系统的宏观总体上来观察和考虑问题，用可直接观测的宏观参量来描述系统的状态；另一种是微观描述，即从组成宏观物体的大量微观粒子的运动和相互作用着眼来考虑问题，用大量微观粒子的微观量来描述系统的状态．根据对热力学系统描述方法的不同，形成了热学的两种理论：宏观理论和微观理论，即热力学和统计物理学．热力学不涉及物质的微观结构，它以观察和实验事实为基础，用严密的逻辑推理方法总结出热现象和热运动所遵循的规律．统计物理学则是从组成物质的微观粒子以及它们之间的相互作用出发，依据每个粒子所遵循的力学规律，用统计的方法阐明系统的热学性质和热运动规律．可见，热力学是建立在实验基础上的，因而一般是精确和可靠的，但由于这种方法没有深入到热现象的微观运动机理中去，因而无法阐明热现象的本质．统计物理学能揭示热现象的本质，但由于统计物理学需从特定的微观模型出发讨论问题，建立微观模型和进行统计平均时所做的假设是否合理，要靠实验来检验．因此，热力学和统计物理学各具所长，又各有不足，两者正好互为补充、相辅相成．

本篇介绍作为统计物理学最基础内容的气体动理论以及热力学的基本规律．

第 8 章　气体动理论

气体动理论是统计物理学最简单、最基本的内容. 在本章中,我们从气体的微观结构出发,用统计的方法研究气体的热学性质,阐明气体的压强、温度和内能等宏观量的微观本质,解释和推导处于平衡态的气体所遵循的一些统计规律,介绍范德瓦耳斯气体的微观模型和物态方程,研究近平衡态下气体的扩散、热传导和黏滞三个典型输运过程的规律,阐明扩散系数、导热系数和黏滞系数的微观实质.

8.1　平衡态　温度　理想气体状态方程

8.1.1　平衡态

在研究物理现象时,人们通常只注意某一物体或物体系,并在想象中把它同周围的物体隔离开来. 在热学中,我们把这一被确定为研究对象的物体或物体系叫作**热力学系统**,简称**系统**. 在系统边界外部,与系统发生相互作用,从而对系统的状态直接产生影响的物质叫作系统的外界. 当研究一个热力学系统的运动规律时,不仅要注意系统内部的各种因素,同时也要注意外界对系统的影响. 一般情况下,系统与外界之间既有能量交换,又有物质交换. 根据系统与外界相互关系的不同,通常将系统分为三类:与外界既不交换物质又不交换能量的系统叫作孤立系统;与外界不交换物质,但可交换能量的系统叫作封闭系统;与外界既交换物质又交换能量的系统叫作开放系统.

实验事实表明,一个不受外界影响的系统(即孤立系统),不论其初始状态如何,最终将达到所有宏观性质都不再随时间变化的状态,这样的状态叫作**平衡态**. 应该指出,平衡态的概念不同于稳定态. 例如,两端分别与冷热程度不同的恒温热源接触的金属棒,经过足够长的时间后,金属棒也达到一个稳定的状态,但这种稳定状态是在外界热源的维持和热传导过程不断进行的情况下实现的,金属棒与外界有能量交换,它不是一个孤立系统,所最终达到的状态也就不是平衡态. 如果此时撤去热源,使金属棒与周围无能量交换,则棒上各点的冷热状态将发生变化,直到各处冷热均匀为止. 这个最终状态才是平衡态. 因此,某个系统处在平衡态时,必须同时满足两个条件:一是**系统与外界在宏观上没有能量和物质交换**;二是**系统的所有宏观性质不随时间变化**.

应当指出,当系统处于平衡态时,系统的宏观性质不随时间变化,但从微观的角度看,组成系统的微观粒子仍在不停地运动着,只是微观粒子运动的平均效果不随时间变化. 这种微观运动平均效果的不变性,在宏观上就表现为宏观性质保持恒定不变. 在系统达到了平衡态后,仍可发生偏离平衡的涨落现象.因此,**热力学平衡态是一种热动平衡**.还应指出,“系统完全不受外界影响,因而宏观性质保持绝对不变”的情况在实际中是不存在的.平衡态只是一个理想的概念,是在一定条件下对实际情况的概括和抽象.当系统受到外界的影响可忽略,或者宏观性质仅有微小变化时,系统的状态就可以近似地看作平衡态.在很多实际问题中,把实际状态近似当作平衡态来处理,可使问题得到简化.

当系统达到平衡态时,系统的所有宏观性质都不随时间变化,因而都可以用确定的物理量来表征.当系统状态确定时,这些物理量都具有一定的值.反过来讲,当这些表征系统总体宏观性质的物理量的值一定时,系统的状态也就确定了.这样,我们就可以在诸多宏观量中选择一组相互独立的可由实验测定的物理量作为描写系统状态的变量,这些宏观量叫作状态参量.状态参量的数目取决于系统的复杂程度,由实验来确定.例如,对于一定质量、一定种类的化学纯的气体系统,在无外力场的情况下可以用体积V(几何参量)和压强p(力学参量)两个参量描述其状态.对于均匀液体和均匀的各向同性的固体,也可以用体积和压强来描述它们的状态.对于混合气体系统的状态描述,除了上述的体积和压强外,还需要用到表征系统化学成分的参量,即化学参量.当系统受到外力场的作用时,除了上述几类参量外,还必须加上一些新的参量,才能对系统的平衡态做完全的描述.例如,当研究电场中电介质的性质或磁场中磁介质的性质时,还需要用到电磁参量.

一般来说,为了描述热力学系统的平衡态,我们只需要用到几何参量、力学参量、化学参量和电磁参量等四种参量中的若干种,并不需要温度.当然,在实际问题中,我们也往往将热学参量温度选为状态参量.例如,对于一定量的化学纯的气体,选取体积和温度或者压强和温度作为状态参量.

统计物理学是从物质的微观结构和微观运动来研究物质的宏观属性,描述单个粒子特征和运动状态的物理量叫作微观量.如分子的质量、位置、速度、动量和能量等.微观量一般不能用仪器直接观测.微观量与宏观量有一定的内在联系,气体动理论就是要揭示气体宏观量的微观本质,即建立宏观量与微观量统计平均值之间的关系.

在国际单位制中,压强的单位是帕[斯卡](Pa),它与大气压(atm)及毫米汞柱(mmHg)的关系为

$$1\ \text{atm}=760\ \text{mmHg}=1.013\times10^5\ \text{Pa}.$$

体积的单位为立方米(m^3).

8.1.2 温度

热力学研究的内容涉及一系列与系统的冷热变化有密切关系的热现象,但前面提到的几何参量、力学参量、化学参量和电磁参量不能直接表达系统的冷热特点,所以我们必须引入一个热学所特有的宏观参量——温度.

温度本来是以人们触摸物体时的冷热感觉为基础而形成的概念.但是,不指明量度物体冷热程度是否相同的客观标准而凭主观感觉来判定物体温度高低的做法是不精确和不可靠的,另外直接利用触觉来感知温度的范围也是很有限的.因此,必须给温度建立起严格的、科学的定义,并且确定一个客观的、可以用数值表示的量度方法.

严格、科学的温度概念建立在热平衡的基础上.假设两个各自处在一定平衡态的热力学

系统 A,B,现使 A,B 两系统相互接触,让它们之间发生热传递. 经过一段时间后,两系统就达到一个新的共同的状态,叫作**热平衡态**. 即使两系统分开,它们仍然保持这个平衡态.

实验结果表明,**如果两个系统分别与第三个系统处于热平衡,那么,这两个系统彼此也处于热平衡**. 这个结论称为**热力学第零定律**,也叫作**热平衡定律**.

热力学第零定律说明,处在相互热平衡状态的系统必定拥有某一个共同的宏观物理性质. 若两个系统的这一共同性质相同,则当它们热接触时,系统之间不会有热传递,彼此处于热平衡状态;若两系统的这一共同性质不相同,两系统热接触时就会有热传递,彼此的热平衡态会发生变化. **决定系统热平衡的这一共同的宏观性质称为系统的温度**.

可见,温度是决定一系统是否与其他系统处于热平衡的宏观性质. 实验表明,当几个系统作为一个整体处于热平衡状态,若将它们分离开,在没有其他影响的情况下,各个系统的热平衡状态不会发生变化. 这说明各个系统在热平衡状态时的温度仅取决于系统本身内部热运动状态. 以后将看到,温度反映的是系统大量分子无规则运动的剧烈程度.

热力学第零定律表明,一切互为热平衡的系统具有相同的温度,这是用温度计测量温度的依据. 可以选定合适的物质作为测温的工具——温度计,通过该物质与温度有关的特性来测量其他系统的温度. 实验表明,物质的许多性质都随温度的改变而发生变化,一般选定测温物质的某种随温度做单调、显著变化的性质作为测温特性来表示温度. 温度计的温度用它的物理性质所对应的状态参量来表示. 温度的这种数值表示叫作温标.

常用的温标有两种:一是热力学温标 T, 在国际单位制中,热力学温度的单位是开[尔文](K);一是摄氏温标 t, 在国际单位制中,摄氏温度的单位是摄氏度(℃),两者的关系是

$$T = 273.15 + t.$$

8.1.3　理想气体状态方程

如前所述,对于一定量的化学纯的气体系统,在无外力场的情况下只需要体积 V 和压强 p 两个独立参量就能完全确定系统的平衡态. 同时我们知道,该气体系统具有确定的温度. 也就是说,当气体系统的状态参量 V 和 p 确定后,系统的温度也就随之确定下来,这说明温度与描述系统的状态参量 V,p 之间存在着一定的函数关系,它可表示为

$$T = T(p,V).$$

上式也可写成隐函数的形式

$$f(p,V,T) = 0.$$

这个关系就是系统的物态方程. 对于理想气体而言我们称之为理想气体状态方程,其具体形式由实验确定.

在压强不太大(与大气压相比)、温度不太低(与室温比)的条件下,各种气体都遵守三大实验定律:玻意耳(Boyle)定律、查理(Charles)定律、盖吕萨克(Gay-Lussac)定律. 在任何情况下都能严格遵从上述三个实验定律的气体称为**理想气体**.

由气体的三个实验定律,可以得到一定质量的**理想气体的状态方程**为

$$pV = \frac{M}{M_{mol}}RT, \tag{8.1}$$

式中 p,V,T 为理想气体在某一平衡态下的三个状态参量,M 为气体的质量,M_{mol} 为气体摩尔质量,

R 为普适气体常量,在国际单位制中,$R = 8.31\ \mathrm{J/(mol \cdot K)}$.

由式(8.1)并利用密度的定义式 $\rho = \dfrac{M}{V}$,还可得出理想气体状态方程的另外一种常用形式 $p = \dfrac{\rho RT}{M_{\mathrm{mol}}}$.

在常温常压下,实际气体都可近似地当作理想气体来处理. 压强越低,温度越高,这种近似的准确度越高.

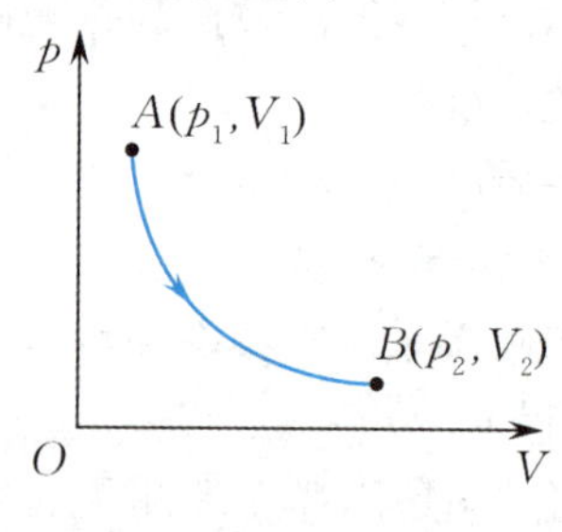

图 8.1 平衡态示意图

平衡态除了由一组状态参量来表述之外,还常用状态图中的一个点来表示,称为系统状态的代表点. 例如对给定的理想气体,其一个平衡态可由 $p-V$ 图中对应的一个点来代表(或 $p-T$ 图或 $V-T$ 图中的一个点),不同的平衡态对应不同的点. 一条连续曲线代表一个由平衡态组成的变化过程,曲线上的箭头表示过程进行的方向,不同曲线代表不同过程,如图 8.1 所示. 需要指出的是,系统处在非平衡态时,由于系统的宏观参量没有确定的数值,因而在状态图上画不出来.

8.2 理想气体压强和温度的统计解释

热力学系统是由大量分子、原子等做无规则运动的微观粒子组成,那么系统的宏观状态参量(如温度、压强等)与这些微观粒子的运动有什么关系呢? 本节讨论气体压强、温度与气体分子运动的联系,给出平衡态下理想气体压强和温度的统计解释.

8.2.1 理想气体分子模型和统计假设

1. 理想气体分子模型

从分子运动和分子相互作用来看,理想气体的分子模型表现如下.

(1) 分子本身的大小与分子间平均距离相比较可以忽略不计. 分子可以看作质点,它们的运动遵守牛顿运动定律.

(2) 分子间的平均距离很大,除碰撞时有力作用外,分子间的相互作用力可忽略. 在两次碰撞之间,分子做匀速直线运动,即自由运动.

(3) 气体分子间的碰撞以及气体分子与器壁间的碰撞可看作完全弹性碰撞,遵守能量守恒和动量守恒定律.

综上所述,理想气体的分子模型是弹性的、自由运动的质点.

2. 统计假设

在没有任何外场的作用下,处在平衡状态中的理想气体满足下列情形.

(1) 气体分子出现在容器内任意空间位置的概率相等. 因此容器中任一位置单位体积内的分子数不比其他位置单位体积内的分子数占优势.

(2) 气体分子向各个方向运动的概率相等,即分子沿任一方向的运动不比其他方向的运动占有优势,分子速度在各个方向上的分量的各种平均值相等,如

$$\overline{v_x}=\overline{v_y}=\overline{v_z},\quad \overline{v_x^2}=\overline{v_y^2}=\overline{v_z^2}.$$

(3) 不因碰撞而丢失某一速度的分子.

这些统计的论断,只有在平均的意义上才是正确的.气体的分子数愈多,准确度就愈高.

8.2.2 理想气体的压强

根据理想气体的微观模型和统计假设,可推导出处于平衡态下理想气体的压强公式.

从微观上看,容器内气体对器壁的压强是大量气体分子不断对器壁碰撞的平均结果,因为单个分子与器壁碰撞时,冲量的大小和位置是随机的、间断的,而大量分子对器壁的碰撞是连续的、恒定的,结果会表现出一个恒定的持续的作用力,对器壁产生恒定的压强.

设容器内储有处于平衡态的 N 个质量为 m 的同类理想气体分子,气体体积为 V. 因为在平衡态下,作用于器壁上任意位置处的压强都是相等的,所以可以选取器壁上任一面元 $\mathrm{d}A$ 来计算气体的压强.由于分子的运动是杂乱无章的,它们的速度有各种不同的大小和方向,为了计算方便,我们把分子按速度区间分为若干组,在每一组内各分子的速度大小和方向都差不多相同.例如,第 i 组分子的速度在 $\vec{v}_i$ 附近,我们把该组分子的速度全部当作 $\vec{v}_i$. 设第 i 组的分子数密度(即单位体积内的第 i 组分子数)为 n_i,则总的分子数密度为

$$n=n_1+n_2+\cdots+n_i+\cdots.$$

下面分析在 $\mathrm{d}t$ 时间内容器壁上面元 $\mathrm{d}A$ 所受到气体分子碰撞器壁的总冲量.如图 8.2 所示,以水平向右为 x 轴正方向,根据动量定理,每个第 i 组分子碰撞器壁时受到器壁的冲量为

$$m(-v_{ix})-mv_{ix}=-2mv_{ix}.$$

根据牛顿第三定律,第 i 组每个碰壁分子对器壁的冲量为 $2mv_{ix}$. 考虑到第 i 组分子中在 $\mathrm{d}t$ 时间内碰到 $\mathrm{d}A$ 面元上的分子数为 $n_iv_{ix}\mathrm{d}t\mathrm{d}A$,因而第 i 组分子在 $\mathrm{d}t$ 时间内对 $\mathrm{d}A$ 面元的总冲量为

$$\mathrm{d}I_i=(n_iv_{ix}\mathrm{d}t\mathrm{d}A)(2mv_{ix})=2mn_iv_{ix}^2\mathrm{d}A\mathrm{d}t.$$

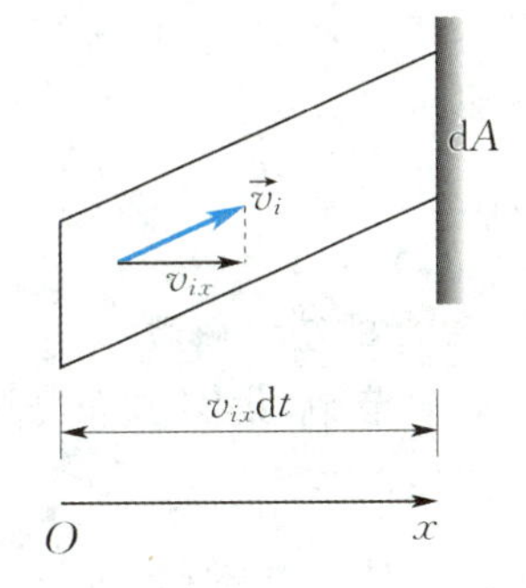

图 8.2　计算第 i 组分子 $\mathrm{d}t$ 时间内对面元 $\mathrm{d}A$ 的冲量

所有气体分子在 $\mathrm{d}t$ 时间内通过碰撞对面元 $\mathrm{d}A$ 的总冲量为

$$\mathrm{d}I=\sum_{i(v_{ix}>0)}2mn_iv_{ix}^2\mathrm{d}A\mathrm{d}t.$$

需要注意的是只有 $v_{ix}>0$ 的分子才能碰撞面元,所以上式中求和必须限制在 $v_{ix}>0$ 的范围内.由于分子运动的无规则性,$v_{ix}>0$ 与 $v_{ix}<0$ 的分子数各占分子总数的一半,而求和项是 v_{ix} 的偶函数,如果换成对所有分子求和,就应将求和式除以 2,即

$$\mathrm{d}I=\frac{1}{2}\Big(\sum_i 2mn_iv_{ix}^2\mathrm{d}A\mathrm{d}t\Big)=\sum_i mn_iv_{ix}^2\mathrm{d}A\mathrm{d}t.$$

根据气体的压强 p 等于单位时间内碰撞到器壁单位面积上的所有分子给予器壁的总冲量,可知

$$p=\frac{\mathrm{d}I}{\mathrm{d}t\mathrm{d}A}=m\sum_i n_iv_{ix}^2.$$

利用 $\overline{v_x^2}=\dfrac{\sum n_i v_{ix}^2}{n}$ 以及 $\overline{v_x^2}=\overline{v_y^2}=\overline{v_z^2}=\dfrac{1}{3}\overline{v^2}$，上式可写为

$$p=nm\overline{v_x^2}=\frac{1}{3}nm\overline{v^2}=\frac{1}{3}\rho\overline{v^2}=\frac{2}{3}n\left(\frac{1}{2}m\overline{v^2}\right).$$

令 $\bar{\varepsilon}_t=\dfrac{1}{2}m\overline{v^2}$，表示分子的平动动能的平均值，简称分子的平均平动动能，则

$$p=\frac{2}{3}n\bar{\varepsilon}_t. \tag{8.2}$$

式(8.2)称为**理想气体的压强公式**，该式把宏观量 p 和微观量 n，$\bar{\varepsilon}_t$ 联系起来. 它表明器壁的压强源于大量气体分子与器壁碰撞的结果. 压强的大小正比于单位体积内的分子数 n 和分子平均平动动能 $\bar{\varepsilon}_t$.

应该着重指出的是，从微观角度来说，气体压强这个概念只具有统计的意义. 这不仅体现在压强公式中的 $\bar{\varepsilon}_t$ 和 n 都是统计平均量，更重要的是在气体压强的推导过程中所涉及的 $\mathrm{d}A$ 与 $\mathrm{d}t$，都是宏观小而微观大的量. 例如，在标准状态下，气体分子在 $\mathrm{d}t=10^{-3}$ s 的短时间内对 $\mathrm{d}A=10^{-2}\ \mathrm{cm}^2$ 的小面积上的碰撞次数仍有 10^{16} 次之多，因此在 $\mathrm{d}t$ 时间内对 $\mathrm{d}A$ 面元的碰撞次数是大量的. 对于单个分子而言，它对器壁的碰撞是断续的，给予器壁的冲量的大小也是偶然的，没有确定的数值，只有对于大量的气体分子而言，器壁获得的冲量才可能具有确定的统计平均值. 还应该指出，在压强公式的推导过程中，运用了单个分子遵从的力学规律，但绝不能认为压强公式也是力学规律，因为该公式仅靠力学规律是得不到的，在推导过程中还利用了大量分子无规则运动所遵从的统计规律性的假定. 因此，压强公式所表示的是一个统计规律而不是力学规律.

8.2.3 温度的统计解释

1. 温度的统计解释

在 8.1 节中，我们已从宏观的角度根据热力学第零定律定义了温度，下面从微观的角度来阐明温度的本质.

理想气体状态方程 $pV=\dfrac{M}{M_{\mathrm{mol}}}RT$ 可改写为

$$pV=\frac{N}{N_A}RT,$$

其中 $N_A=6.022\times10^{23}\ \mathrm{mol}^{-1}$，为阿伏伽德罗常数，$N$ 为分子数；令 $k=\dfrac{R}{N_A}=1.38\times10^{-23}$ J/K，称为玻尔兹曼常量. 于是理想气体状态方程改写为

$$p=nkT, \tag{8.3}$$

其中 n 为单位体积内的分子数. 将式(8.2)与式(8.3)比较，可得分子的平均平动动能

$$\bar{\varepsilon}_t=\frac{3}{2}kT. \tag{8.4}$$

式(8.4)从分子动理论的观点揭示了温度的微观本质，即温度是气体分子平均平动动能的量度. 前面我们曾从宏观角度定义温度是表征物体冷热程度的物理量，是决定一个系统是否与其他系统处于热平衡的宏观性质. 在这里我们看到，温度是直接与构成物体的大量分子

的无规则运动的平均平动动能相联系的.宏观上可以观测到的、用温度这个量来表征的物体的冷热程度,实际上反映了物体内部大量分子无规则运动的剧烈程度.气体的温度愈高,说明气体分子的平均平动动能愈大,分子无规则运动愈剧烈.此外应该注意,式(8.4)建立了宏观量温度 T 与微观量的统计平均值 $\bar{\varepsilon}_t$ 之间的关系,因此与压强概念具有统计意义一样,温度这个概念也只具有统计的意义,它是大量分子运动的集体表现.对于单个或少数几个分子的运动,温度这个概念已失去意义.

由式(8.4)可知,如果各种气体有相同的温度,则它们的分子平均平动动能均相等;如果一种气体的温度高些,则这种气体分子的平均平动动能要大些.按照这个观点,热力学温度零度将是理想气体分子热运动停止时的温度,然而实际上分子运动是永远不会停息的,热力学温度零度也是永远不可能达到的.近代量子理论证实,即使在热力学温度零度时,组成固体点阵的粒子也还保持着某种振动的能量,称为零点能量.至于(实际)气体,则在温度未达到热力学温度零度以前,已变成液体或固体,式(8.4)也早就不能适用.

2. 气体分子的方均根速率

根据气体分子平均平动动能与温度的关系式(8.4),可求出在一定温度的平衡态下,气体分子速率的一种统计平均值,称为气体分子的**方均根速率**.

由 $\frac{1}{2}m\overline{v^2}=\frac{3}{2}kT$,有

$$\sqrt{\overline{v^2}}=\sqrt{\frac{3kT}{m}}=\sqrt{\frac{3RT}{M_{\text{mol}}}}. \tag{8.5}$$

方均根速率反映气体分子激烈运动的程度.在 0 ℃时,氢分子的方均根速率为 1 830 m/s,氧分子为461 m/s,氮分子为 491 m/s,空气为 485 m/s.

例 8.1 在温度为 27 ℃,压强为 1 atm 时,求:(1) 气体分子数密度;(2) 分子的平均平动动能;(3) 1 mol 理想气体的总平动动能;(4) 气体为氧气或氢气时各种分子的方均根速率.

解 (1) 由状态方程 $p=nkT$,得

$$n=\frac{p}{kT}=\frac{1\times1.013\times10^5}{1.38\times10^{-23}\times300}\ \text{m}^{-3}=2.45\times10^{25}\ \text{m}^{-3}.$$

(2) 单个分子的平均平动动能 $\bar{\varepsilon}_t$ 为

$$\bar{\varepsilon}_t=\frac{3}{2}kT=\frac{3}{2}\times1.38\times10^{-23}\times300\ \text{J}=6.21\times10^{-21}\ \text{J}.$$

(3) 1 mol 气体的总平动动能为

$$E_{平}=N_A\bar{\varepsilon}_t=6.023\times10^{23}\times6.21\times10^{-21}\ \text{J}=3.74\times10^3\ \text{J}$$

或

$$E_{平}=N_A\bar{\varepsilon}_t=N_A\frac{3}{2}kT=\frac{3}{2}RT=\frac{3}{2}\times8.31\times300\ \text{J}=3.74\times10^3\ \text{J}.$$

(4) 根据式(8.5),可得氧分子的方均根速率

$$\sqrt{\overline{v_{O_2}^2}}=\sqrt{\frac{3RT}{M_{\text{mol}}}}=\sqrt{\frac{3\times8.31\times300}{32\times10^{-3}}}\ \text{m/s}=4.83\times10^2\ \text{m/s}.$$

氢分子的方均根速率

$$\sqrt{\overline{v_{H_2}^2}}=\sqrt{\frac{3RT}{M_{mol}}}=\sqrt{\frac{3\times 8.31\times 300}{2.0\times 10^{-3}}}\ \mathrm{m/s}=1.93\times 10^{3}\ \mathrm{m/s}.$$

上述结果表明,常温下气体分子的速率均超过声速.

8.3 能量按自由度均分定理　理想气体的内能

前面所讨论的问题(理想气体的压强、温度的微观解释等),都只需研究分子的平动而不必考虑分子的内部结构,因而可以把理想气体分子视为质点.但讨论气体的内能时,由于需要研究每个分子各种运动形式的总能量,就必须进一步考虑分子的内部结构.从分子内部结构看来,气体分子可以是双原子和多原子的,它们不仅有平动,还有转动和分子内部原子的振动.气体分子无规则运动的能量应包括所有这些运动形式的能量.本节研究分子无规则运动的能量所遵从的统计规律——能量按自由度均分定理,进而给出理想气体的内能表达式.

8.3.1 自由度

为了用统计的方法计算分子各种运动形式的平均能量,需要引入自由度的概念.确定一个物体的空间位置所需要的独立坐标数目,称为物体的自由度.例如,一个在三维空间中自由运动的质点,需要用三个坐标分量 (x,y,z) 才能确定其位置,我们说该质点有 3 个自由度.如果受到约束,质点的自由度将会减少.气体分子按其结构可分为单原子分子(如 He,Ne 等)、双原子分子(如 H_2,O_2 等)和多原子分子(三个或三个以上原子组成的分子,如 H_2O,NH_3 等),其结构如图 8.3 所示.当分子内原子间距离保持不变(不振动)时,这种分子称为刚性分子,否则称为非刚性分子.

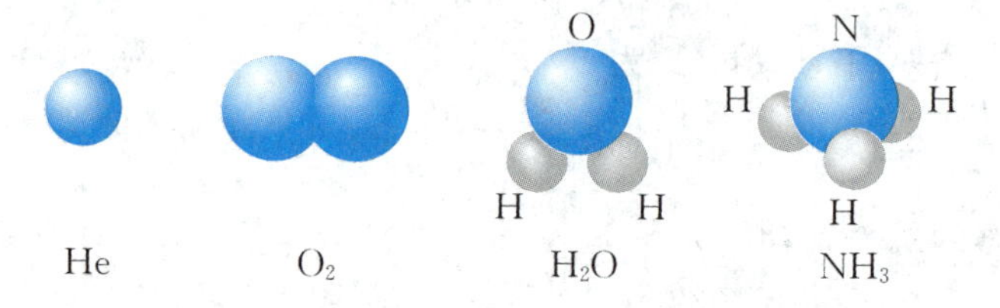

图 8.3　几种气体分子的结构示意图

(1) 单原子分子的自由度.如图 8.4(a)所示,单原子分子可视为质点,因此在空间中一个自由的单原子分子,有 3 个平动自由度.

(2) 双原子分子的自由度.当温度很低时,双原子分子可视为刚性分子,确定其质心在空间的位置要由三个坐标(x,y,z)来表示,故有 3 个平动自由度,另外还要两个方位角 β,γ 来决定两原子连线的方位(3 个方位角 α,β,γ,因有 $\cos^2\alpha+\cos^2\beta+\cos^2\gamma=1$,故只有 2 个是独立的).由于两个原子均视为质点,故绕轴的转动不存在,如图 8.4(b)所示,因此刚性双原子分子有 3 个平动自由度和 2 个转动自由度，共有 5 个自由度. 当温度较高时，原子间的振动不能忽略，分子为非刚性分子，非刚性双原子分子的自由度为 6.

(3) 多原子分子的自由度. 刚性多原子分子除了具有双原子的 3 个质心平动自由度和 2 个转动自由度外，还有一个绕轴自转的自由度，常用转角 φ（相对于所选参考方位）表示，如图 8.4(c)所示，因此刚性多原子分子有 3 个平动自由度和 3 个转动自由度，共有 6 个自由度. 设用 i 表示刚性分子自由度，t 表示平动自由度，r 表示转动自由度，则

$$i = t + r.$$

一般来说，由 n 个原子组成的分子最多有 $3n$ 个自由度. 在常温下，大多数气体分子属于刚性分子.

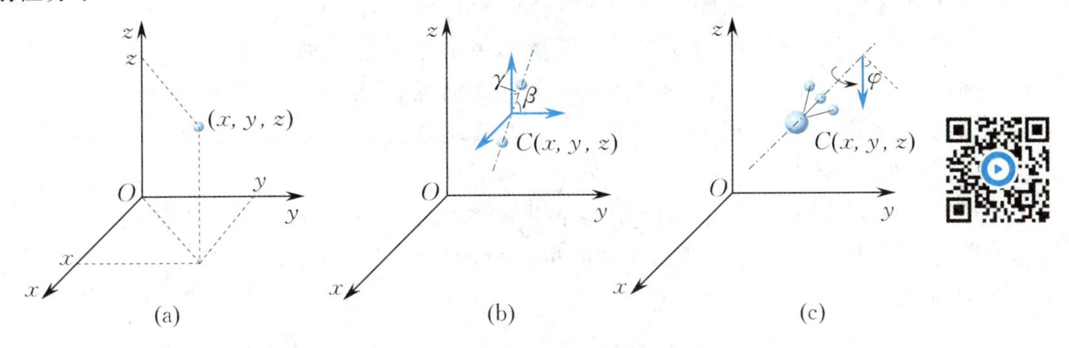

图 8.4 刚性分子的自由度

8.3.2 能量按自由度均分定理

在平衡态下，理想气体分子的平均平动动能

$$\frac{1}{2}m\overline{v^2} = \frac{3}{2}kT,$$

又 $\overline{v^2} = \overline{v_x^2} + \overline{v_y^2} + \overline{v_z^2}$ 及 $\overline{v_x^2} = \overline{v_y^2} = \overline{v_z^2} = \frac{1}{3}\overline{v^2}$，代入后可得

$$\frac{1}{2}m\overline{v_x^2} = \frac{1}{2}m\overline{v_y^2} = \frac{1}{2}m\overline{v_z^2} = \frac{1}{3}\left(\frac{1}{2}m\overline{v^2}\right) = \frac{1}{3}\left(\frac{3}{2}kT\right) = \frac{1}{2}kT.$$

上式说明，在平衡态下，分子平均平动动能均匀分配到每一个平动自由度上，且大小均等于 $\frac{1}{2}kT$.

对于多原子分子，除了平动还有转动，高温下还有原子的振动. 由于分子做无规则热运动，任何一种运动形式机会都是均等的，即没有哪一种运动形式比其他运动形式占优势. 因此，可把平动动能的统计规律推广到其他运动形式上去，即一般说来，不论平动、转动或振动运动形式，在平衡态下，相应于每一个平动自由度、转动自由度或振动自由度，其平均动能都应等于 $\frac{1}{2}kT$.

当气体处于平衡态时，分子的任何一个自由度的平均动能都相等，均为 $\frac{1}{2}kT$. 这就是**能量按自由度均分定理**. 按照这个定理，如果刚性气体分子有 i 个自由度，则分子的平均动能为

$$\bar{\varepsilon} = \frac{i}{2}kT. \tag{8.6}$$

能量均分定理是对大量分子的统计平均的结果.对个别分子而言,它的动能随时间而变,并不等于 $\frac{i}{2}kT$,而且它的各种形式的动能也不按自由度均分.但对大量分子整体而言,由于分子的无规则热运动及频繁的碰撞,能量可以从一个分子传到另一个分子,从一种自由度的能量转化成另一种自由度的能量,在平衡态时就形成能量按自由度均匀分配的统计规律.

8.3.3　理想气体的内能

从微观角度看来,气体的内能包括构成气体的所有分子无规则运动的能量和分子之间的相互作用势能,其中每个分子的无规则运动能量又包括分子的平动动能、转动动能以及分子内部原子间的振动动能和原子间的振动势能.更一般地说,内能还应包括原子内部的能量及原子核内部的能量等,但在一般的热现象中,这些形式的能量不发生改变,因此在计算内能时,这些形式的能量可不计算在内.

对于理想气体而言,由于分子间的相互作用势能可忽略不计,故理想气体的内能只是构成气体的所有分子本身具有的无规则运动能量之和,即分子各种形式的动能和分子内部原子间振动能量的总和.

由式(8.6)知,每一个分子的平均动能为 $\frac{i}{2}kT$, 1 mol 理想气体有 N_A 个分子,则 1 mol 理想气体的内能为

$$E_0 = N_A\left(\frac{i}{2}kT\right) = \frac{i}{2}RT. \tag{8.7}$$

因此,质量为 M 的理想气体的内能为

$$E = \frac{M}{M_{mol}}E_0 = \frac{M}{M_{mol}}\frac{i}{2}RT, \tag{8.8}$$

由式(8.8)可知,对给定的理想气体,其内能仅是温度的单值函数,与体积、压强无关.对于实际气体,由于分子间相互作用的势能不可忽略,而分子间相互作用的势能必与分子间的距离(体积)有关,因而内能不仅与温度有关,还与压强或体积有关.

例 8.2　已知在 273 K,0.01 atm(1 atm=1.013×10^5 Pa)下,容器内装有某种理想气体,其密度为 1.24×10^{-2} kg/m^3.试求:(1) 方均根速率;(2) 气体的摩尔质量,并确定它是什么气体;(3) 气体分子的平均平动动能和转动动能;(4) 单位体积内分子的平动动能;(5) 0.3 mol 该气体的内能.

解　(1) 根据方均根速率 $\sqrt{\overline{v^2}} = \sqrt{\frac{3RT}{M_{mol}}}$ 和状态方程 $pV = \frac{M}{M_{mol}}RT$,得

$$\sqrt{\overline{v^2}} = \sqrt{\frac{3p}{\rho}} = 495\ \text{m/s}.$$

(2) 根据状态方程得

$$M_{mol} = \frac{M}{V}\cdot\frac{RT}{p} = \rho\frac{RT}{p} = 28\times10^{-3}\ \text{kg/mol}.$$

因为 N_2 和 CO 的摩尔质量均为 28×10^{-3} kg/mol，所以气体是 N_2 或 CO.

(3) 根据能量按自由度均分定理，分子在每个自由度的平均能量为 $\frac{1}{2}kT$，i 个自由度的能量为 $\frac{i}{2}kT$. N_2 和 CO 均是双原子气体，它们的自由度为 $t=3$，$r=2$，所以

$$平均平动动能=\frac{3}{2}kT=5.65\times10^{-21}\ \mathrm{J},$$

$$平均转动动能=\frac{2}{2}kT=3.77\times10^{-21}\ \mathrm{J}.$$

(4) 单位体积内分子的平动动能为 $n\frac{3}{2}kT$，又根据 $n=\frac{p}{kT}$，得单位体积内分子的总平动动能为

$$\frac{3}{2}p=1.5\times10^{3}\ \mathrm{J}.$$

(5) 根据内能公式 $E=\frac{M}{M_{\mathrm{mol}}}\cdot\frac{i}{2}RT$，得

$$E=0.3\times\frac{5}{2}\times8.31\times273\ \mathrm{J}=1.70\times10^{3}\ \mathrm{J}.$$

8.4 麦克斯韦速率分布律

对大量分子构成的气体，由于无规则热运动和频繁的碰撞，每个分子任一时刻的速度具有偶然性，因此无法预言某个分子的速度. 但在平衡态下系统的宏观量是确定的，说明大量分子从整体上应遵从一定的统计规律. 1859 年，麦克斯韦用概率论证明了在平衡态下，理想气体分子速度分布是有规律的，这个规律称为麦克斯韦速度分布律. 若不考虑分子速度的方向，则称为麦克斯韦速率分布律.

8.4.1　气体分子的速率分布函数

当气体处于平衡状态时，容器中的大量分子以不同的速率沿各个方向运动着. 由于分子间不断相互碰撞，对个别分子来说，速度大小和方向因碰撞而不断改变，这种改变完全带有偶然性和不可预测性，然而从大量分子的整体来看，在平衡态下，分子的速率却都遵循着一个完全确定的且是必然的统计分布规律.

为了研究气体分子速率分布情况，把速率分成若干相等的区间. 考察气体分子在平衡状态下，分布在各个速率区间 Δv 之内的分子数 ΔN，各占气体分子总数 N 的百分比，从而得知分子速率位于该速率区间的概率及所遵循的统计规律. 现以 0 ℃时氧气分子的速率分布为例加以说明.

通过实验测定,0 ℃时氧气分子速率的分布情况如表 8.1 所示.

表 8.1　0 ℃时氧气分子速率的分布情况

速率区间/(m/s)	100 以下	100 ~200	200 ~300	300 ~400	400 ~500	500 ~600	600 ~700	700 ~800	800 ~900	900 以上
分子数的百分率 $\frac{\Delta N}{N}$/(%)	1.4	8.1	16.5	21.4	20.6	15.1	9.2	4.8	2.0	0.9

为了直观地表示上述分子速率的分布,可以以速率 v 为横坐标,以单位速率间隔内的分子在总分子数 N 内所占的比例 $\frac{\Delta N}{N\Delta v}$ 为纵坐标,按表 8.1 的数据作出图 8.5(a)所示的锯齿形图. 可以看出,图中任一小矩形面积的数值就表示在这一速率间隔内的分子数占总分子数的百分比 $\frac{\Delta N}{N}$. 为了更准确地表示不同速率分子的分布情况,在统计不同速率间隔中分子数的比例时,可以把速率间隔取得更小一些,如图 8.5(b)所示. 当速率间隔取得越来越小以至 $\Delta v\to 0$ 时,锯齿形图的边缘就会逐步变成一条平滑的曲线,如图 8.5(c)所示.

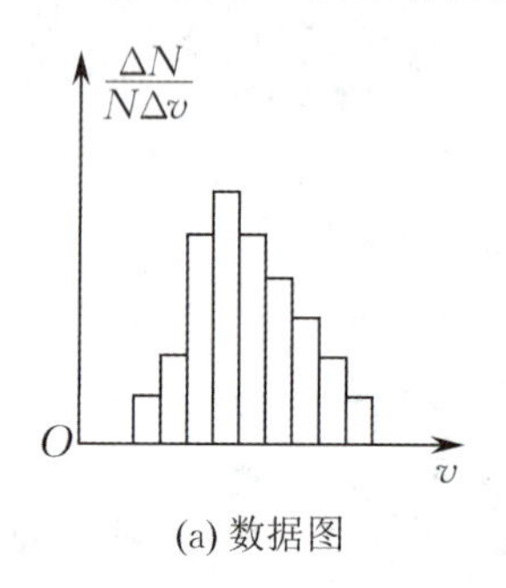

(a) 数据图

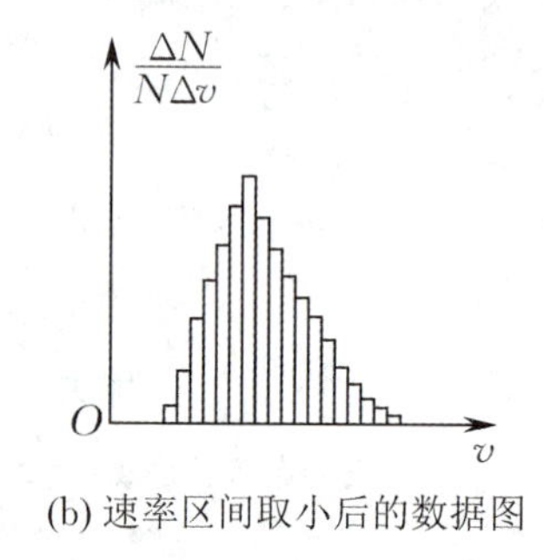

(b) 速率区间取小后的数据图

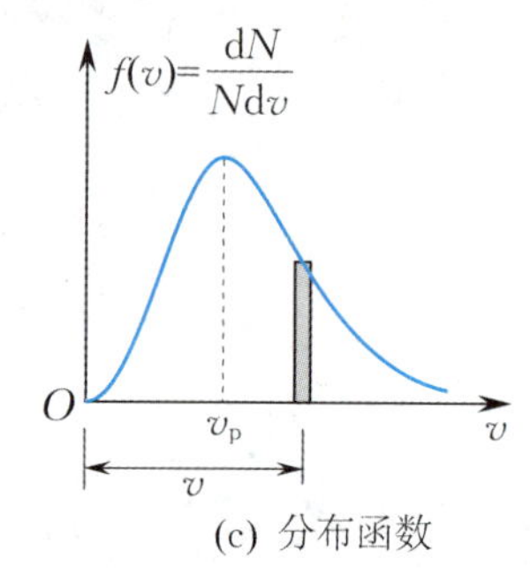

(c) 分布函数

图 8.5　气体分子速率分布曲线

我们把极限

$$f(v)=\lim_{\Delta v\to 0}\frac{\Delta N}{N\Delta v}=\frac{dN}{Nd v}\tag{8.9}$$

称为**分子的速率分布函数**. 它表示速率 v 附近的单位速率区间内分子数占总分子数的百分比. $f(v)$-v 曲线叫作气体分子的速率分布曲线. 由式(8.9)可知 $f(v)dv=\frac{dN}{N}$ 表示速率在 v 附近 dv 区间内的分子数占总分子数的百分比. 速率介于 v_1 与 v_2 之间的分子数占总分子数的比率为

$$\frac{\Delta N}{N}=\int_{v_1}^{v_2}f(v)dv,$$

等于速率分布曲线下自 v_1 到 v_2 范围内的面积. 如上所述,分布曲线下的总面积表示速率介于零到无穷大的整个区间内的分子数占总分子数的百分比,显然为 1,即

$$\int_0^{\infty}f(v)dv=1,\tag{8.10}$$

式(8.10)叫作**速率分布函数的归一化条件**.

分布函数还可用概率表述,设想我们“追踪测量”某一个分子的速率,共测量了 N 次,其

中 $\mathrm{d}N$ 次测得的速率量值在 $v \sim v+\mathrm{d}v$ 区间内，则 $f(v)$ 的物理意义为某一分子在速率 v 附近的单位速率区间内出现的概率，$f(v)$ 也称为**概率密度**. 而 $f(v)\mathrm{d}v=\dfrac{\mathrm{d}N}{N}$ 则为分子速率出现在 $v \sim v+\mathrm{d}v$ 区间内的概率.

8.4.2　麦克斯韦速率分布律

麦克斯韦于 1859 年从理论上导出了理想气体处于平衡态且无外力场作用时，气体分子按速率分布的分布函数：

$$f(v)=4\pi\left(\frac{m}{2\pi kT}\right)^{\frac{3}{2}}\mathrm{e}^{-\frac{mv^2}{2kT}}v^2, \tag{8.11}$$

式中 T 为气体的热力学温度，m 为分子的质量，k 为玻尔兹曼常量，称 $f(v)$ 为麦克斯韦速率分布函数. 由式(8.11) 可得到一个分子在 $v \sim v+\mathrm{d}v$ 区间内的概率为

$$\frac{\mathrm{d}N}{N}=4\pi\left(\frac{m}{2\pi kT}\right)^{\frac{3}{2}}\mathrm{e}^{-\frac{mv^2}{2kT}}v^2\mathrm{d}v, \tag{8.12}$$

式(8.12)即为**麦克斯韦速率分布律**.

1920 年斯特恩第一次对麦克斯韦速率分布律进行了实验验证. 后来有许多人对此实验做了改进，我国物理学家葛正权也在这方面有过贡献. 但是直到 1955 年才由密勒与库什对麦克斯韦气体分子速率分布律做出了高度精确的实验证明.

图 8.6 是密勒与库什的实验装置示意图，全部装置放在高真空的容器中. 容器中 A 是一个恒温箱即分子源，箱中为待测的金属蒸气，R 是一个用铝合金制成的可以绕中心轴转动的圆柱体，上面沿纵向刻了很多条螺旋形细槽(图中只画出了其中的一条)，细槽的入口狭缝处和出口狭缝处的半径之间有一定的夹角 θ. 在出口狭缝后面是一个检测器 D. 当 R 绕中心轴转动时，从分子源逸出的各种速率的分子都能进入细槽，但并非任意速率的分子都能通过细槽从出口狭缝飞出而到达检测器. 设圆柱体 R 的长度为 L，半径为 r，细槽宽度为 d，当 R 以角速度 ω 旋转时，只有速率在

$$v=\frac{\omega}{\theta}L$$

附近的分子才能到达检测器. 由于细槽有一定的宽度 d，故到达检测器的分子实际上分布在一定的速率区间 $v \sim v+\Delta v$ 内. 让圆柱体先后以各种不同的角速度转动，就有处于不同速率

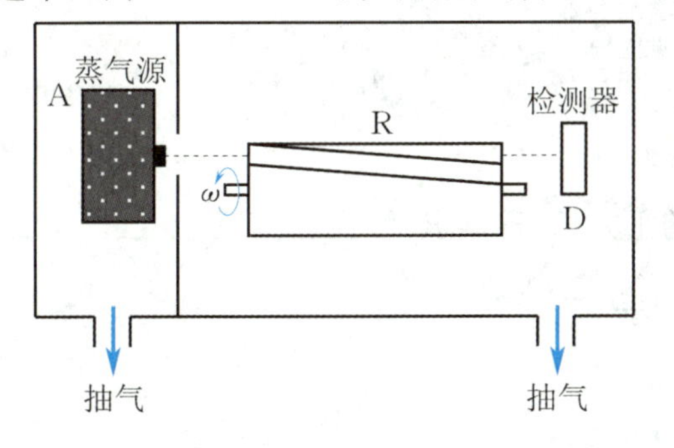

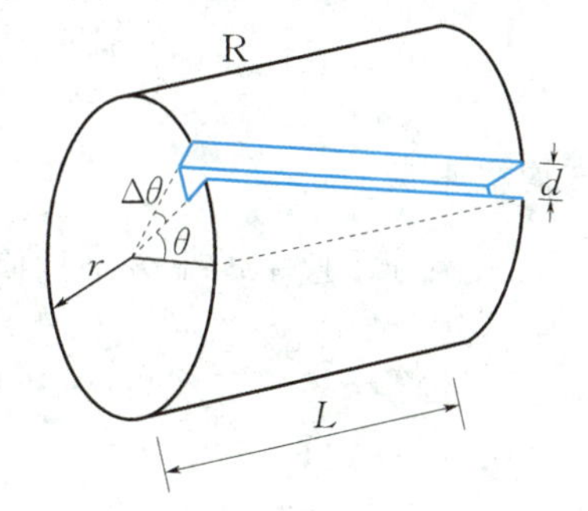

图 8.6　测定分子速率分布的实验装置

区间内的分子到达检测器,以此来验证分子速率分布是否与麦克斯韦速率分布律给出的结果一致.需要指出的是,实验中直接测得的并非分子源内分子的速率分布函数,而是从分子源逸出的泄流分子的速率分布函数.

8.4.3 分子的三种统计速率

应用麦克斯韦速率分布律,可以求得与气体分子速率分布有关的许多物理量.下面由麦克斯韦速率分布律求分子动理论中经常用到的三种统计速率——最概然速率、平均速率和方均根速率.

1. 最概然速率 v_p

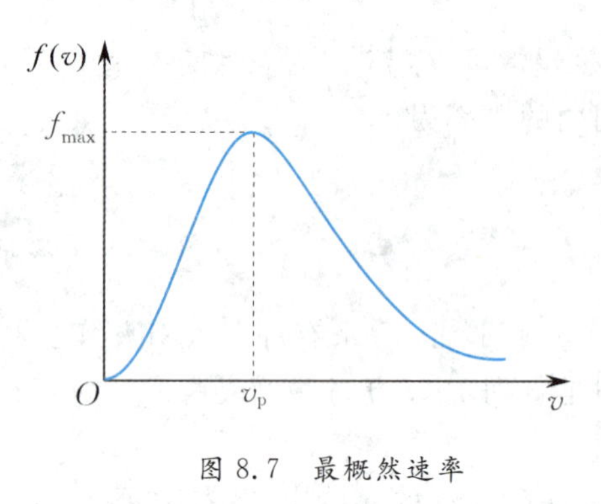

图 8.7 最概然速率

气体分子速率分布曲线有个极大值,与这个极大值对应的速率叫作气体分子的**最概然速率**,常用 v_p 表示,如图 8.7 所示.

它的物理意义是:当温度一定时,在该速率附近单位速率区间内的分子数占总分子数的百分比最大.由

$$\left.\frac{\mathrm{d}f(v)}{\mathrm{d}v}\right|_{v=v_p}=0,$$

可得

$$v_p=\sqrt{\frac{2kT}{m}}=\sqrt{\frac{2RT}{M_{mol}}}\approx 1.41\sqrt{\frac{RT}{M_{mol}}}. \quad (8.13)$$

2. 平均速率 $\bar{v}$

根据平均值的定义,大量分子速率的统计平均值

$$\bar{v}=\frac{\sum v_i\Delta N_i}{N}.$$

对于连续分布,有

$$\bar{v}=\frac{\int_0^\infty v\mathrm{d}N}{N}=\int_0^\infty vf(v)\mathrm{d}v.$$

将麦克斯韦速率分布函数 $f(v)$ 代入,可得理想气体分子的平均速率为

$$\bar{v}=\sqrt{\frac{8kT}{\pi m}}=\sqrt{\frac{8RT}{\pi M_{mol}}}\approx 1.60\sqrt{\frac{RT}{M_{mol}}}. \quad (8.14)$$

3. 方均根速率 $\sqrt{\overline{v^2}}$

$\sqrt{\overline{v^2}}$ 为大量分子速率的平方平均值的平方根.根据求平均值的定义有

$$\overline{v^2}=\frac{\sum v_i^2\Delta N_i}{N},$$

对于连续分布,

$$\overline{v^2}=\frac{\int_0^\infty v^2\mathrm{d}N}{N}=\int_0^\infty v^2f(v)\mathrm{d}v\,.$$

将麦克斯韦速率分布函数 $f(v)$ 代入，可得理想气体分子的方均根速率为

$$\sqrt{\overline{v^2}}=\sqrt{\frac{3kT}{m}}=\sqrt{\frac{3RT}{M_{\mathrm{mol}}}}\approx 1.73\sqrt{\frac{RT}{M_{\mathrm{mol}}}}. \tag{8.15}$$

最概然速率 v_p 表征了气体分子按速率分布的特征；平均速率 $\bar{v}$ 用于气体分子的碰撞；方均根速率 $\sqrt{\overline{v^2}}$ 用于计算分子的平均平动动能.

4. 麦克斯韦速率分布曲线的性质

(1) 麦克斯韦速率分布曲线与温度的关系

对某种气体，温度升高，v_p 将增大，但归一化条件要求曲线下总面积不变，因此分布曲线宽度增大，高度降低，整个曲线变得较为平坦，如图 8.8 所示.

(2) 麦克斯韦速率分布曲线与分子质量的关系

在相同温度下，对不同种类的气体，分子质量越大，v_p 越小，分布曲线越窄越高，如图 8.9 所示.

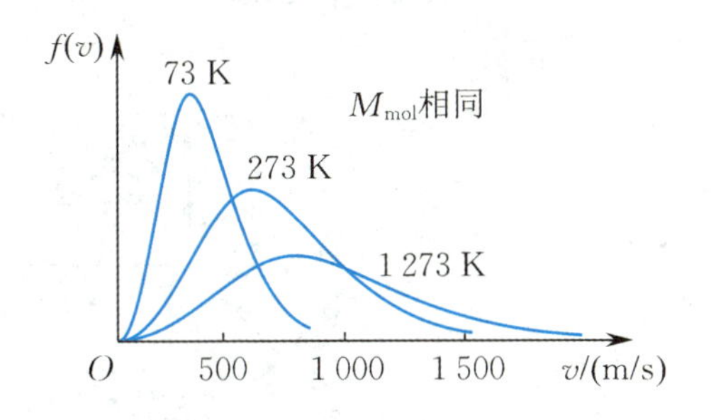

图 8.8 不同温度下分子速率分布曲线

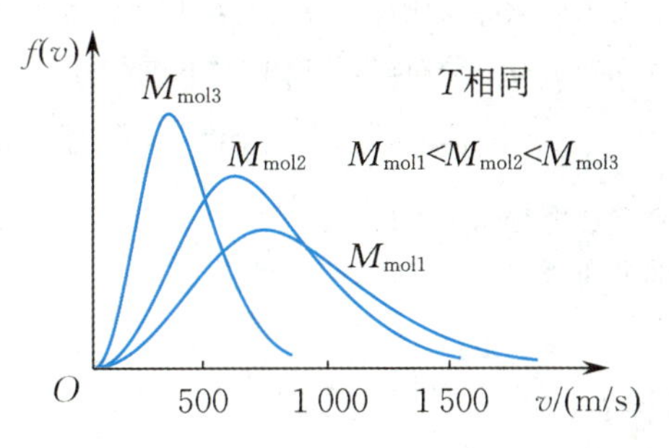

图 8.9 不同质量的分子速率分布曲线

*8.5 麦克斯韦速度分布律

8.5.1 气体分子的速度分布函数

上节所讨论的是处于平衡态的气体分子按照速度大小分布的规律，未考虑分子速度的方向. 当分子速度的方向必须关注时，其规律又如何？这里我们的问题是气体分子按速度矢量是如何分布的. 为了形象化地描述这个问题，引入速度空间的概念. 以速度矢量的三个分量 v_x, v_y, v_z 为轴建立一个直角坐标系，这个坐标系所确定的空间称为速度空间(见图 8.10). 在速度空间中，每个分子的速度矢量都可用一个以坐标原点为起点的矢量来表示. 由于组成气体的分子数目是大量的，而且运动是无规则的，因此当气体处于平衡态时，这些速度矢量的大小和方向是各式各样的. 要说明气体分子按速度矢量的分布规律，就可以用这些速度矢量的端点在速度空间的分布来表示.

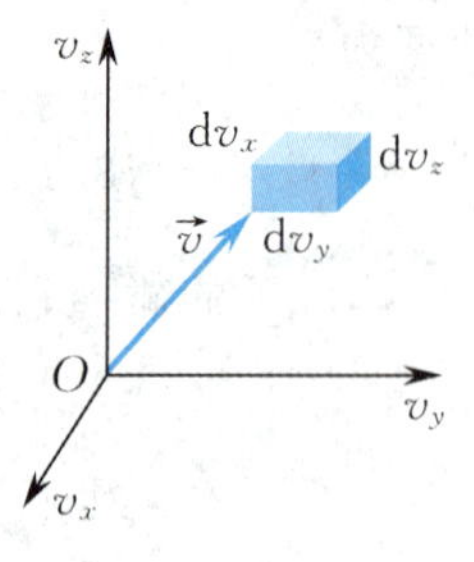

图 8.10　速度空间

当气体处于平衡态时,气体分子速度的 x 分量在 $v_x \sim v_x + dv_x$,y 分量在 $v_y \sim v_y + dv_y$,z 分量在 $v_z \sim v_z + dv_z$ 区间内的分子数比率 $\frac{dN_{\vec{v}}}{N}$ 显然与区间 $dv_x dv_y dv_z$ 的大小成正比,比例系数 $f(v_x, v_y, v_z)$ 与三个速度分量 v_x, v_y, v_z 有关,即有

$$\frac{dN_{\vec{v}}}{N} = f(v_x, v_y, v_z) dv_x dv_y dv_z.$$

在速度空间中,上式表示速度矢量的端点落在小体积元 $dv_x dv_y dv_z$ 中的分子数比率.概率密度函数

$$f(v_x, v_y, v_z) = \frac{dN_{\vec{v}}}{N dv_x dv_y dv_z}$$

称为气体分子的速度分布函数,它的物理意义是速度矢量的端点落在 (v_x, v_y, v_z) 附近单位速度空间体积内的分子数占总分子数的比率.

8.5.2　麦克斯韦速度分布律

由麦克斯韦速率分布律可以导出气体分子按速度矢量的分布规律,该规律即麦克斯韦速度分布律.

根据麦克斯韦速率分布律,速度的大小在 $v \sim v + dv$ 间隔内分子数为

$$N 4\pi \left(\frac{m}{2\pi kT}\right)^{3/2} \exp\left\{-\frac{mv^2}{2kT}\right\} v^2 dv,$$

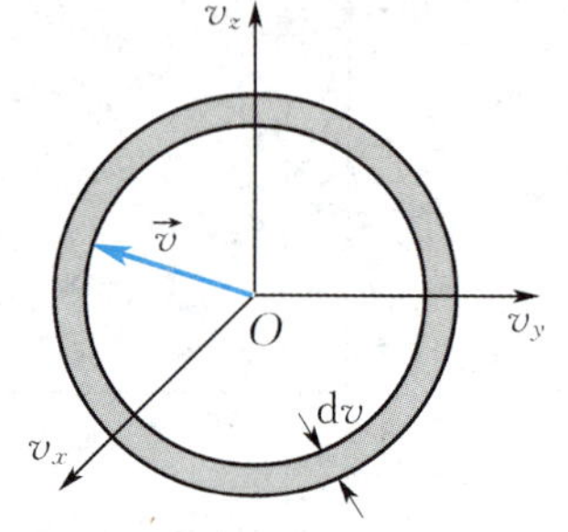

图 8.11　速度空间中速率间隔占据的体积

该速率间隔在速度空间中占据的体积为 $4\pi v^2 dv$(见图 8.11).又由于分子的速度按方向的分布是均匀的,所以速度的大小在 v 附近单位速度空间体积内的分子数为

$$N\left(\frac{m}{2\pi kT}\right)^{3/2} \exp\left\{-\frac{mv^2}{2kT}\right\} = N\left(\frac{m}{2\pi kT}\right)^{3/2} \exp\left\{-\frac{m(v_x^2 + v_y^2 + v_z^2)}{2kT}\right\}.$$

由此我们得到麦克斯韦速度分布函数为

$$f(v_x, v_y, v_z) = \left(\frac{m}{2\pi kT}\right)^{3/2} \exp\left\{-\frac{m(v_x^2 + v_y^2 + v_z^2)}{2kT}\right\}.$$

当气体处于平衡态时,气体分子速度的 x 分量在 $v_x \sim v_x + dv_x$,y 分量在 $v_y \sim v_y + dv_y$,z 分量在 $v_z \sim v_z + dv_z$ 区间内的分子数比率为

$$\frac{dN_{\vec{v}}}{N} = \left(\frac{m}{2\pi kT}\right)^{3/2} \exp\left\{-\frac{m(v_x^2 + v_y^2 + v_z^2)}{2kT}\right\} dv_x dv_y dv_z. \tag{8.16}$$

这个结论叫作麦克斯韦速度分布律.

例 8.3　利用麦克斯韦速度分布律,(1) 证明单位时间内碰撞到器壁单位面积上的气体分子数为 $\Gamma = \frac{1}{4} n\bar{v}$;(2) 求碰壁分子的速率分布函数.

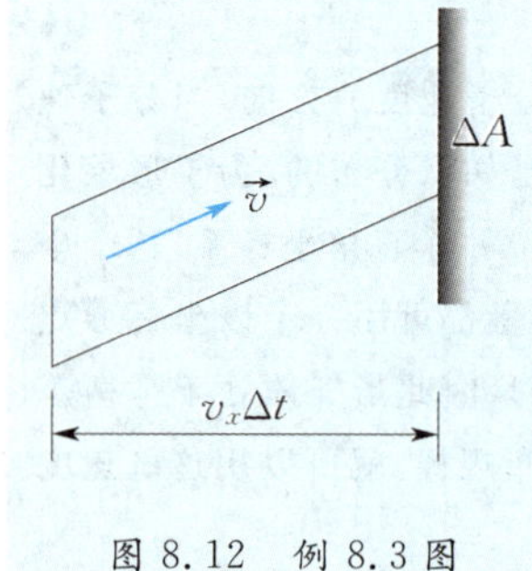

图 8.12　例 8.3 图

证明　(1) 在 Δt 时间内,速度的 x 分量在 $v_x \sim v_x + dv_x$,y 分量在 $v_y \sim v_y + dv_y$,z 分量在 $v_z \sim v_z + dv_z$ 区间内与 ΔA 面元碰撞的分子数为(见图 8.12)

$$(v_x \Delta t \Delta A) n f(v_x, v_y, v_z) dv_x dv_y dv_z.$$

Δt 时间内与 ΔA 碰撞的总分子数

$$\begin{aligned}\Delta N &= n\Delta t\Delta A \iiint_{v_x>0} v_x f(v_x, v_y, v_z) dv_x dv_y dv_z \\ &= n\Delta t\Delta A \iiint_{v_x>0} v_x \left(\frac{m}{2\pi kT}\right)^{3/2} \exp\left\{-\frac{m(v_x^2 + v_y^2 + v_z^2)}{2kT}\right\} dv_x dv_y dv_z\end{aligned}$$

$$= n\Delta t\Delta A\int_0^{+\infty} v_x \left(\frac{m}{2\pi kT}\right)^{1/2} \exp\left\{-\frac{mv_x^2}{2kT}\right\} dv_x = n\Delta t\Delta A\sqrt{\frac{kT}{2\pi m}},$$

所以

$$\Gamma = n\sqrt{\frac{kT}{2\pi m}} = \frac{1}{4}n\bar{v}.$$

(2) 在 Δt 时间内,与 ΔA 碰撞的分子数为

$$N' = \frac{1}{4}n\bar{v}\Delta A\Delta t = \int_0^{\infty} \frac{1}{4}n\Delta A\Delta t v f(v) dv.$$

在这些分子中,速率在 $v \sim v+dv$ 内的分子数为

$$dN'_v = \frac{1}{4}n\Delta A\Delta t v f(v) dv,$$

故碰壁分子中速率在 $v \sim v+dv$ 内的分子数比率为

$$\frac{dN'_v}{N'} = \frac{vf(v)}{\bar{v}}dv = \sqrt{\frac{\pi m}{8kT}}4\pi\left(\frac{m}{2\pi kT}\right)^{\frac{3}{2}} \exp\left\{-\frac{mv^2}{2kT}\right\}v^3 dv$$

$$= \frac{1}{2}\left(\frac{m}{kT}\right)^2 \exp\left\{-\frac{mv^2}{2kT}\right\}v^3 dv,$$

即碰壁分子的速率分布函数为

$$f(v) = \frac{1}{2}\left(\frac{m}{kT}\right)^2 \exp\left\{-\frac{mv^2}{2kT}\right\}v^3.$$

可见,碰壁分子的性质与气体内所有分子的性质截然不同,两者的最概然速率、平均速率、方均根速率及速率分布等性质都不相同.设想在容器壁上开一小孔,则碰壁分子即为逸出分子(或称泄流分子),密勒和库什的实验所直接测量的即是逸出分子的速率分布函数.

*8.6 玻尔兹曼分布律

若不计外力场作用,气体处于平衡状态时,因气体分子的无规则运动,分子在空间均匀分布.当有外力场(如重力场、电场和磁场等)作用时,气体分子在空间位置分布又会如何?

玻尔兹曼推广了麦克斯韦速度分布律,他认为:处在保守力场中的理想气体,① 分子在外力场中应以总能量 $E = E_k + E_p$ 取代式(8.16)中的 $\frac{1}{2}m(v_x^2+v_y^2+v_z^2)$;② 粒子的分布不仅按速度区间 $v_x \sim v_x+dv_x$,$v_y \sim v_y+dv_y$,$v_z \sim v_z+dv_z$ 分布,还应按位置区间 $x \sim x+dx$,$y \sim y+dy$,$z \sim z+dz$ 分布.做了这两个推广并运用概率理论,导出了

$$dN' = n_0 e^{-\frac{E_p}{kT}} dxdydz, \tag{8.17}$$

式中 dN' 为气体分子处在空间小体元 $dxdydz$ 中的气体分子数,n_0 为 $E_p = 0$ 处的分子数密度.式(8.17)即为玻尔兹曼分布律的常用形式之一,它还可改写为下列形式.

令 $n = \frac{dN'}{dxdydz}$,则有

$$n = n_0 e^{-\frac{E_p}{kT}}. \tag{8.18}$$

式(8.18)表示分子数密度按势能的分布,即分子数密度的玻尔兹曼分布律.在推导过程中用了如下假定:在小体元 $dxdydz$ 内的分子数 $dN' = ndxdydz$ 很大,且分子速度各异,并遵守麦克斯韦速率分布律.设在

dN' 个总分子数中,速率位于 $v_x \sim v_x + dv_x, v_y \sim v_y + dv_y, v_z \sim v_z + dv_z$ 中的分子数为 dN 个,则由麦克斯韦速率分布律有

$$\frac{dN}{dN'} = f(v)dv_x dv_y dv_z, \quad dN = dN' f(v) dv_x dv_y dv_z,$$

$$dN = n_0 e^{-\frac{E_p}{kT}} \left(\frac{m}{2\pi kT}\right)^{3/2} \cdot e^{-\frac{m}{2kT}(v_x^2+v_y^2+v_z^2)} dv_x dv_y dv_z dx dy dz,$$

即

$$dN = n_0 \left(\frac{m}{2\pi kT}\right)^{3/2} \cdot e^{\frac{-(E_k+E_p)}{kT}} dv_x dv_y dv_z dx dy dz. \tag{8.19}$$

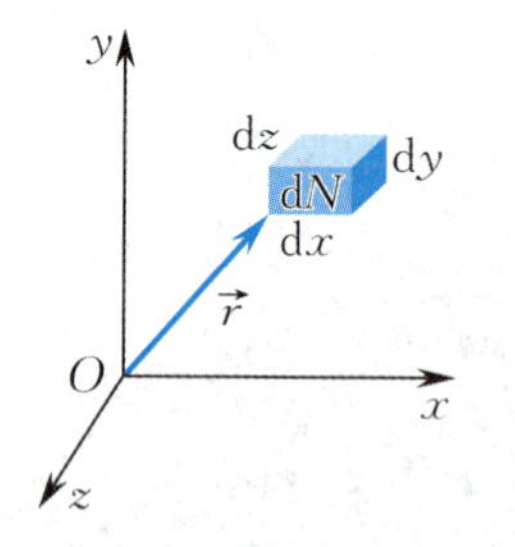

图 8.13 玻尔兹曼分布示意图

式(8.19)即为分子既按速率区间又按位置区间分布的玻尔兹曼分布律.图8.13即为玻尔兹曼分布示意图.若令 $E = E_k + E_p$,有

$$dN = n_0 \left(\frac{m}{2\pi kT}\right)^{3/2} e^{\frac{-E}{kT}} dv_x dv_y dv_z dx dy dz. \tag{8.20}$$

玻尔兹曼分布律描述的是:处于热平衡态下,受保守外力作用的理想气体分子按能量的分布规律.根据式(8.20),在等宽的区间内,若 $E_1 > E_2$,则能量大的粒子数 dN_1 小于能量小的粒子数 dN_2,即 $dN_1 < dN_2$,或者说粒子优先占据能量小的状态,这是玻尔兹曼分布律的一个重要结果.需要指出的是,玻尔兹曼分布律适用于分子、原子、布朗粒子,但不适用于电子、光子组成的系统.

8.7 分子平均碰撞频率和平均自由程

室温下气体分子的平均速率大约为几百米每秒,由此判断气体的扩散、热传导过程应进行得极快,但实际情况并非如此.例如,香水的香味要经过十几秒才能传过几米的距离,原因是在常温常压下分子数密度达 $10^{23} \sim 10^{25}\ m^{-3}$ 数量级.因此,一个分子以几百米每秒的速率在如此密集的分子中运动,必然要与其他分子做频繁的碰撞,从一处到另一处走的是迂回曲折的路径.如图 8.14 所示为一个香水分子(蓝色小球)在空气分子中不断碰撞而迂回曲折前进的示意图.因此,气体的扩散、热传导过程进行得快慢与分子碰撞的频繁程度有关.

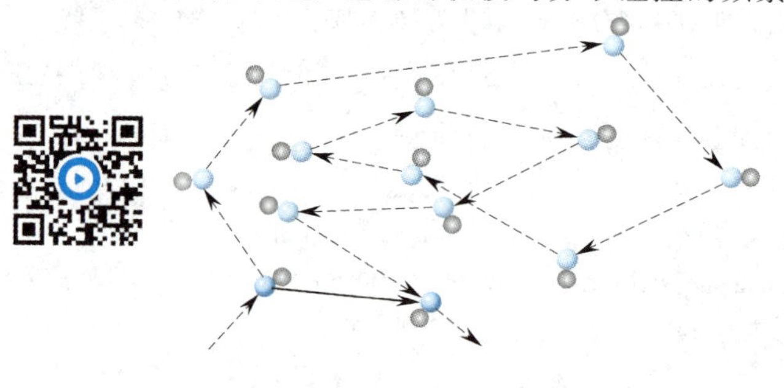
图 8.14 分子碰撞示意图

为了表示分子间相互碰撞的频繁程度,我们引入分子碰撞频率和分子自由程的概念.分子在任意连续两次碰撞之间自由通过的路程叫作分子的自由程.单位时间内一个分子与其他

分子碰撞的次数称为分子的碰撞频率. 由图 8.14 可知,分子的自由程有长有短,任意两次碰撞所需时间多少也具有偶然性. 自由程和碰撞频率大小是随机变化的,但是大量分子无规则热运动的结果,使分子的自由程与碰撞频率遵从一定的统计规律.

8.7.1　平均碰撞频率

为了推导分子平均碰撞频率的公式,我们来追踪一个分子 A,计算它在单位时间内与多少个分子相碰. 假定每个分子都是有效直径为 d 的弹性小球,先假定其余分子都静止,而分子 A 以平均相对速率 $\bar{u}$ 运动,在它的运动过程中,分子 A 的球心轨迹是一条折线. 设想以分子 A 的中心所经过的轨迹为轴,以分子的有效直径 d 为半径作一圆柱体,如图 8.15 所示. 显然,凡是球心位于该圆柱体内的分子都将和分子 A 相碰. $\sigma = \pi d^2$ 称为碰撞截面.

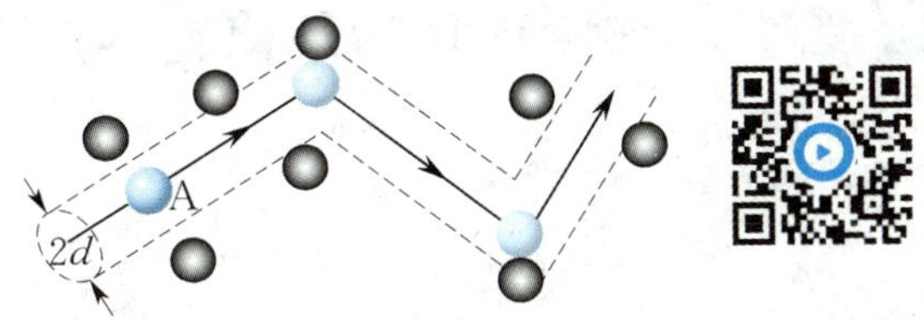

图 8.15　碰撞区域示意图

在 $\mathrm{d}t$ 时间内,分子 A 平均经过路程为 $\bar{u}\mathrm{d}t$,相应的圆柱体体积为 $\pi d^2\bar{u}\mathrm{d}t$,设分子数密度为 n,圆柱体内的分子数为 $\pi d^2\bar{u}n\mathrm{d}t$. 显然,分子 A 在 $\mathrm{d}t$ 时间内和其他分子发生碰撞的平均次数

$$\bar{Z} = \frac{n\pi d^2\bar{u}\mathrm{d}t}{\mathrm{d}t} = \pi d^2 n\bar{u}.$$

根据麦克斯韦速率分布律,可以证明分子的平均相对速率与平均速率的关系为

$$\bar{u} = \sqrt{2}\,\bar{v}, \tag{8.21}$$

由此可得平均碰撞频率为

$$\bar{Z} = \sqrt{2}\,\pi d^2\bar{v}n. \tag{8.22}$$

8.7.2　平均自由程

下面采用统计平均的方法计算平均自由程. 由于 $\mathrm{d}t$ 时间内分子平均走过的路程为 $\bar{v}\mathrm{d}t$,一个分子与其他分子的平均碰撞次数为 $\bar{Z}\mathrm{d}t$,因此,平均自由程 $\bar{\lambda}$ 为

$$\bar{\lambda} = \frac{\bar{v}}{\bar{Z}} = \frac{1}{\sqrt{2}\,\pi d^2 n}. \tag{8.23}$$

又因为 $p = nkT$,所以式(8.23)可改写为

$$\bar{\lambda} = \frac{kT}{\sqrt{2}\,\pi d^2 p}. \tag{8.24}$$

例 8.4　计算空气分子在标准状态下的平均自由程和碰撞频率. 取分子的有效直径 $d = 3.5\times10^{-10}$ m,已知空气的平均摩尔质量为 29 g/mol.

解　已知 $T = 273$ K, $p = 1.0$ atm $= 1.013\times10^5$ Pa, $d = 3.5\times10^{-10}$ m,

$$\bar{\lambda} = \frac{kT}{\sqrt{2}\,\pi d^2 p} = \frac{1.38\times10^{-23}\times273}{1.41\times3.14\times(3.5\times10^{-10})^2\times1.013\times10^5}\ \mathrm{m} = 6.9\times10^{-8}\ \mathrm{m}.$$

又已知空气的平均摩尔质量为 29×10^{-3} kg/mol,代入 $\bar{v}=\sqrt{\frac{8RT}{\pi M_{mol}}}$,可求出空气分子在标准状态下的平均速率为 $\bar{v}=448$ m/s. 因此

$$\bar{Z}=\frac{\bar{v}}{\bar{\lambda}}=\frac{448}{6.9\times10^{-8}}\ \mathrm{s}^{-1}=6.5\times10^{9}\ \mathrm{s}^{-1},$$

即一个分子在平均每秒钟内竟发生几十亿次碰撞.

*8.8 实际气体的范德瓦耳斯方程

理想气体在压强不太大、温度不太低的条件下,可模拟实际气体,但在低温高压时,理想气体与实际气体有明显的偏差. 为了更精确地描述实际气体,需要对理想气体模型进行修正,从而获得实际气体的状态方程. 为此目的,人们从理论上和实验上进行了大量工作,提出了很多种实际气体状态方程. 其中形式最简单、物理意义较简明的是范德瓦耳斯方程. 下面我们先通过实际气体的等温线来了解它与理想气体的差异,然后给出更精确反映实际气体行为的范德瓦耳斯方程.

8.8.1 实际气体等温线

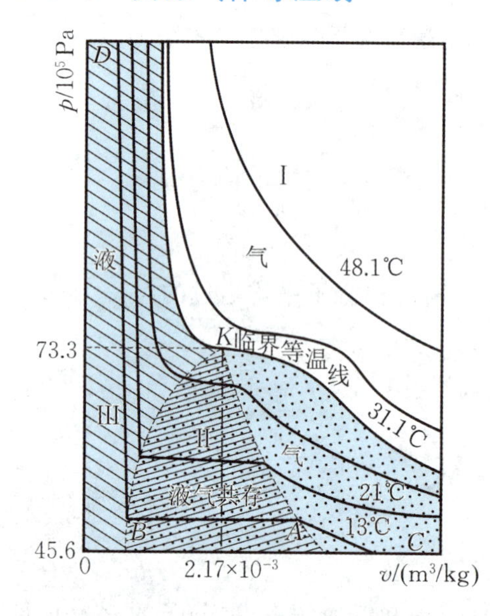

图 8.16 CO_2 气体的实验等温线

以 CO_2 气体为例,实验得出了在不同温度下的等温线,如图 8.16 所示,纵坐标表示压强,横坐标表示比容(单位质量的气体所占的体积).

实验结果表明,当在低于 31.1 ℃ 的某一温度(例如 13 ℃)下进行等温压缩时,等温线中会出现水平的一段,如图 8.16 所示. *CA* 段表示气态 CO_2 被压缩的过程. 该过程中压强随体积的减小而增大,到 *A* 点所对应的状态后,继续压缩时压强就不再增大,这时开始出现液态 CO_2. 随着压缩的进行,液态部分不断增加,气态部分不断减少,但过程中压强保持不变. 直到 *B* 点对应的状态,CO_2 全部液化. *AB* 段所对应的是气液两相等温转变的过程,在这一范围的气体成为饱和蒸气,相应的压强称为饱和蒸气压. *BD* 段则表示液态 CO_2 的等温压缩过程. 由于液态很难被压缩,因而 *BD* 段非常陡,几乎与纵轴平行. CO_2 在 31.1 ℃ 以下其他温度下做等温压缩时,所测得的等温线形状都类似,不同之处仅在于温度越高,水平段越上移,长度越短. 由此可知,饱和蒸气压虽然与体积无关,但却与温度有关,是温度的函数. 当温度升高到 31.1 ℃ 时,等温曲线的平直段缩短成一点,成为等温线上的拐点,这条等温线称为 CO_2 临界等温线. 如果温度继续升高,无论压强多大,CO_2 也不可能液化,温度愈高,相应的等温线愈接近双曲线,与理想气体等温线趋于一致. 由图 8.16 看出,48.1 ℃ 的等温线较接近于理想气体等温线,近似地遵循理想气体状态方程.

临界等温线上的拐点 *K* 称为临界点,临界点的温度、压强和比容称为临界参量. 不同的气体临界参量是

不同的.临界温度以下,等温线包括三段:左边段代表液相,右边段代表气相,中间段代表液气共存.

8.8.2　范德瓦耳斯方程

范德瓦耳斯仔细分析了实际气体与理想气体的差异,认为理想气体分子模型忽略了分子的大小和分子间的相互作用力,提出了实际气体模型以对理想气体状态方程进行修正,并于1873年得出了更接近实际气体性质的范德瓦耳斯方程.

1. 分子固有体积引起的修正

1 mol 理想气体的状态方程为

$$pV_m = RT,$$

其中 V_m 是 1 mol 理想气体的体积(即容器的体积).对理想气体而言,V_m 也就是分子可以自由活动的空间大小.考虑气体分子本身具有一定的体积后,分子可以自由活动的空间将减小为 $(V_m - b)$,其中 b 为 1 mol 气体分子处于最紧密状态下所必须占据的最小空间,它约等于 1 mol 气体分子本身体积的 4 倍,

$$b \approx 4N_A \frac{4}{3}\pi\left(\frac{d}{2}\right)^3.$$

因此,考虑到分子体积引起的修正后,气体的状态方程和压强应分别修正为

$$p(V_m - b) = RT, \tag{8.25}$$

$$p = \frac{RT}{V_m - b}. \tag{8.26}$$

2. 分子间引力引起的修正

在计算实际气体的压强时,分子引力的影响不容忽略.下面讨论分子间吸引力对气体压强的影响.任一处于容器中的分子A,凡中心位于以A为球心、以分子有效作用距离 R 为半径的球内的分子对A都有引力作用.在平衡态下,这些分子相对A是对称分布的,它们对该分子的吸引作用相互抵消,如图8.17所示.

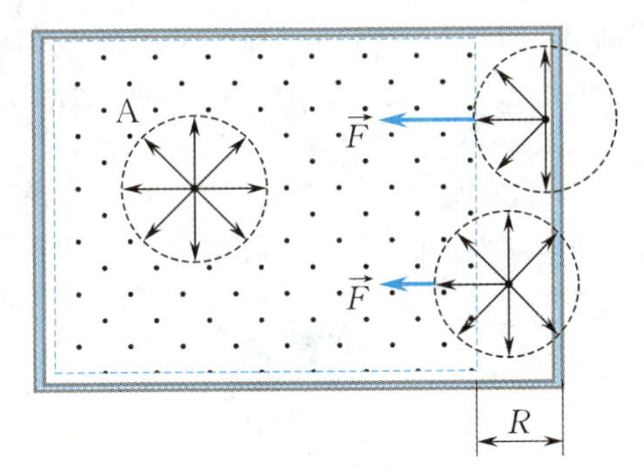

图 8.17　气体中分子作用球

在器壁附近厚度为 R 的界面层,情况则不同.对于该界面层内的分子作用球有部分落在器壁外,因而靠器壁一侧少了一部分对它吸引的气体分子,于是作用球内的气体分子产生一个合引力 $\vec{F}$,这个引力与器壁垂直,指向气体内部.现在设想某个分子从气体内部垂直飞向器壁并同器壁发生碰撞的过程,在气体内部,由于分子间引力相互抵消,并不影响飞行分子的运动.但当分子进入离器壁的距离小于 R 的区域中时,就将受到一个指向气体内部的合引力 $\vec{F}$,因而减小了飞行分子碰撞器壁的动量,也减小了飞行分子对器壁的冲量,于是大量分子对器壁的压强将减小 p_{in},则

$$p = \frac{RT}{V_m - b} - p_{in}.$$

通常称 p_{in} 为气体的**内压强**.p_{in} 与在单位时间内碰到单位面积上的分子数成正比,也与气体内分子作用球内半球中的分子数成正比,这两者又都与分子数密度 n 成正比,因此

$$p_{in} = cn^2 = c\left(\frac{N_A}{V_m}\right)^2 = \frac{a}{V_m^2},$$

c,a 为比例常数,其值取决于气体的性质.将上式代入前式得到

$$\left(p + \frac{a}{V_m^2}\right)(V_m - b) = RT. \tag{8.27}$$

对 ν mol 气体,$V=\nu\cdot V_{\mathrm{m}}$,于是有

$$p_{\mathrm{in}}=c\left(\frac{N}{V}\right)^2=c\left(\frac{\nu N_{\mathrm{A}}}{V}\right)^2=\nu^2\frac{a}{V^2},$$

$$\left(p+\nu^2\frac{a}{V^2}\right)(V-\nu b)=\nu RT. \tag{8.28}$$

式(8.27)和式(8.28)称为**范德瓦耳斯方程**,其中 a,b 为范德瓦耳斯常量,可由实验测得.

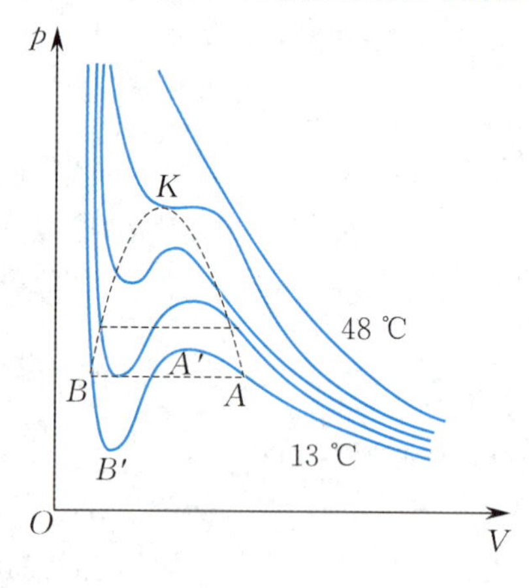

图 8.18 范德瓦耳斯等温线

遵从范德瓦耳斯方程的气体叫作范德瓦耳斯气体,由式(8.28)可得范德瓦耳斯气体的等温线,如图 8.18 所示.与实际气体等温线比较,两者都有一条临界等温线,在临界温度以上,两者很接近;在临界温度以下,则逐渐呈现出差别.实际等温线有一条气液共存的平直线段,但范德瓦耳斯等温线在这部分不是直线,而是曲线 $AA'B'B$,AA' 和 $B'B$ 部分在实验中是可以实现的,但状态并不稳定.如果实际气体内没有尘埃和带电粒子,那么当气体在 A 点达到饱和状态后,可以继续被压缩到达 A' 点而暂时不发生液化,这时气体密度大于该温度下的正常**饱和蒸气密度**,这种蒸气称为**过饱和蒸气**.当液体处在 B 点时,若液体很纯净,则在等温减压下能继续膨胀到 B',暂时不发生汽化,这时液体密度减小,甚至小于在较高温度时的正常液体密度,这种液体称为**过热液体**.$A'B'$ 段中任一状态,当体积增大时压强反而增加,体积减小时压强反而减小,因而内外压强稍有偏差,就会使偏差越来越厉害,因此这种状态实际上是不能实现的.当气体处在饱和状态下,一旦有微粒从外界射入,则能使过饱和蒸气很快以这些粒子为中心发生凝结.过饱和蒸气又回到 AB 直线上去,形成饱和蒸气与液体共存的状态.

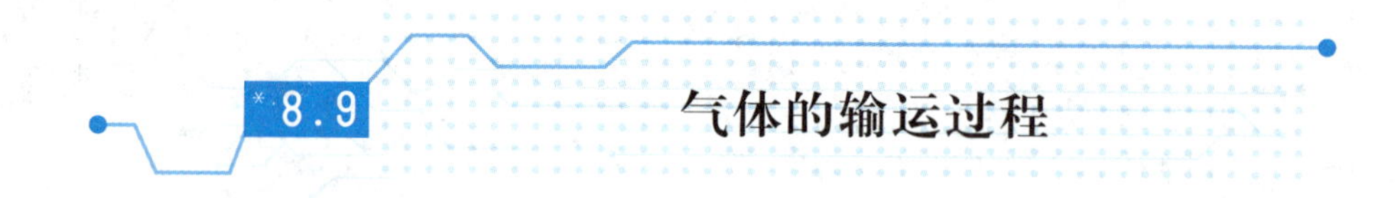

*8.9 气体的输运过程

前面讨论了气体在平衡态下的性质,实际上许多问题都涉及非平衡态的变化过程.处于非平衡态的气体,其内部各处的物理性质(如密度、流速、温度等)不同,由于气体分子无规则运动,导致质量、动量或能量从气体中的一部分向另一部分迁移,使得原来不均匀的物理量将逐渐趋于均匀的平衡态,我们把这类过程叫作气体内的输运过程.它包括扩散、热传导和黏滞三个过程.下面从分子运动论的观点阐明它们的实质.

8.9.1 扩散

如果容器中气体各部分密度不均匀或种类不同,则该种气体分子将从高密度处向低密度处散布,这种现象叫作**扩散**.就单一气体来说,在温度均匀的情况下,密度的不均匀会导致压强不均匀而形成宏观气流,这样在气体内部发生的就不是单纯的扩散现象,往往还伴随有其他现象.为了对扩散现象本身的规律进行研究,需要考虑一种单纯的扩散过程,即在扩散过程中既无热传导,也无宏观的气体流动现象.为此,选温度、压强、分子自由度数和分子量都相等的两种气体(如 N_2 和 CO),分别装入一个中间被隔板分成两部分的容器中,抽出隔板后,由于温度、压强处处相同,两种气体分子的平均速率相等,不会因碰撞而改变平均速

率，但每种气体因本身密度不均匀会形成单纯扩散.下面研究任一种气体的扩散过程的规律.

在图 8.19 中，设参与扩散的其中一种气体分子数密度沿 z 轴正向增大，密度梯度为$\frac{\mathrm{d}n}{\mathrm{d}z}$. 设想在 $z=z_0$ 处垂直于 z 轴取一个截面 $\mathrm{d}S$. 实验证明，$\mathrm{d}t$ 时间内，从密度较大的一侧通过 $\mathrm{d}S$ 面向密度较小的一侧扩散的分子数与这个界面处的密度梯度、面积及时间成正比，即

$$\mathrm{d}N=-D\frac{\mathrm{d}n}{\mathrm{d}z}\mathrm{d}S\mathrm{d}t, \tag{8.29}$$

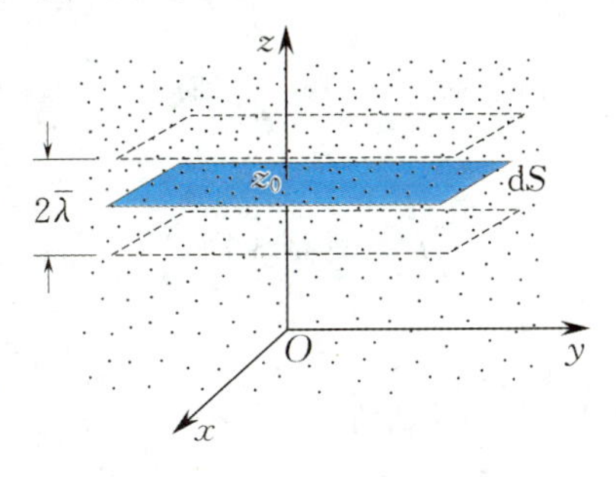

图 8.19　分子扩散示意图

上式称为斐克定律，式中 D 为扩散系数，它的数值与气体种类有关；负号表示扩散总是沿分子数密度 n 减小的方向进行.

由统计观点，可以认为在任一体积中，沿 z 轴正、负方向运动的分子各占分子总数的 1/6. 这样，在 $\mathrm{d}t$ 时间内通过 $\mathrm{d}S$ 面沿 z 轴正方向扩散的净分子数为

$$\mathrm{d}N=\frac{1}{6}n_z\bar{v}\mathrm{d}t\mathrm{d}S-\frac{1}{6}n_{z+\mathrm{d}z}\bar{v}\mathrm{d}t\mathrm{d}S=-\frac{1}{6}\bar{v}\frac{\mathrm{d}n}{\mathrm{d}z}\mathrm{d}z\mathrm{d}S\mathrm{d}t.$$

平均说来，越过 $\mathrm{d}S$ 的分子都是在离 $\mathrm{d}S$ 距离等于平均自由程 $\bar{\lambda}$ 处发生最后一次碰撞的，所以取 $\mathrm{d}z=2\bar{\lambda}$，于是

$$\mathrm{d}N=-\frac{1}{3}\bar{v}\bar{\lambda}\frac{\mathrm{d}n}{\mathrm{d}z}\mathrm{d}S\mathrm{d}t.$$

与式(8.29)比较得气体扩散系数

$$D=\frac{1}{3}\bar{v}\bar{\lambda}. \tag{8.30}$$

从分子动理论来看，气体内部密度不均匀，使得分子由密度大的区域向密度小的区域移动，形成扩散过程.

8.9.2　热传导

当物体内各部分温度不均匀时，热量由高温处传递到低温处，这种现象称为**热传导**.

如果气体内各部分的温度不同，设气体温度沿 z 轴正向逐渐升高，温度梯度为$\frac{\mathrm{d}T}{\mathrm{d}z}$，假设在 $z=z_0$ 处垂直于 z 轴有一界面，其面积为 $\mathrm{d}S$. 从实验知，$\mathrm{d}t$ 时间内，从高温的一侧通过 $\mathrm{d}S$ 面向低温一侧传递的热量与这一平面处的温度梯度、面积及时间成正比，即

$$\mathrm{d}Q=-\kappa\frac{\mathrm{d}T}{\mathrm{d}z}\mathrm{d}S\mathrm{d}t, \tag{8.31}$$

上式叫作傅里叶定律，式中 κ 为导热系数，单位是瓦[特]每米开[尔文][W/(m・K)]，与物质的种类和状态有关. 负号表示热量沿温度降低的方向输运.

从分子动理论来看，气体内部温度不均匀，表明各处分子平均热运动能量 $\bar{\varepsilon}$ 不同，沿 z 轴正向穿过 $\mathrm{d}S$ 面的分子带有较小的平均能量，而沿 z 轴负向穿过 $\mathrm{d}S$ 面的分子带有较大的平均热运动能量，经过分子交换，能量向下净迁移，宏观上表现为热传导.

每个分子平均热运动能量为 $\bar{\varepsilon}=\frac{1}{2}ikT$，$i$ 为分子自由度. $\mathrm{d}t$ 时间内，沿 z 轴正、负方向通过 $\mathrm{d}S$ 的分子数近似为$\frac{1}{6}n\bar{v}\mathrm{d}S\mathrm{d}t$，经过分子交换的能量，即沿 z 轴正方向传递的热量为

$$\mathrm{d}Q=\frac{1}{6}n\bar{v}\mathrm{d}S\mathrm{d}t\,\bar{\varepsilon}_z-\frac{1}{6}n\bar{v}\mathrm{d}S\mathrm{d}t\,\bar{\varepsilon}_{z+\mathrm{d}z}=\frac{1}{6}n\bar{v}\mathrm{d}S\mathrm{d}t\,\frac{1}{2}ik(T_z-T_{z+\mathrm{d}z})$$

$$= -\frac{1}{6}n\bar{v}\mathrm{d}S\mathrm{d}t\,\frac{1}{2}ik\,\frac{\mathrm{d}T}{\mathrm{d}z}\mathrm{d}z.$$

同上述扩散方法一样,取 $\mathrm{d}z = 2\bar{\lambda}$,得

$$\mathrm{d}Q = -\frac{1}{3}n\bar{v}\bar{\lambda}\mathrm{d}S\mathrm{d}t\,\frac{1}{2}ik\,\frac{\mathrm{d}T}{\mathrm{d}z},$$

与式(8.31)比较,得导热系数

$$\kappa = \frac{1}{3}n\bar{v}\bar{\lambda}\,\frac{1}{2}ik,$$

利用气体摩尔定容热容公式[见式(9.15)],$C_{V,\mathrm{m}} = \frac{1}{2}iR$,

$$\kappa = \frac{1}{3}n\bar{v}\bar{\lambda}\,\frac{1}{2}ik = \frac{1}{3}\bar{v}\bar{\lambda}\,\frac{1}{2}iR\,\frac{n}{N_{\mathrm{A}}} = \frac{1}{3}\bar{v}\bar{\lambda}C_{V,\mathrm{m}}\,\frac{M}{M_{\mathrm{mol}}V} = \frac{1}{3}\bar{v}\bar{\lambda}C_{V,\mathrm{m}}\,\frac{\rho}{M_{\mathrm{mol}}},$$

故

$$\kappa = \frac{1}{3}\bar{v}\bar{\lambda}C_{V,\mathrm{m}}\,\frac{\rho}{M_{\mathrm{mol}}}, \tag{8.32}$$

式中 $\rho = nm$ 为气体密度.式(8.32)表明了导热系数与气体分子平均速率和平均自由程的关系.

热传导是由原子或分子间的相互作用所导致,它是热量交换的三种基本方式之一,另两种是对流和辐射.

8.9.3 黏滞现象

在流体内,各层之间由于流速不同而引起的相互作用力,叫作内摩擦力,也叫黏滞力.如通风管道中空气沿管道前进时,紧靠管壁的气体分子附着于管壁,流速为零.离管壁较远处气层的流速较大,在管道中心轴线上的流速达到最大.这就是因为黏滞力的作用,形成了风速沿管道半径不均匀分布.

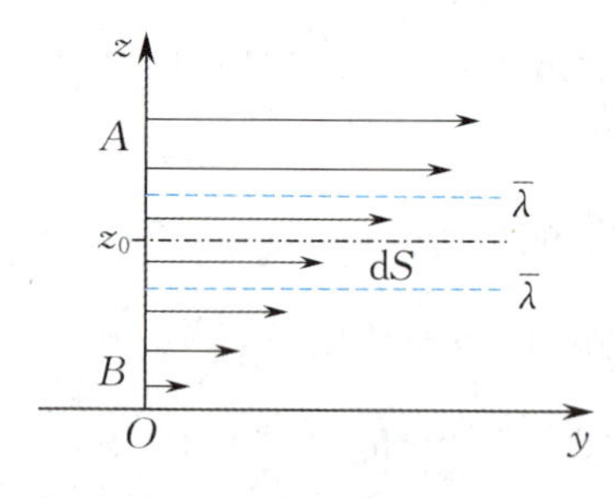

图 8.20 层流速度分布示意图

设气体沿 y 轴方向流动,流速 u 按 z 坐标分布:$u = u(z)$.设想 $z = z_0$ 处垂直于 z 轴有一界面,其面积为 $\mathrm{d}S$,如图 8.20 所示.由于在界面处存在速度梯度 $\frac{\mathrm{d}u}{\mathrm{d}z}$,因此在上、下两层流体间产生大小相等、方向相反的黏滞力.实验表明,黏滞力大小与界面处的速度梯度和面积成正比,即

$$\mathrm{d}F = \eta\frac{\mathrm{d}u}{\mathrm{d}z}\mathrm{d}S. \tag{8.33}$$

式(8.33)叫作牛顿黏滞定律,比例系数 η 叫作黏滞系数,与流体的性质和状态有关,其单位为牛[顿]秒每平方米($\mathrm{N\cdot s/m^2}$).

气体分子除有无规则热运动外,还有各层流体的整体的宏观定向运动,速度为 u,由于两层的定向运动速度皆与界面平行,因而定向运动不会影响分子穿过 $\mathrm{d}S$ 面的情况.因此,沿 z 轴正向穿过 $\mathrm{d}S$ 面的分子带有较小的定向动量,而沿 z 轴负向穿过 $\mathrm{d}S$ 面的分子带有较大的定向动量,经过分子交换,有定向动量自上而下的净迁移.

设气体是化学纯的,且有均匀的分子数密度 n 和温度 T,则两层有相同的分子平均速率 $\bar{v}$ 及平均自由程 $\bar{\lambda}$.每个分子的定向动量为 $p = mu$,$\mathrm{d}t$ 时间内,沿 z 轴正、负方向通过 $\mathrm{d}S$ 的分子数仍近似为 $\frac{1}{6}n\bar{v}\mathrm{d}S\mathrm{d}t$,经过分子交换定向动量,使下面一层得到的动量为

$$\mathrm{d}p = \frac{1}{6}n\bar{v}\mathrm{d}S\mathrm{d}t\,p_{z+\mathrm{d}z} - \frac{1}{6}n\bar{v}\mathrm{d}S\mathrm{d}t\,p_z = \frac{1}{6}n\bar{v}\mathrm{d}S\mathrm{d}t(p_{z+\mathrm{d}z} - p_z)$$

$$= \frac{1}{6}n\bar{v}\mathrm{d}S\mathrm{d}t\,\frac{\mathrm{d}p}{\mathrm{d}z}\mathrm{d}z = \frac{1}{6}nm\bar{v}\mathrm{d}S\mathrm{d}t\,\frac{\mathrm{d}u}{\mathrm{d}z}\mathrm{d}z.$$

同上述扩散方法一样,取 $\mathrm{d}z = 2\bar{\lambda}$,得

$$\mathrm{d}p = \frac{1}{3}nm\bar{v}\bar{\lambda}\mathrm{d}S\mathrm{d}t\frac{\mathrm{d}u}{\mathrm{d}z}.$$

根据动量定理，上层对下层作用在界面上的力为 $\mathrm{d}F = \frac{\mathrm{d}p}{\mathrm{d}t}$，因此

$$\mathrm{d}F = \frac{1}{3}nm\bar{v}\bar{\lambda}\mathrm{d}S\mathrm{d}t\frac{\mathrm{d}u}{\mathrm{d}z} = \frac{1}{3}\rho\bar{v}\bar{\lambda}\mathrm{d}S\frac{\mathrm{d}u}{\mathrm{d}z}.$$

与式(8.33)比较得黏滞系数为

$$\eta = \frac{1}{3}\rho\bar{v}\bar{\lambda} = \rho D, \tag{8.34}$$

该式说明气体的内摩擦是分子热运动与相互作用(碰撞)产生的宏观效果.

从以上分析看来，扩散、热传导及黏滞现象分别对应着质量、热量与定向动量的传递. 三种输运现象有共同的宏观特征，必定发生在处于非平衡状态的系统之中，都是与某些物理量在空间的不均匀分布相联系的. 如果外界对该非平衡系统不产生影响，让输运过程自发地进行，那么相应物理量的输运过程也就是系统状态不断变化的过程，最后必然会过渡到一种新的平衡态.

在实际的工程应用中，往往两种甚至三种输运过程同时发生，因此必须将它们联合起来加以讨论. 输运过程在相当广泛的自然现象和日常生活中发生，输运理论可以描述中子在核反应堆中的迁移及其所导致的动力学变化；可以描述光子如何从太阳发射及如何穿过地球大气传播到地面的辐射. 输运理论已成为物理及工程中的重要工具.

本章提要

1. 平衡态

一个不受外界影响的系统(即孤立系统)最终所达到的所有宏观性质都不再随时间变化的状态，叫作平衡态.

(1) 系统处在平衡态时，必须同时满足两个条件：一是系统与外界在宏观上没有能量和物质交换；二是系统的所有宏观性质不随时间变化.

(2) 热力学平衡态是一种热动平衡.

(3) 平衡态只是一个理想的概念，是在一定条件下对实际情况的概括和抽象.

2. 状态参量

当系统达到平衡态时，系统的所有宏观性质都不随时间变化，我们可以在诸多宏观量中选择一组相互独立的可由实验测定的物理量作为描写系统状态的变量，这些宏观量叫作状态参量. 状态参量的数目取决于系统的复杂程度，由实验来确定.

3. 热力学第零定律

如果两个系统分别与第三个系统处于热平衡，则这两个系统彼此也处于热平衡，这个实验定律称为热力学第零定律.

4. 温度的概念

温度是决定一个系统是否与其他系统处于热平衡的物理量. 一切互为热平衡的系统具有相同的温度，反之温度相同的系统彼此之间处于热平衡.

温度的数值表示方法叫作温标. 热力学温标和摄氏温标是两个常用的温标.

5. 理想气体状态方程

一定量的理想气体的状态方程为

$$pV = \frac{M}{M_{\mathrm{mol}}}RT.$$

理想气体状态方程的另外几种常用形式有

$$p = \frac{\rho RT}{M_{\mathrm{mol}}}, \quad pV = NkT, \quad p = nkT,$$

其中 $R = 8.31\ \mathrm{J/(mol \cdot K)}$，为普适气体常量；$k = 1.38 \times 10^{-23}\ \mathrm{J/K}$，为玻尔兹曼常量.

6. 理想气体压强公式

从微观上看，容器内气体对器壁的压强是大量气体分子不断对器壁碰撞的平均结果. 理想气体的压强公式为

$$p=\frac{2}{3}n\bar{\varepsilon}_t.$$

另一种常用形式为

$$p=\frac{1}{3}\rho\overline{v^2}.$$

气体压强这个概念只具有统计的意义,压强公式所表示的是一个统计规律而不是力学规律.

7. 温度的统计解释

分子的平均平动动能公式(又称为温度公式)为

$$\bar{\varepsilon}_t=\frac{3}{2}kT.$$

温度是气体分子平均平动动能的量度,反映了物体内部大量分子无规则运动的剧烈程度.温度这个概念也只具有统计的意义,它是大量分子运动的集体表现.

8. 能量均分定理

当气体处于温度为 T 的平衡态时,分子的任何一个自由度的平均动能都相等,均为 $\frac{1}{2}kT$. 这个结论称为能量按自由度均分定理.

9. 理想气体的内能

根据能量按自由度均分定理,一个分子的总平均动能为

$$\bar{\varepsilon}=\frac{i}{2}kT.$$

对于理想气体,分子之间的势能可忽略不计.1 mol理想气体的内能为

$$E_0=N_A\frac{i}{2}kT=\frac{i}{2}RT.$$

ν mol 理想气体的内能为

$$E=\nu\frac{i}{2}RT.$$

10. 麦克斯韦速率分布律

(1) 分子速率分布函数的概念

速率 v 附近 Δv 区间内分子数占总分子数的比率的极限

$$f(v)=\lim_{\Delta v\to 0}\frac{\Delta N}{N\Delta v}=\frac{\mathrm{d}N}{N\mathrm{d}v}$$

称为分子的速率分布函数. 其物理意义为速率 v 附近单位速率区间内的分子数占总分子数的百分比,或者说某个分子在速率 v 附近单位速率区间内出现的概率.

(2) 麦克斯韦速率分布函数

$$f(v)=4\pi\left(\frac{m}{2\pi kT}\right)^{3/2}\mathrm{e}^{-\frac{mv^2}{2kT}}v^2.$$

(3) 麦克斯韦速率分布律

$$\frac{\mathrm{d}N}{N}=4\pi\left(\frac{m}{2\pi kT}\right)^{3/2}\mathrm{e}^{-\frac{mv^2}{2kT}}v^2\mathrm{d}v.$$

(4) 三种统计速率

最概然速率:

$$v_p=\sqrt{\frac{2kT}{m}}=\sqrt{\frac{2RT}{M_{mol}}}\approx 1.41\sqrt{\frac{RT}{M_{mol}}};$$

平均速率:

$$\bar{v}=\sqrt{\frac{8kT}{\pi m}}=\sqrt{\frac{8RT}{\pi M_{mol}}}\approx 1.60\sqrt{\frac{RT}{M_{mol}}};$$

方均根速率:

$$\sqrt{\overline{v^2}}=\sqrt{\frac{3kT}{m}}=\sqrt{\frac{3RT}{M_{mol}}}\approx 1.73\sqrt{\frac{RT}{M_{mol}}}.$$

11. 玻尔兹曼分布律

分子数密度按势能的分布为

$$n=n_0\mathrm{e}^{-\frac{E_p}{kT}}.$$

12. 平均碰撞频率和平均自由程

平均碰撞频率:

$$\bar{Z}=\sqrt{2}\pi d^2\bar{v}n,$$

平均自由程:

$$\bar{\lambda}=\frac{\bar{v}}{\bar{Z}}=\frac{1}{\sqrt{2}\pi d^2 n}.$$

13. 实际气体的范德瓦耳斯方程

范德瓦耳斯考虑分子大小和分子间引力的影响,对理想气体状态方程进行修正,得出了更接近实际气体的范德瓦耳斯方程

$$\left(p+\frac{a}{V_m^2}\right)(V_m-b)=RT.$$

14. 气体内的输运过程

(1) 扩散:

$$\mathrm{d}N=-D\frac{\mathrm{d}n}{\mathrm{d}z}\mathrm{d}S\mathrm{d}t,$$

式中 $D=\frac{1}{3}\bar{v}\bar{\lambda}$,为扩散系数.

(2) 热传导:

$$\mathrm{d}Q=-\kappa\frac{\mathrm{d}T}{\mathrm{d}z}\mathrm{d}S\mathrm{d}t,$$

式中 $\kappa=\frac{1}{3}n\bar{v}\bar{\lambda}\frac{1}{2}ik=\frac{1}{3}\bar{v}\bar{\lambda}C_{V,m}\frac{\rho}{M_{mol}}$,为导热系数.

(3) 黏滞现象:

$$\mathrm{d}F=\eta\frac{\mathrm{d}u}{\mathrm{d}z}\mathrm{d}S,$$

式中 $\eta=\frac{1}{3}\rho\bar{v}\bar{\lambda}=\rho D$,为黏滞系数.

习　题　8

8.1　何谓微观量？何谓宏观量？它们之间有什么联系？

8.2　在推导理想气体压强公式的过程中，哪些地方用到了理想气体微观模型的假设？哪些地方用到了平衡态的条件？哪些地方用到了统计平均的概念？

8.3　气体处于平衡态时，分子无规则运动速率按统计规律性有

$$\overline{v_x^2}=\overline{v_y^2}=\overline{v_z^2}.$$

(1) 如果气体处于非平衡态，上式是否成立？

(2) 如果考虑重力的作用，上式是否成立？

(3) 当气体整体沿一定方向运动时，上式是否成立？

8.4　能否说速度快的分子温度高，速度慢者温度低？为什么？

8.5　在同一温度下，不同气体分子的平均平动动能相等.就氢分子和氧分子比较，氧分子的质量比氢分子大，所以氢分子的速率一定比氧分子大，对吗？

8.6　如果盛有气体的容器相对某坐标系运动，容器内的分子速度相对于该坐标系也增大了，温度也因此而升高吗？

8.7　试说明下列各量的物理意义：

(1) $\frac{1}{2}kT$；　　(2) $\frac{3}{2}kT$；

(3) $\frac{i}{2}kT$；　　(4) $\frac{M}{M_{\rm mol}}\ \frac{i}{2}RT$；

(5) $\frac{i}{2}\ RT$；　　(6) $\frac{3}{2}RT$.

8.8　有两种不同的理想气体，它们同压、同温而体积不等，试问下述各量是否相同？

(1) 分子数密度；

(2) 气体质量密度；

(3) 单位体积内气体分子总平动动能；

(4) 单位体积内气体分子的总动能.

8.9　何谓理想气体的内能？为什么理想气体的内能是温度的单值函数？

8.10　如果氢和氦的摩尔数和温度相同，则下列各量是否相等？为什么？

(1) 分子的平均平动动能；

(2) 分子的平均动能；

(3) 内能.

8.11　速率分布函数 $f(v)$ 的物理意义是什么？试说明下列各量的物理意义（n 为分子数密度，N 为系统总分子数）：

(1) $f(v)\mathrm{d}v$；　　(2) $nf(v)\mathrm{d}v$；

(3) $Nf(v)\mathrm{d}v$；　　(4) $\int_0^v f(v)\mathrm{d}v$；

(5) $\int_0^\infty f(v)\mathrm{d}v$；　　(6) $\int_{v_1}^{v_2} Nf(v)\mathrm{d}v$.

8.12　最概然速率的物理意义是什么？方均根速率、最概然速率和平均速率各有何用处？

8.13　习题8.13图(a)是氢和氧在同一温度下的两条麦克斯韦速率分布曲线，哪一条曲线代表氢？习题8.13图(b)是某种气体在不同温度下的两条麦克斯韦速率分布曲线，哪一条曲线的温度较高？

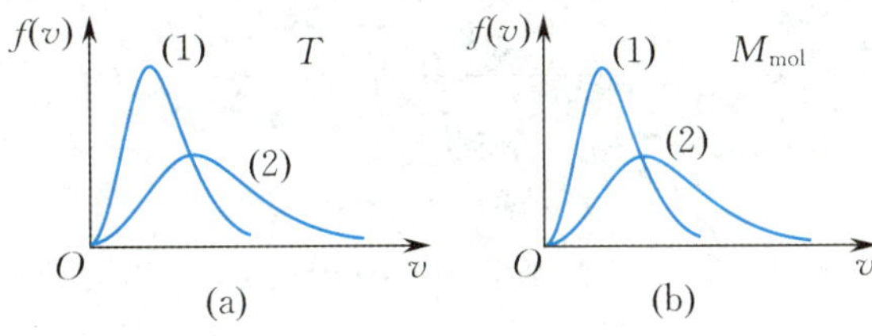

习题 8.13 图

8.14　容器中盛有温度为 T 的理想气体，试问该气体分子的平均速度是多少？为什么？

8.15　为了表明气体分子速率的分布情况，为什么图线表示法要以 $f(v)=\frac{\mathrm{d}N}{N\mathrm{d}v}$ 为纵坐标而不直接以 $\frac{\mathrm{d}N}{N}$ 为纵坐标？

8.16　质量 $M=10$ g 的氮气，当压强 $p=1.01\times10^5$ Pa，体积 $V=7.7\times10^3\ \mathrm{cm^3}$ 时，其分子的平均平动能是多少？

8.17　在 $p=5\times10^2$ Pa 的压强下，气体占据 $V=4\times10^{-3}\ \mathrm{m^3}$ 的体积，试求分子平动的总动能.

8.18　气体密度为 $6\times10^{-2}\ \mathrm{kg/m^3}$，分子的方均根速率为 500m/s，求气体施予器壁的压强.

8.19　容器中储有氧气，其压强为 $p=0.1$ MPa（即1 atm），温度为27 ℃.求：

(1) 单位体积内的分子 n；

(2) 氧分子的质量 m；

(3) 气体密度 ρ;

(4) 分子间的平均距离 $\bar{l}$;

(5) 平均速率 $\bar{v}$;

(6) 方均根速率 $\sqrt{\overline{v^2}}$;

(7) 分子的平均动能 $\bar{\varepsilon}$.

8.20　1 mol 氢气在温度为 27 ℃时,它的平动动能、转动动能和内能各是多少?

8.21　设有 N 个粒子的系统,其速率分布如习题 8.21 图所示.求:

(1) 分布函数 $f(v)$ 的表达式;

(2) a 与 v_0 之间的关系;

(3) 速度在 $1.5v_0$ 到 $2.0v_0$ 之间的粒子数;

(4) 粒子的平均速率;

(5) $0.5v_0$ 到 v_0 区间内的粒子平均速率.

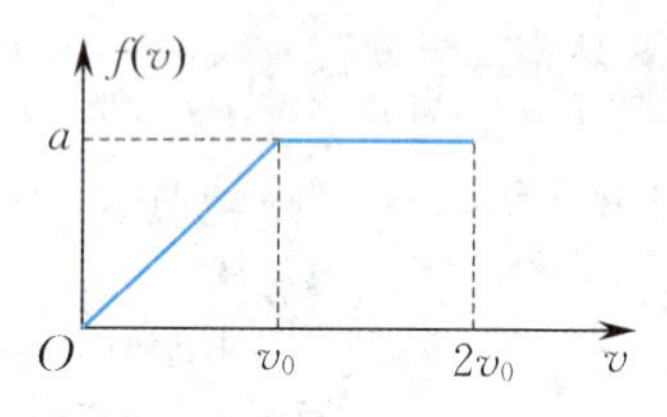

习题 8.21 图

8.22　试计算理想气体分子热运动速率介于 $v_p - v_p/100$ 与 $v_p + v_p/100$ 之间的分子数占总分子数的百分比.

8.23　一瓶氧气与一瓶氢气等压、等温,氧气体积是氢气的两倍.求:

(1) 氧气和氢气分子数密度之比;

(2) 氧分子和氢分子的平均速率之比.

8.24　试证:最概然速率 v_p 与它所对应的麦克斯韦分布函数值 $f(v_p)$ 成反比.

8.25　试根据麦克斯韦速率分布律求分子速率倒数的平均值 $\overline{v^{-1}}$.

8.26　一容积为 5×10^{-3} m^3 的氧气瓶,在 0 ℃下所充氧气的压强为 2.02×10^6 Pa.登山运动员带这瓶氧气登至 6 000 m 高处供氧,当瓶内剩下 1.01×10^6 Pa 时停止使用.求按 6 000 m 高处的大气压强计算运动员用氧气的体积(设在整个过程中温度始终为 0 ℃,空气的摩尔质量为 29×10^{-3} kg/ mol).

8.27　飞机起飞前机舱中的压力计指示为 1.0 atm(1.013×10^5 Pa),温度为 27 ℃;起飞后压力计指示为 0.8 atm($0.810\,4\times10^5$ Pa),温度仍保持为 27 ℃,试计算飞机距地面的高度.

8.28　要使大气压强减为地面的 75%,求应上升的高度.(设空气的温度为 0 ℃)

8.29　一个真空管的真空度约为 1.38×10^{-3} Pa(即 1.0×10^{-5} mmHg),试求在 27 ℃时单位体积中的分子数及分子的平均自由程.(设分子的有效直径 $d = 3\times10^{-10}$ m)

8.30　求:(1) 氮气在标准状态下的平均碰撞频率;

(2) 若温度不变,气压降到 1.33×10^{-4} Pa 时的平均碰撞频率.(设分子有效直径为 10^{-10} m)

8.31　1 mol 氧气从初态出发,经过定容升压过程,压强增大为原来的两倍;然后又经过等温膨胀过程,体积增大为原来的两倍,求末态与初态之间:

(1) 气体分子方均根速率之比;

(2) 分子平均自由程之比.

8.32　试计算密度 $\rho = 100$ kg/m^3,压强 $p = 1.01\times10^7$ Pa 的氧气的温度,并与理想气体做比较.已知氧的范德瓦耳斯修正量 $a = 1.38\times10^{-1}$ m$^6\cdot$Pa/mol^2,$b = 3.18\times10^{-5}$ m^3/mol.

8.33　1 mol 氧气的压强 $p = 1.01\times10^8$ Pa,体积 $V = 5\times10^{-5}$ m^3,若按范德瓦耳斯气体计算,其温度是多少?若在此温度下气体可看作理想气体,其体积应为多少?

8.34　氮气在 54 ℃的黏滞系数为 1.9×10^{-5} N·s/m^2,求氮分子在 54 ℃且压强为 6.66×10^4 Pa 时的平均自由程和分子有效直径.

8.35　试计算在温度为 300 K、压强为 1.01×10^5 Pa 下,单位体积内的气体分子在每秒钟内相互碰撞的总次数 N. 已知气体的黏滞系数 $\eta = 3.0\times10^{-5}$ N·s/m^2.

8.36　在习题 8.36 图所示的装置中,两共轴圆筒之间充满氢气,内筒半径 $r = 8\times10^{-2}$ m,两圆筒间距离 $d = 2\times10^{-3}$ m. 当内筒转动时,外筒在黏滞力矩的作用下也发生转动,直到悬线产生的扭力矩阻止其转动为止,此时内筒转速为 $n = 10$ r/s. 已知氢气的黏滞系数为 $\eta = 8.42\times10^{-6}$ kg/(m·s),试求外筒内表面上每单位面积所受的切向力.

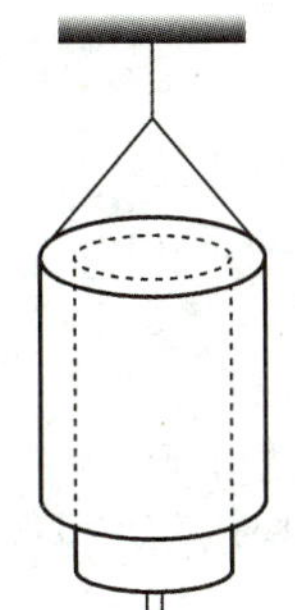

习题 8.36 图

8.37　欲测氮的导热系数，可将它装在半径 $r_1=5\times10^{-3}$ m 和 $r_2=2\times10^{-2}$ m 的两个共轴圆筒之间，内筒的筒壁上绕有电阻丝加热. 已知内筒每米长度上所绕电阻丝的阻值 $R=10\ \Omega$，加热电流 $I=1.0$ A，外筒保持恒温 $t_2=0$ ℃，稳定后内筒的温度 $t_1=93$ ℃.

(1) 试证氮的导热系数 $\kappa=\dfrac{I^2R}{2\pi(t_1-t_2)}\ln\dfrac{r_2}{r_1}$；

(2) 求 κ 的数值.

(设实验中氮的压强很低，对流可以忽略.)

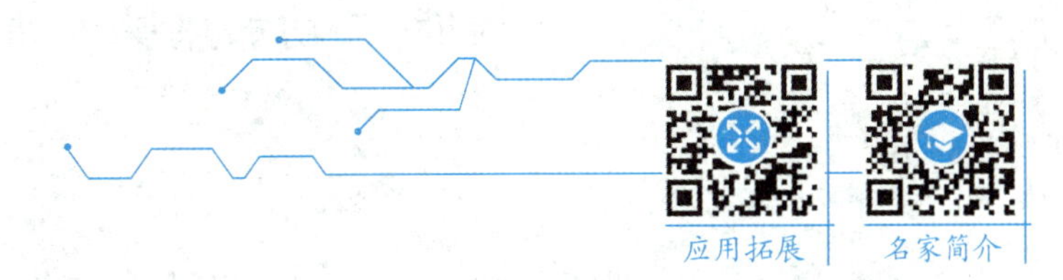

第9章 热力学基础

本章采用热力学方法，以观测和实验总结的热力学基本定律为基础，研究热力学系统状态变化的规律，即在热力学过程中热与功的转换关系和条件. 热力学第一定律给出了转换关系，热力学第二定律给出了转换条件.

9.1 内能 功和热量 准静态过程

9.1.1 内能 功和热量

实验表明：当系统状态发生变化时，只要初态相同、末态相同，无论改变状态的原因是什么，外界与系统交换的能量都相同. 这说明系统处在一定状态就具有确定的能量. 能量即为热力学系统的内能. 由此可知系统的内能是状态的函数. 由第8章得出，给定的理想气体的内能仅是温度的单值函数. 对于确定的平衡态，其温度 T 唯一确定，所以内能是状态的单值函数. 对于实际气体也如此，只是当实际气体在压强较大时，气体的内能中还包括分子间的势能，该势能与气体体积有关. 因此一般情况下实际气体的内能是温度和气体体积的函数.

实践表明，要改变一个热力学系统的状态，亦即改变其内能，有两种方式：一种是外界对系统做功(做机械功或电磁功)；另一种是向系统传递热量. **做功和传递热量均可作为内能变化的量度**. 虽然做功与传递热量对内能的改变有其等效性，但它们在本质上存在差异. "做功"改变内能，是外界有序运动的能量与系统内分子无序热运动的能量之间的转换；"传递热量"改变内能，是外界分子无序运动的能量与系统内分子无序热运动的能量之间的传递.

9.1.2 准静态过程

热力学系统从一个状态变化到另一个状态所经历的过程称为**热力学过程**，简称过程. 由平衡态的性质可知，过程的发生意味着系统平衡态的破坏. 在过程进行的每一瞬间，系统的状态严格地说都不是平衡态，但为了简单描述热力学过程，引入准静态过程的概念.

设系统从某一平衡态开始，经过一系列变化后到达另一平衡态. 如果这个过程中所有中间状态都可以近似地看作平衡态，这样的过程叫作**准静态过程**(或**平衡过程**). 如果中间状态为非平衡态，这样的过程称为**非静态过程**(或**非平衡过程**).

准静态过程是一种理想过程，与实际过程有偏差，那么哪种实际过程可以当成准静态过程呢?为此引入弛豫时间的概念. **弛豫时间**是指系统从非平衡态变到平衡态所需要的时间. 如果系统的状态(如压强、容积、温度等) 发生一个微小变化所经历的时间比系统的弛豫时间长得多,那么在状态变化过程中,系统有充分的时间达到平衡态,因此这样的过程可以视为准静态过程. 例如内燃机汽缸中燃气的压缩时间约为 10^{-2} s,而该燃气的弛豫时间只有 10^{-3} s,故内燃机中燃气状态的变化过程可视为准静态过程.

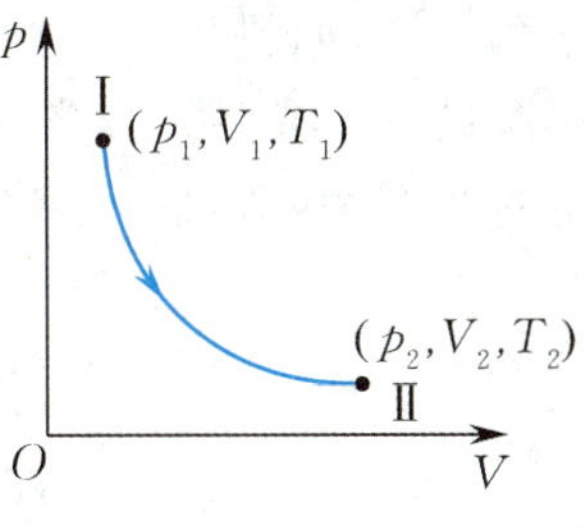

图 9.1　准静态过程

在 $p-V$ 图上平衡态用一个点表示,准静态过程用一条连续曲线表示. 图9.1 中曲线表示由初态 Ⅰ 到末态 Ⅱ 的准静态过程,其中箭头方向为过程进行的方向. 这条曲线叫作过程曲线,表示这条曲线的方程叫作过程方程. 在本章中,如不特别指明,所讨论的过程均视为准静态过程.

9.1.3　体积功

在非静态过程中,由于状态参量 p,V,T 不确定,外界对系统做功无法定量表述,一般采用实验测定. 而在准静态过程中,功可定量计算. 热力学系统体积改变时对外做的机械功叫作体积功.

1. 体积功的计算

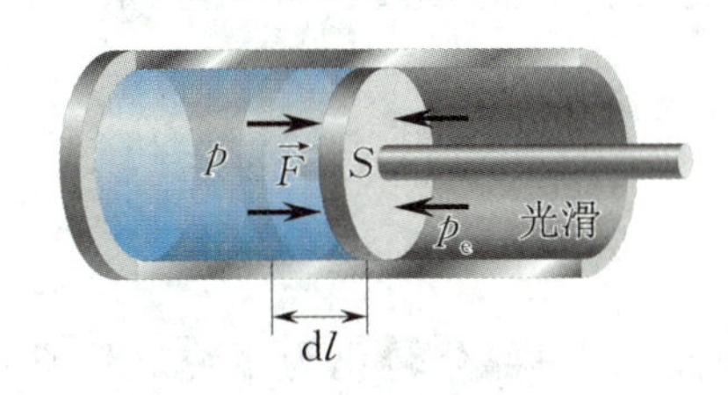

图 9.2　气体膨胀做功

以汽缸内气体体积变化时做的功为例,如图 9.2 所示. 设汽缸中气体的压强为 p,活塞面积为 S,活塞与汽缸壁的摩擦不计. 取气体为系统,汽缸、活塞及大气均为外界. 当气体做微小膨胀(改变量 $\mathrm{d}V$)时,系统对外界做的元功为

$$\mathrm{d}A=F\mathrm{d}l=pS\mathrm{d}l=p\mathrm{d}V. \tag{9.1}$$

若系统从初态 Ⅰ 经过一个准静态过程变化到终态 Ⅱ,体积由 V_1 变化到 V_2,则系统对外界做的总功为

$$A=\int_{\mathrm{I}}^{\mathrm{II}}\mathrm{d}A=\int_{V_1}^{V_2}p\mathrm{d}V. \tag{9.2}$$

在实际计算时,必须知道该过程中压强如何随体积而变化,即准静态过程的过程方程. 对应的外界对系统做的元功为

$$-\mathrm{d}A=-p_e S\mathrm{d}l=-p_e\mathrm{d}V.$$

因为对准静态过程有 $p_e=p$,则外界对系统做的总功

$$-A=-\int_{V_1}^{V_2}p\mathrm{d}V.$$

系统膨胀时,$\mathrm{d}V>0$,$\mathrm{d}A>0$,即系统对外界做正功;系统被压缩时,$\mathrm{d}V<0$,$\mathrm{d}A<0$,即系统对外界做负功或外界对系统做正功;若系统体积不变,则 $\mathrm{d}V=0$,$\mathrm{d}A=0$,即外界或系统均不做功.

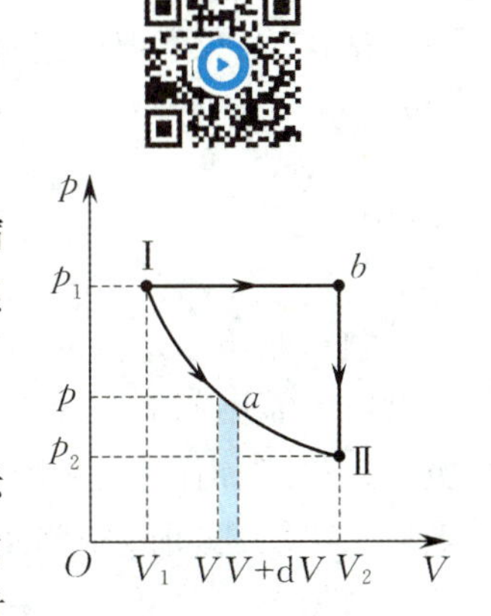

图 9.3　体积功的示图

2. 体积功的图示

系统在准静态过程中所做的功,可以方便地在 $p-V$ 图上表示出来. 在图 9.3 中,曲线 Ⅰ→a→Ⅱ 表示系统的某一准静态过程. 由式(9.2)可知,曲线下窄条阴影面积数值上等于系统在元过程中对外所做的元功 $\mathrm{d}A$ 的大小. 系统由 Ⅰ→a→Ⅱ 过程中所做总功的大

小，等于Ⅰ→a→Ⅱ下V_1到V_2之间的面积. 如果系统的初态与末态仍为Ⅰ，Ⅱ，但所经历的过程不同，如图9.3中Ⅰ→b→Ⅱ的过程，显然沿Ⅰ→b→Ⅱ过程系统做的功大于沿Ⅰ→a→Ⅱ过程的功. 这表明，系统由一个状态变化到另一个状态时，系统对外所做功的大小与系统经历的过程有关，即功不是状态量，而是与过程有关的量.

9.2 热力学第一定律

9.2.1 热力学第一定律

实验指出：要使系统由某一状态变化到另一状态，无论经过怎样的过程，则所做功和传递热量的总和总是相等的，与经历的过程无关. 如以ΔE表示系统由一个状态变到另一状态的内能增量，以A表示过程中系统对外界所做的功，以Q表示过程中外界传递给系统的热量，则它们三者之间的关系为

$$\Delta E = Q + (-A)$$

或

$$Q = \Delta E + A. \tag{9.3}$$

式(9.3)表示系统吸收的热量，一部分转化成系统的内能，另一部分转化为系统对外所做的功. 这就是**热力学第一定律的数学表达式**. 显然，热力学第一定律就是包括热现象在内的能量转化与守恒定律，适用于任何系统的任何过程.

在式(9.3)中，规定系统从外界吸热时Q为正，向外界放热时Q为负；系统对外做功时A为正，外界对系统做功时A为负.

如果系统经历一个微小变化，则热力学第一定律表示为

$$dQ = dE + dA. \tag{9.4}$$

式(9.3)与式(9.4)对准静态过程普遍成立，对非静态过程，则仅当初态和末态为平衡态时才适用. 如果系统是通过体积变化来做功，则对于准静态过程式(9.4)与式(9.3)可以分别表示为

$$dQ = dE + p dV, \tag{9.5}$$

$$Q = \Delta E + \int_{V_1}^{V_2} p dV. \tag{9.6}$$

热力学第一定律的本质是普遍的能量转换和守恒定律在热力学过程中的具体表现. 历史上曾有人企图制造一种机器，不需要任何动力和燃料，能对外不断做功. 这种机器被称为第一类永动机. 然而由于违反热力学第一定律，第一类永动机的制造均告失败. 因此，热力学第一定律又可表述如下：制造第一类永动机是不可能的.

根据热力学第一定律，在热力学过程中，系统从外界吸收的热量与系统对外所做的功之差是由初、末态决定的而与具体过程无关，但系统对外做的功与过程有关，因而系统吸收的热

量也与过程有关，是一个过程量. 因此，正如说“系统处于某一状态具有多少功”的说法是错误的一样，说“系统在某一状态时具有多少热量”的说法也是错误的.

9.2.2　热力学第一定律在理想气体等值过程中的应用

1. 等容过程

等容过程的特征是系统的体积保持不变的过程，即 V 为恒量，$\mathrm{d}V=0$.

设封闭汽缸内有一定质量的理想气体，活塞保持固定不动，把汽缸连续地与一系列有微小温差的恒温热源相接触，让缸中气体经历一个准静态升温过程，同时压强增大，但体积不变，如图 9.4 所示. 这就是一个准静态的等容过程.

等容过程在 p-V 图上为一条平行于 p 轴的直线段，称为等容线，如图 9.5 所示. 理想气体等容过程有 $\frac{p}{T}$ 为恒量.

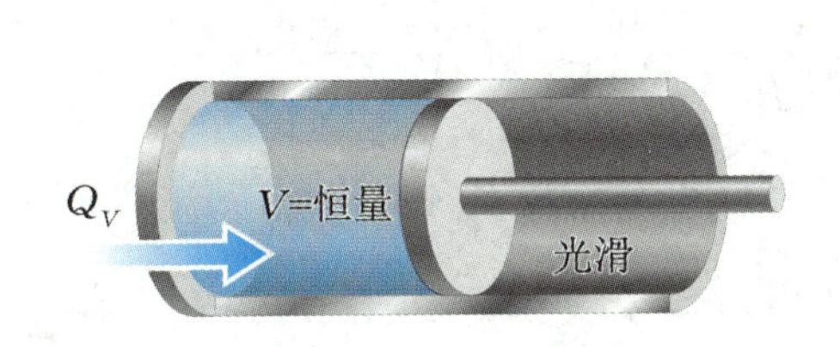

图 9.4　气体的等容过程

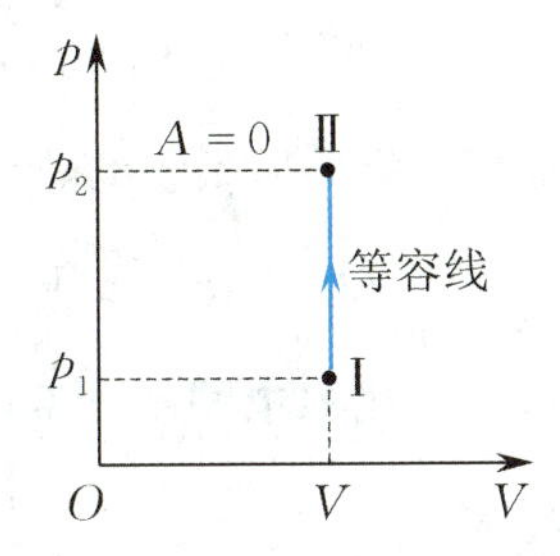

图 9.5　等容过程不做功

由于等容过程 $\mathrm{d}V=0$，系统做功 $\mathrm{d}A=p\mathrm{d}V=0$. 根据热力学第一定律，过程中的能量关系有

$$\mathrm{d}Q_V=\mathrm{d}E,$$

$$Q_V=\Delta E=E_2-E_1, \tag{9.7}$$

上面各式中的下标“V”表示体积不变. 式(9.7)表明，**在等容过程中，外界传给气体的热量全部用来增加气体的内能**.

2. 等压过程

等压过程的特征是系统的压强保持不变的过程，即 p 为恒量，$\mathrm{d}p=0$.

设内有一定质量理想气体的封闭汽缸与一系列恒温热源连续接触，热源的温度依次较前一个热源高，但温度相差极微. 接触过程中活塞上所加外力保持不变，结果将微小的热量传给气体，使气体温度升高，压强也随之较外界所施压强增加一个微小量，于是推动活塞对外做功，体积随之膨胀. 又使气体压强降低，从而保持汽缸内外的压强不变，系统经历的就是一个准静态等压过程，如图 9.6 所示.

等压过程在 p-V 图上为一条平行于 V 轴的直线段，叫作等压线，如图 9.7 所示. 理想气体等压过程有 $\frac{V}{T}$ 为恒量.

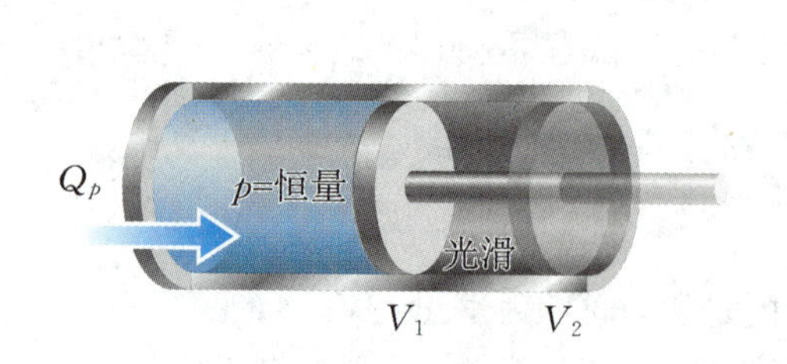

图 9.6　气体的等压过程

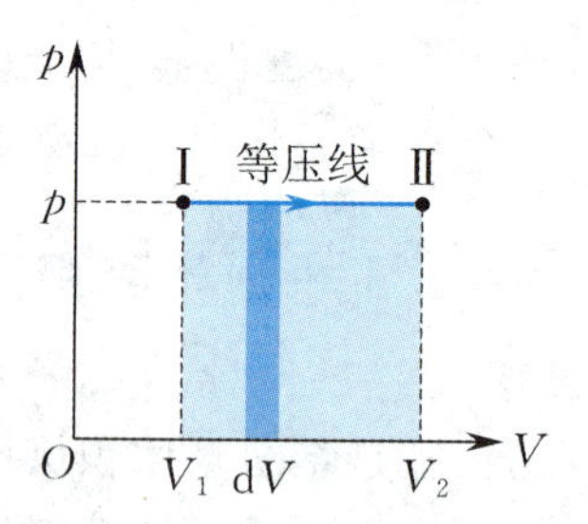

图 9.7　等压过程的功

在等压过程中,由于 p 为常数,当气体体积从 V_1 扩大到 V_2 时,系统对外做功为

$$A_p = \int_{V_1}^{V_2} p\mathrm{d}V = p(V_2 - V_1). \tag{9.8}$$

根据理想气体的状态方程,可将上式改写为

$$A_p = p(V_2 - V_1) = \frac{M}{M_{\mathrm{mol}}} R(T_2 - T_1).$$

在整个等压过程中系统所吸收的热量为

$$Q_p = \Delta E + p(V_2 - V_1) = E_2 - E_1 + \frac{M}{M_{\mathrm{mol}}} R(T_2 - T_1). \tag{9.9}$$

式(9.9)表明,**等压过程中系统所吸收的热量,一部分用来增加系统的内能,另一部分用来对外做功**.

3. 等温过程

等温过程的特征是系统的温度保持不变的过程,即 T 为恒量,$\mathrm{d}T = 0$.

设想一个四壁和活塞绝对不导热而底部绝对导热的汽缸,如图 9.8 所示. 今将汽缸底部与一个恒温热源相接触,当活塞上的外界压强无限缓慢地降低时,缸内气体随之逐渐膨胀,对外做功,气体内能缓慢减小,温度随之降低. 由于气体与恒温热源相接触,当气体温度比热源温度略低时,就有微小的热量传给气体,使气体的温度维持不变,气体经历一个准静态等温过程.

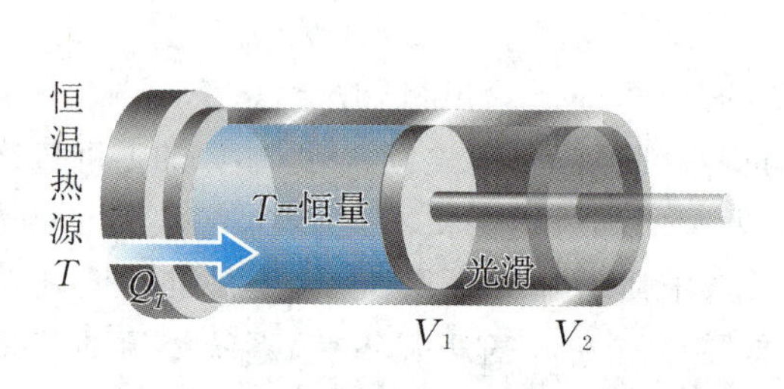

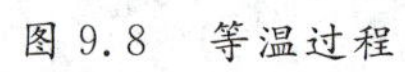
图 9.8　等温过程

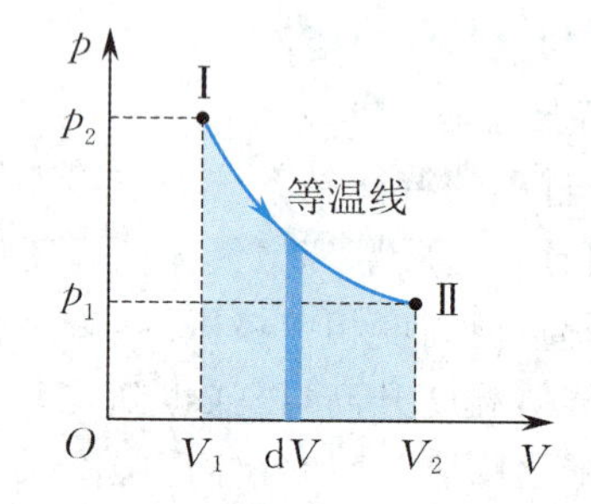

图 9.9　等温过程的功

理想气体等温过程有 pV = 常数,它在 p-V 图上为一条双曲线,称为等温线,如图 9.9 中的 Ⅰ→Ⅱ 曲线所示. 等温线把 p-V 图分为两个区域,等温线以上区域气体的温度大于 T,等温线以下区域气体的温度小于 T.

根据理想气体的内能表达式,在等温过程中因为 $\mathrm{d}T = 0$,所以 $\mathrm{d}E = 0$,这表明等温过程中理想气体的内能保持不变.

在准静态等温过程中，当理想气体体积发生微小变化时，系统做的元功为

$$dA_T = p dV.$$

又由 $pV = \frac{M}{M_{mol}}RT$，因此，

$$dA_T = \frac{M}{M_{mol}}RT\frac{dV}{V}. \tag{9.10}$$

理想气体在等温过程中由体积 V_1 膨胀到 V_2 时，气体对外做的功为

$$A_T = \int_{V_1}^{V_2} p dV = \frac{M}{M_{mol}}RT\int_{V_1}^{V_2}\frac{dV}{V} = \frac{M}{M_{mol}}RT\ln\frac{V_2}{V_1}. \tag{9.11}$$

由热力学第一定律，可得 $Q_T = A_T$，即

$$Q_T = \frac{M}{M_{mol}}RT\ln\frac{V_2}{V_1} = \frac{M}{M_{mol}}RT\ln\frac{p_1}{p_2}. \tag{9.12}$$

式(9.12)表明，**在等温过程中，理想气体所吸收的热量全部用来对外界做功，系统内能保持不变**.

例 9.1　把 1 kg 的氮气等温压缩到原体积的一半，问此过程中放出多少热量？设盛氮容器浸没于冰水池中，使温度保持 0 ℃.

解　在通常温度和压强下，氮气可看成理想气体. 氮气在该等温过程中吸收的热量为

$$Q_T = \frac{M}{M_{mol}}RT\ln\frac{V_2}{V_1} = \frac{1}{28\times10^{-3}}\times8.31\times273.15\times\ln\frac{1}{2}\ \text{J} = -5.6\times10^4\ \text{J}.$$

负号表示系统向外界放热，即在该过程中氮气向外界放出 5.6×10^4 J 的热量.

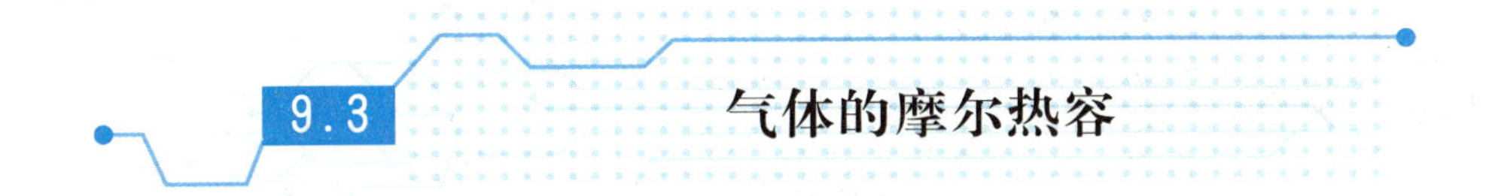

9.3 气体的摩尔热容

9.3.1 热容与摩尔热容

系统与外界进行热传递，往往会使系统的温度发生变化. 我们把系统在某个无限小过程中吸收热量 dQ 与温度变化 dT 的比值称为系统在该过程的**热容**，用 C 表示，即

$$C = \frac{dQ}{dT}. \tag{9.13}$$

热容的物理意义是在该过程中温度升高 1 K 时系统所吸收的热量，单位是焦[耳]每开[尔文](J/K). 单位质量的热容叫作比热容，用 c 表示，单位为焦[耳]每千克开[尔文]J/(kg·K)，由物质和过程决定其值. 热容与比热容的关系为 $C = Mc$.

1 mol 物质的热容叫作**摩尔热容**，用 C_m 表示，单位为焦[耳]每摩[尔]开[尔文][J/(mol·K)]. 热容与摩尔热容的关系为 $C = \frac{M}{M_{mol}}C_m$，式中 M 为物质的质量，M_{mol} 为物质的摩尔质量，

比值 $\frac{M}{M_{mol}}$ 为对应的物质的摩尔数. 由于热与过程有关,热容也与过程有关,即热容是过程量. 对于理想气体,最常用的是等容过程和等压过程的摩尔热容.

9.3.2 理想气体的摩尔热容

1. 理想气体的摩尔定容热容

1 mol 理想气体在等容过程中吸取的热量 dQ_V 与温度的变化 dT 之比为**摩尔定容热容**,即

$$C_{V,m}=\left(\frac{dQ}{dT}\right)_V.$$

它表示 1 mol 理想气体在等容过程中,温度升高 1 ℃(或降低 1 ℃),需要从外界吸收(或放出)的热量. 由摩尔定容热容的定义式可得 ν mol 理想气体在等容元过程中吸热为

$$dQ_V=\nu C_{V,m}dT.$$

如果在温度变化为 ΔT 的有限等容过程中 $C_{V,m}$ 为常量,则有

$$Q_V=\nu C_{V,m}\Delta T.$$

由于等容过程有 $dQ_V=dE$,因此

$$C_{V,m}=\left(\frac{dE}{dT}\right)_V. \tag{9.14}$$

对于理想气体, $dE=\frac{i}{2}RdT$,代入式(9.14),可得理想气体摩尔定容热容为

$$C_{V,m}=\frac{i}{2}R, \tag{9.15}$$

式中 i 为分子自由度,R 为普适气体常量. 因此理想气体摩尔定容热容只与分子自由度有关,而与气体的状态(p,T)无关. 对于单原子理想气体,$i=3$,$C_{V,m}=\frac{3}{2}R$;对于刚性双原子气体,$i=5$,$C_{V,m}=\frac{5}{2}R$;对于刚性多原子气体,$i=6$,$C_{V,m}=\frac{6}{2}R$.

根据式(9.15),理想气体内能表达式又可以写为

$$E=\frac{M}{M_{mol}}C_{V,m}T. \tag{9.16}$$

2. 理想气体的摩尔定压热容

1 mol 理想气体在等压过程中吸收的热量 dQ_p 与温度的变化 dT 之比叫作**摩尔定压热容**,即

$$C_{p,m}=\left(\frac{dQ}{dT}\right)_p.$$

它表示 1 mol 理想气体在等压过程中,温度升高 1 ℃(或降低 1 ℃)需要从外界吸收(或放出)的热量. 由摩尔定压热容的定义式可得 ν mol 理想气体在等压元过程中吸收的热量可表示为

$$dQ_p=\nu C_{p,m}dT.$$

如果在温度变化为 ΔT 的有限等压过程中 $C_{p,m}$ 为常量,则有

$$Q_p=\nu C_{p,m}\Delta T.$$

由于在等压过程中有 $dQ_p=dE+pdV$,因此

$$C_{p,m}=\frac{dE}{dT}+p\frac{dV}{dT}.$$

对于 1 mol 理想气体，因 $dE = C_{V,m}dT$ 及等压过程 $pdV = RdT$，所以有

$$C_{p,m} = C_{V,m} + R. \tag{9.17}$$

式(9.17)称为**迈耶(Mayer)公式**，表示 1 mol 理想气体的摩尔定压热容比摩尔定容热容大一个恒量 R. 也就是说，在等压过程中，温度升高 1 K 时，1 mol 理想气体比在等容过程中多吸收 8.31 J 的热量，用来转换为膨胀时对外做功.

3. 比热比

系统的摩尔定压热容 $C_{p,m}$ 与摩尔定容热容 $C_{V,m}$ 的比值，称为系统的比热比，以 γ 表示. 工程上称它为绝热系数，即

$$\gamma = \frac{C_{p,m}}{C_{V,m}}.$$

由于 $C_{p,m} > C_{V,m}$，因此 $\gamma > 1$.

对于理想气体，$C_{p,m} = C_{V,m} + R$ 及 $C_{V,m} = \frac{i}{2}R$，所以有

$$\gamma = \frac{C_{V,m}+R}{C_{V,m}} = \frac{\frac{i}{2}R+R}{\frac{i}{2}R} = \frac{i+2}{i}. \tag{9.18}$$

式(9.18)说明，理想气体的比热比，只与分子的自由度有关，而与气体状态无关. 对于单原子气体，$\gamma = \frac{5}{3} = 1.67$；对于双原子(刚性)气体，$\gamma = \frac{7}{5} = 1.40$；对于多原子(刚性)气体，$\gamma = \frac{8}{6} = 1.33$.

从表 9.1 可以看出：① 各种气体的 $(C_{p,m} - C_{V,m})$ 值都接近于 R 值；② 室温下单原子及双原子气体的 $C_{p,m}$，$C_{V,m}$，γ 的实验数据与理论值相近. 这说明经典热容理论近似地反映了客观事实. 但是，分子结构较为复杂的气体，即三原子以上的多原子气体，理论值与实验数据偏差大，这是因为实际气体的 $C_{V,m}$ 是温度的函数. 经典理论只是近似理论，要用量子理论才能正确解决问题.

表 9.1　气体摩尔热容的实验数据(室温)

[$C_{p,m}$，$C_{V,m}$ 单位用 J/(mol·K)]

原子数	气体种类	$C_{p,m}$	$C_{V,m}$	$C_{p,m} - C_{V,m}$	$\gamma = \frac{C_{p,m}}{C_{V,m}}$
单原子	氦	20.9	12.5	8.4	1.67
	氩	21.2	12.5	8.7	1.70
双原子	氢	28.8	20.4	8.4	1.41
	氮	28.6	20.4	8.2	1.40
	一氧化碳	29.3	21.2	8.1	1.38
	氧	28.9	21.0	7.9	1.38
多原子	水蒸气	36.2	27.8	8.4	1.30
	甲烷	35.6	27.2	8.4	1.31
	氯仿	72.0	63.7	8.3	1.13
	乙醇	87.5	79.2	8.2	1.10

例 9.2 在标准状态下,0.016 kg 的氧气经过一个等容过程从外界吸收了 334 J 的热量,求终态压强.

解 在通常温度和压强下,氧气可视为理想气体,其摩尔定容热容 $C_{V,\mathrm{m}}=\frac{5}{2}R$. 初始的温度和压强为 $T_1=273.15\ \mathrm{K}$, $p_1=1.013\times10^5\ \mathrm{Pa}$. 在等容过程中,理想气体吸收的热量为

$$Q_V=\frac{M}{M_{\mathrm{mol}}}C_{V,\mathrm{m}}(T_2-T_1),$$

可以求出终态的温度为

$$T_2=T_1+\frac{Q_V M_{\mathrm{mol}}}{MC_{V,\mathrm{m}}}=305.3\ \mathrm{K},$$

所以终态的压强为

$$p_2=\frac{T_2}{T_1}p_1=1.13\times10^5\ \mathrm{Pa}.$$

例 9.3 0.2 kg 的氦气等压地从 20 ℃ 加热到 100 ℃,问要吸收多少热量?氦气的内能增加了多少?它对外界做了多少功?

解 氦气可视为理想气体,其摩尔定容热容和摩尔定压热容分别为 $C_{V,\mathrm{m}}=\frac{3}{2}R$ 和 $C_{p,\mathrm{m}}=\frac{5}{2}R$. 在该等压过程中,氦气吸收的热量为

$$Q_p=\frac{M}{M_{\mathrm{mol}}}C_{p,\mathrm{m}}(T_2-T_1)=\frac{0.2}{4\times10^{-3}}\times\frac{5}{2}\times8.31\times80\ \mathrm{J}=8.31\times10^4\ \mathrm{J}.$$

氦气内能的增量为

$$\Delta E=\frac{M}{M_{\mathrm{mol}}}C_{V,\mathrm{m}}(T_2-T_1)=\frac{0.2}{4\times10^{-3}}\times\frac{3}{2}\times8.31\times80\ \mathrm{J}=4.986\times10^4\ \mathrm{J}.$$

根据热力学第一定律,氦气对外做功为

$$A=Q_p-\Delta E=3.324\times10^4\ \mathrm{J}.$$

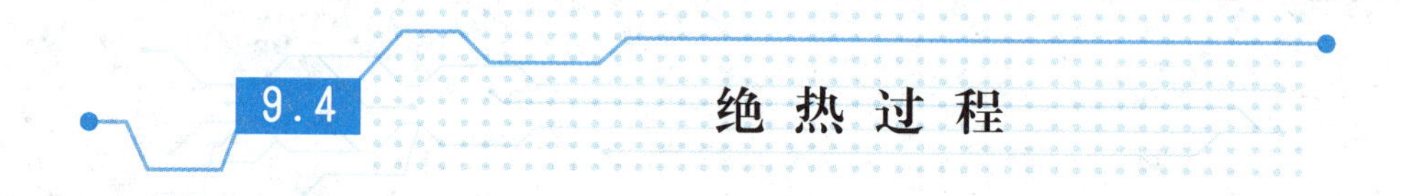

9.4 绝热过程

9.4.1 绝热过程

系统与外界无热量交换的状态变化过程叫作**绝热过程**. 一个被良好的绝热材料所包围的系统,内部进行的热力学过程近似认为是绝热过程;或由于过程进行得很快,系统来不及和外界交换热量的过程,如内燃机中的爆炸过程等,都可近似地看作绝热过程. 绝热过程的特征是在任意微过程中,$\mathrm{d}Q=0$.

由于绝热过程 $\mathrm{d}Q=0$, 根据热力学第一定律,系统对外界做功

$$p\mathrm{d}V=-\mathrm{d}E,$$

表明在绝热过程中外界对系统做的功全部转变为系统的内能. 当气体由初态(温度为 T_1)绝热地膨胀到末态(温度为 T_2)的准静态过程中,气体对外做功为

$$A=-\frac{M}{M_{\mathrm{mol}}}C_{V,\mathrm{m}}(T_2-T_1). \tag{9.19}$$

从式(9.19)可看出,当气体绝热膨胀对外做功时,气体内能减少,温度要降低,而压强也在减小,所以绝热过程中,气体的温度、压强、体积三个参量都同时改变. 下面讨论理想气体在准静态绝热过程中状态参量的变化关系,即推导准静态绝热过程的过程方程.

对于理想气体的绝热准静态过程,根据热力学第一定律及绝热过程特征 $\mathrm{d}Q=0$,可得

$$p\mathrm{d}V=-\frac{M}{M_{\mathrm{mol}}}C_{V,\mathrm{m}}\mathrm{d}T,$$

将理想气体状态方程 $pV=\frac{M}{M_{\mathrm{mol}}}RT$ 两边取微分,

$$p\mathrm{d}V+V\mathrm{d}p=\frac{M}{M_{\mathrm{mol}}}R\mathrm{d}T,$$

将上述两个方程联立并消去 $\mathrm{d}T$,得

$$(C_{V,\mathrm{m}}+R)p\mathrm{d}V=-C_{V,\mathrm{m}}V\mathrm{d}p.$$

因 $C_{p,\mathrm{m}}=C_{V,\mathrm{m}}+R,\gamma=C_{p,\mathrm{m}}/C_{V,\mathrm{m}}$,则有

$$\frac{\mathrm{d}p}{p}+\gamma\frac{\mathrm{d}V}{V}=0.$$

将上式两边积分,得

$$\ln p+\gamma\ln V=\text{恒量}$$

或

$$pV^{\gamma}=\text{恒量}. \tag{9.20}$$

式(9.20)就是以 p,V 为状态参量的绝热方程. 应用 $pV=\frac{M}{M_{\mathrm{mol}}}RT$ 和式(9.20)分别消去 p 或 V 可得以 T,V 为状态参量的绝热方程

$$V^{\gamma-1}T=\text{恒量}, \tag{9.21}$$

和以 p,T 为状态参量的绝热方程

$$p^{\gamma-1}T^{-\gamma}=\text{恒量}. \tag{9.22}$$

在 $p-V$ 图上的绝热线可根据绝热方程 $pV^{\gamma}=$恒量作出. 图 9.10 中的实线为绝热线,虚线为过 A 点的同一气体的等温线. 由图 9.10 中可以看出,通过同一点的绝热线比等温线陡些,下面通过计算两条曲线交点 A 处的斜率来说明.

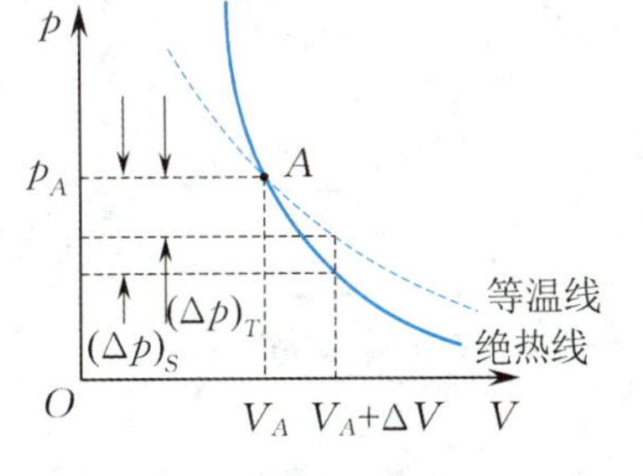

图 9.10　绝热线比等温线陡

对于等温线,由 $pV=$恒量,两边微分,整理后得 $\left(\frac{\mathrm{d}p}{\mathrm{d}V}\right)_T=-\frac{p}{V}$. 故 A 处的斜率为

$$\left(\frac{\mathrm{d}p}{\mathrm{d}V}\right)_T=-\frac{p_A}{V_A}.$$

对于绝热线,由 $pV^{\gamma}=$ 恒量,两边微分,整理后得 $\left(\frac{\mathrm{d}p}{\mathrm{d}V}\right)_S=-\gamma\frac{p}{V}$. 故 A 处的斜率为

$$\left(\frac{\mathrm{d}p}{\mathrm{d}V}\right)_S=-\gamma\frac{p_A}{V_A}.$$

由于$\gamma>1$,比较斜率,可知绝热线比等温线陡.究其物理原因,等温过程中压强的减小$(\Delta p)_T$仅是体积增大所致,而在绝热过程中压强的减小$(\Delta p)_S$是由体积增大同时温度降低两个原因所致,所以$(\Delta p)_S$的值比$(\Delta p)_T$的值要大.

例 9.4　氧气的质量为8×10^{-3} kg,原来的体积为4.10×10^{-4} m^3,温度为300 K,做绝热膨胀后体积变为4.10×10^{-3} m^3,求氧气对外所做的功.

解　氧气可视为理想气体,其摩尔定容热容为$C_{V,\mathrm{m}}=\frac{5}{2}R$,比热比为$\gamma=\frac{7}{5}=1.4$.由准静态绝热过程的过程方程可知$T_1V_1^{\gamma-1}=T_2V_2^{\gamma-1}$,所以

$$T_2=T_1\left(\frac{V_1}{V_2}\right)^{\gamma-1}=300\times\left(\frac{1}{10}\right)^{0.4}\ \mathrm{K}=119\ \mathrm{K}.$$

氧气对外做功为

$$A=-\Delta E=\frac{M}{M_{\mathrm{mol}}}C_{V,\mathrm{m}}(T_1-T_2)=\frac{8}{32}\times\frac{5}{2}\times8.31\times(300-119)\ \mathrm{J}=940\ \mathrm{J}.$$

例 9.5　1 kg的空气,温度为20 ℃,原来压强为1.01×10^5 Pa,被压缩到压强为1.01×10^6 Pa,求下述过程中外界压缩空气时所做的功.已知空气的摩尔质量为$M_{\mathrm{mol}}=29\times10^{-3}$ kg/mol,摩尔定容热容为$C_{V,\mathrm{m}}=\frac{5}{2}R$.(1) 压缩是在恒温下进行的;(2) 压缩是绝热进行的;(3) 若先绝热压缩至$p=1.01\times10^6$ Pa,后再经等压过程达到与上述等温过程相同的终态.

解　(1) 如图9.11所示,在等温过程1→2中,空气对外做功为

$$A=\frac{M}{M_{\mathrm{mol}}}RT_1\ln\frac{p_1}{p_2}=\frac{1}{29\times10^{-3}}\times8.31\times293.15\times\ln\frac{1}{10}\ \mathrm{J}=-1.93\times10^5\ \mathrm{J},$$

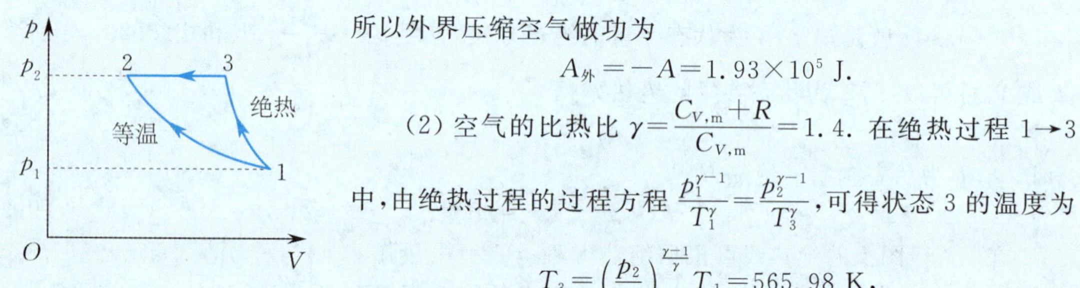

图9.11　例9.5图

所以外界压缩空气做功为

$$A_{外}=-A=1.93\times10^5\ \mathrm{J}.$$

(2) 空气的比热比$\gamma=\frac{C_{V,\mathrm{m}}+R}{C_{V,\mathrm{m}}}=1.4$.在绝热过程1→3中,由绝热过程的过程方程$\frac{p_1^{\gamma-1}}{T_1^{\gamma}}=\frac{p_2^{\gamma-1}}{T_3^{\gamma}}$,可得状态3的温度为

$$T_3=\left(\frac{p_2}{p_1}\right)^{\frac{\gamma-1}{\gamma}}T_1=565.98\ \mathrm{K},$$

所以绝热过程中空气对外所做的功为

$$A=-\Delta E=\frac{M}{M_{\mathrm{mol}}}C_{V,\mathrm{m}}(T_1-T_3)=-1.95\times10^5\ \mathrm{J}.$$

外界压缩空气做功

$$A_{外}=-A=1.95\times10^5\ \mathrm{J}.$$

(3) 绝热过程空气对外做功

$$A_1=-1.95\times10^5\ \mathrm{J},$$

等压过程中空气对外做功

$$A_2=p_2(V_2-V_3)=\frac{M}{M_{\mathrm{mol}}}R(T_2-T_3)=-7.8\times10^4\ \mathrm{J}.$$

在先绝热再等压的整个过程 1→3→2 中，空气对外做功为

$$A=A_1+A_2=-2.73\times10^5\ \mathrm{J}.$$

外界压缩空气所做的功为

$$A_{外}=-A=2.73\times10^5\ \mathrm{J}.$$

*9.4.2　多方过程

前面讨论的四类过程都是一些特殊情况. 实际上，系统所进行的过程可以是各种各样的. 如果理想气体在过程中的热容为常量，则这种过程称为多方过程. 下面讨论多方过程的过程方程、功和热容.

1. 多方过程的过程方程

考察一准静态多方元过程，根据热力学第一定律 $\mathrm{d}Q=\mathrm{d}E+\mathrm{d}A$，对理想气体有

$$\mathrm{d}E=\frac{M}{M_{\mathrm{mol}}}C_{V,\mathrm{m}}\mathrm{d}T.$$

设理想气体在该准静态多方过程中的摩尔热容为 C_{m}，则

$$\mathrm{d}Q=\frac{M}{M_{\mathrm{mol}}}C_{\mathrm{m}}\mathrm{d}T.$$

又 $\mathrm{d}A=p\mathrm{d}V$，于是得到

$$\frac{M}{M_{\mathrm{mol}}}C_{\mathrm{m}}\mathrm{d}T=\frac{M}{M_{\mathrm{mol}}}C_{V,\mathrm{m}}\mathrm{d}T+p\mathrm{d}V.$$

再对理想气体物态方程 $pV=\frac{M}{M_{\mathrm{mol}}}RT$ 两边微分，得

$$p\mathrm{d}V+V\mathrm{d}p=\frac{M}{M_{\mathrm{mol}}}R\mathrm{d}T.$$

由以上两式消去 $\mathrm{d}T$，得

$$p\mathrm{d}V+V\mathrm{d}p=-\frac{R}{C_{V,\mathrm{m}}-C_{\mathrm{m}}}p\mathrm{d}V.$$

考虑到 $C_{V,\mathrm{m}}+R=C_{p,\mathrm{m}}$，可得

$$\frac{C_{p,\mathrm{m}}-C_{\mathrm{m}}}{C_{V,\mathrm{m}}-C_{\mathrm{m}}}p\mathrm{d}V+V\mathrm{d}p=0.$$

令 $\frac{C_{p,\mathrm{m}}-C_{\mathrm{m}}}{C_{V,\mathrm{m}}-C_{\mathrm{m}}}=n$，上述方程化为

$$\frac{\mathrm{d}p}{p}+n\frac{\mathrm{d}V}{V}=0.$$

由于 C_{m}，$C_{V,\mathrm{m}}$ 和 $C_{p,\mathrm{m}}$ 均为常量，故 n 也为常量. 对上式积分得

$$pV^n=常量. \tag{9.23}$$

这就是以 p,V 为状态参量的理想气体准静态多方过程的过程方程，式中 n 为多方指数，不同的 n 值代表不同的多方过程. 应用上式结合理想气体状态方程分别消去 p 或 V 可得以 T,V 为状态参量的多方过程的过程方程

$$TV^{n-1}=常量$$

和以 T,p 为状态参量的多方过程的过程方程

$$\frac{p^{n-1}}{T^n}=常量.$$

不难看出，前面讨论过的四个过程都是多方过程的特例. 当 $n=\gamma$ 时为绝热过程，当 $n=1$ 时为等温过程，当 $n=0$ 时为等压过程，当 $n=\infty$ 时，由 $p^{\frac{1}{n}}V=常量$可知，此即等容过程.

多方过程在热力学工程中具有重要的实用价值.如就气体与外界之间的热交换而言,前面讲过的等温过程和绝热过程只是两种理想的极端情况.前者气体与外界充分热交换,后者气体与外界没有热交换,一般过程介于等温与绝热两种极限情况之间.

2. 多方过程的功

应用多方过程的过程方程,可用体积功公式 $A=\int_{V_1}^{V_2} p\mathrm{d}V$ 求出气体在准静态多方过程中对外所做的功.因为

$$p_1V_1^n=p_2V_2^n=pV^n,$$

式中 p_1,V_1 和 p_2,V_2 表示初、末态的压强和体积,所以

$$A=\int_{V_1}^{V_2} p\mathrm{d}V=\int_{V_1}^{V_2}\frac{p_1V_1^n}{V^n}\mathrm{d}V=p_1V_1^n\left(\frac{V_2^{1-n}}{1-n}-\frac{V_1^{1-n}}{1-n}\right)=\frac{1}{n-1}(p_1V_1-p_2V_2).$$

3. 多方指数与热容的关系

由多方指数的定义 $n=\dfrac{C_{p,\mathrm{m}}-C_{\mathrm{m}}}{C_{V,\mathrm{m}}-C_{\mathrm{m}}}$,可得

$$C_{\mathrm{m}}=\frac{n-\gamma}{n-1}C_{V,\mathrm{m}}.$$

可见,多方指数不同的多方过程对应于不同的摩尔热容.

例 9.6 一定量的氧气在室温下体积为 $2.73\times10^{-3}\ \mathrm{m^3}$,压强为 1.01×10^5 Pa.经过某一多方过程后,体积变为 $4.1\times10^{-3}\ \mathrm{m^3}$,压强为 5.0×10^4 Pa.试求:(1) 多方指数 n;(2) 氧气膨胀时对外界所做的功;(3) 氧气吸收的热量.

解 (1) 由多方过程的过程方程 $p_1V_1^n=p_2V_2^n$,可得多方指数

$$n=\frac{\ln\dfrac{p_1}{p_2}}{\ln\dfrac{V_2}{V_1}}=\frac{\ln\dfrac{1.01\times10^5}{5.0\times10^4}}{\ln\dfrac{4.1\times10^{-3}}{2.73\times10^{-3}}}=1.7.$$

(2) 多方过程中氧气对外做功为

$$A=\frac{p_1V_1-p_2V_2}{n-1}=\frac{1.01\times10^5\times2.73\times10^{-3}-5.0\times10^4\times4.1\times10^{-3}}{1.7-1}\ \mathrm{J}=101.0\ \mathrm{J}.$$

(3) 多方过程的摩尔热容为 $C_{\mathrm{m}}=\dfrac{n-\gamma}{n-1}C_{V,\mathrm{m}}$,故氧气吸收的热量为

$$\begin{aligned}Q&=\frac{M}{M_{\mathrm{mol}}}C_{\mathrm{m}}(T_2-T_1)=\frac{M}{M_{\mathrm{mol}}}\frac{n-\gamma}{n-1}C_{V,\mathrm{m}}(T_2-T_1)=\frac{M}{M_{\mathrm{mol}}}\frac{n-\gamma}{n-1}\frac{5}{2}R(T_2-T_1)\\&=\frac{5}{2}\frac{n-\gamma}{n-1}(p_2V_2-p_1V_1)=-75.75\ \mathrm{J}.\end{aligned}$$

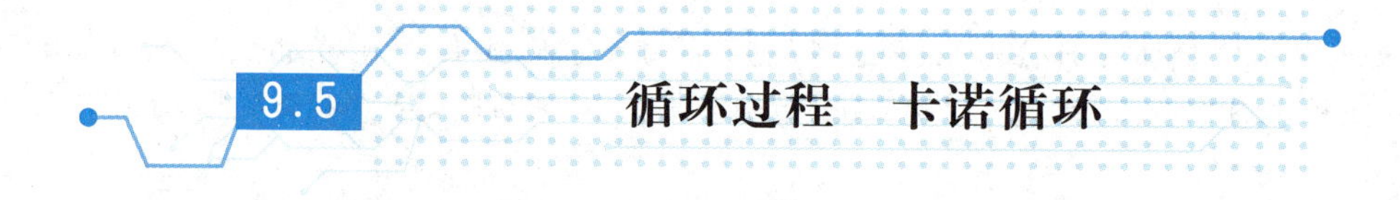

9.5 循环过程 卡诺循环

热力学是在研究如何提高热机效率的过程中发展建立的.在生产技术上需要将热与功之间的转换持续下去,这就需要利用循环过程.系统从某一状态出发,经过一系列状态变化过程以后,又回到原来状态,这样的过程称为**循环过程**,简称**循环**.循环工作的物质系统叫作工作物质,简称工质.

由于工质的内能是状态的单值函数,工质经历一个循环过程回到原始状态时,内能没有改变,因此**循环过程的重要特征是 $\Delta E=0$**.如果工质所经历的循环过程由一系列准静态过程构成,这样的循环就是准静态循环过程,可用 $p-V$ 图上的一条闭合曲线表示,如图 9.12所示.

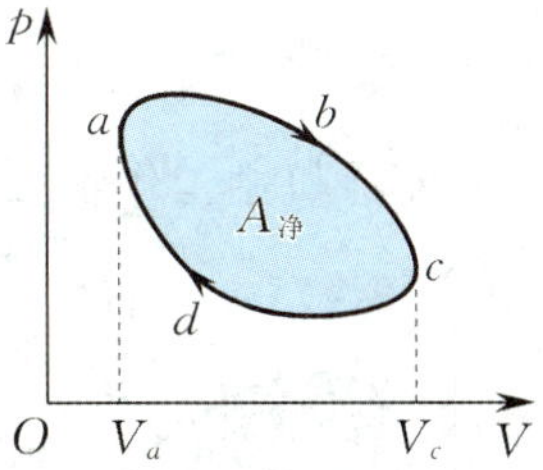

图 9.12　正循环

在 $p-V$ 图上如果循环是沿闭合曲线顺时针方向进行的,则称为**正循环**.如果循环是沿闭合曲线逆时针方向进行的,则称为**逆循环**.

对于正循环,如图 9.12 所示,在过程 abc 中,工质膨胀对外做正功,其数值等于 $abcV_cV_aa$ 所围面积;在 cda 过程中,系统对外界做负功,其数值等于 $cdaV_aV_cc$ 所围面积.因此,在一次正循环过程中,系统对外做的净功(或总功)$A_净$ 在数值上为循环过程中系统正、负功的代数和,即封闭曲线 $abcd$ 所包围的面积.设整个循环过程中,工质从外界吸取的热量总和为 Q_1,放给外界的热量总和为 Q_2(取绝对值),则工质从外界净吸收的热量为过程中工质吸热的代数和,即 $Q_1-Q_2=Q_净$.由于一次循环过程中 $\Delta E=0$,将热力学第一定律应用于一次循环,可得 $Q_净=A_净$,即 $Q_1-Q_2=A_净$,且 $A_净>0$.这表示正循环过程中的能量转换关系是将吸收的热量 Q_1 中一部分转化为有用功 $A_净$,另一部分 Q_2 放回给外界.可见,正循环是一种通过工质使热量不断转换为功的循环.

9.5.1　热机　　热机的效率

热机是指将热能转变为机械能的机器,或者说使热量不断转换为功的机器.因此,热机进行的是正循环,例如蒸汽机、内燃机、汽轮机等.标志热机效能的重要指标是热机效率,是用热机把吸收来的热量转化为有用功的能力来衡量的.热机效率定义为一次循环过程中热机对外做的净功与它从高温热源吸收的热量的比值,即

$$\eta=\frac{\text{输出功}}{\text{吸收的热量}}=\frac{A_净}{Q_1}=1-\frac{Q_2}{Q_1}. \tag{9.24}$$

式(9.24)中,Q_1 为整个循环过程吸收热量的总和,Q_2 为放出热量总和的绝对值,即 Q_1,Q_2 均取绝对值.

汽油机和柴油机这两种内燃机是工程上普遍使用的热机.内燃机的一种循环叫作奥托(Otto)循环,其工质为燃料与空气的混合物,利用燃料的燃烧热产生巨大压力而做功.图 9.13 为一内燃机结构示意图和它做四冲程循环的 $p-V$ 图,其中 ab 为绝热压缩过程;bc 为电火花引起燃料爆炸瞬间的等容过程;cd 为绝热膨胀对外做功过程;da 为打开排气阀瞬间的等容过程.在 bc 过程中工质吸取燃料的燃烧热 Q_1,da 过程排出废气带走了热量 Q_2,奥托循环的效率取决于汽缸活塞的压缩比 V_2/V_1(具体计算见例 9.9).

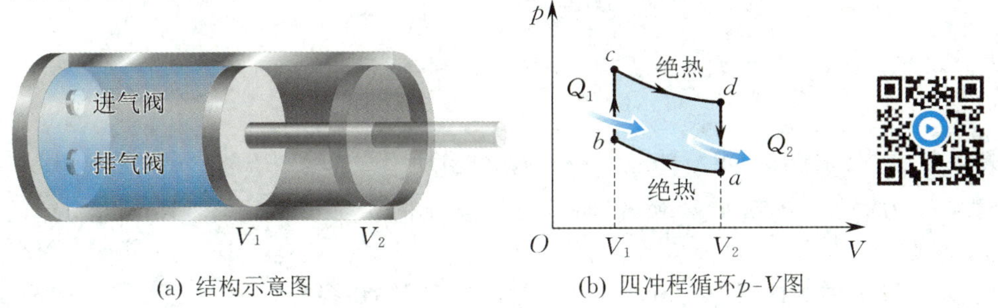

(a) 结构示意图　　(b) 四冲程循环p-V图

图 9.13　内燃机的奥托循环

9.5.2 制冷系数

制冷机中工作物质进行的循环是逆循环,如图 9.14 中沿 $adcba$ 进行,经一次循环,系统对外做负功,$A_{净}<0$(即外界对工质做了净功 $A_{净}$),其大小等于逆循环曲线所包围的面积.

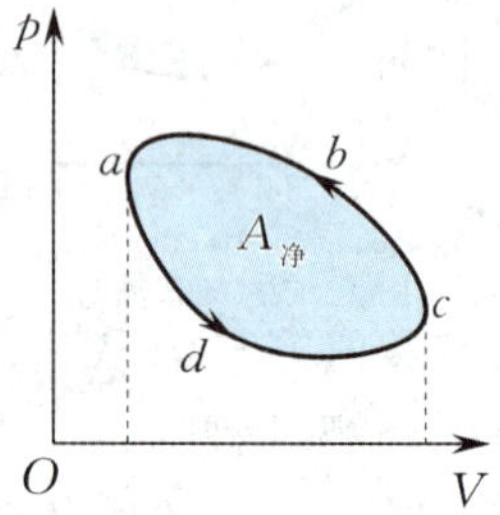

图 9.14 逆循环

设整个循环过程工质从低温热源处吸收的热量为 Q_2,向高温热源处放出的热量为 Q_1. 根据热力学第一定律有

$$Q_1=Q_2+A_{净}.$$

对于制冷机而言,从低温热源吸取热量是制冷的目的,外界对工质做功是必须付出的代价,制冷机工作的效能用制冷系数表示,定义为

$$\omega=\frac{Q_2}{A_{净}}=\frac{Q_2}{Q_1-Q_2}, \tag{9.25}$$

式中 Q_1,Q_2 均取绝对值. 显然,如果从低温热源处吸取的热量 Q_2 越大,而对工质所做的功越小,则制冷系数就越大,制冷机的制冷效率就越好.

家用电冰箱是一种制冷机. 如图 9.15 所示,压缩机将处在低温低压的气态制冷剂(如氨或氟利昂等)压缩至 1 MPa(即 10 atm),温度升到高于室温(AB 绝热压缩过程);进入散热器放出热量 Q_1,并逐渐液化进入储液器[BC 等压压缩过程,再经过节流阀膨胀降温(CD 绝热膨胀过程)];最后进入冷冻室吸取电冰箱内的热量 Q_2,液态制冷剂汽化(DA 等压膨胀过程). 然后,再度被吸入压缩机进行下一个循环. 可见,整个制冷过程就是压缩机做功,将制冷剂由气态变为液态,放出热量 Q_1,再变成气态,吸取热量 Q_2,这样周而复始循环来达到制冷降温的目的.

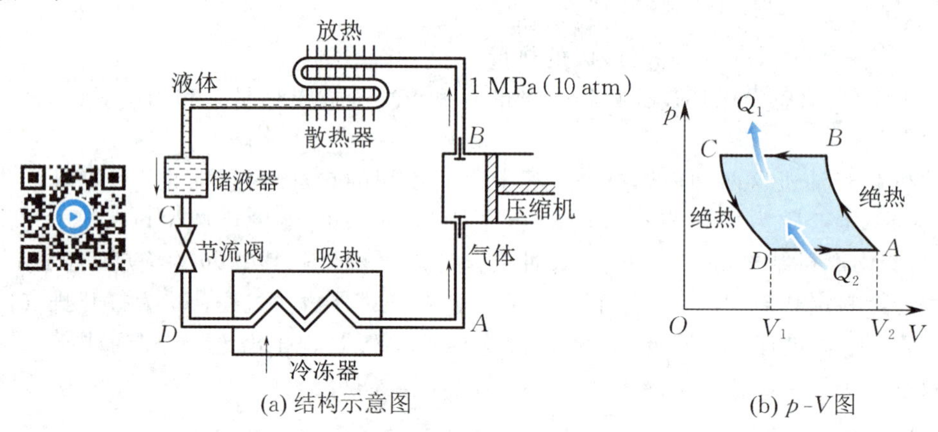

(a) 结构示意图　　(b) p-V图

图 9.15 电冰箱制冷系统逆循环

例 9.7 气缸内有一定量的氧气(视为刚性分子),做如图 9.16 所示的循环,其中 ab 为等温过程,bc 为等容过程,ca 为绝热过程,已知 a 点的状态参量为 p_a,V_a,T_a,b 点的体积 $V_b=3V_a$,求循环的效率.

解 氧气分子为刚性双原子分子,故氧气的摩尔定容热容为

$$C_{V,\mathrm{m}} = \frac{5}{2}R,$$

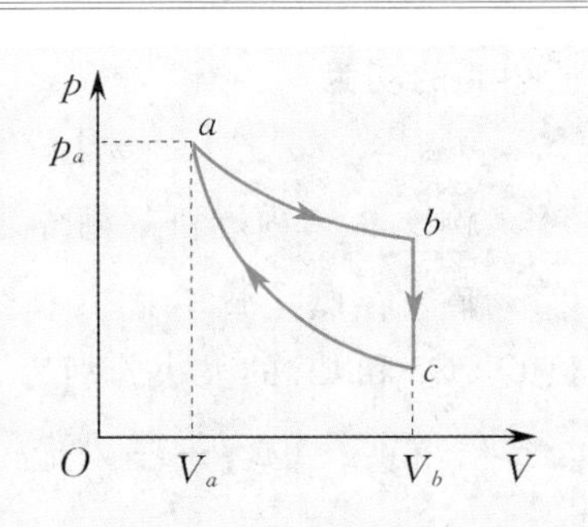

图 9.16　例 9.7 图

比热比为

$$\gamma = \frac{C_{V,\mathrm{m}} + R}{C_{V,\mathrm{m}}} = 1.4.$$

$a \to b$ 为等温膨胀过程,吸收热量

$$Q_1 = \nu RT_a \ln\frac{V_b}{V_a} = \nu RT_a \ln 3.$$

$b \to c$ 为等容降温降压过程,氧气放出热量

$$Q_2 = \nu C_{V,\mathrm{m}}(T_a - T_c).$$

$c \to a$ 为绝热压缩过程,由绝热过程方程 $T_cV_b^{\gamma-1} = T_aV_a^{\gamma-1}$,得

$$T_c = T_a\left(\frac{V_a}{V_b}\right)^{\gamma-1} = T_a\left(\frac{1}{3}\right)^{0.4} = 0.644T_a,$$

所以

$$Q_2 = \nu\frac{5}{2}R(T_a - 0.644T_a) = 0.89\nu RT_a.$$

循环效率

$$\eta = 1 - \frac{Q_2}{Q_1} = 1 - \frac{0.89\nu RT_a}{\nu RT_a \ln 3} = 19\%.$$

例 9.8　在图 9.17 所示的循环(称为焦耳循环)中,设 $T_1 = 300$ K,$T_2 = 400$ K,问燃烧 50.0 kg 汽油可得到多少功?已知汽油的燃烧值为 4.69×10^7 J/kg,气体可看作理想气体.

解　2→3 是等压膨胀过程,气体吸收热量

$$Q_1 = \nu C_{p,\mathrm{m}}(T_3 - T_2),$$

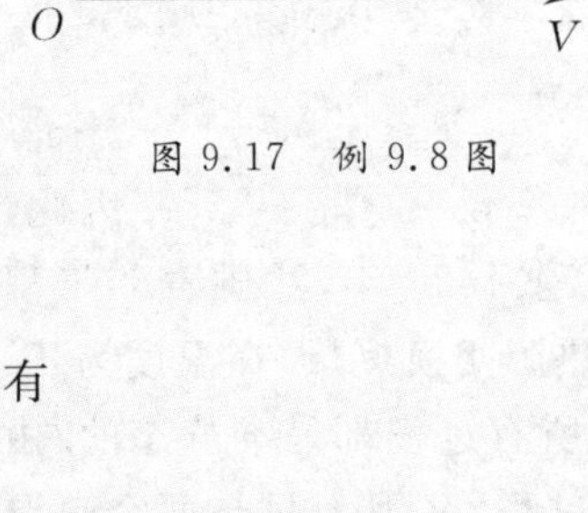

4→1 是等压压缩过程,气体放出热量

$$Q_2 = \nu C_{p,\mathrm{m}}(T_4 - T_1).$$

循环效率为

$$\eta = 1 - \frac{Q_2}{Q_1} = 1 - \frac{T_4 - T_1}{T_3 - T_2}.$$

1→2 和 3→4 是绝热过程,由绝热过程方程

$$\frac{p_1^{\gamma-1}}{T_1^{\gamma}} = \frac{p_2^{\gamma-1}}{T_2^{\gamma}},\quad \frac{p_1^{\gamma-1}}{T_4^{\gamma}} = \frac{p_2^{\gamma-1}}{T_3^{\gamma}},$$

图 9.17　例 9.8 图

可得

$$\frac{T_2}{T_1} = \left(\frac{p_2}{p_1}\right)^{\frac{\gamma-1}{\gamma}},\quad \frac{T_3}{T_4} = \left(\frac{p_2}{p_1}\right)^{\frac{\gamma-1}{\gamma}},$$

故有

$$\frac{T_3}{T_4} = \frac{T_2}{T_1}.$$

于是循环效率

$$\eta = 1 - \frac{T_4 - T_1}{T_3 - T_2} = 1 - \frac{T_1}{T_2} = 1 - \frac{300}{400} = 25\%,$$

所得到的功为

$$A = \eta Q_1 = 25\% \times 50 \times 4.69 \times 10^7\ \text{J} = 5.86 \times 10^8\ \text{J}.$$

例 9.9 内燃机的循环之一——奥托循环如图 9.13 所示，试计算其热机效率.

解 在奥托循环中，气体主要在等容升压过程 bc 中吸热 Q_1，而在等容降压过程 da 中放热 Q_2，Q_1 和 Q_2 的大小分别为

$$Q_1 = \frac{M}{M_{\text{mol}}} C_{V,\text{m}} (T_c - T_b),\quad Q_2 = \frac{M}{M_{\text{mol}}} C_{V,\text{m}} (T_d - T_a),$$

这一循环的热机效率为

$$\eta = 1 - \frac{Q_2}{Q_1} = 1 - \frac{T_d - T_a}{T_c - T_b}. \tag{9.26}$$

因为 cd 和 ab 均为绝热过程，其过程方程分别为

$$T_c V_1^{\gamma-1} = T_d V_2^{\gamma-1},\quad T_b V_1^{\gamma-1} = T_a V_2^{\gamma-1},$$

两式相减，得 $(T_c - T_b) V_1^{\gamma-1} = (T_d - T_a) V_2^{\gamma-1}$，即 $\dfrac{T_c - T_b}{T_d - T_a} = \left(\dfrac{V_2}{V_1}\right)^{\gamma-1}$. 于是得

$$\eta = 1 - \frac{1}{\left(\dfrac{V_2}{V_1}\right)^{\gamma-1}}.$$

令 $\varepsilon = \dfrac{V_2}{V_1}$，称为绝热压缩比，则有

$$\eta = 1 - \frac{1}{\varepsilon^{\gamma-1}}. \tag{9.27}$$

由此可见，奥托循环的效率完全由压缩比 ε 决定，并随着 ε 的增大而增大，故提高压缩比是提高内燃机效率的重要途径. 但压缩比太高会产生爆震而使内燃机不能平稳工作，且增大磨损，一般压缩比取 5 ～ 7. 设 $\varepsilon = 7$，$\gamma = 1.4$，可得效率为

$$\eta = 1 - \frac{1}{7^{0.4}} \approx 54\%.$$

实际上汽油机的效率只有 25% 左右，柴油机的压缩比能做到 $\varepsilon = 12 \sim 20$，实际效率可达 40% 左右. 由于压缩比很大，柴油机的汽缸、活塞杆等都做得很笨重，噪声也大. 故小型汽车、摩托车、飞机、快艇都装配汽油机，只有拖拉机、船舶才使用柴油机.

9.5.3 卡诺循环

19 世纪初，蒸汽机在工业上得到广泛的应用，但蒸汽机的效率仅有 3% ～ 5%. 因此，如何提高热机的效率，便成为当时科学家和工程师共同关注的问题. 1824 年，法国青年工程师卡诺提出了一种理想的热机循环：假设工作物质只与两个恒温热源交换热量，在温度为 T_1 的高温热源处吸热，在另一温度为 T_2 的低温热源处放热，并假定所有过程都是准静态的. 由于过程是准静态的，与两个恒温热源交换热量的过程必定是等温过程，又因为只与两个热源交换热量，所以工作物质从热源温度 T_1 变到冷源温度 T_2，或者相反的过程，只能是绝热过程. 这种由两个准静态等温过程和两个准静态绝热过程所组成的循环就称为**卡诺循环**. 完成卡诺正循环的热机叫作**卡诺热机**，卡诺热机的工质可以是固体、液体或气体.

下面分析以理想气体为工质的卡诺正循环．卡诺循环在 $p-V$ 图上是分别由温度为 T_1 和 T_2 的两条等温线和两条绝热线组成的封闭曲线．如图 9.18 所示，其各个分过程分析如下．

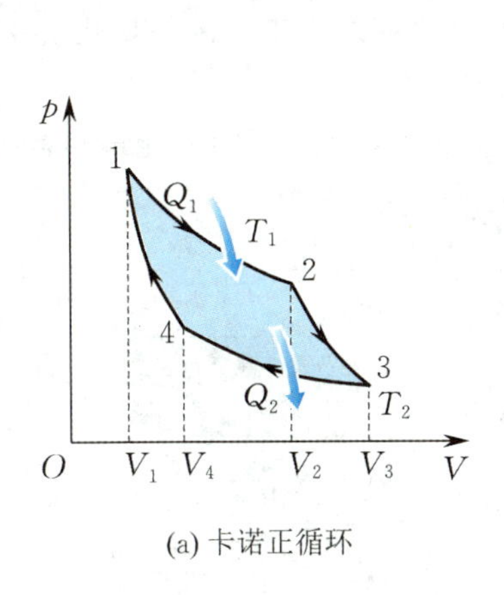

(a) 卡诺正循环

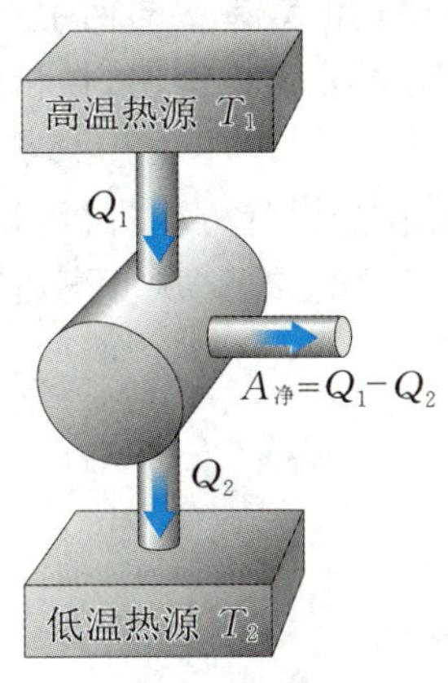

(b) 卡诺热机能流示意图

图 9.18　卡诺热机

(1) $1\to 2$：气体和温度为 T_1 的高温热源接触做等温膨胀，体积由 V_1 增大到 V_2，它从高温热源吸收的热量为

$$Q_1=\frac{M}{M_{\text{mol}}}RT_1\ln\frac{V_2}{V_1}.$$

(2) $2\to 3$：气体和高温热源分开，做绝热膨胀，温度降到 T_2，体积增大到 V_3，过程中无热量交换，但对外界做功．

(3) $3\to 4$：气体和低温热源接触做等温压缩，体积缩小至一适当值，使状态 4 和状态 1 位于同一条绝热线上．过程中外界对气体做功，气体向温度为 T_2 的低温热源放热 Q_2，Q_2 的大小为

$$Q_2=\frac{M}{M_{\text{mol}}}RT_2\ln\frac{V_3}{V_4}.$$

(4) $4\to 1$：气体和低温热源分开，经绝热压缩，回到原来状态 1，完成一次循环．过程中无热量交换，而外界对气体做功．

根据循环效率定义，得出以理想气体为工质的卡诺循环的效率为

$$\eta=1-\frac{Q_2}{Q_1}=1-\frac{T_2\ln\dfrac{V_3}{V_4}}{T_1\ln\dfrac{V_2}{V_1}}.$$

对绝热过程 $2\to 3$ 和 $4\to 1$ 分别应用绝热方程，有

$$T_1V_2^{\gamma-1}=T_2V_3^{\gamma-1},\quad T_1V_1^{\gamma-1}=T_2V_4^{\gamma-1},$$

两式相比，则有

$$\frac{V_2}{V_1}=\frac{V_3}{V_4}.$$

代入卡诺循环效率表达式后，可得

$$\eta_{卡} = 1 - \frac{T_2}{T_1} = \frac{T_1 - T_2}{T_1}. \tag{9.28}$$

可见,卡诺循环的效率只与两个热源温度有关,高温热源温度越高,低温热源温度越低,卡诺循环的效率越高.可以证明,在相同高温和低温热源之间工作的一切热机中,卡诺热机的效率最高.

若卡诺循环按逆时针方向进行,则构成卡诺制冷机,其 p-V 图和能量转换关系如图 9.19 所示,气体和低温热源接触,从低温热源中吸取的热量为

$$Q_2 = \frac{M}{M_{\mathrm{mol}}} R T_2 \ln \frac{V_3}{V_4}.$$

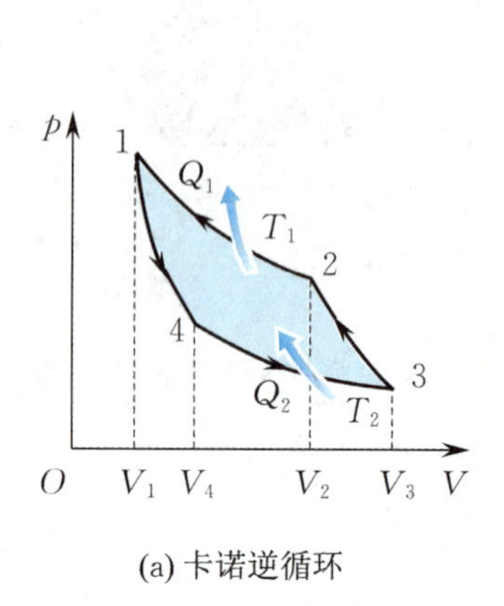

(a) 卡诺逆循环

(b) 卡诺制冷机能流示意图

图 9.19 卡诺制冷机

气体向高温热源放出的热量大小为

$$Q_1 = \frac{M}{M_{\mathrm{mol}}} R T_1 \ln \frac{V_2}{V_1}.$$

一次循环中的净功为

$$A_{净} = Q_1 - Q_2.$$

卡诺制冷机的制冷系数为

$$\omega_{卡} = \frac{Q_2}{|A_{净}|} = \frac{\frac{M}{M_{\mathrm{mol}}} R T_2 \ln \frac{V_3}{V_4}}{\frac{M}{M_{\mathrm{mol}}} R T_1 \ln \frac{V_2}{V_1} - \frac{M}{M_{\mathrm{mol}}} R T_2 \ln \frac{V_3}{V_4}}.$$

同理,利用关系$\frac{V_2}{V_1} = \frac{V_3}{V_4}$,代入上式后,可得

$$\omega_{卡} = \frac{T_2}{T_1 - T_2}. \tag{9.29}$$

可见,卡诺制冷机的制冷系数也只与两个热源的温度有关.与热机效率不同的是,高温热源温度越高,低温热源温度越低,则制冷系数越小,意味着从温度越低的冷源中吸取相同的热量 Q_2,外界需要消耗更多的功 $A_{净}$,制冷系数可以大于 1,如一台 1.5 kW,12 566 J 的空调,其制冷系数约为 2.3.

例 9.10　理想气体做卡诺循环，如图 9.20 所示，在热源温度为 100 ℃，冷凝器温度为 0 ℃ 时，每一循环做净功 8 kJ. 今维持冷凝器温度不变，提高热源温度，使净功增加为 10 kJ. 若这两个循环都工作于相同的两条绝热线之间，求：(1) 此时热源温度；(2) 热机效率.

解　(1) 每一循环向低温热源放出的热量 Q_2 不变. 对于原卡诺循环有

$$T_1 = 373.15\ \text{K},\quad T_2 = 273.15\ \text{K},$$

$$\frac{Q_2}{A} = \frac{T_2}{T_1 - T_2}.$$

提高高温热源的温度后

$$\frac{Q_2}{A'} = \frac{T_2}{T_1' - T_2}.$$

比较上两式，有

$$\frac{T_2 A}{T_1 - T_2} = \frac{T_2 A'}{T_1' - T_2},$$

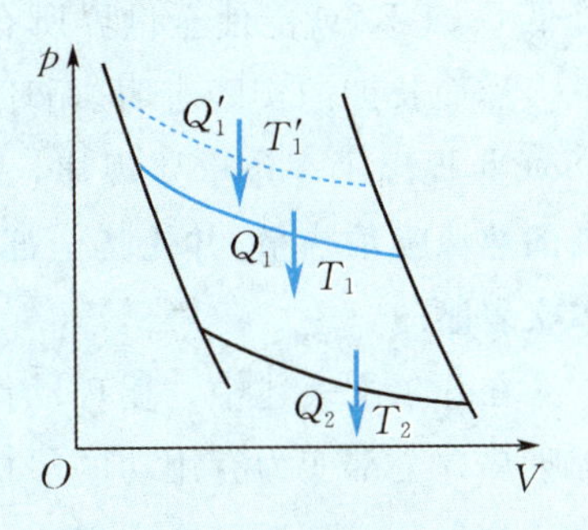

图 9.20　例 9.10 图

可求得

$$T_1' = 398.15\ \text{K}.$$

(2) 提高高温热源的温度后，热机效率为

$$\eta' = 1 - \frac{T_2}{T_1'} = 31.4\%.$$

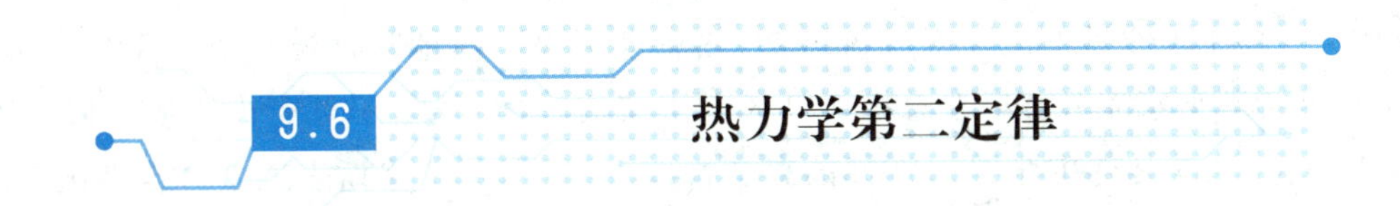

9.6 热力学第二定律

热力学第一定律指出在一切热力学过程中能量守恒，但满足能量守恒的过程不一定都能发生. 实践表明，自然界的宏观过程都沿一定的方向进行. 热力学第一定律并没有阐述这一问题，因此还需要一条指示过程进行方向的定律. 热力学第二定律解决了这一问题，给出自然过程方向性的规律.

热力学第二定律是直接从关于热机效率的研究中发现的. 早在热力学第一定律建立以前，法国工程师卡诺就从理论上研究了热机效率问题，并提出了卡诺定理，但他却是以热质说的错误观点进行论证的. 后来开尔文和克劳修斯运用热功转化的观点研究了热机的效率，他们发现，只用热力学第一定律不能完全证明卡诺的结论，还需要一个新的原理，从而分别提出了热力学第二定律的两种经典表述.

9.6.1　开尔文表述

如何在不违背热力学第一定律的条件下，尽可能地提高热机效率呢？由热机循环效率的

公式 $\eta=1-\frac{Q_2}{Q_1}$ 可知,向低温热源放出的热量 Q_2 越少,效率 η 就越高. 这就是说,如果在一个循环中,当 $Q_2=0$ 时,只从单一热源吸收热量使之全部变为功(这不违反能量守恒定律),循环效率就可达到 100%. 有人曾做过估算,如果这种单一热源热机可以实现,只要使海水温度降低 0.01 K,就能使全世界所有机器工作1 000 多年!

然而长期的实践表明,循环效率达 100% 的热机是无法实现的. 在这个基础上,开尔文在1851 年提出了一条重要规律,表述为:**不可能制成一种循环动作的热机,它只从一个单一温度的热源吸取热量,并使其全部变为有用功而不引起其他变化**. 这就是热力学第二定律的**开尔文表述**.

在开尔文表述中,"循环动作""单一热源""不引起其他变化"是三个关键条件. 从单一热源吸热并全部变为有用功的热机通常称为第二类永动机,所以热力学第二定律也可表达为:**第二类永动机是不可能实现的**. 功可以完全转变成热,而热力学第二定律指出,要把热完全变成功没有其他影响是不可能的.

9.6.2 克劳修斯表述

开尔文表述从正循环的热机效率极限出发,总结出热力学第二定律. 下面从逆循环制冷机角度分析制冷系数极限,从而导出热力学第二定律的另一种等价表述. 由制冷系数定义 $\omega=\frac{Q_2}{A_{净}}$ 可以看出,在 Q_2 一定情况下,外界对系统做功越少,制冷系数越高. 取极限情况是 $A_{净}\to 0,\omega\to\infty$,即外界不需要对系统做功,热量就可以不断地从低温热源传到高温热源. 1850 年德国物理学家克劳修斯在总结概括大量事实后提出:**热量不可能自动地由低温物体传向高温物体**. 这就是热力学第二定律的**克劳修斯表述**. 在克劳修斯表述中,"自动地"是一个关键词,意思是不需要消耗外界能量,热量可直接从低温物体传向高温物体. 但这是不可能的,制冷机是通过外力做功才迫使热量从低温物体流向高温物体的.

克劳修斯表述实际上表明了热传导具有方向性. 热量可以自动地由高温物体传向低温物体,但它的逆过程没有其他影响是不能实现的.

热力学第二定律的这两种表述,表面上看来各自独立,由于其内在实质的同一性,两种表述是等价的. 我们可以采用反证法来证实,即如果两种表述之一不成立,则另一表述也不成立.

先来证明违反开尔文表述必然违反克劳修斯表述. 假设开尔文表述不正确,即可以从单一热源吸取热量 Q 并把它完全变为功 A,而不引起其他变化. 我们可用这个功去推动一台制冷机,使它在一个循环中从低温热源吸收热量 Q_2,向高温热源放出热量 $Q_1=Q_2+A=Q_2+Q$,如图 9.21(a) 所示. 现在两台机组合成一台机,如图 9.21(b) 所示,其最终效果是不需要消耗任何外界的功,热量 Q_2 自动地由低温热源流向高温热源,即违反克劳修斯表述. 因此,违反开尔文表述,必然导致也违反克劳修斯表述.

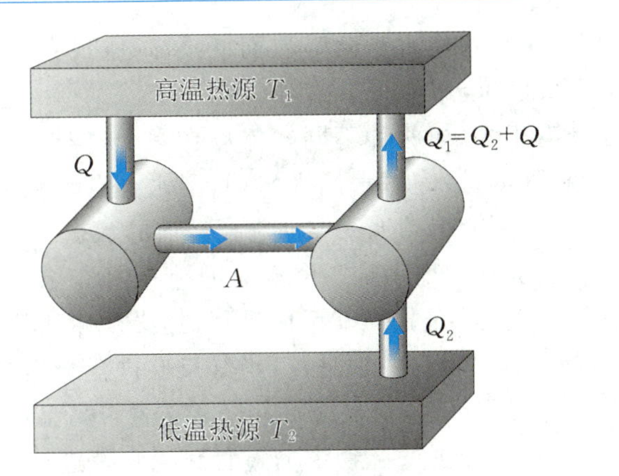

(a) 违反开尔文表述的机器＋制冷机

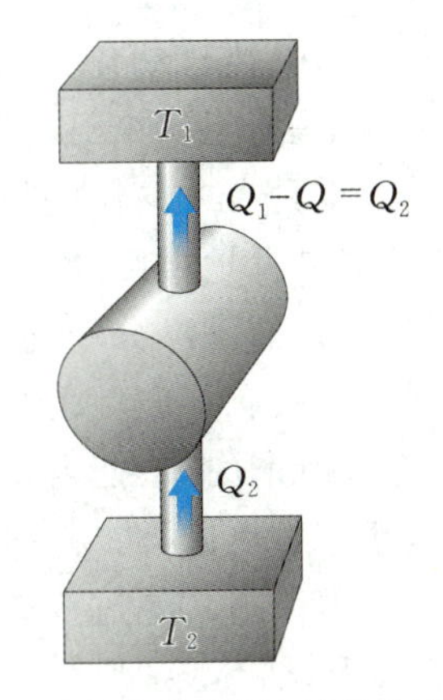

(b) 违反克劳修斯表述的机器

图 9.21　如果开尔文表述不成立，则克劳修斯表述也不成立

再来证明违反克劳修斯表述必然违反开尔文表述. 假设克劳修斯表述不正确，那么就可以制成一部理想的制冷机，它可以把热量 Q_2 从低温热源传到高温热源而不产生其他影响. 现在，我们在这两个热源之间设计一个热机，使它在一个循环中从高温热源吸收热量 Q_1，一部分用来对外做功 A，另一部分热量 Q_2 向低温热源放出，如图9.22(a) 所示. 这样，一套联合装置完成一个循环的总效果就是：低温热源没有发生任何变化，而只是从单一高温热源吸收的热量 Q_1-Q_2 完全变为功 A，而不引起其他变化，即违反开尔文表述，如图 9.22(b) 所示. 因此，违反克劳修斯表述，必然导致也违反开尔文表述.

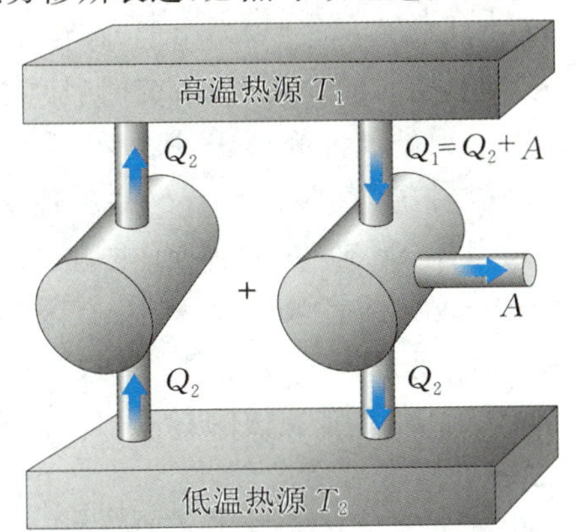

(a) 违反克劳修斯表述的机器＋热机

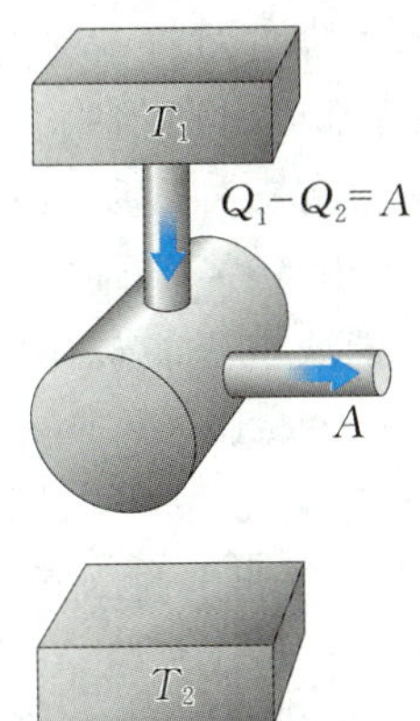

(b) 违反开尔文表述的机器

图 9.22　如果克劳修斯表述不成立，则开尔文表述也不成立

至此，我们证明了热力学第二定律的两种表述是等价的，表明它们有着共同的本质. 为了进一步阐明热力学第二定律的本质及其普遍意义，下面介绍过程进行的方向性以及可逆过程和不可逆过程.

9.6.3　自然过程的方向性

大量的实践说明，自然界中的实际宏观过程都是有方向性的. 例如，断电后尚在转动的砂轮会因摩擦生热而逐渐自动停止，但从未见砂轮由热变冷而自动旋转起来；夏天露在空气中的冰棍儿会从周围吸热自动化为水,但从未见这些水自动降温而变成冰;空气会自动地从被扎破的轮胎中跑出去,但从未见轮胎自动地鼓起来.

关于自然过程具有方向性的例子还有很多,如两种不同气体放在一个容器里,它们能自发地混合,却不能自发地再度分离成两种气体;一滴墨水滴入水中,墨水会自动地进行扩散,直至达到均匀分布,而已经分布均匀的墨水不会自动地浓缩回它扩散前的状态等.

上述宏观过程具有方向性是指它们能够自发地沿某一个方向进行,但不能自发地沿相反的方向进行.这里所谓的"不能自发地反向进行"是指当其反向进行时,必须伴随其他过程才能实现.例如,摩擦生热这类"功变热"的过程可以自发地进行,当其反向进行由热变功时(如热机的循环),必须伴随其他过程如热传导过程(例如热机循环伴随着热量自高温热源传至低温热源)才能实现;热传导即热量自高温物体传至低温物体的过程可以自发进行,当其反向进行(如制冷机的循环)时必须伴随着其他过程(如功变热的过程,制冷机循环中必须伴随着外界对系统做功)才能实现;气体自由膨胀过程可以自发进行,当其反向进行时就必须靠外界的作用(比如靠外界做功将其压缩至原来状态).我们还注意到,以上这些伴随过程的影响是不能完全消除的,当我们试图消除伴随过程的影响时,又会导致新的伴随过程.

9.6.4 可逆过程与不可逆过程

通过上面的讨论可知,自然界的宏观过程有其方向性,为了概括自然过程的共同性质,引入不可逆过程的概念.

如果一个过程一旦发生,无论通过何种途径都不能使系统和外界回到原来状态而不产生其他任何影响,这样的过程就称为**不可逆过程**.反之,如果一个过程发生后,存在一个逆过程,使得系统和外界都同时回到原来的状态而不引起其他任何的变化(即系统回到原来状态的同时,消除了原来过程对外界所引起的任何变化),则这种过程称为**可逆过程**.

分析自然界中各种不可逆过程产生的原因,可以看出,这些过程有的是出现了耗散效应(将一部分机械能或电磁能转化为内能的现象),如摩擦、黏滞性、非弹性、电阻、磁滞损耗等;有的是因为系统内部出现了非平衡因素,如有限的压强差、有限的密度差、有限的温度差等(显然,这是一些非静态过程).因此,可逆过程必须满足以下两个条件:① 过程中无耗散效应;② 过程中不出现非平衡因素,即过程必须是准静态的无限缓慢的过程,以保证每一个中间状态都是平衡态.综上所述,**无耗散效应的准静态过程是可逆过程**.

由于准静态过程是一种理想模型,绝对无耗散效应的过程实际上也是不存在的,因而严格的可逆过程是不可能实现的.但热力学中讨论可逆过程仍具有重要意义.一方面,实际过程在一定条件下可以近似地作为可逆过程处理;另外,可以通过可逆过程的研究去寻找实际过程的规律.

各种不可逆过程是互相联系的.热力学第二定律的开尔文表述是关于功热转换的不可逆性,克劳修斯表述是关于热传递的不可逆性.前面已经证明了开尔文表述和克劳修斯表述是等价的,这表明功热转换的不可逆性是与热传递的不可逆性相联系的.事实上,自然界中的不可逆过程多种多样,但所有不可逆过程都是互相联系的,总可以把两个不可逆过程联系起来,由一个过程的不可逆性推断另一个过程的不可逆性.

过程不可逆性就是过程进行具有方向性.热力学第二定律表明,一切实际的自然过程都是不可逆的. 热力学第二定律也即是关于过程进行方向的热力学定律. 由于不可逆过程多种多样,各种不可逆过程又相互联系,因此热力学第二定律可以有各种不同的表述.

9.7 热力学第二定律的统计意义 玻尔兹曼熵

热力学第二定律指出一切与热现象有关的实际宏观过程都是不可逆的,自然过程具有方向性. 那么这种不可逆性的微观意义是什么呢? 1887 年玻尔兹曼根据统计理论给出一个状态函数,从数学上解释了热力学第二定律的微观本质.

9.7.1 热力学第二定律的统计意义

热力学研究的对象是包含大量原子、分子等微观粒子的系统,热力学过程就是大量分子无序运动状态的变化.

先考察热功转换,即系统的机械能转化为内能的过程. 功(机械能) 对应大量分子有序的定向运动,而内能对应大量分子无规则的热运动. 从微观看,大量分子从有序运动状态自动地向无序运动状态转化,但其逆过程却不能自动进行,即大量分子无规则的热运动不可能自动转变为有序运动.

再考察热传导. 使温度不同的两个物体相互接触,热量会自动地从高温物体传向低温物体,最终两物体温度相同. 从微观上看,初态时温度高的物体分子平均平动动能大,温度低的物体分子平均平动动能小,虽然各自的分子运动是无序的,但仍能按分子的平均平动动能区分温度不同的两种分子. 到了末态,两物体温度相同,它们的分子平均平动动能也相同,无法再按分子的平均平动动能区别两种分子,说明末态比初态更加无序. 因此,热传导的过程是大量分子从无序程度小的运动状态向无序程度大的运动状态转化的过程,其逆过程却不能自动进行.

最后考察气体的绝热自由膨胀. 在这个过程中,气体总是从占据空间小的初态迅速扩充到占据较大空间的末态. 空间越小,气体分子的位置不确定性小,无序性小;反之,空间越大,气体分子的位置不确定性大,分子的运动状态更加无序. 因此,从微观看,气体的绝热自由膨胀过程是大量分子从无序程度小的运动状态向无序程度大的运动状态转化的过程,其逆过程也不能自动进行.

从以上分析可知,大量分子无序运动状态变化的方向总是向无序性增大的方向进行,即**一切宏观自然过程总是沿着分子热运动无序性增大的方向进行**. 这就是热力学第二定律的微观意义. 需要注意的是,热力学第二定律是一个统计规律,只适用由大量分子构成的热力学系统,适用有限范围内的宏观过程.

9.7.2 玻尔兹曼熵

一个不受外界影响的孤立系统内部所发生的过程,总是沿着无序性增大的方向进行,那么如何定量描述自然过程的方向性呢?玻尔兹曼把态函数熵与无序性联系起来,用数学形式来表示热力学第二定律的微观本质.

1. 热力学概率

为了引入熵,需要了解热力学概率.以单原子理想气体自由膨胀为例.如图 9.23 所示,用隔板将容器分成容积相等的 A,B 两室,A 室充以气体,B 室为真空,讨论抽掉隔板后分子的位置分布.设容器内只有 a,b,c,d 等 4 个分子,考察 1 个分子 a,在没抽隔板前只能在 A 室,当抽掉隔板后,它在整个容器中运动,在 A 室、B 室的机会(概率)相同.其他分子情况相同.气体自由膨胀后,容器中分子可能的分布情况如表 9.2 所示.

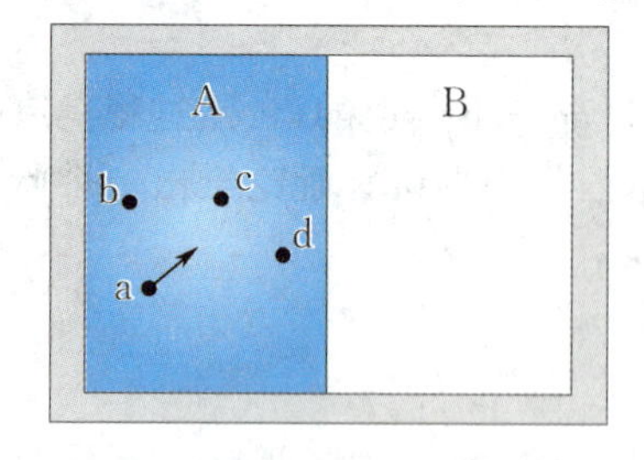

图 9.23　气体向真空中的自由膨胀

对于气体的宏观热力学性质,不需要确定每一个分子所处的微观位置和速度,只确定气体分子数的分布就行了.例如 A 室中 3 个分子、B 室中 1 个分子的一种分布,就属于一种宏观态.因此,我们把每个容器中分子数的不同分布称为一种宏观态.表 9.2 中第一行表示有五种宏观态(此例只考虑分子位置,未考虑分子速度的不同作为微观状态的标志).而对于气体的每一确定的微观态,必须指出各分子所处的具体微观位置和速度.对于每一个宏观态,由于分子的微观组合不同,还可能包含有若干种微观态.如宏观态 A3B1 就包含有四种微观态.

表 9.2　4 个分子的可能宏观态及相应的微观态

宏观状态		A4B0	A3B1				A2B2						A1B3				A0B4
微观状态	A	a b c d	a b c	b c d	c d a	d a b	a c	a b	a d	b c	b d	c d	a	b	c	d	
	B		d	a	b	c	b d	c d	b c	a d	a c	a b	b c d	c d a	d a b	a b c	a b c d
宏观态包含的微观态数 Ω		1	4				6						4				1

统计理论认为,孤立系统内各微观态出现的机会是相同的,即等概率的.在给定的宏观条件下,系统存在大量各种不同的微观态,每一宏观态可以包含有许多微观态,统计物理学中定义宏观态所对应的微观态数叫作该宏观态的**热力学概率**,用 Ω 表示.各宏观态所包容的微观态数目是不相等的,因而各宏观态的出现就不是等概率的了.由表 9.2 中可知,微观态数总共有 $16=2^4$ 个.分子全都集中在 A 室的宏观态 A4B0 只含一个微观态,故该宏观态出现概率最小,只有 $\frac{1}{16}=\frac{1}{2^4}$;而两室内分子均匀分布的 A2B2 宏观态所含微观态数最多,有 6 个,出现概率最大,为 $\frac{6}{16}=\frac{6}{2^4}$.若系统有 N 个分子,同样分成 A,B 两部分,可以推得,其总微观态数应为

2^N 个，N 个分子自动退回A室的宏观态，概率仅为 $1/2^N$. 由于一般热力学系统所包含的分子数目巨大，例如1 mol气体的分子数为 6.023×10^{23} 个，气体自由膨胀后，所有分子退回到A室的概率为 $\frac{1}{2^{6.023\times10^{23}}}$，这个概率如此之小，实际上根本观察不到. 而A室和B室分子各半的均匀分布以及附近的宏观态出现的概率最大. 因此自由膨胀过程实际上是由包含微观态数少的宏观态向包含微观态数多的宏观态进行，或者说由概率小的宏观态向概率大的宏观态进行. 这一结论对所有自然过程都是成立的.

前面从微观上定性地分析了一切宏观自然过程总是沿着无序性增大的方向进行，这里定量地说明了自然过程总是由热力学概率小的宏观态向热力学概率大的宏观态进行，这就是热力学第二定律的统计意义.

2. 玻尔兹曼熵

由前面的分析可知，热力学概率是分子运动无序性的一种量度. 宏观自然过程总是向热力学概率 Ω 增大的方向进行，当达到 $\Omega_{\max}$ 时，该过程就停止了. 一般情况下的热力学概率 Ω 非常大，为了便于理论上处理，1877年玻尔兹曼引入一个态函数熵，用 S 表示，其与热力学概率 Ω 的关系为

$$S=k\ln\Omega, \tag{9.30}$$

S 称为玻尔兹曼熵，k 为玻尔兹曼常数，熵的单位是焦[耳]每开[尔文](J/K).

对于热力学系统的每一个宏观态，就有一个热力学概率 Ω 值对应，也就有一个熵值 S 对应，故熵是系统状态的函数. 热力学概率 Ω 是分子运动无序性的一种量度，和 Ω 一样，熵的微观意义是系统内分子热运动的无序性的一种量度.

在一定条件下，两个子系统有热力学概率 Ω_1 和 Ω_2，对应的状态函数分别为 S_1，S_2，则在同样的条件下，根据概率的性质，整个系统的热力学概率为 $\Omega=\Omega_1\Omega_2$，所以

$$S=k\ln\Omega=k\ln\Omega_1\Omega_2=k\ln\Omega_1+k\ln\Omega_2=S_1+S_2,$$

也就是说熵具有可加性. 若一个系统由两个子系统组成，则

$$S=S_1+S_2.$$

当引入态函数熵 S 后，热力学第二定律可用熵来描述，一切宏观自然过程总是沿着无序性增大的方向进行，也就是沿着熵增加的方向进行. **在孤立系统中所进行的自然过程总是沿着熵增大的方向进行，平衡态对应于熵最大的状态**，这就是**熵增加原理**. 其数学表达式为 $\Delta S\geqslant0$.

例9.11 用热力学概率方法计算 ν mol理想气体向真空自由膨胀时的熵增加. 设体积从 V_1 膨胀到 V_2，且初、末态均为平衡态.

解 因为绝热自由膨胀时系统温度不变，只需考虑分子的位置分布对系统微观状态数的影响. 每一个分子在体积内各处的概率是相等的，则一个分子按位置分布的可能状态数应与体积成正比，即 $\Omega'\propto V$. 对 νN_A 个分子，$\Omega\propto V^{\nu N_A}$，所以有

$$\frac{\Omega_2}{\Omega_1}=\left(\frac{V_2}{V_1}\right)^{\nu N_A},$$

$$\Delta S = S_2 - S_1 = k\ln \Omega_2 - k\ln \Omega_1 = k\ln \frac{\Omega_2}{\Omega_1} = \nu N_A k\ln \frac{V_2}{V_1} = \nu R\ln \frac{V_2}{V_1}.$$

由于 $V_2 > V_1$,则 $\Delta S > 0$.

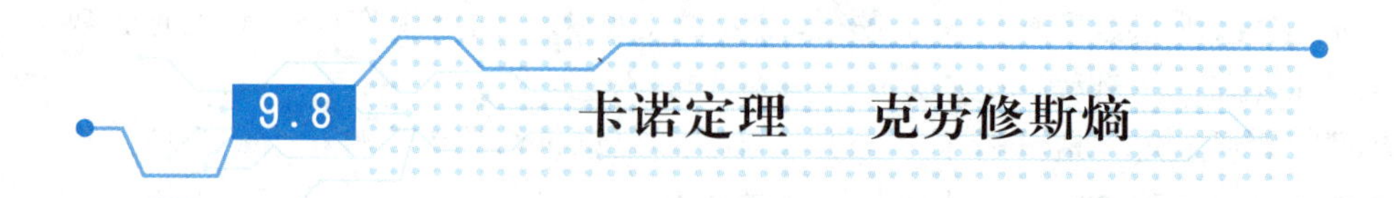

9.8 卡诺定理　克劳修斯熵

玻尔兹曼熵的计算需要确定宏观状态对应的微观状态数,而微观状态数的确定非常复杂,有时无法计算,而使用克劳修斯熵公式更为方便.历史上是克劳修斯最先从热力学的角度提出熵这个状态函数.实际热力学过程的不可逆性说明:系统无法通过自身的力量回到初始状态;要使系统复原,必须依靠外界的作用,必然产生无法消除的影响.这表明不可逆过程的初态和末态之间存在着重大差异,正是这种差异决定了过程的方向.能否找到一个描述这种差异的态函数,并可根据其大小来判断过程的方向?克劳修斯通过卡诺定理找到了这个态函数——熵.

9.8.1 卡诺定理

若组成循环的每一个过程都是可逆过程,则称该循环为可逆循环.凡做可逆循环的热机或制冷机分别称为可逆热机或可逆制冷机,否则称为不可逆机.

为了提高热机效率,卡诺从理论上进行了研究,在 1824 年提出了热机理论中非常重要的**卡诺定理**:

(1) **在相同的高温热源和相同的低温热源之间工作的一切可逆热机,其效率都相等,与工作物质无关**;

(2) **在相同的高温热源和相同的低温热源之间工作的一切不可逆热机,其效率都不可能大于可逆热机的效率**.

由(1)可知,工作在高低温热源 T_1 与 T_2 之间的可逆热机有

$$\eta_{可逆} = 1 - \frac{Q_2}{Q_1} = 1 - \frac{T_2}{T_1}.$$

由(2)可知对于不可逆热机有

$$\eta_{不可逆} = 1 - \frac{Q_2}{Q_1} < 1 - \frac{T_2}{T_1}.$$

卡诺定理指明了提高热机效率的途径,即提高高温热源的温度,或降低低温热源的温度.卡诺定理的证明从略.

9.8.2 克劳修斯不等式

克劳修斯将卡诺定理推广,应用于任意的循环过程,得到能分别描述可逆循环和不可逆循环特征的表达式——克劳修斯不等式.

根据卡诺定理可知，工作于高、低温热源 T_1，T_2 之间的热机效率满足

$$\eta \leqslant 1-\frac{T_2}{T_1},$$

无论循环是否可逆，其效率均定义为 $\eta=1-\frac{Q_2}{Q_1}$. 代入上式，可得

$$1-\frac{Q_2}{Q_1} \leqslant 1-\frac{T_2}{T_1},$$

显然有

$$\frac{Q_2}{T_2} \geqslant \frac{Q_1}{T_1} \quad \text{或} \quad \frac{Q_1}{T_1}-\frac{Q_2}{T_2} \leqslant 0,$$

式中 Q_1，Q_2 是工作物质从温度为 T_1 的高温热源所吸收和向温度为 T_2 的低温热源所放出热量的绝对值. 如果采用热力学第一定律中对热量正负的规定，即系统吸热时 Q 为正，系统放热时 Q 为负，则上式应改写为

$$\frac{Q_1}{T_1}+\frac{Q_2}{T_2} \leqslant 0, \tag{9.31}$$

式中的热量 Q_2 为负数，$\frac{Q}{T}$ 称为**热温比**，它是系统从某一热源吸收的热量 Q 和该热源的温度 T 之比. 式(9.31) 表示，在工作物质先后与两个恒温热源交换热量完成一个循环的过程中，系统热温比的代数和总是小于或者等于零. 式中的等号与小于号分别对应于可逆循环与不可逆循环.

可以将式(9.31) 推广到有 n 个热源的情形. 设一个系统在循环过程中与温度为 T_1，T_2，…，T_n 的 n 个热源接触，从这 n 个热源分别吸收 Q_1，Q_2，…，Q_n 的热量，可以用反证法根据热力学第二定律证明

$$\sum_{i=1}^{n} \frac{Q_i}{T_i} \leqslant 0,$$

式中 Q_i 为系统从温度为 T_i 的热源吸收的热量(代数值)，n 为热源的个数. 当 $n \to \infty$ 时，应将上式中的求和号改为积分号，从而有

$$\oint \frac{\mathrm{d}Q}{T} \leqslant 0, \tag{9.32}$$

式中 $\oint$ 表示沿循环曲线积分一周，$\mathrm{d}Q$ 为系统从温度为 T 的热源吸收的热量(代数值)，等号对应可逆循环，不等号对应不可逆循环. 式(9.32)称为克劳修斯不等式. 式(9.32)表明，系统经历一个可逆循环过程，它的热温比总和等于零；系统经历一个不可逆循环过程，它的热温比总和小于零. 显然，式(9.32)就是循环是否可逆的判别式.

9.8.3 克劳修斯熵

利用克劳修斯不等式可定义克劳修斯熵. 对于任意一个可逆循环过程，由式(9.32)可知

$$\oint \frac{\mathrm{d}Q_{\text{可逆}}}{T}=0. \tag{9.33}$$

设系统由平衡状态 A 经任意可逆过程 $A\,\mathrm{I}\,B$ 变到平衡状态 B，又由状态 B 沿任意可逆过

程 B Ⅱ A 回到原状态 A，构成一个可逆循环，如图 9.24 所示.

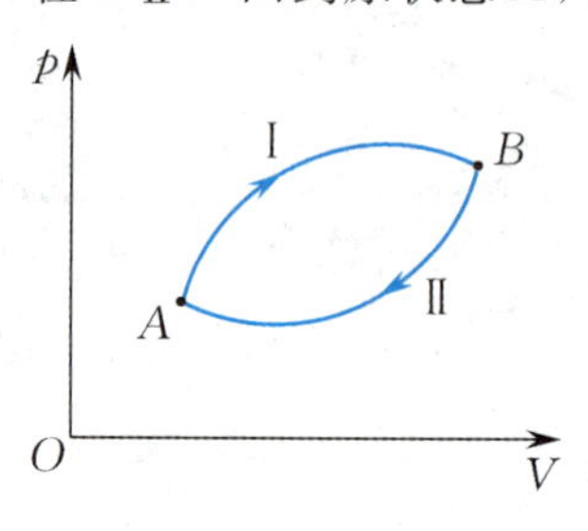

图 9.24 任意可逆循环

对此可逆循环，式(9.33)可写成

$$\int_{A\,\text{Ⅰ}}^{B} \frac{dQ_{可逆}}{T} + \int_{B\,\text{Ⅱ}}^{A} \frac{dQ_{可逆}}{T} = 0,$$

由于过程是可逆的，则有

$$\int_{A\,\text{Ⅰ}}^{B} \frac{dQ_{可逆}}{T} + \int_{B\,\text{Ⅱ}}^{A} \frac{dQ_{可逆}}{T} = \int_{A\,\text{Ⅰ}}^{B} \frac{dQ_{可逆}}{T} - \int_{A\,\text{Ⅱ}}^{B} \frac{dQ_{可逆}}{T} = 0,$$

即

$$\int_{A\,\text{Ⅰ}}^{B} \frac{dQ_{可逆}}{T} = \int_{A\,\text{Ⅱ}}^{B} \frac{dQ_{可逆}}{T}. \tag{9.34}$$

式(9.34)表明，由状态 A 沿不同的可逆过程变到同一状态 B 的热温比的积分值 $\int_A^B \frac{dQ_{可逆}}{T}$ 不变. 这就是说热温比的积分只取决于初、末状态，与由初态 A 到末态 B 的可逆过程的具体路径无关. 类似于保守力做功与路径无关从而引入势能函数，在热力学中可以由温热比的积分与可逆过程的具体路径无关而引入熵函数，我们称这个新的态函数为**克劳修斯熵**，用符号 S 表示. 当系统由平衡态 A 变到平衡态 B 时，这个态函数就从 S_A 变到 S_B，即

$$S_B - S_A = \int_A^B dS = \int_A^B \frac{dQ_{可逆}}{T}, \tag{9.35}$$

此式表明，系统从平衡态 A 变到平衡态 B 时，其熵的增量等于由平衡态 A 经任一可逆过程变到平衡态 B 时热温比的积分.

对于一个微小的可逆过程有

$$dS = \frac{dQ_{可逆}}{T}. \tag{9.36}$$

对于态函数熵，需要注意以下几点：① 熵是热力学系统的态函数，是描述系统平衡态的状态参量的函数；② 某一状态的熵值只有相对意义，与熵的零点选择有关；③ 如果过程的初、末两态均为平衡态，则系统的熵变只取决于初态和末态，与过程是否可逆无关；④ 熵值具有可加性，大系统的熵变等于组成它的各个子系统的熵变之和，全过程的熵变等于组成它的各子过程的熵变之和.

注意：克劳修斯熵和玻尔兹曼熵的概念引入是有区别的. 克劳修斯熵只对系统的平衡态才有意义，是系统平衡态的函数. 而玻尔兹曼熵对非平衡态也有意义，因为非平衡态也有微观状态数与之对应，当然也有熵值与之对应，从这个意义上说玻尔兹曼熵更具普遍性. 由于平衡态对应 Ω_{max} 状态，可以说克劳修斯熵是玻尔兹曼熵的最大值. 统计物理可证明两个熵公式完全等价.

需要强调指出的是，在应用式(9.35)计算熵增量时，据以进行积分的过程必须是可逆的. 至于不可逆过程，由于熵的增量只由初、末态决定而与过程无关，因此无论系统经过一个什么样的过程由态 A 变到态 B，我们都可以设想一个连接态 A 和态 B 的可逆过程，由计算这个设想的可逆过程的热温比的积分而得出实际不可逆过程的熵增量.

例 9.12 计算理想气体向真空自由膨胀过程中内能的增量及克劳修斯熵变，如图 9.25所示. 设气体开始集中在左半部，初态体积为V_1，温度为T_1，容器右半部为真空，打开隔板后，气体均匀分布于整个容器，体积为V_2.

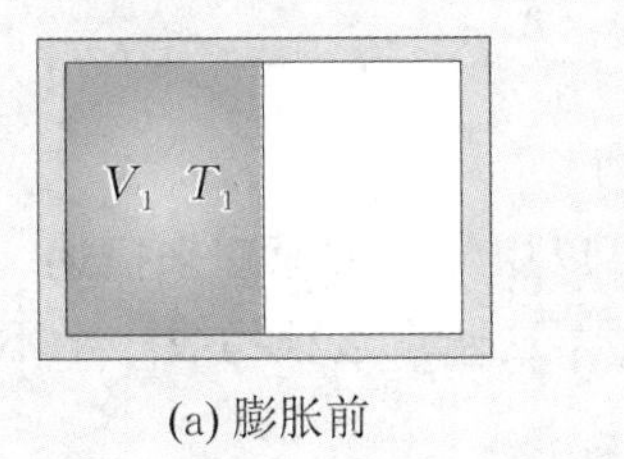

(a) 膨胀前

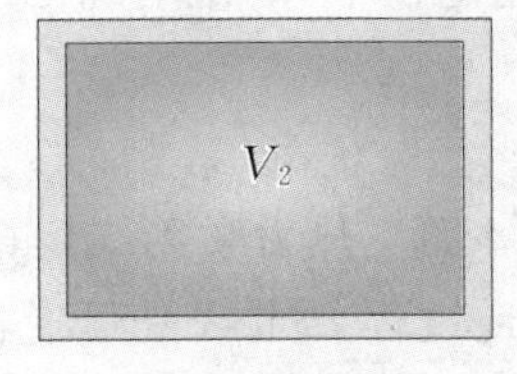

(b) 膨胀后

图 9.25 气体向真空自由膨胀

解 (1) 计算内能的增量. 由于膨胀迅速，视过程为绝热，即系统与外界没有热量交换，对外也不做功(气体向真空膨胀不做功)，气体向真空的自由膨胀属于不可逆过程. 根据热力学第一定律可知此过程的内能增量

$$\Delta E = 0,$$

即

$$E_{末} = E_{初}, \quad T_{末} = T_{初} = T_1.$$

可见，理想气体自由膨胀过程的初态与末态之间的内能相等、温度相同.

(2) 熵变的计算. 因为过程不可逆，在 $p-V$ 图上用虚线表示，以示与可逆过程的区别. 要计算其熵变必须设计一个可逆过程，把初态 a 与末态 b 连接起来. 因为已知初、末两态温度相同，故可设系统经历一可逆等温膨胀过程从初态 a 变为末态 b，如图 9.26 所示. 根据可逆过程中熵变与热温比的关系有

$$S_b - S_a = \int_a^b \frac{\mathrm{d}Q_{可逆}}{T}.$$

因为等温可逆过程中 $\mathrm{d}Q_T = p\mathrm{d}V$，所以

$$S_b - S_a = \int_a^b \frac{p\,\mathrm{d}V}{T}.$$

又 $p = \dfrac{MRT}{M_{\mathrm{mol}}V}$，得

$$S_b - S_a = \int_a^b \frac{p\,\mathrm{d}V}{T} = \frac{M}{M_{\mathrm{mol}}}R\int_{V_1}^{V_2}\frac{\mathrm{d}V}{V} = \frac{M}{M_{\mathrm{mol}}}R\ln\frac{V_2}{V_1} > 0.$$

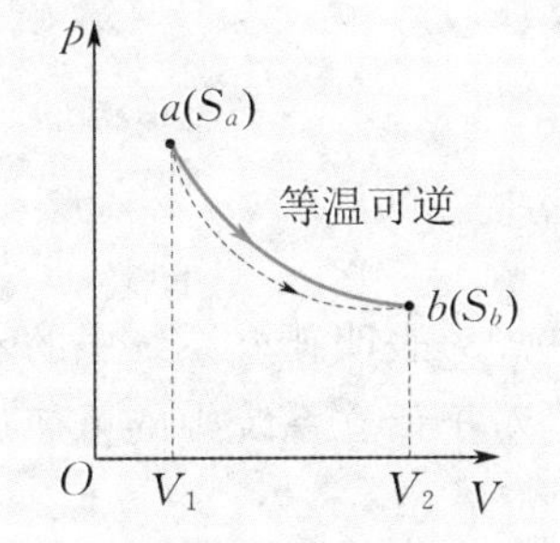

图 9.26 气体自由膨胀的熵变可按可逆等温过程计算

计算结果与例 9.11 相同，说明两个熵公式完全等价.

例 9.13 试求 1 kg的水在标准状态下由 0 ℃ 的水变到100 ℃ 的水蒸气的熵变. 已知一标准大气压下水的比热容 $c = 4.18 \times 10^3\ \mathrm{J/(kg \cdot K)}$，水的汽化热 $\lambda = 2.253 \times 10^6\ \mathrm{J/kg}$.

解 根据熵的可加性，故总熵变等于由 0 ℃ 的水等压变到 100 ℃ 的水之熵变 ΔS_1，与 100 ℃ 的水等温地变为 100 ℃ 的水蒸气的熵变 ΔS_2 之和，即

$$\Delta S = \Delta S_1 + \Delta S_2 = \int_{T_0}^{T_1}\frac{Mc\,\mathrm{d}T}{T} + \frac{M\lambda}{T_1} = Mc\ln\frac{T_1}{T_0} + \frac{M\lambda}{T_1},$$

式中 $M=1\ \mathrm{kg}, T_0=273\ \mathrm{K}, T_1=373\ \mathrm{K}$，代入数据，可得

$$\Delta S=\left(1\times 4.18\times 10^3\times \ln\frac{373}{273}+\frac{1\times 2.253\times 10^6}{373}\right)\ \mathrm{J/K}=7.34\times 10^3\ \mathrm{J/K}.$$

结果表明，在水的汽化过程中，熵是增加的.

9.8.4 熵增加原理

当引入态函数熵 S 后，热力学第二定律可以用熵增加原理来描述.

设 $A\,\mathrm{I}\,B$ 是不可逆过程，$B\,\mathrm{II}\,A$ 是可逆过程，这两个过程构成一个不可逆循环. 如图 9.27 所示，根据克劳修斯不等式 $\oint\frac{\mathrm{d}Q}{T}<0$，有

$$\oint\frac{\mathrm{d}Q}{T}=\int_A^B\frac{\mathrm{d}Q_{\mathrm{I}}}{T}+\int_B^A\frac{\mathrm{d}Q_{\mathrm{II}}}{T}=\int_A^B\frac{\mathrm{d}Q_{\mathrm{I}}}{T}-\int_A^B\frac{\mathrm{d}Q_{\mathrm{II}}}{T}<0,$$

即

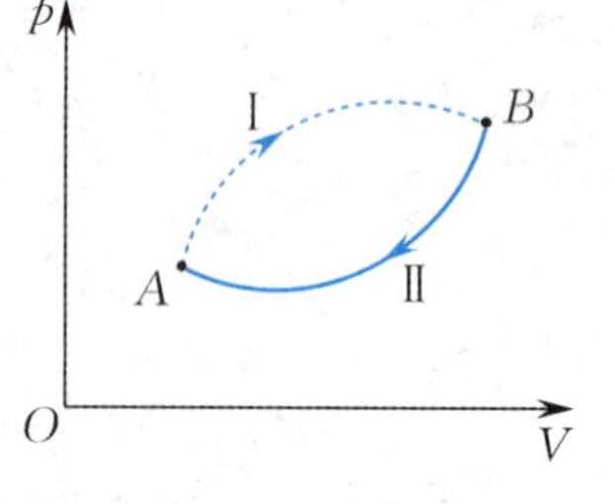

图 9.27 一段可逆一段不可逆的循环过程示意图

$$\int_A^B\frac{\mathrm{d}Q_{\mathrm{I}}}{T}<\int_A^B\frac{\mathrm{d}Q_{\mathrm{II}}}{T}.$$

由于 $A\,\mathrm{II}\,B$ 是可逆过程，沿该过程计算热温比的积分可得熵增

$$S_B-S_A=\int_A^B\frac{\mathrm{d}Q_{\mathrm{II}}}{T},$$

因此

$$S_B-S_A>\int_A^B\frac{\mathrm{d}Q_{\mathrm{I}}}{T}. \tag{9.37}$$

对于孤立系统，系统与外界无热量交换，在任一微小过程中 $\mathrm{d}Q=0$，因此

$$\int_A^B\frac{\mathrm{d}Q_{\mathrm{I}}}{T}=0,$$

则

$$S_B-S_A>0. \tag{9.38}$$

式(9.38)表明孤立系统中的不可逆过程，其熵要增加.

对于孤立系统中的可逆过程，则取等式，有

$$S_B-S_A=\int_A^B\frac{\mathrm{d}Q_{\mathrm{II}}}{T}=0. \tag{9.39}$$

综合式(9.38)和式(9.39)可知，对于孤立系统中的任一热力学过程，总是有

$$S_B-S_A\geqslant 0. \tag{9.40}$$

式(9.40)就是热力学第二定律的数学表达式，表明**孤立系统中所发生的一切不可逆过程熵总是增加，可逆过程熵不变**，这就是**熵增加原理**.

因为自然界实际发生的过程都不可逆，故根据熵增加原理可知：孤立系统内发生的一切实际过程都会使系统的熵增加. 这就是说，在孤立系统中，一切实际过程只能朝熵增加的方向进行，直到熵达到最大值为止.

按照热力学概率与宏观状态出现概率的对应关系，在孤立系统中所进行的自然过程总是沿着熵增大的方向进行，平衡态是对应于熵最大的状态，而对于在孤立系统中所进行的可逆

过程，系统总是处于平衡态，Ω 为最大值，熵值不变.

由于熵增加原理与热力学第二定律都是表述热力学过程自发进行的方向和条件，熵增加原理是热力学第二定律的数学表达式. 它为我们提供了判别一切过程进行方向的准则.

例 9.14 1 kg 温度为 0 ℃ 的水与温度为 100 ℃ 的热源接触. (1) 计算水的熵变和热源的熵变；(2) 判断此过程是否可逆.

解 (1) $\Delta S_{水} = \int_{T_1}^{T_2} \frac{dQ_1}{T} = Mc\int_{T_1}^{T_2} \frac{dT}{T}$

$$= Mc\ln\frac{T_2}{T_1} = 4.18\times10^3\times\ln\frac{373}{273}\ \text{J/K} = 1.30\times10^3\ \text{J/K}.$$

$$\Delta S_{热源} = \frac{Q}{T} = \frac{-Mc(T_2-T_1)}{T_2} = -\frac{4.18\times10^3\times100}{373}\ \text{J/K} = -1.12\times10^3\ \text{J/K}.$$

(2) $\Delta S_{大系统} = \Delta S_{水} + \Delta S_{热源} = (1.3-1.12)\times10^3\ \text{J/K} = 180\ \text{J/K}.$

无论微观的玻尔兹曼熵还是宏观的克劳修斯熵，都是一致的，它们都正比于宏观状态热力学概率的对数，自然界过程的自发倾向总是从概率小的宏观状态向概率大的宏观状态过渡. 两种气体相互扩散，熵增加了. 自由膨胀从集中到分散，功变热从有序到无序，都是熵增加的过程.

本章提要

1. 准静态过程的功

准静态过程中系统对外所做的体积功为

$$A = \int_{\text{I}}^{\text{II}} dA = \int_{V_1}^{V_2} p dV.$$

在 p-V 图上，准静态过程中体积功的数值等于过程曲线下面的面积. 功是代数量，是过程量，不是状态量.

2. 热力学第一定律

热力学第一定律的数学表达式为

$$\Delta E = Q - A.$$

如果系统经历一个微小变化，则热力学第一定律为

$$dE = dQ - dA.$$

热力学第一定律是普遍的能量转化和守恒定律在热力学过程中的具体表现.

3. 气体的摩尔热容

理想气体摩尔定容热容

$$C_{V,m} = \frac{i}{2}R.$$

理想气体摩尔定压热容

$$C_{p,m} = C_{V,m} + R = \frac{i+2}{2}R.$$

比热比(绝热系数)

$$\gamma = \frac{C_{p,m}}{C_{V,m}}.$$

理想气体的内能增量

$$\Delta E = \nu C_{V,m}\Delta T.$$

4. 理想气体的三个等值过程

(1) 等容过程

过程方程：$V =$ 常量.

过程曲线：等容线.

对外做功：$A = 0$.

内能增量：$\Delta E = \nu C_{V,m}(T_2 - T_1)$.

吸收热量：$Q_V = \nu C_{V,m}(T_2 - T_1)$.

(2) 等压过程

过程方程：$p =$ 常量.

过程曲线：等压线.

对外做功：$A = p(V_2 - V_1)$.

内能增量：$\Delta E = \nu C_{V,m}(T_2 - T_1)$.

吸收热量：$Q_p = \nu C_{p,m}(T_2 - T_1)$.

(3) 等温过程

过程方程:$pV=$ 常量.

过程曲线:等温线.

对外做功:$A=\nu RT\ln\frac{V_2}{V_1}=\nu RT\ln\frac{p_1}{p_2}$.

内能增量:$\Delta E=0$.

吸收热量:$Q_T=\nu RT\ln\frac{V_2}{V_1}$.

5. 理想气体的绝热过程

过程方程: $pV^\gamma=$ 常量, $TV^{\gamma-1}=$ 常量, $\frac{p^{\gamma-1}}{T^\gamma}=$ 常量.

过程曲线:绝热线.

吸收热量:$Q=0$.

内能增量:$\Delta E=\nu C_{V,\mathrm{m}}(T_2-T_1)$.

对外做功:$A=\frac{1}{\gamma-1}(p_1V_1-p_2V_2)=-\Delta E$.

6. 理想气体的多方过程

多方指数:$n=\frac{C_{p,\mathrm{m}}-C_\mathrm{m}}{C_{V,\mathrm{m}}-C_\mathrm{m}}$.

过程方程:$pV^n=$ 常量,$TV^{n-1}=$ 常量,$\frac{p^{n-1}}{T^n}=$ 常量.

吸收热量:$Q=\nu C_\mathrm{m}(T_2-T_1)$.

内能增量:$\Delta E=\nu C_{V,\mathrm{m}}(T_2-T_1)$.

对外做功:$A=\frac{1}{n-1}(p_1V_1-p_2V_2)$.

7. 循环过程

(1)正循环

热机效率

$$\eta=\frac{A_{净}}{Q_1}=1-\frac{Q_2}{Q_1}.$$

(2)逆循环

制冷系数

$$\omega=\frac{Q_2}{A_{净}}=\frac{Q_2}{Q_1-Q_2}.$$

8. 卡诺循环

卡诺正循环的效率

$$\eta_{卡}=1-\frac{T_2}{T_1}=\frac{T_1-T_2}{T_1}.$$

卡诺逆循环的制冷系数

$$\omega_{卡}=\frac{T_2}{T_1-T_2}.$$

9. 热力学第二定律的两种表述

(1) 开尔文表述:不可能制成一种循环动作的热机,它只从一个单一温度的热源吸取热量,并使其全部变为有用的功,而不引起其他变化.

(2) 克劳修斯表述:热量不可能自动地由低温物体传向高温物体.

10. 热力学第二定律的微观统计意义

一切宏观自然过程总是沿着使分子运动向更加无序的方向进行.

热力学第二定律是一个统计规律,只适用于由大量分子构成的热力学系统,适用有限范围内的宏观过程.

11. 熵

玻尔兹曼熵

$$S=k\ln\Omega.$$

克劳修斯熵

$$S_B-S_A=\int_A^B\mathrm{d}S=\int_A^B\frac{\mathrm{d}Q_{可逆}}{T}.$$

微小的可逆过程有

$$\mathrm{d}S=\frac{\mathrm{d}Q_{可逆}}{T}.$$

12. 克劳修斯不等式

系统经历一个循环过程,热温比的积分满足不等式

$$\oint\frac{\mathrm{d}Q}{T}\leqslant 0,$$

其中等号对应可逆循环,不等号对应不可逆循环.该式称为克劳修斯不等式.

13. 熵增加原理

孤立系统的各种自然过程,满足

$$\Delta S\geqslant 0.$$

在孤立系统中所发生的一切不可逆过程的熵总是增加,可逆过程熵不变.

习　题　9

9.1　系统对外界做功的公式 $A=\int_{V_1}^{V_2} p\mathrm{d}V$ 对于非静态过程是否成立？如果用此式计算气缸中的气体通过活塞对外界输出的功，那么除准静态过程这一条件外，还需什么条件？

9.2　试指出以下说法是否正确，如有错误，指出错误所在．

(1) 高温物体所含热量多，低温物体所含热量少；

(2) 同一物体温度越高所含热量越多．

9.3　热力学第一定律的以下三种表达式：

$$\Delta E = Q - A,$$

$$\Delta E = Q - \int_1^2 p\mathrm{d}V,$$

$$\frac{M}{M_{\mathrm{mol}}}C_{V,\mathrm{m}}\Delta T = Q - \int_1^2 p\mathrm{d}V$$

是否完全等价？试从适用范围和条件上进行分析．

9.4　$\mathrm{d}Q_V=\frac{M}{M_{\mathrm{mol}}}C_{V,\mathrm{m}}\mathrm{d}T$ 与 $\mathrm{d}E=\frac{M}{M_{\mathrm{mol}}}C_{V,\mathrm{m}}\mathrm{d}T$ 的意义有何不同？两者的适用条件有何不同？它们各是怎么导出的？

9.5　物态方程与过程方程有何不同？它们之间有何联系？

9.6　理想气体从初态 p_0, V_0, T_0 经准静态过程膨胀到相同的体积 V，如果是按等压、等温、绝热三个不同过程进行的，试分析哪一个过程吸热最多？各过程内能改变情况如何？

9.7　理想气体从同一初态开始，分别经过等容、等压、绝热三种不同过程发生相同的温度变化．

(1) 试在 $p-V$ 图上作出三个过程的过程曲线；

(2) 三个过程的末态并不相同，为什么说三者的 ΔE 相同？

(3) 如果不是理想气体，三者的 ΔE 是否相同？

9.8　某理想气体按 $pV^2=$ 常量的规律膨胀，问这一过程中气体温度是升高还是降低？

9.9　试分别在 p-T 图和 T-V 图上画出等容、等压、等温和绝热过程的过程曲线，并写出以 (p,T) 和 (T,V) 为参量的四个过程的过程方程．

9.10　$p-V$ 图上封闭曲线所包围的面积表示什么？如果该面积越大，是否效率越高？

9.11　制冷系数是否可大于 1？这是否违反热力学第一定律？

9.12　准静态过程、循环过程、可逆过程这些概念有何不同？试加以比较并指出它们之间的联系．

9.13　一个循环过程如习题 9.13 图所示，试指出：

(1) ab, bc, ca 各是什么过程？

(2) 画出对应的 $p-V$ 图；

(3) 该循环是否是正循环？

(4) 该循环过程中做的功是否等于直角三角形的面积？

(5) 用图中的热量 Q_{ab}, Q_{bc}, Q_{ac} 表述其热机效率或制冷系数．

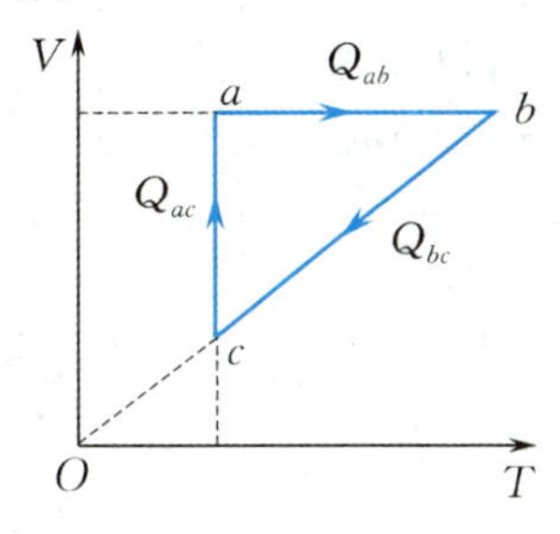

习题 9.13 图

9.14　两个卡诺循环如习题 9.14 图所示，它们的循环面积相等，试问：

(1) 它们吸热和放热的差值是否相同？

(2) 对外做的净功是否相等？

(3) 效率是否相同？

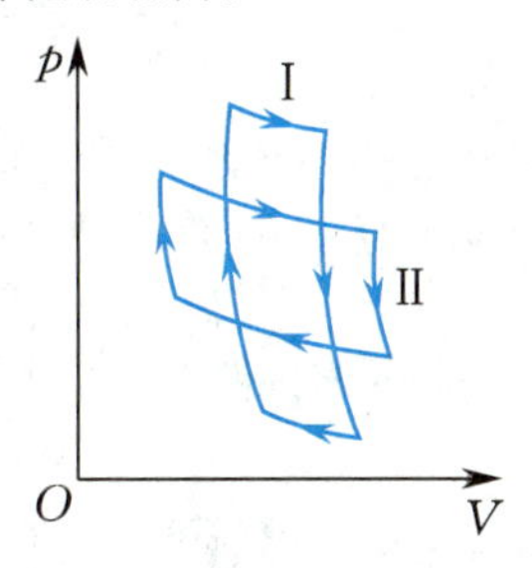

习题 9.14 图

9.15　下述说法是否正确？

(1) 功可以完全变成热，但热不能完全变成功；

(2) 热量只能从高温物体传到低温物体，不能从低温物体传到高温物体；

(3) 可逆过程就是能沿反方向进行的过程，不可逆过程就是不能沿反方向进行的过程.

9.16 下列表述是否正确？为什么？并将错误更正.

(1) $\Delta Q = \Delta E + \Delta A$；

(2) $Q = E + \int p \mathrm{d}V$；

(3) $\eta \neq 1 - \frac{Q_2}{Q_1}$；

(4) $\eta_{不可逆} < 1 - \frac{Q_2}{Q_1}$.

9.17 用热力学第一定律和第二定律分别证明，在 p-V 图上一条绝热线与一条等温线不能有两个交点.

9.18 有人设计一种热机，利用海洋中深度不同处的水温不同而将海水内能转化为机械能. 这种热机是否违反热力学第二定律？

9.19 既然冰箱能够制冷，那么在夏天里使室内门窗紧闭而把电冰箱的门打开，室内温度会降低吗？为什么？

9.20 一个热力学系统从初平衡态 A 经历过程 P 到末平衡态 B. 如果 P 为可逆过程，其熵变为 $S_B - S_A = \int_A^B \frac{\mathrm{d}Q_{可逆}}{T}$；如果 P 为不可逆过程，其熵变为 $S_B - S_A = \int_A^B \frac{\mathrm{d}Q_{不可逆}}{T}$，这两个表述对吗？哪一个表述要修改？如何修改？

9.21 根据 $S_B - S_A = \int_A^B \frac{\mathrm{d}Q_{可逆}}{T}$ 及 $S_B - S_A > \int_A^B \frac{\mathrm{d}Q_{不可逆}}{T}$，是否说明可逆过程的熵变大于不可逆过程的熵变？为什么？

9.22 如习题 9.22 图所示，一系统由状态 a 沿 acb 到达状态 b 的过程中，有 350 J 热量传入系统，而系统做功 126 J.

(1) 若沿 adb 时，系统做功 42 J，问有多少热量传入系统？

(2) 若系统由状态 b 沿曲线 ba 返回状态 a 时，外界对系统做功为 84 J，试问系统是吸热还是放热？热量传递是多少？

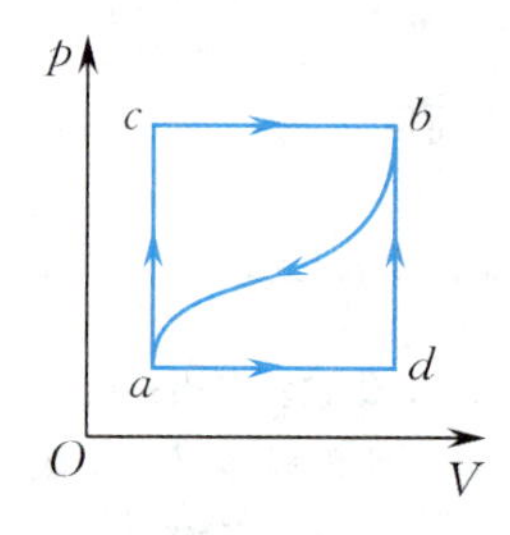

习题 9.22 图

9.23 1 mol 单原子理想气体从 300 K 加热到 350 K，问在下列两过程中分别吸收了多少热量？增加了多少内能？对外做了多少功？

(1) 体积保持不变；

(2) 压力保持不变.

9.24 一个绝热容器中盛有摩尔质量为 M_{mol}、比热比为 γ 的理想气体，整个容器以速度 v 运动. 若容器突然停止运动，求气体温度的升高量(设气体分子的机械能全部转变为内能).

9.25 0.01 m^3 氮气在温度为 300 K 时由 0.1 MPa(即 1 atm) 压缩到 10 MPa.

(1) 求出氮气经等温压缩后的体积及过程中对外所做的功；

(2) 求出氮气经绝热压缩后的体积、温度及过程中对外所做的功.

9.26 初始温度和压强分别为 290 K 和 1.013×10^5 Pa 的理想气体经一准静态的绝热过程被压缩到原体积的一半.

(1) 试计算终态的压强和温度. 已知该气体的比定压热容 $c_p = 2\ 100$ J/(kg · K) 和比定容热容 $c_V = 1\ 500$ J/(kg · K).

(2) 若经过一等温过程压缩到原体积的一半，那么终态的压强和温度又是多少？

9.27 一定量的氮气在压强 1.013×10^5 Pa 时的体积为 $V_1 = 1.0 \times 10^{-2}$ m^3，试求它在下述不同条件下体积膨胀到 $V_2 = 1.2 \times 10^{-2}$ m^3 的过程中所发生的内能改变：

(1) 压强不变；

(2) 绝热变化.

怎样解释这两种不同条件下内能变化的不同？(氮气的摩尔定容热容为 $C_{V,\mathrm{m}} = \frac{5}{2}R$)

9.28 8 g 氧气在温度 27 ℃ 时体积为 4×10^{-4} m^3，试计算下列各过程中气体所做的功：

(1) 气体绝热地膨胀到 4×10^{-3} m^3；

(2) 气体等温地膨胀到 4×10^{-3} m^3，然后再等容地冷却到温度等于绝热膨胀最后所到达的温度.

已知氧的 $C_{V,\mathrm{m}}=\dfrac{5}{2}R$.

9.29　分别通过下列过程把标准状态下 0.014 kg 的氮气压缩为原体积的一半：

(1) 等温过程；

(2) 绝热过程；

(3) 等压过程.

试分别求出在这些过程中气体内能的增量，传递的热量和外界对气体所做的功. 已知氮的 $C_{V,\mathrm{m}}=\dfrac{5}{2}R$.

9.30　在习题 9.30 图所示的圆筒中，活塞下的密闭空间盛有空气. 如果空气柱起初的高度 $H=15\ \mathrm{cm}$，初时压强为 $p_1=1.01\times10^5\ \mathrm{Pa}$，问将活塞缓慢地提高 $h=10\ \mathrm{cm}$ 的过程中，拉力做多少功？设活塞面积 $S=10\ \mathrm{cm}^2$，活塞重量可不计，过程中温度保持不变，大气压强为 $p_0=1.01\times10^5\ \mathrm{Pa}$.

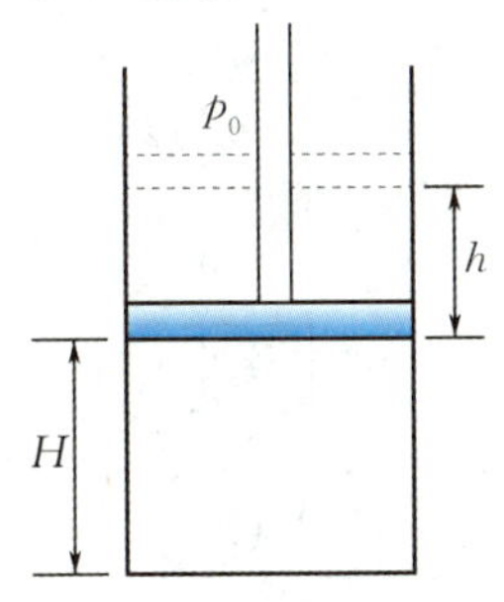

习题 9.30 图

9.31　习题 9.31 图所示为一个除底部外都绝热的气筒，被一位置固定的导热板隔成相等的两部分 A 和 B，其中各盛有 1 mol 的理想气体氮，今将 334 J 的热量缓慢地由底部供给气体，设活塞上的压强始终保持为 $1.01\times10^5\ \mathrm{Pa}$，求 A 部和 B 部温度的改变以及各自吸收的热量(导热板的热容可忽略). 若将位置固定的导热板换成可以自由活动的绝热板，重复上述的讨论. 已知氮气 $C_{V,\mathrm{m}}=\dfrac{5}{2}R$.

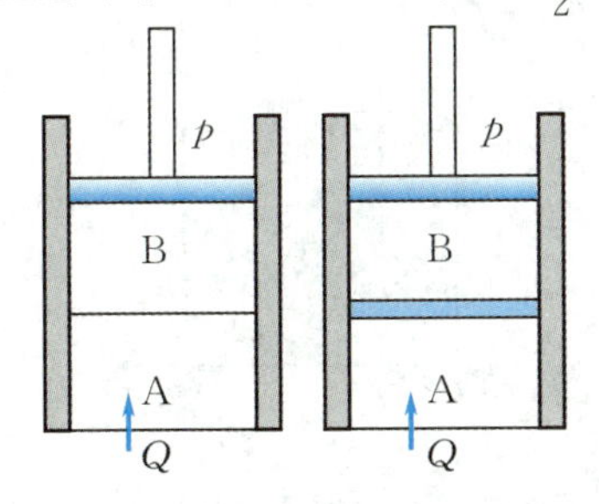

习题 9.31 图

9.32　如习题 9.32 图所示，用绝热壁做成一圆柱形的容器. 在容器中间放置一无摩擦的、绝热的可动活塞，活塞两侧盛有相同质量的理想气体，气体的比热比 $\gamma=1.5$. 两侧气体开始状态均为 (p_0, V_0, T_0)，将一通电线圈放到活塞左侧气体中，对气体缓慢地加热，左侧气体膨胀同时通过活塞压缩右方气体，最后使右方气体压强增为 $\dfrac{27}{8}p_0$. 试问：

(1) 对活塞右侧气体做了多少功？

(2) 右侧气体的终温是多少？

(3) 左侧气体的终温是多少？

(4) 左侧气体吸收了多少热量？

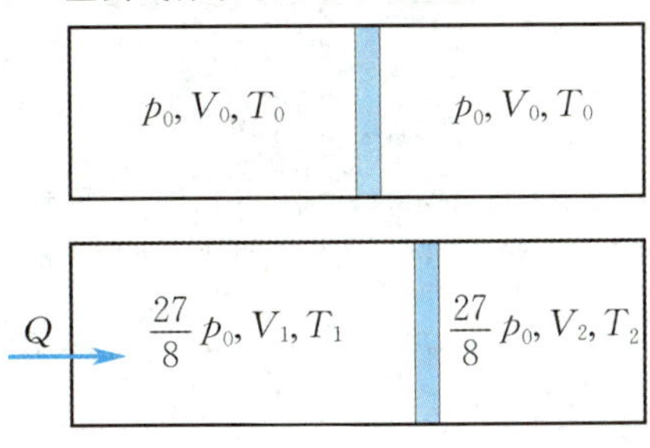

习题 9.32 图

9.33　有一个两端封闭的气缸，其中充满空气. 缸中有一个活塞，把空间分成相等的两部分，这时两边空气的压强都是 $p_0=1.01\times10^5\ \mathrm{Pa}$. 令活塞稍偏离其平衡位置而开始振动，求振动周期. 设气体进行的过程可认为是绝热的，空气的 $\gamma=1.4$，活塞的摩擦可不计，并已知活塞质量 $m=1.5\ \mathrm{kg}$，活塞处于平衡位置时离缸壁的距离 $l_0=20\ \mathrm{cm}$，活塞面积 $S=100\ \mathrm{cm}^2$(提示：活塞位移与 l 之比的高次方可以忽略).

9.34　1 mol 理想气体的 T-V 图如习题 9.34 图所示，ab 为直线，延长线通过原点 O. 求 ab 过程气体对外做的功.

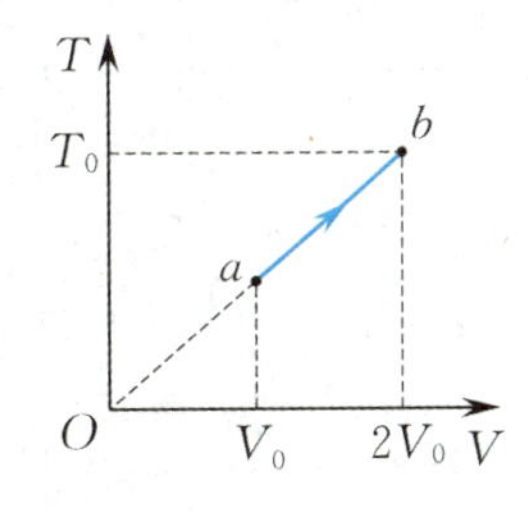

习题 9.34 图

9.35　某理想气体的过程方程为 $Vp^{\frac{1}{2}}=a$，a

为常数,气体从 V_1 膨胀到 V_2. 求其所做的功.

9.36 设有一个以理想气体为工质的热机循环,如习题 9.36 图所示. 试证其循环效率为

$$\eta = 1 - \gamma \frac{\dfrac{V_1}{V_2} - 1}{\dfrac{p_1}{p_2} - 1}.$$

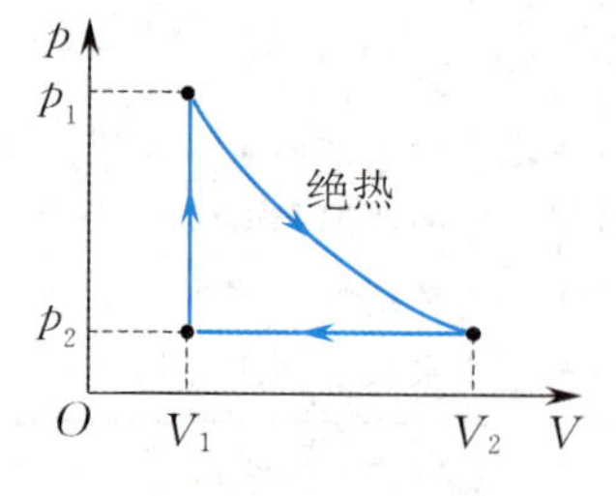

习题 9.36 图

9.37 有 1 mol 的氧气, 由状态 A 等压膨胀到状态 B,再由状态 B 等容降压到状态 C,由状态 C 等温压缩回状态 A. 已知氧气的 $C_{V,m} = \frac{5}{2}R$. 状态 A: $p_A = 1.01 \times 10^5$ Pa, $V_A = 2.24 \times 10^{-2}$ m^3; 状态 B: $p_B = 1.01 \times 10^5$ Pa, $V_B = 4.48 \times 10^{-2}$ m^3; 状态 C: $p_C = 5.05 \times 10^4$ Pa, $V_C = 4.48 \times 10^{-2}$ m^3. 试求:

(1) 一个循环中系统对外所做的净功;

(2) 完成一个循环系统从高温热源的吸热;

(3) 此循环的效率.

9.38 习题 9.38 图所示是一种理想气体所经历的循环过程,其中 AB 和 CD 是等压过程, BC 和 DA 为绝热过程,已知 B 点和 C 点的温度分别为 T_2 和 T_3,求此循环效率. 这是卡诺循环吗?

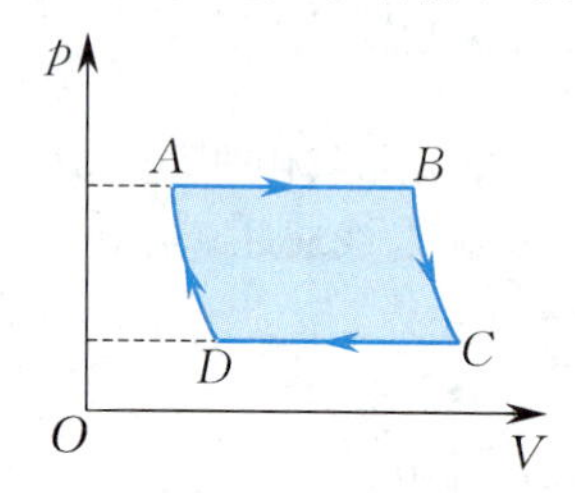

习题 9.38 图

9.39 卡诺热机在 1 000 K 和 300 K 的两热源之间工作.

(1) 求热机效率;

(2) 若低温热源不变, 要使热机效率提高到 80%,则高温热源温度需提高多少?

(3) 若高温热源不变, 要使热机效率提高到 80%,则低温热源温度需降低多少?

9.40 (1) 用一个卡诺循环的制冷机从 7 ℃ 的热源中提取 1 000 J 的热量传向 27 ℃ 的热源,需要多少功?从 −173 ℃ 向 27 ℃ 呢?

(2) 一个可逆的卡诺机作热机使用时,如果工作的两热源的温度差愈大,对于做功就愈有利. 当作制冷机使用时,如果两热源的温度差愈大,对于制冷是否也愈有利?为什么?

9.41 有一动力暖气装置如习题 9.41 图所示,热机从温度为 t_1 的锅炉内吸热,对外做功带动一制冷机,制冷机自温度为 t_3 的水池中吸热传给暖气系统(t_2),此暖气系统同时作为热机的冷却器. 若 $t_1 = 210$ ℃, $t_2 = 60$ ℃, $t_3 = 15$ ℃,煤的燃烧值为 $H = 2.09 \times 10^4$ kJ/kg,问锅炉每燃烧 1 kg 的煤,暖气中的水得到的热量 Q 是多少(设两部机器都做可逆的卡诺循环)?

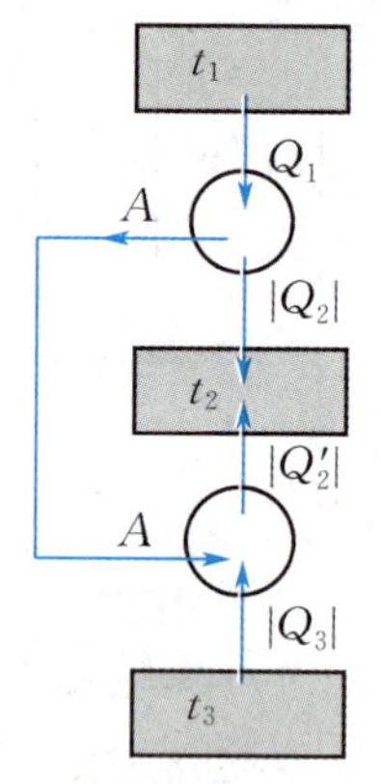

习题 9.41 图

9.42 如习题 9.42 图所示,1 mol 双原子分子理想气体,从初态 $V_1 = 20$ L, $T_1 = 300$ K 经历三种不同的过程到达末态 $V_2 = 40$ L, $T_2 = 300$ K. 图中 $1 \to 2$ 为等温线, $1 \to 4$ 为绝热线, $4 \to 2$ 为等压线, $1 \to 3$ 为等压线, $3 \to 2$ 为等容线. 试分别沿这三种过程计算气体的熵变.

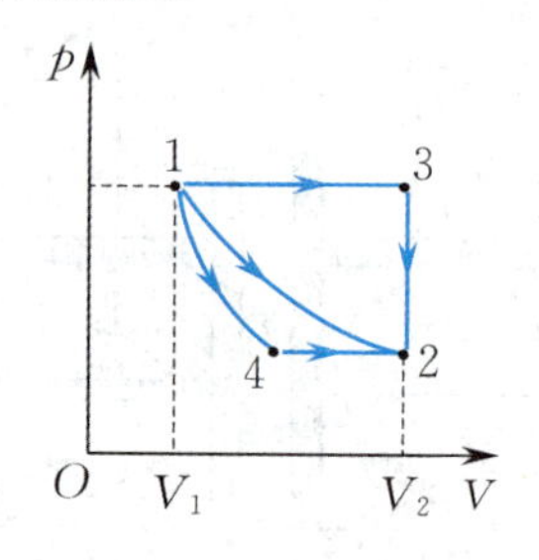

习题 9.42 图

9.43　有两个相同体积的容器分别装有1 mol的水，初始温度分别为T_1和$T_2(T_1 > T_2)$，令其进行接触，最后达到相同温度T.求熵的变化(设水的摩尔热容为C_m).

9.44　把0 ℃的0.5 kg的冰块加热到它全部融化成0 ℃的水.

(1) 冰的熵变如何?

(2) 若热源是温度为20 ℃的庞大物体，那么热源的熵变化多大?

(3) 冰和热源的总熵变化多大?是增加还是减少?(冰的熔化热$\lambda = 334$ J/g)

9.45　初温为$t_2 = 100$ ℃、质量为$m_2 = 1$ kg的铝块，投入温度为$t_1 = 0$ ℃的$m_2 = 1$ kg水中，试求此系统的总熵变.已知水的比热容为$c_1 = 4.18\times10^3$ J/(kg·K)，铝的比热容为$c_2 = 0.91\times10^3$ J/(kg·K).

9.46　(1) 质量为1 kg，温度为273 K的水与373 K的热源接触.当温度升高至373 K时，系统(水与热源)的总熵变如何?

(2) 假如水先与323 K的热源接触达到平衡，再与373 K的热源接触才使温度升至373 K.那么在此过程中水和热源组成的系统的总熵变如何?

(3) 怎样将水由273 K加热至373 K还能使系统的总熵值保持不变?设水的比热容为$c = 4.18$ J/(kg·K).

9.47　有一台不可逆热机，一循环中在100 ℃的高温热源吸取2.09×10^4 J的热量;低温热源温度为0 ℃.若经过一循环后，包括两个热源和系统在内的熵一共增加了1.24 J/K，问:

(1) 这台机器每一循环对外做功多少?

(2) 这台机器的效率是多少?

(3) 如果热机是可逆的，一个循环中两个热源和系统的总熵变是多少?

(4) 如果可逆，效率是多少?

阅读材料一　奇妙的低温世界简介

近几十年来诺贝尔物理学奖中，授予低温物理研究领域的占了相当的比例，可见低温物理研究正方兴未艾.低温学(cryogenics)同其他学科紧密联系，形成交叉学科，如低温材料学、低温生物学、低温医学和低温电子学等.低温物理学中所谓的低温，指的是能量可以和零点能相比拟的温度.在低温状态下，物质的光学、电学和磁学等性质都会发生很大的变化，甚至可以观察到宏观尺度的量子效应，例如超导电性、超流动性等.

低温的获得与气体的液化密切相关，利用液氦可以获得低至1 K的低温.产生1 K以下低温的一个有效方法是磁冷却法，该方法是1926年由德国物理学家德拜及加拿大物理学家盖奥克提出来的.20世纪80年代发展了一种新的制冷方法——激光冷却法，可获得中性气体分子的极低温状态.

探索极低温条件下物质的属性，有极为重要的实际意义和理论价值.因为在这样一个极限情况下，物质中原子或分子的无规则热运动将趋于静止，一些常温下被掩盖的现象方能显示出来，这就可以为了解物质世界的规律提供重要线索.

(扫二维码阅读详细内容)

阅读材料二　熵与信息简介

在日常用语中，信息含有消息的意思，是被传递或交流的一组语言、文字、符号或图像等所包含的内容.信息所涉及的范围十分广泛，不仅包括所有的知识，还包括通过我们的五官感觉到的一切.信息、物质和能量三者密切相关，不可分割而又有本质的不同.信息是一切物质的普遍属性，具有多种多样的载体.为了摆脱对信息内容的争议，用客观的方式描述物理系统，1948年贝尔实验室的电气工程师香农提出了信息熵的概念，为信息论奠定了基础.

熵的概念是1865年由克劳修斯首先提出的热力学熵，此后150余年中获得了极其广泛的发展和应用，先后出现了玻耳兹曼熵(统计熵)、信息熵(香农熵)、熵流(普里高津熵)和广义熵等重要概念.特别是信息熵提出后，熵的概念全面进入信息科学、社会科学、生命科学、宇宙科学等各个领域，以及工业、农业、商业、外贸等各个部门. 熵的概念实际上已经泛化了，并且进入了方法论和哲学领域，它对科学的发展、经济的繁荣和社会的进步均起到了积极的推动作用.

（扫二维码阅读详细内容）

习题参考答案

第 1 章

1.1～1.2　略.

1.3　(1) $(3t+5)\vec{i}+\left(\frac{1}{2}t^2+3t-4\right)\vec{j}$;

(2) $3\vec{i}+4.5\vec{j}$; (3) $3\vec{i}+5\vec{j}$;

(4) $3\vec{i}+(t+3)\vec{j}$; (5) $1\vec{j}$; (6) $1\vec{j}$.

1.4　$v=\frac{v_0\sqrt{s^2+h^2}}{s}$, $a=\frac{h^2v_0^2}{s^3}$.

1.5　$2\sqrt{x^3+x+25}$ m/s.

1.6　190 m/s, 705 m.

1.7　(1) 36 m/s^2, 1 296 m/s^2; (2) 2.67 rad.

1.8　(1) $\sqrt{b^2+\frac{(v_0-bt)^4}{R^2}}$,

与半径夹角 $\varphi=\arctan\frac{-Rb}{(v_0-bt)^2}$;

(2) $\frac{v_0}{b}$.

1.9　(1) 略;

(2) $v_x=R\omega(1-\cos\omega t)$, $v_y=R\omega\sin\omega t$,

$a_x=R\omega^2\sin\omega t$, $a_y=R\omega^2\cos\omega t$.

1.10　(1) 10 m; (2) 80 m.

1.11　$v=0.16$ m/s, $a_n=0.064$ m/s^2,

$a_\tau=0.08$ m/s^2, $a=0.102$ m/s^2.

1.12　$(u+\sqrt{2gh}\cos\alpha)\vec{i}+(\sqrt{2gh}\sin\alpha)\vec{j}$.

1.13　$t=2$ s.

1.14　25.6 m/s.

第 2 章

2.1　$a_1=\frac{(m_1-m_2)g+m_2a'}{m_1-m_2}$,

$a_2=\frac{(m_1-m_2)g+m_1a'}{m_1-m_2}$,

$T=f=\frac{m_1m_2(2q-a')}{m_1+m_2}$.

2.2　$y=\frac{1}{2v_0^2}g\sin\alpha\cdot x^2$.

2.3　$\left(-\frac{13}{4}\vec{i}-\frac{7}{8}\vec{j}\right)$ m, $\left(-\frac{5}{4}\vec{i}-\frac{7}{8}\vec{j}\right)$ m/s.

2.4　略.

*2.5　(1) g, g;

(2) $\frac{\sqrt{5}}{2}g$, 左偏上, $\theta=26.6°$, $\frac{g}{2}$, 方向向上.

2.6　mv_0, 方向竖直向下.

2.7　mg, 方向竖直向上, 不守恒.

2.8　(1) $56\vec{i}$ kg·m/s, 5.6 $\vec{i}$ m/s, $56\vec{i}$ kg·m/s;

(2) 10 s.

2.9　$-m\omega(a\vec{i}+b\vec{j})$, $-m\omega(a\vec{i}+b\vec{j})$.

2.10　(1) $\frac{a}{b}$; (2) $\frac{a^2}{2b}$; (3) $\frac{a^2}{2bv_0}$.

2.11　略.

2.12　(1) −45 J; (2) 75 W; (3) −45 J.

2.13　0.41 m.

2.14　$F=-\frac{kn}{r^{n+1}}$.

2.15　(1) 3.66×10^7 m; (2) -1.28×10^6 J.

2.16　$\frac{\Delta x_1}{\Delta x_2}=\frac{k_2}{k_1}$, $\frac{E_{p1}}{E_{p2}}=\frac{k_2}{k_1}$.

2.17　$\sqrt{\frac{2(m_1-\mu m_2)gh+kh^2(\sqrt{2}-1)^2}{m_1+m_2}}$.

2.18　1 390 N/m, $h=0.84$ m.

2.19　$\sqrt{\frac{2MgR}{m+M}}$.

2.20　略.

2.21　$(x_1mv_y-ymv_x)\vec{k}$, $y_1f\vec{k}$.

2.22　5.26×10^{12} m.

2.23　(1) $15\vec{j}$ kg·m/s; (2) 82.5 $\vec{k}$ kg·m^2/s.

2.24　$\sqrt{\frac{M_1g}{mr_0}}\left(\frac{M_1+M_2}{M_1}\right)^{\frac{2}{3}}$, $\sqrt[3]{\frac{M_1}{M_1+M_2}}\cdot r_0$.

2.25　(1) 7.06 s, 约 53 转; (2) 177 N.

2.26　(1) 6.13 rad/s^2; (2) 17.1 N, 20.8 N.

2.27　7.6 m/s^2.

2.28　(1) $\frac{3g}{2l}$; (2) $\sqrt{\frac{3g\sin\theta}{l}}$.

2.29 (1) $\sqrt{\frac{6(2-\sqrt{3})}{12}}\cdot\sqrt{\frac{3m+M}{m}}\sqrt{gl}$;

(2) $-\sqrt{\frac{6(2-\sqrt{3})M}{6}}\sqrt{gl}$,

方向与小球初速方向相反.

2.30 (1) $\frac{R^2\omega^2}{2g}$;

(2) ω 不变,$\left(\frac{1}{2}MR^2-mR^2\right)\omega$,

$\frac{1}{2}\left(\frac{1}{2}MR^2-mR^2\right)\omega^2$.

2.31 (1) $\frac{m_0 v_0\sin\theta}{(m+m_0)R}$;(2) $\frac{m_0\sin^2\theta}{m+m_0}$.

2.32 2.0 m/s.

*2.33 $v_B=\sqrt{2gR+\frac{J_0\omega_0^2R^2}{J_0+mR^2}}$, $v_C=2\sqrt{gR}$.

第3章

3.1 略.

3.2 $T=2\pi\sqrt{\frac{m(k_1+k_2)}{k_1k_2}}$, $T'=2\pi\sqrt{\frac{m}{k_1+k_2}}$.

3.3 $T=2\pi\sqrt{\frac{m+(J/R^2)}{k}}$.

3.4~3.5 略.

3.6 (1) 0.25 s,0.1 m,$2\pi/3$,2.51 m/s,63.2 m/s^2;

(2) 0.63 N, 3.16×10^{-2} J, 1.58×10^{-2} J,

1.58×10^{-2} J, $\pm\frac{\sqrt{2}}{20}$ m;

(3) 32π.

3.7 (1) $\varphi_1=\pi, x=A\cos\left(\frac{2\pi}{T}t+\pi\right)$;

(2) $\varphi_2=\frac{3}{2}\pi, x=A\cos\left(\frac{2\pi}{T}t+\frac{3}{2}\pi\right)$;

(3) $\varphi_3=\frac{\pi}{3}, x=A\cos\left(\frac{2\pi}{T}t+\frac{\pi}{3}\right)$;

(4) $\varphi_4=\frac{5\pi}{4}, x=A\cos\left(\frac{2\pi}{T}t+\frac{5}{4}\pi\right)$.

3.8 (1) $x=0.1\cos\left(2t+\frac{4\pi}{3}\right)$m;

(2) $0.05\sqrt{3}$ m,0.1 m/s, $0.2\sqrt{3}$ m/s^2;

(3) $\frac{\pi}{12}$ s;(4) 1.2×10^{-4} J.

3.9 1.26 s, $x=\sqrt{2}\times10^{-2}\cos\left(5t+\frac{5}{4}\pi\right)$m.

3.10 $x_a=0.1\cos\left(\pi t+\frac{3}{2}\pi\right)$m,

$x_b=0.1\cos\left(\frac{5}{6}\pi t+\frac{5\pi}{3}\right)$m.

3.11 (1) 空盘的振动周期为 $2\pi\sqrt{\frac{M}{k}}$,落下重物后振动周期为 $2\pi\sqrt{\frac{M+m}{k}}$,即增大;

(2) $A=\frac{mg}{k}\sqrt{1+\frac{2kh}{(m+M)g}}$;

(3) $x=\frac{mg}{k}\sqrt{1+\frac{2kh}{(m+M)g}}\cdot$

$\cos\left[\sqrt{\frac{k}{m+M}}t+\arctan\sqrt{\frac{2kh}{(M+m)g}}\right]$.

3.12 $3\pi/2$, 3.2×10^{-3} rad,

$\theta=3.2\times10^{-3}\cos\left(3.13t+\frac{3}{2}\pi\right)$rad.

3.13 (1) 0.08 m;(2) 0.057 m;(3) 0.8 m/s.

3.14 0.1 m, $\pi/2$.

3.15 (1) $\pi/2$;

(2) $x=\sqrt{2}\times5\times10^{-2}\cos\left(\frac{\pi}{2}t-\frac{\pi}{4}\right)$ m;

(3) 略.

3.16 (1) 10 cm;(2) 0.

3.17 0.1 m, $\frac{\pi}{6}$, $x=0.1\cos\left(2t+\frac{\pi}{6}\right)$m.

*3.18 $y=12\cos\left(2\pi t+\frac{\pi}{2}\right)$cm.

第4章

4.1~4.6 略.

4.7 $y=0.1\cos\left(4\pi t+2\pi x+\frac{\pi}{2}\right)$ m.

4.8 (1) $A, \frac{B}{C}, \frac{B}{2\pi}, \frac{2\pi}{B}, \frac{2\pi}{C}$;

(2) $y=A\cos(Bt-CL)$;(3) Cd.

4.9 (1) 2.5 m/s, 5 Hz, 0.5 m;

(2) 0.5π m/s, $5\pi^2$ m/s^2;

(3) 0.92 s,0.825 m.

4.10 (1) $\varphi_O=\frac{\pi}{2}, \varphi_A=0, \varphi_B=-\frac{\pi}{2}, \varphi_C=-\frac{3\pi}{2}$;

(2) $\varphi'_O=-\frac{\pi}{2}, \varphi'_A=0, \varphi'_B=\frac{\pi}{2}, \varphi'_C=\frac{3\pi}{2}$.

4.11 (1) $y_P=0.2\cos\left(2\pi t-\frac{\pi}{2}\right)$ m;

(2) $y=0.2\cos\left(2\pi t-\frac{10\pi}{3}x+\frac{\pi}{2}\right)$ m;

(3) 略.

4.12 (1) $y = \cos\left(\frac{\pi}{2}t + \frac{\pi}{3}\right)$ cm;

(2) $y = \cos\left[\frac{\pi}{2}(t - x) + \frac{\pi}{3}\right]$ cm;

(3) 略.

4.13 (1) $y = 0.1\cos\left[10\pi\left(t - \frac{x}{10}\right) + \frac{\pi}{3}\right]$ m;

(2) $y_P = 0.1\cos\left(10\pi t - \frac{4}{3}\pi\right)$ m;

(3) 1.67 m;(4) $\frac{1}{12}$ s.

4.14 (1) $y = A\cos\left[\omega\left(t + \frac{l}{u} - \frac{x}{u}\right) + \varphi\right]$,

$y = A\cos\left[\omega\left(t + \frac{x}{u}\right) + \varphi\right]$;

(2) $A_Q = A\cos\left[\omega\left(t - \frac{b}{u}\right) + \varphi\right]$,

$A_Q = A\cos\left[\omega\left(t + \frac{b}{u}\right) + \varphi\right]$.

4.15 $y = 0.2\cos\left[2\pi\left(\frac{t}{2} + \frac{x}{4}\right) - \frac{\pi}{2}\right]$.

4.16 (1) $6 \times 10^{-5}\,\mathrm{J/m^3}$, $1.2 \times 10^{-4}\,\mathrm{J/m^3}$;

(2) 9.24×10^{-7} J.

4.17 (1) 0, 0;(2) $2A_1$, $4A_1^2$.

4.18 $y_2 = A\cos\left(2\pi t + \frac{19\pi}{10}\right)$.

4.19 (1) 0.01, 37.5 m/s;(2) $\pi/2$.

4.20 (1) $x = (2k+1)\frac{1}{2}$, $k = 0, \pm 1, \pm 2, \cdots$,波节的位置;$x = k$, $k = 0, \pm 1, \pm 2, \cdots$,波腹的位置;

(2) 0.1 m, 0.05 m.

4.21 30 m/s.

第 5 章

5.1~5.4 略.

5.5 (1) 6 000 Å;(2) 3 mm.

5.6 4.5×10^{-2} mm.

5.7 $\theta = \arcsin\frac{\lambda}{4h}$.

5.8 (1) 6.0×10^{-7} m(橙色);(2) 1.0 mm;

(3) 3 mm, 1.2×10^{-6} m.

5.9 (1) 648.2 nm;(2) 0.15°.

5.10 6×10^{-4} cm.

5.11 (1) 反射中红光产生相长干涉;

(2) 透射光中青光产生相长干涉;

(3) $d_{\min} = 113$ nm.

5.12 6 731 Å.

5.13 (1) 4.0×10^{-4} rad;(2) 3.4×10^{-7} m;

(3) 0.85 mm;(4) 141 条.

5.14 (1) $n_2 > n$;(2) 1.5×10^{-3} mm;

(3) 21 级暗纹.

5.15 (1) 1.85×10^{-3} m;(2) 4 091 Å.

5.16 (1) $r = \sqrt{2R\left(d - \frac{k}{2}\lambda\right)}$, $k = 0, 1, 2, \cdots$,暗纹极小;

(2) 明纹,$k_{\max} = 4.5 \approx 4$,暗纹,$k_{\max} = 4$;

(3) 略.

5.17 6 289 Å.

5.18 5.9×10^{-2} mm.

5.19 17.

第 6 章

6.1~6.6 略.

6.7 5.46×10^{-3} m, 2.73×10^{-3} m.

6.8 $\theta = \arcsin\left(\frac{k\lambda}{a} \pm \sin\alpha\right)$, $k = \pm 1, \pm 2, \cdots$.

6.9 $\lambda_x = \frac{5}{7} \times 6\,000 = 4\,286$ Å.

6.10 (1) 当 $k = 3$,得 $\lambda_3 = 6\,000$ Å;$k = 4$,得 $\lambda_4 = 4\,700$ Å;

(2) 若 $\lambda_3 = 6\,000$ Å,则 P 点是第 3 级明纹;若 $\lambda_4 = 4\,700$ Å,则 P 点是第 4 级明纹;

(3) 当 $k = 3$ 时,单缝处的波面可分成 $2k + 1 = 7$ 个半波带;当 $k = 4$ 时,单缝处的波面可分成 $2k + 1 = 9$ 个半波带.

6.11 (1) 5.0×10^{-3} rad;(2) 3.76×10^{-3} rad.

6.12 $k_{\max} = 3$.

6.13 (1) 6 cm;(2) 对应中央明纹,30 cm.

6.14 (1) $\sin\theta_0 = 0$, $\theta_0 = 0$; $\sin\theta_1 = \pm 0.177\,0$, $\theta_1 = \pm 11°12'$; $\sin\theta_2 = \pm 2 \times 0.177\,0$, $\theta_2 = \pm 20°44'$; $\sin\theta_3 = \pm 3 \times 0.177\,0$, $\theta_3 = \pm 32°4'$; $\sin\theta_4 = \pm 4 \times 0.177\,0$, $\theta_4 = \pm 45°4'$; $\sin\theta_5 = \pm 5 \times 0.177\,0$, $\theta_5 = \pm 62°15'$;

(2) $k = -2, -1, 0, 1, 2, 3, 4, \cdots, 8$.

6.15 (1) $a+b=6.0\times10^{-6}$ m;(2) 1.5×10^{-6} m;(3) $k=0,\pm1,\pm2,\pm3,\pm5,\pm6,\pm7,\pm9$,共15条明条纹($k=\pm10$,在$\theta=\pm90°$处看不到).

6.16 (1) 每毫米1 000条;(2) 10′;(3) 不变.

6.17 1.5 mm.

6.18 281 m.

6.19 0.416 nm,0.395 nm.

第7章

7.1~7.4 略.

7.5 分别是I_0的$\frac{3}{8}$,$\frac{1}{4}$,$\frac{1}{8}$倍.

7.6 $I_1'=\frac{9}{4}I_1$.

7.7 $\frac{2}{5}$.

7.8 (1) $\alpha_1=54°44'$;(2) $\alpha_2=35°16'$.

7.9 1.60.

7.10 (1) 入射角为56.3°;(2) 67.4°.

7.11 69°12′43″.

7.12 48.2°.

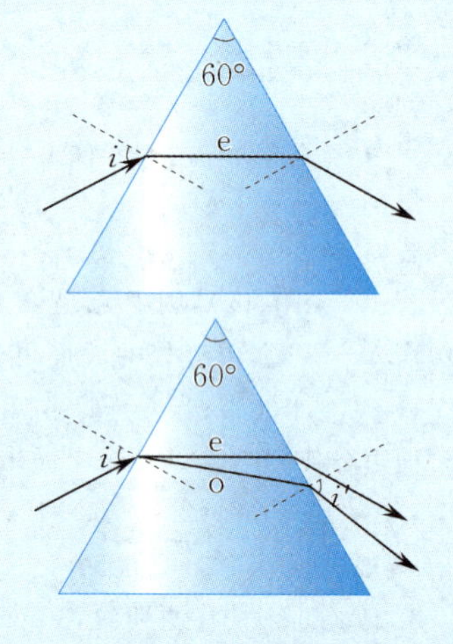

习题 7.12 解图

7.13 见习题7.13解图.

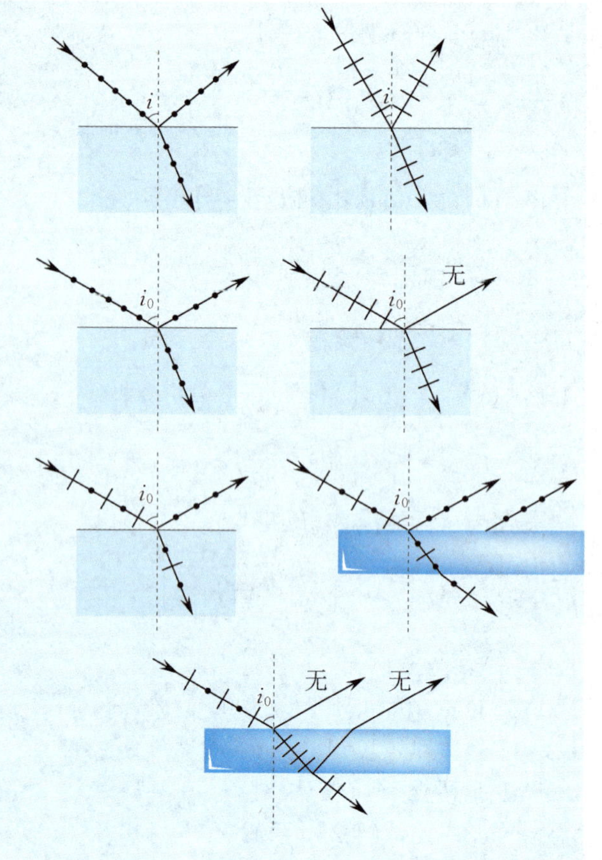

习题 7.13 解图

*7.14 透射光是椭圆偏振光.

*7.15 4.5 mm.

*7.16 93.95%.

第8章

8.1~8.15 略.

8.16 5.42×10^{-21} J.

8.17 3 J.

8.18 5×10^3 Pa.

8.19 (1) $2.42\times10^{25}\ \text{m}^{-3}$;(2) 5.31×10^{-26} kg;(3) $1.28\ \text{kg/m}^3$;(4) 3.46×10^{-9} m;(5) 445.5 m/s;(6) 483.4 m/s;(7) 1.04×10^{-20} J.

8.20 3 739.5 J,2 493.0 J,6 232.5 J.

8.21 (1) $f(v)=\begin{cases}\frac{av}{Nv_0}, & 0\leqslant v\leqslant v_0,\\ \frac{a}{N}, & v_0<v\leqslant 2v_0,\\ 0, & v>2v_0;\end{cases}$

(2) $a=\frac{2N}{3v_0}$;(3) $\frac{1}{3}N$;(4) $\frac{11}{9}v_0$;(5) $\frac{7}{9}v_0$.

8.22　1.66%.

8.23　(1) 1∶1;(2) 1∶4.

8.24　略.

8.25　$\frac{4}{\pi\bar{v}}$.

8.26　0.106 m^3.

8.27　1 957.4 m.

8.28　2 296.4 m.

8.29　$3.33\times10^{17}\ m^{-3}$, 7.5 m.

8.30　(1) $5.43\times10^{8}\ s^{-1}$; (2) $0.71\ s^{-1}$.

8.31　(1) $\sqrt{2}$; (2) 2.

8.32　$T=397$ K, $T_{理}=389$ K.

8.33　$T=342$ K, $V_{理}=2.8\times10^{-5}\ m^3$.

8.34　1.66×10^{-7} m, 3.04×10^{-10} m.

8.35　$3.5\times10^{34}\ s^{-1}$.

8.36　2.12×10^{-2} N.

8.37　(1) 略;

(2) $\kappa=2.4\times10^{-2}$ J/(m·s·K).

第 9 章

9.1～9.21　略.

9.22　(1) 266 J; (2) −308 J.

9.23　(1) $A=0, Q=\Delta E=623.25$ J;

(2) $\Delta E=623.25$ J, $Q=1\ 038.75$ J,

$A=415.5$ J.

9.24　$\frac{M_{mol}v^2}{2R}(\gamma-1)$.

9.25　(1) 等温压缩过程 $T_2=T_1$,

$V_2=1\times10^{-3}\ m^3$, $A=-2.30\times10^3$ J;

(2) 绝热压缩过程 $V_2=1.93\times10^{-3}\ m^3$,

$T_2=579.2$ K, $A=-2.33\times10^3$ J.

9.26　(1) 2.67×10^5 Pa, 383 K;

(2) 290 K, 2.03×10^5 Pa.

9.27　(1) $\Delta E=505$ J; (2) $\Delta E=-178$ J.

9.28　(1) 938 J; (2) 1 437 J.

9.29　(1) $\Delta E=0, Q=A=-786$ J;

(2) $Q=0, \Delta E=906$ J, $A=-906$ J;

(3) $\Delta E=-1\ 418$ J, $Q=-1\ 985$ J,

$A=-567$ J.

9.30　2.36 J.

9.31　位置固定的导热板:

$\Delta T_A=\Delta T_B=6.70$ K,

$Q_A=139$ J, $Q_B=195$ J;

自由活动的绝热板:

$Q_B=0, \Delta T_B=0$,

$Q_A=334$ J, $\Delta T_A=11.5$ K.

9.32　(1) p_0V_0; (2) $\frac{3}{2}T_0$;

(3) $\frac{21}{4}T_0$; (4) $\frac{19}{2}p_0V_0$.

9.33　0.065 s.

9.34　$\frac{1}{2}RT_0$.

9.35　$a^2\left(\frac{1}{V_1}-\frac{1}{V_2}\right)$.

9.36　略.

9.37　(1) 694.2 J; (2) 7 918.4 J; (3) 8.8%.

9.38　$1-\frac{T_3}{T_2}$.

9.39　(1) 70%; (2) 500 K; (3) 100 K.

9.40　(1) 71.4 J, 2 000 J; (2) 略.

9.41　6.24×10^7 J.

9.42　(1) 1→2 等温过程: $S_2-S_1=5.76$ J/K;

(2) 1→3→2 过程: $S_2-S_1=5.76$ J/K;

(3) 1→4→2 过程: $S_2-S_1=5.76$ J/K.

9.43　$C_m\ln\frac{(T_1+T_2)^2}{4T_1T_2}$.

9.44　(1) 612 J/K; (2) −570 J/K; (3) 42 J/K.

9.45　41 J/K.

9.46　(1) 184 J/K; (2) 96 J/K; (3) 略.

9.47　(1) 5.26×10^3 J; (2) 25%; (3) 0; (4) 27%.

参考文献

程守洙，江之永．普通物理学：上册[M]．7版．北京：高等教育出版社，2016．

程守洙，江之永．普通物理学：下册[M]．7版．北京：高等教育出版社，2016．

郭奕玲，沈慧君．物理学史[M]．2版．北京：清华大学出版社，2005．

李金锷．大学物理：上册[M]．2版．北京：科学出版社，2001．

李金锷．大学物理：下册[M]．2版．北京：科学出版社，2001．

陆果．基础物理学教程：上卷[M]．2版．北京：高等教育出版社，2006．

陆果．基础物理学教程：下卷[M]．2版．北京：高等教育出版社，2006．

马文蔚．物理学：上册[M]．6版．北京：高等教育出版社，2014．

马文蔚．物理学：下册[M]．6版．北京：高等教育出版社，2014．

潘根．基础物理述评教程[M]．北京：科学出版社，2002．

唐立军，黄祖洪．大学物理学(一)[M]．上海：复旦大学出版社，2010．

唐立军，黄祖洪．大学物理学(二)[M]．上海：复旦大学出版社，2010．

唐立军，黄祖洪．大学物理学(三)[M]．上海：复旦大学出版社，2010．

吴锡珑．大学物理教程：第一册[M]．2版．北京：高等教育出版社，1999．

吴锡珑．大学物理教程：第二册[M]．2版．北京：高等教育出版社，1999．

吴锡珑．大学物理教程：第三册[M]．2版．北京：高等教育出版社，1999．

杨兵初，李旭光．大学物理学：上册[M]．2版．北京：高等教育出版社，2017．

杨兵初，李旭光．大学物理学：下册[M]．2版．北京：高等教育出版社，2017．

张三慧．大学物理学：力学、电磁学[M]．3版．北京：清华大学出版社，2009．

张三慧．大学物理学：热学、光学、量子物理[M]．3版．北京：清华大学出版社，2009．

赵凯华，陈熙谋．新概念物理教程：电磁学[M]．2版．北京：高等教育出版社，2006．

赵近芳，王登龙．大学物理学：上[M]．4版．北京：北京邮电大学出版社，2014．

赵近芳，王登龙．大学物理学：下[M]．4版．北京：北京邮电大学出版社，2014．

周世勋，陈灏．量子力学教程[M]．2版．北京：高等教育出版社，2009．

图书在版编目(CIP)数据

大学物理学. 第一册 / 刘新海，鲁耿彪主编. —北京：北京大学出版社，2019.1
ISBN 978-7-301-30195-1

Ⅰ. ①大… Ⅱ. ①刘… ②鲁… Ⅲ. ①物理学—高等学校—教材 Ⅳ. ①O4

中国版本图书馆 CIP 数据核字(2019)第 001129 号

书　　名 大学物理学（第一册）
DAXUE WULIXUE (DIYICE)
著作责任者 刘新海　鲁耿彪　主　编
责 任 编 辑 王剑飞
标 准 书 号 ISBN 978-7-301-30195-1
出 版 发 行 北京大学出版社
地　　址 北京市海淀区成府路 205 号　100871
网　　址 http://www.pup.cn
电 子 信 箱 zpup@pup.cn
新 浪 微 博 @北京大学出版社
电　　话 邮购部 010-62752015　发行部 010-62750672　编辑部 010-62765014
印 刷 者 长沙超峰印刷有限公司
经 销 者 新华书店
787 毫米×1092 毫米　16 开本　17.5 印张　426 千字
2019 年 1 月第 1 版　2019 年 1 月第 1 次印刷
定　　价 49.80 元